U0225298

古代纪历文献丛刊②

象吉通书

[清]魏明远　撰
闵兆才　编校

（第一册）

华龄出版社

图书在版编目（CIP）数据

古代纪历文献丛刊 . 2 /（清）魏明远撰；闵兆才编校 . -- 北京 : 华龄出版社，2022.5

ISBN 978-7-5169-2263-7

Ⅰ . ①古… Ⅱ . ①魏… ②闵… Ⅲ . ①古历法－文献－中国－丛刊 Ⅳ . ① P194.3

中国版本图书馆 CIP 数据核字 (2022) 第 083810 号

责任编辑 李 健 彭 博　　责任印制 李未圻

书 名 古代纪历文献丛刊 2　　作 者 （清）魏明远 撰 闵兆才 编校

出 版 发 行 华龄出版社 HUALING PRESS

社 址 北京市东城区安定门外大街甲 57 号　　邮 编 100011

发 行 (010) 58122255　　传 真 (010) 84049572

承 印 三河市信达兴印刷有限公司

版 次 2022 年 7 月第 1 版　　印 次 2022 年 7 月第 1 次印刷

规 格 710mm×1000mm　　开 本 1/16

印 张 109.5　　字 数 950 千字

书 号 ISBN 978-7-5169-2263-7

定 价 198.00 元（全四册）

潭陽魏明遠先生著

增補象吉備要通書大全

內附三元甲子未來曆

《象吉通书》古书书影

國朝亦因之定為時憲曆而曆書之盡善盡美則尤曠前軼後方將永垂於未艾者也而余魏先生因思上有萬年不朽之曆法下必有萬年不敝之曆書爰是遵依時度比年以來雨夜篝燈披閱鰲頭發微三台諸書刪其冗繁補其缺畧失次者序之騎墻者去之纂成象吉一書已不脛而走諸天下而天下之趨吉避凶者咸奉為蓍蔡久矣茲復究其所未備附以陽基八宅增以未來流年補成全帙俾河圖洛書太極陰陽八卦五行之理炳若日星使人一見洞然書曰惠迪吉從逆凶其此書之謂歟余於此道素未問津固不敢於是書有阿所好第余常隨家君與魏先生偕遊時頻驗其奇門尅應遁甲制化若合符節焉豈非神明于斯道者哉是則酒話茶鐺詩囊韻抄僅為一己筆墨生涯而此書之灾祥符應有俾於世誠非淺鮮也書成用弁數言于其簡

康熙十年歲在辛丑冬月年家眷會姪陳芳芬楚氏頓首拜題并書

《象吉通书》古书书影

序　言

明远魏先生，余家君知友也，常结伴偕游，相与徜徉乎林泉之中，促膝于风月之前，酒话茶铛，诗囊韵抄，雅推名士风流。凡有题咏问及余，和余因得亲受教益，见其博学弘文，于举业外若星命、堪舆、卜医、风鉴，皆所洞悉，历历如数家珍，而历法一书则尤其所最精者。余思历之为历，自古视为首务。考历甲则创于大挠[①]，溯历书则作于容成[②]，虞、夏、商、周则有土圭，以至日景有星辰以会天位。又有记交度于月晦，置闰余于岁终，故七政齐于璇玑，有记掌于司控辨叙定于凭相者，皆所以明天道，授人时之重事也。沿及西汉，则又定为《太初历》，东汉则定为《四分历》，晋则定为《皇极历》，唐则定为《太衍历》，五代及明则定为《钦天大统历》。虽历家之说纷纷不同，而测气占候，使人趋吉避凶者，其指归则一。

我国朝亦因之定为《时宪历》，而历书之尽善尽美，则尤旷前轶后，方将永垂于未艾者也。而余魏先生因思上有万年不朽之历法，下必有万年不蔽之历书。爰是遵依时度，比年以来，雨夜篝灯，披阅《鳌头》《发微》《三台》诸书，删其冗繁，补其缺略，失次者序之，骑墙者去之，纂成《象吉》一书，已不胫而走诸天下，而天下之趋吉避凶者，咸奉为蓍蔡[③]久矣。兹复究其所未备，附以《阳基八宅》，增以《未来流年》，补成全帙，俾河图、洛书、太极、阴阳、八卦、五行之

校者注　① 大挠：亦作"大桡"，传说为黄帝史官，《五行大义》称其始作甲子。传说黄帝建部落时，命大挠氏探察天地之气机，探究五行，始作甲、乙、丙、丁、戊、己、庚、辛、壬、癸十天干，及子、丑、寅、卯、辰、巳、午、未、申、酉、戌、亥十二地支，相互配合成六十甲子，用为纪历之符号。

② 容成：即容成氏，是中国传说中的人物，相传为黄帝大臣，发明历法。

③ 蓍蔡：比喻德高望重的人。

理,炳若日星,使人一见洞然。《书》曰:"惠迪吉,从逆凶[①]。"其此书之谓欤!余于此道,素未问津,固不敢于是书有阿所好第,余常随家君与魏先生偕游时,频验其"奇门克应";"遁甲制化",若合符节焉,岂非神明于斯道者哉!是则酒话茶铛,诗囊韵抄,仅为一己笔墨生涯,而此书之灾祥符应,有俾于世,诚非浅鲜也,书成用弁数言于其简。

康熙十年岁在辛丑冬月年家眷会侄陈芳芬埜氏顿首拜题并书

校者注 ① 惠迪吉,从逆凶:语出《尚书·虞书·大禹谟》:"惠迪吉,从逆凶,惟影响。"意思是:顺应天道就有吉祥,忤逆天道就有凶灾,两者的关系如影随形,似响应声。

增补象吉备要通书凡例

一集时宪历法，前朝历法，二十八宿度数，太阳过宫。

一集十一曜临山，恩难生克理论。

一集奇门遁甲一千零八十局，内注吉凶遁格。

一集前贤诸家贵课，斗首吉格，附愚择造、葬验课。

一集六十年二十四山修方、造、葬年家紧要吉凶神煞定局。

一集修方、造、葬六十年二十四山月家紧要吉凶神煞定局。

一集二十四山修方、造、葬年月日时吉凶神煞定局。

一集修方、造、葬二十四山罗经秘旨，天、地、人盘分金，开门放水吉凶定局。

一集出入、行藏、上官、赴学、纳聘、嫁娶及百凡等项，各分条类注解注明。

康熙六十年冬月潭阳魏鉴(明远)甫题于蜩寄

第一册目录

新镌历法便览象吉备要通书卷之一

新镌玉函全奇五气朝元斗首合节象吉备要通书卷之二

新镌历法总览合节象吉备要通书卷之三

新镌历法总览合节象吉备要通书卷之四

新镌历法总览象吉备要通书增补雷霆曜气又卷之四

新镌历法便览象吉备要通书卷之五

新镌历法便览象吉备要通书卷之六

象吉备要通书增补未来流年又卷之六

新镌象吉备要通书大全卷之七

新镌象吉备要通书大全卷之八

新镌象吉备要通书奇门卷之九

新镌象吉备要通书卷之十

新镌历法便览象吉备要通书卷之一

潭阳后学　魏　鉴　汇选

太极图说

论混沌初判而生阴阳、五行、八卦与河图、洛书，先天、后天体用等事。

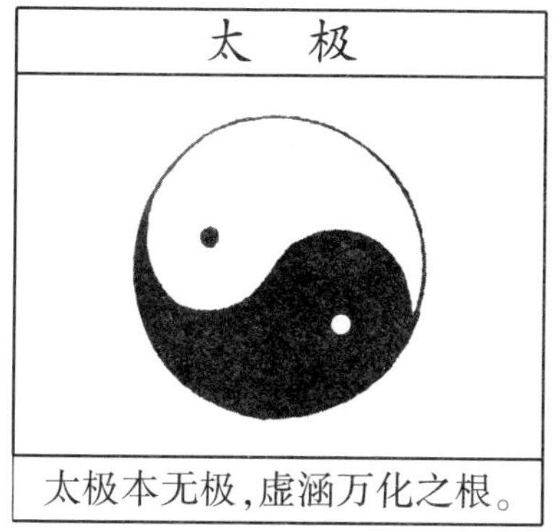

太极本无极，虚涵万化之根。

太极者，象数未形而其理已具之称，形气未彰而其理无朕之目。混沌未分，无声无臭。周子[1]曰："无极而太极。"邵子[2]曰："道为太极"，又"心为太极"，此之谓也。是太极者，万化之根源也。

校者注　①　周子：即周敦颐(1017–1073)，字茂叔，号濂溪，谥号元公，道州营道楼田保(今湖南省道县)人，世称濂溪先生。是北宋五子之一，宋朝理学思想的开山鼻祖，文学家、哲学家。著有《周元公集》《太极图说》《通书》。周敦颐所提出的无极、太极、阴阳、五行、动静、主静、至诚、无欲、顺化等理学基本概念，为后世的理学家反复讨论和发挥，构成理学范畴体系中的重要内容。

②　邵子：即邵雍(1011–1077)，字尧夫，自号安乐先生、伊川翁等，谥康节，北宋理学家、象数学家、诗人，与周敦颐、张载、程颢、程颐并称"北宋五子"。随父徙卫州共城(河南省辉县市)，居城西北苏门山，刻苦为学。出游河、汾、淮、汉，少有志，喜刻苦读书并游历天下，并悟到"道在是矣"，而后师从李之才学河图、洛书与伏羲八卦，学有大成。其象数学对于宋明理学的产生和发展有重大影响。著有《皇极经世书》《观物内外篇》《先天图》《渔樵问对》《伊川击壤集》等。

两仪四象

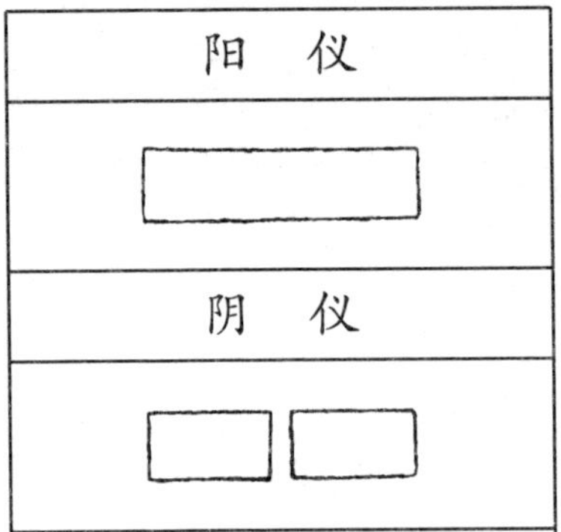

阳　仪
阴　仪
两仪分阴阳,实具五行之本。

太极既判,始生一奇一偶,而为一画者二,是为两仪。其数则阳一而阴二。在河图、洛书则阳奇而阴偶是也。周子谓:"太极动而生阳,动极复静,静而生阴,静极复动,一动一静,互为其根,分阴分阳,两仪立焉。"邵子谓:"一分为二"者,皆此谓也。是阴阳一太极也。

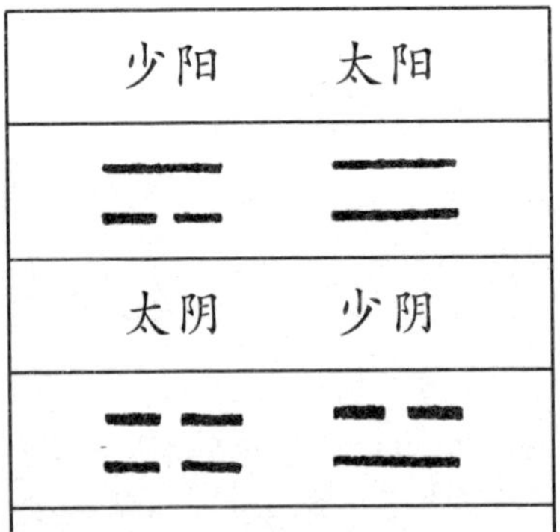

少阳	太阳
太阴	少阴
四象生而奇偶之数分。	

两仪之上,各生一奇一偶而为二画者四,是为四象。其位则太阳一、少阴二、少阳三、太阴四。其数则太阳九、少阴八、少阳七、太阴六。以河图言,则六者一而得于五也,七者二而得于五也,八者三而得于五也,九者四而得于五也。以洛书言,则九者十分一之余也,八者十分二之余也,七者十分三之余也,六者十分四之余也。邵子谓:"一分为四"者,此也。

八卦图说

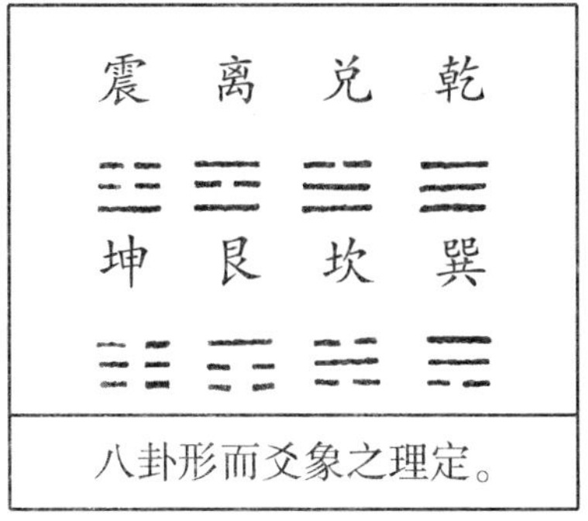

八卦形而爻象之理定。

四象之上，各生一奇一偶，而为三画者八，于是三才略备而有八卦之名焉。其位则乾一、兑二、离三、震四、巽五、坎六、艮七、坤八。在河图则乾、坤、坎、离分居四实，震、巽、艮、兑分居四虚。在洛书则乾、坤、坎、离分居四正，震、巽、艮、兑分居四隅。周子谓："上易经卦皆八。"邵子谓："四分为八"者，此也。

河图洛书

河图　图出于河龙马，献文明之瑞。

河　图

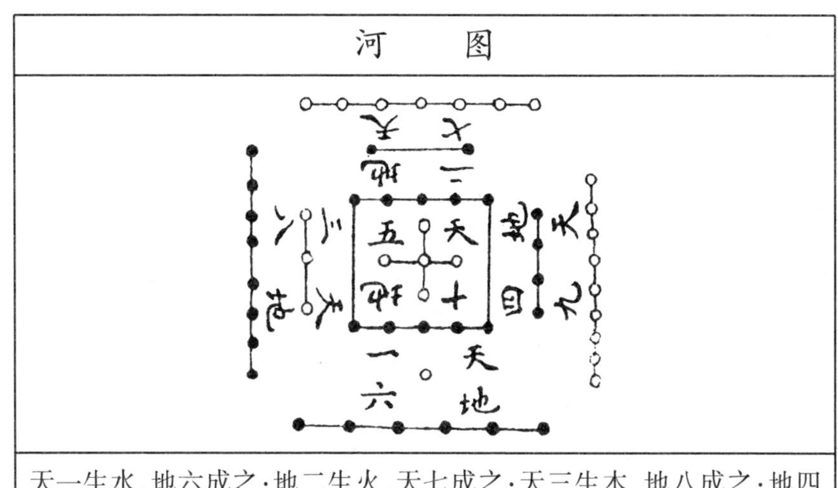

天一生水，地六成之；地二生火，天七成之；天三生木，地八成之；地四生金，天九成之；天五生土，地十成之。

此伏羲时,河中龙马负图之数也。天地之间一气而已,分而二则为阴阳,而五行造化,万物终始,无不生成于此。故河图之位:一与六居北,二与七居南,三与八居东,四与九居西,五与十居中。盖其为数不过一阴一阳,一奇一偶,以两其五行而已。阳数奇,故一、三、五、七、九属乎天;阴数偶,故二、四、六、八、十属乎地。天数五,地数五,各以类相求伍位之相得然也。一六、二七、三八、四九、五十,一生一成。所谓各有合也,积五奇为二十五,积五偶为三十,合之则为五十有五,此河图之全数也。伏羲继天立极,仰观俯察,见天地间无非易理,而河图之出,适契其心,故取之以画卦云。

洛书 书出于洛神龟,显圣世之祥。

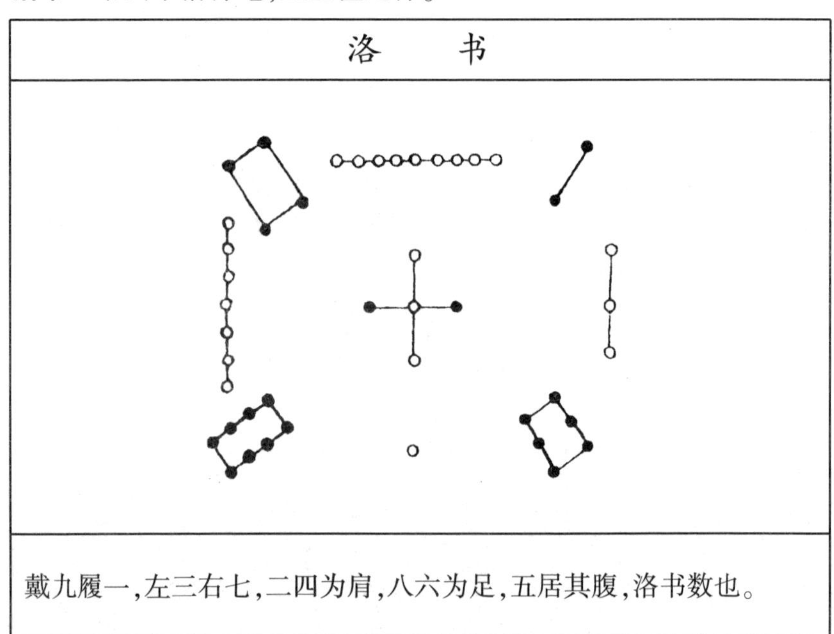

戴九履一,左三右七,二四为肩,八六为足,五居其腹,洛书数也。

此大禹时,洛中神龟负书之文也。其数主变,故始一而终九,盖取四势之正气以定方位,以五奇数统四偶数,故奇数居正,偶数居侧,皆阳统阴也。

其运则五行相克而右旋,由西北而西南,由东南而东北,以复于中也。奇、偶均二十者,两仪也,一、二、三、四而仓,九、八、七、六则亦四象也。大禹因之以作《洪范》,箕子因之以作《九畴》,盖与先天相为表里,地法因之以明九宫、八卦,历法因之以一、六、八配白,二配黑,三配碧,四配绿,五配黄,七配赤,九配紫者,盖取义于此。前贤法之,以明吉凶,趋避妙用,无不合此,是洛书者之本源乎。

先天八卦

先天尽而理气明。

先天八卦

乾南，坤北，离东，坎西，震居东北，兑居东南，巽居西南，艮居西北。自震至乾为顺，自巽至坤为逆。后六十四卦方位，皆仿此。

夫先天者，仪羲八卦也。天地定位，乾对坤也。山泽通气，艮对兑也。雷风相博，震对巽也。水火不相射，坎对离也。乾纯阳，为天，位乎上，故居南。坤纯阴，为地，位乎下，故居北。离火，外阳内阴，位乎东，日生于东也。坎水，外阴内阳，位于西，月生于西也。西北多山，故艮止为山。东南泽萃，故兑说为泽。雷起东北，故震阳动于下，为雷。风起西南，故巽阴入于下，为风。乾、坤正上下之位，坎、离列左右之门。天地之所开辟，日月之所出入。春夏秋冬，寒暑昼夜，莫不由是而推。此先天八卦所以为理气之源，历法因之以推，二十四气运化之机，而为后天阴阳之体也。

后天八卦

后天陈而方位正。

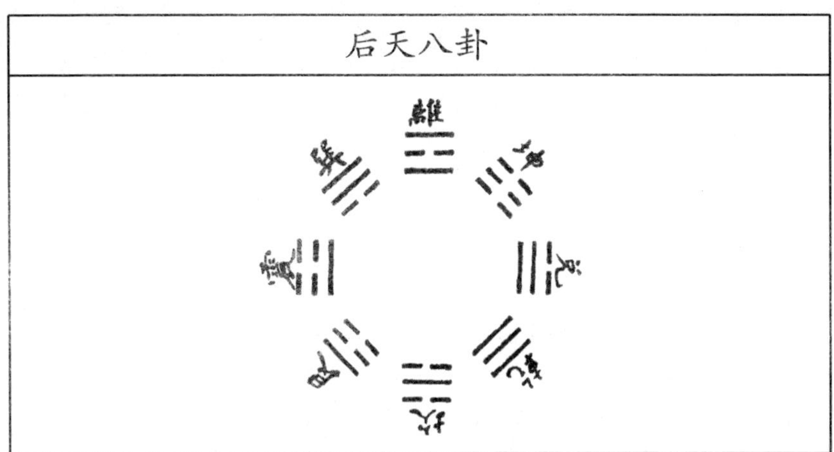

帝出乎震，齐乎巽，相见乎离，致役乎坤，说言乎兑，战乎乾，劳乎坎，成乎艮，故水火相逮，雷风不相悖，山泽通气，然后能变化以成万物，所谓“始震而终艮”也。

夫后天者，文王八卦也。置乾于西北者，以长子用事，代父施行。乾为老阳，故退处于不用之地。置坤于西南者，以长女用事，代母施行。坤为老阴，故退居于不用之地。震为雷，雷能发育万物，春为阳之始，故震居正东。巽为风，风能长养万物，春夏交代之时，故巽居东南。燥万物者莫熯乎火，正南，阳极之地也，离为火，故居之。滋万物者，莫润乎水，正北，阴极之地也，坎为水，故居之。兑为泽，有潴聚之义，能说万物。西为杀气，收敛之始，故兑居之。艮为山，有成就之义，终始万物，东北为冬末春初之交，故艮居之。此后天八卦所以定方位之源，而为先天阴阳之用也。

古者，河出图，洛出书，圣人则之。以画卦通神明之德，类万物之情，故《易》之为道，广妙悉备，妙用无穷。历家阴阳消长，推明吉凶，五行生克，辨别趋避，实本于兹，能明斯理，千变万化，自此可以得之矣。

周天度数(日月历象定论)

按诸儒论曰:天体至圆,周天三百六十五度四分度之一。夫象数以九百四十分为一度,历数以百分为一度,四分度之一者,零数也。即以九百四十分作四分,分之四分之中,以一分算之,得二百三十五分,乃周天三百六十五度零二百三十五分是也。凡一度,二千九百三十二里,周天积一百七万九百一十三里,径三十五万六千九百七十一里,为周天之全数也。

其体至健,绕地左旋七政,就上与之同运而不及其捷,则渐退而反似右耳,七政皆随天左旋而不及其捷。如蚁行磨上,磨疾蚁迟,天一昼夜绕地一周三百六十五度,而又过一度二百三十五分,是天之行捷也。《易》乾象天行健,以人一呼一吸为一息,一万三千五百,一息之间,天已行十余里,非至捷不能也。

日行次健,丽天而少迟。其行一昼夜,绕地一周三百六十五度二百三十五分,以其行过处,一日作一度,每一日不及天之一度,以天之进而反似退耳。积之三百六十五日四分日之一,是一岁日行之数也。日法以四百四十分为一日,四分日之一者,亦零数也,即四分之中一分,二百三十五分是也。日法四分度之一,便是天度四分度之一。盖在天为度,在历为日,天所以进过之度周得本数,而日所退之度恰退尽本数,与天会于初进初退之度,已周三百六十五日二百三十五分,是成一年,所谓一岁一周天者,此也。

月丽天而尤迟。一昼夜绕地一周,三百五十二度有奇,每一日不及天十三度十九分度之七;十九分度之七者,是月不及天十三度有奇,以九百四十分算之,得三百四十八分有奇。历书以进数难算,只得以退数算之,故谓之右行进数则为天,而左退数为天,而右以进之则反似疾耳。积至二十九日九百四十分,日之四百九十九分,即九百四十分日之内得四百九十九分,而与日会于辰次之所,是为一月。

夫一月,周天以其与日会言也,以九百四十分为一日,以七十八分三厘三毫三丝三忽为一时,以九分四厘为一刻。积至二十九日六时三刻零,而与日会于十二次舍之所,是为一月一周天也。十二会得全日,三百四十八日,十二会即十二个二十九日,分之共得三百四十八日。余分之积,六日三百四十六分,余分之积者,零数也。十二个四百九十七分,算之共得五千九百八十八分,以九百四十分为一日,算之乃得六日零三百四十八分也。如之通得三百五十四日三百四十八分,所谓一岁月行之数也。再以六日三百四十分加之,是得其数,谓之月行一小岁也。

天圆而地方,天南高而北下,是以望之如倚盖焉。地东南下,西北高,是以东南多水而西北多山也。天覆地,地载天,天地相函,故天上有地,地上有天。皇极天,经世天。天体圆,地体方;圆者动,方者静。天抱地,地倚天。天体周圆三百六十五度四分度之一,凡一度为九百四十分,四分度之一者,零数也,即一度九百四十分中之二百三十五也。

天地定位

两曜图说

（谓论日月出入蚀明魄望交会等事）

两曜之图

日者,太阳之精,主生养恩德,人君之象也。丽天左旋一日,绕地一周,比天运为不及一度。日有中道(中道者,黄道也),半在赤道内,半在赤道外。日去南极远,昼短夜长则景长;日去[①]北极近,昼长夜短则景短。景长则寒,景短则暑(万花谷)。

日出于旸谷,浴于咸池,拂于扶桑,是谓晨明。登于扶桑之上(东方之野),爰始将行,是谓朏明(朏,音"斐",朏明,将明也)。至于曲阿(山名),是谓朝明。临于渭泉(东方多水之地),是谓早食。次于桑野,是谓晏食。臻于衡阳,是谓禺中。对于昆吾(南方丘名),是谓正中。靡于乌坎(百南方山名),是谓小迁。至于悲谷(大堅),是谓晡时。回于女纪,是谓大迁。经于泉

校者注　①　去:离。

隅,是谓高春(未宴)。顿于连石,是谓下春(欲宴)。爰止羲和,爰息六螭,是谓悬车(日驾六螭,羲和御之至,虞泉回六螭)。薄于虞泉,是谓黄昏。愉于蒙谷,是谓定昏。日入于虞渊之汜,历于蒙野之浦,行九州上,舍有五亿万七千三百九里(《淮南·鸿烈解》)。

月者,太阴之精,主刑罚威权,后妃之象也。亦丽天右旋一日,不及天十三度。魄者,月之体也,月本无光,受日则光。合璧谓之朔,近一远三谓之弦。相与为衡,分天之中,则谓之望。以速及舒光静体复则谓之晦。月光常满而有弦、望、晦、朔者,所见之地不同也。万花谷,朔月初之名也。朔,苏也,月死复苏生也。晦,月尽之名也。晦,灰也,死为灰,月光尽似之也。弦,月半之名也,其形一旁曲,一旁直,若张弓弦也。望,月满之名也,日月遥相望也。释名对日之衡,其大为日,日光不照,谓之暗虚。暗虚逢月则为月蚀。同经同纬,日为月掩,不得其光,则谓之日蚀也。

日月蚀图

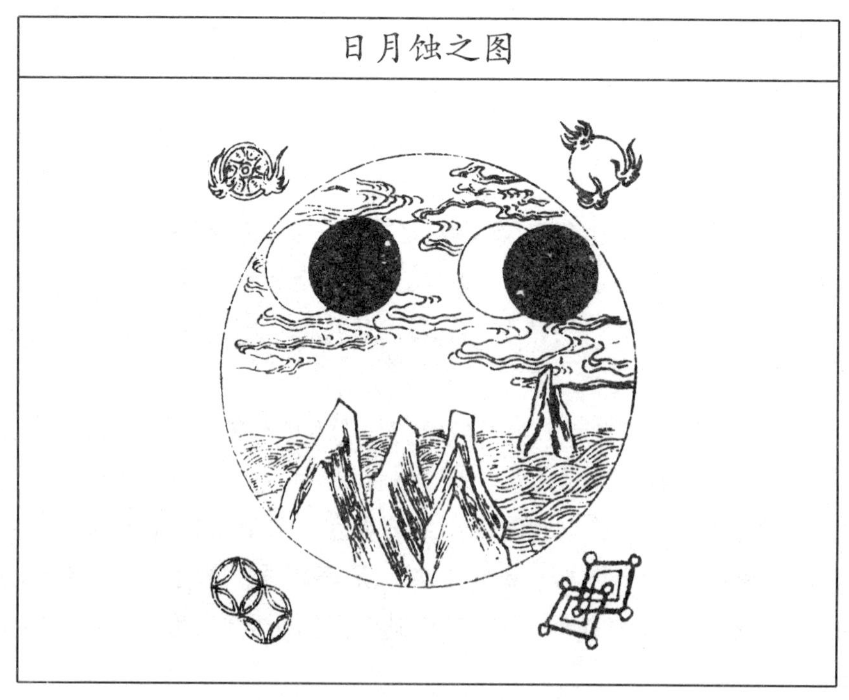

日行迟，一日行一度；月行速，一日行十三度。行食日于朔，月蚀于望。行迟，故蚀数少；行速，故食数多。日之朔，月之望，与天首、地尾二星会，为其度而始蚀矣。日何蚀朔？谓日月会于辰，遇首、尾二星，则以月之阴气盛而得掩日之光，乃日蚀矣。月何蚀望？谓日月相望，得日之气而明，遇首、尾二星，则日之气为二星所夺，而月乃蚀矣。天首，罗睺也；地尾，计都也。其日，一年一周天；月，一月周天，则一年十二次，日非朔不食，月非望不食，惟朔、望同度，则蚀矣。

晦朔弦望

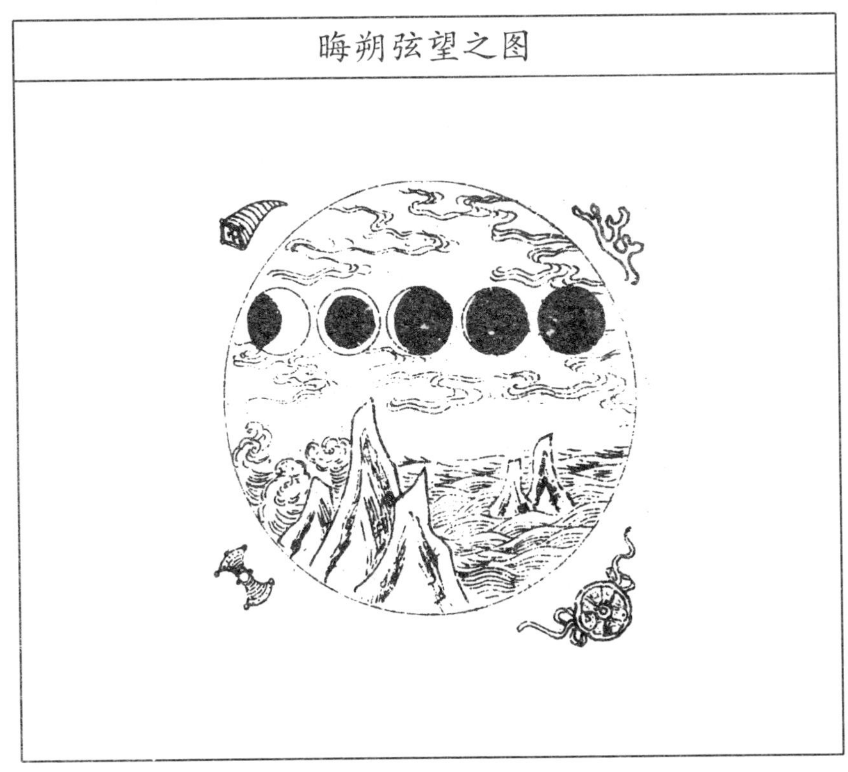
晦朔弦望之图

晦朔之日，日照其表，人在其里，日月相叠，故不见其明。晦，灰也，月死为灰矣；朔，苏也，月死复苏生也。

二弦之日，日照其侧，人观其旁，故半明半魄，是谓近一远三。上弦是月盈及一半，如弓之上弦；下弦是月虚及一半，如弓之下弦。月之望日，日月相望，人居其间，尽睹其明，是谓相与为衡，分天之中而为望。

明魄朔望

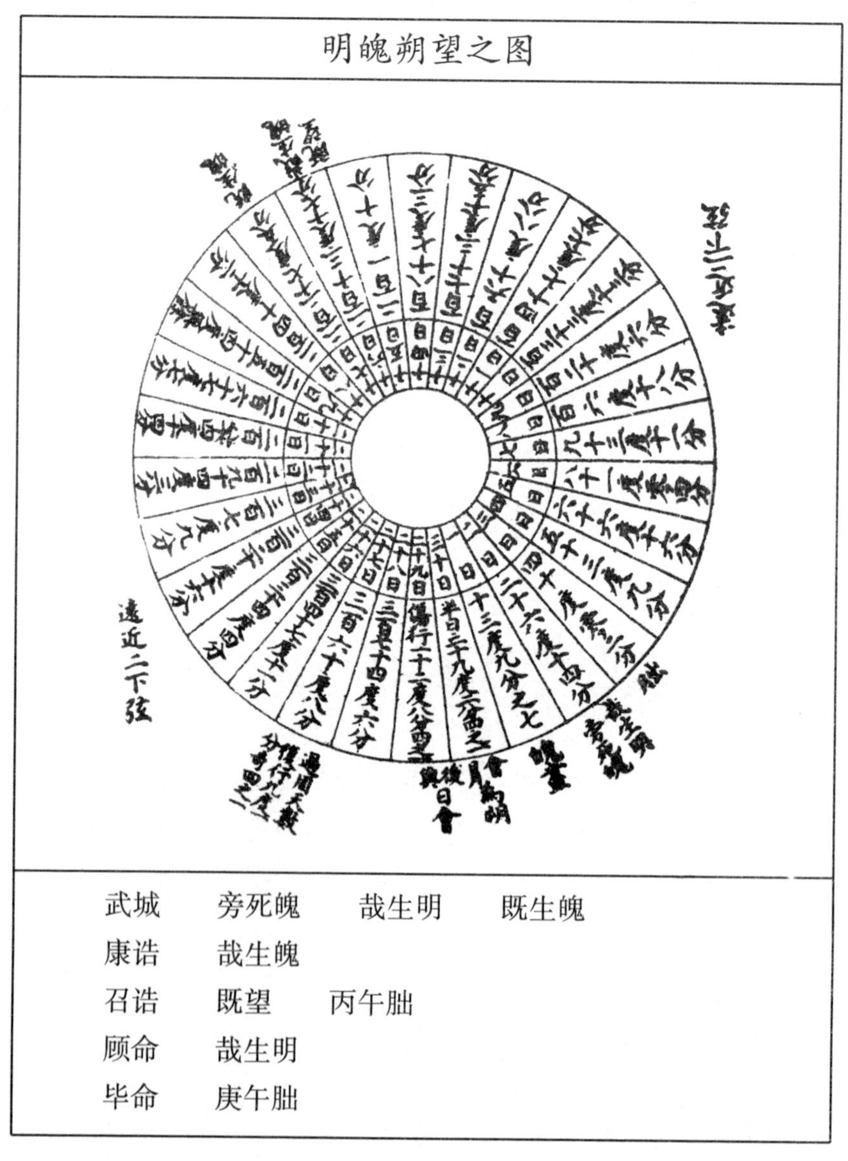

武城　旁死魄　哉生明　既生魄

康诰　哉生魄

召诰　既望　丙午朏

顾命　哉生明

毕命　庚午朏

十二次日月交会

十二次日月交会之图

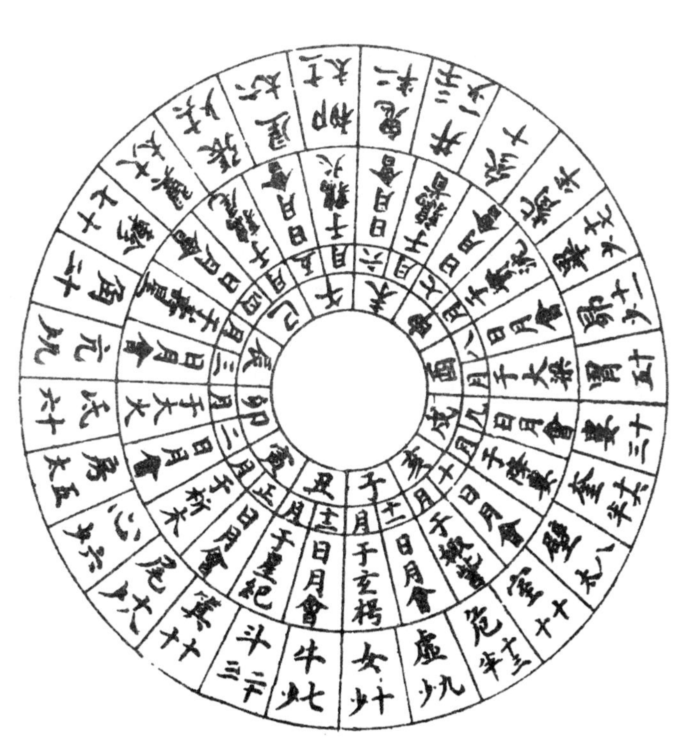

注云:一岁,日月十二次交会,所会之辰次,如正月辰在析木,二月在大火,是也。

诗曰:析木本居寅,火卯寿星辰。三鹑巳午未,实沈居在申。梁酉降娄戌,娵訾亥上陈。子枵丑星纪,逆数掌中轮。

太阳过宫躔度

周天三百六十五度四分度之一太阳躔度过宫图

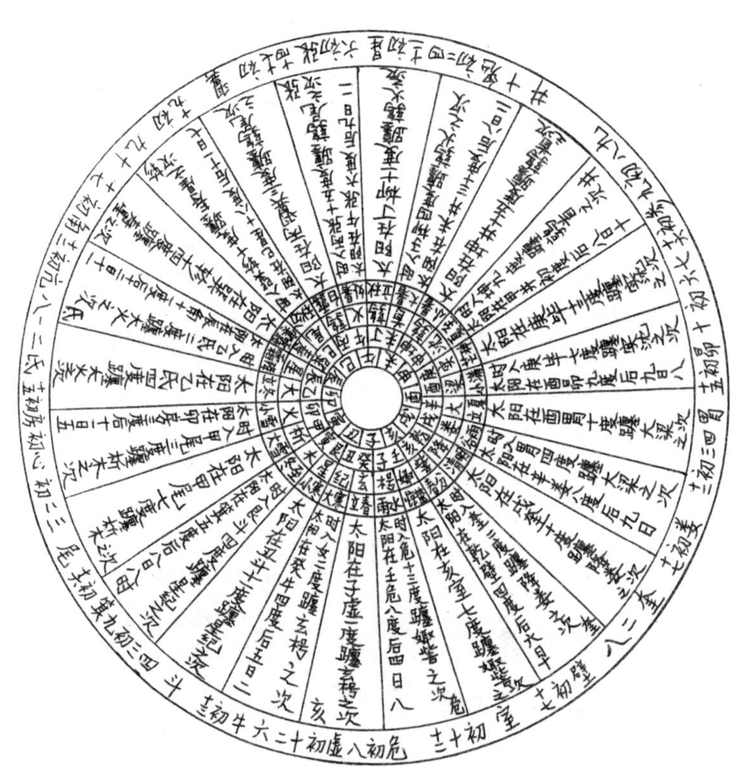

二十八宿过宫诗诀：

奎二过戌谓四酉，毕七从申未井九，柳四方才过午行（如午宫柳四度起，是也）。

张十五度归蛇首，轸十过辰氐二卯（如辰宫氐一度止，是也）。

尾三过寅斗四丑，女星二度过子宫，危十三亥是其筹（如亥宫奎一度止，亢三十一度，是也）。

太阴过宫躔度

周天三百六十五度四分度之一太阴躔度过宫图

子宫：女二度至危十二度。　**丑宫**：斗四度至丑一度。　**寅宫**：尾三度至斗三度。

卯宫：氐二度至尾二度。　**辰宫**：轸十度至氐一度。　**巳宫**：张十五度至轸九度。

午宫：柳四度至张十四度。　**未宫**：井九度至柳三度。　**申宫**：毕七度至井八度。

酉宫：胃四度至毕六度。　**戌宫**：奎二度至胃三度。　**亥宫**：危十三度至奎一度。

约太阳行度过宫

约太阳行度过宫诗诀

诗曰：太阳行度不虚行，大寒六日宝瓶宫。雨水六朝亥上逢，
春分七八才行戌。谷雨十朝过酉宫，小满十一临申上。
夏至十日去寻未，大暑十朝骑马走。处暑十日入蛇乡，
秋分十日龙潭底。霜降十四卯中央，小雪十三寅上去。
冬至九日丑宫藏。此是太阳行度数，十二宫中不暂停。

大清历法太阳过宫

遵依大清历法真太阳过宫躔度行临二十四山定局图(阳局)

阳局	躔度	一日	二日	三日	四日	五日	六日	七日	八日	九日	十日	十一日	十二日	十三日	十四日	十五日
丑宫	冬至	箕二	艮三	四	五	六	七	八	九	斗初	一	二	三	四	五	六
	小寒	斗七	丑八	九	十	十一	十二	十三	十四	十五	十六	十七	十八	十九	二十	廿一
子宫	大寒	斗廿二	癸廿三	牛初	一	二	三	四	五	六	七	女一	二	三	四	五
	立春	女六	子七	八	九	十	十一	虚初	一	二	三	四	五	六	七	八
亥宫	雨水	虚九	壬危初	一	二	三	四	五	六	七	八	九	十	十一	十二	十三
	惊蛰	危十四	亥十五	十六	十七	十八	十九	室初	一	二	三	四	五	六	七	八
戌宫	春分	室九	乾十	十一	十二	十三	十四	十五	壁一	二	三	四	五	六	七	八
	清明	壁九	戌十	十一	十二	奎初	一	二	三	四	五	六	七	八	九	十
酉宫	谷雨	奎十一	辛娄初	一	二	三	四	五	六	七	八	九	十	十一	十二	胃初
	立夏	胃一	酉二	三	四	五	六	七	八	九	十	十一	开十二	昴初	一	二
申宫	小满	昴三	庚四	五	六	七	八	毕初	一	二	三	四	五	六	七	八
	芒种	毕九	申十	十一	十二	十三	参一	觜一	二	三	四	五	六	七	八	九

遵依大清历法真太阳过宫躔度行临二十四山定局图(阴局)

阴局	躔度	一日	二日	三日	四日	五日	六日	七日	八日	九日	十日	十一日	十二日	十三日	十四日	十五日
未宫	夏至	觜十	坤十一	井初	一	二	三	四	五	六	七	八	九	十	十一	十二
	小暑	井十三	未十四	十五	十六	十七	十八	十九	二十	廿一	廿二	廿三	廿四	廿五	廿六	廿七
午宫	大暑	井廿八	丁廿九	三十	鬼初	一	二	三	四	柳初	一	二	三	四	五	六
	立秋	柳七	午八	九	十	十一	十二	十三	十四	十五	十六	星初	一	二	三	四
巳宫	处暑	星五	丙六	七	张初	一	二	三	四	五	六	七	八	九	十	十一
	白露	张十二	十三	十四	十五	十六	十七	翼初	一	二	三	四	五	六	七	八
辰宫	秋分	翼九	巽十	十一	十二	十三	十四	十五	十六	轸初	一	二	三	四	五	六
	寒露	轸七	辰八	九	十	十一	十二	觜初	一	二	三	四	五	六	七	八
卯宫	霜降	角九	乙十	亢初	一	二	三	四	五	六	七	八	九	十	氐初一	二
	立冬	氐三	卯四	五	六	七	八	九	十	十一	十二	十三	十四	十五	十六	十七
寅宫	小雪	房初	甲一	二	三	四	心初	一	二	三	四	五	六	尾初	一	二
	大雪	尾三	寅四	五	六	七	八	九	十	十一	十二	十三	十四	十五	箕初	一

遵依前朝历法真太阳过宫躔度行临二十四山定局图(阳局)

阳局	躔度	一日	二日	三日	四日	五日	六日	七日	八日	九日	十日	十一日	十二日	十三日	十四日	十五日
丑宫	冬至	箕五	艮六	七	八	九	一	二	三	四	五	六	七	八	九	十
	小寒	斗十一	丑十二	十三	十四	十五	十六	十七	十八	十九	二十	廿一	廿二	廿三	牛一	二
子宫	大寒	牛三	癸四	五	六	女初	一	二	三	四	五	六	七	八	九	虚初
	立春	虚一	子二	三	四	五	六	七	八	九	危一	二	三	四	五	六
亥宫	雨水	危七	壬八	九	十	十一	十二	十三	十四	十五	室一	二	三	四	五	六
	惊蛰	室七	亥八	九	十	十一	十二	十三	十四	十五	十六	十七	壁一	二	三	四
戌宫	春分	壁五	乾六	七	八	九	奎初	一	二	三	四	五	六	七	八	九
	清明	奎十	戌十一	十二	十三	十四	十五	十六	十七	娄一	二	三	四	五	六	七
酉宫	谷雨	娄八	辛九	十	十一	十二	胃初	一	二	三	四	五	六	七	八	九
	立夏	胃十	酉十一	十二	十三	十四	十五	昴初	一	二	三	四	五	六	七	八
申宫	小满	昴九	庚十	毕初	一	二	三	四	五	六	七	八	九	十	十一	十二
	芒种	毕十三	申十四	十五	觜一	参初	一	二	三	四	五	六	七	八	九	十

遵依前朝历法真太阳过宫躔度行临二十四山定局图(阴局)

阴局	躔度	一日	二日	三日	四日	五日	六日	七日	八日	九日	十日	十一日	十二日	十三日	十四日	十五日
未宫	夏至	井初	坤一	二	三	四	五	六	七	八	九	十	十一	十二	十三	十四
	小暑	井十五	未十六	十七	十八	十九	二十	廿一	廿二	廿三	廿四	廿五	廿六	廿七	廿八	廿九
午宫	大暑	井	丁鬼七	一	柳初	一	二	三	四	五	六	七	八	九	十	十一
	立秋	柳十二	午星初	一	二	三	四	五	六	张初	一	二	三	四	五	六
巳宫	处暑	张七	丙八	九	十	十一	十二	十三	十四	十五	十六	十七	翼初	一	二	三
	白露	翼四	巳五	六	七	八	九	十	十一	十二	十三	十四	十五	十六	十七	十八
辰宫	秋分	翼十九	巽轸初	一	二	三	四	五	六	七	八	九	十	十一	十二	十三
	寒露	轸十四	辰十五	十六	十七	角初	一	二	三	四	五	六	七	八	九	十
卯宫	霜降	角十一	乙十二	亢初	一	二	三	四	五	六	七	八	氐初	一	三	三
	立冬	氐四	卯五	六	七	八	九	十	十一	十二	十三	十四	十五	房初	一	二
寅宫	小雪	房三	甲四	五	心初	一	二	三	四	五	尾一	二	三	四	五	六
	大雪	尾七	寅八	九	十	十一	十二	十三	十四	十五	十六	十七	箕一	二	三	四

约太阴行度过宫

约太阴行度过宫诗诀

诗曰：欲识太阴行度时，正月初一起于危。一日常行十三度，
五日两宫次第移。二奎三胃四从毕，五井六柳张居七。
八月翼宿以为初，辰宫角度季秋游。十月房宿作元神，
十一箕上细推寻。十二牛女切须记，斗母所临百事吉。

时宪历法二十八宿过宫度数

角初至十共十一度， 亢初至十共十一度，
氐初至十七共十八度，房初至四共五度，
心初至六共七度， 尾初至十五共十六度，
箕初至九共十度， 斗初至二十三共二十四度，
牛初至七共八度， 女初至十一共十二度，
虚初至九共十度， 危初至十九共二十度，
室初至十五共十六度，壁初至十二共十三度，
奎初至十一共十二度，娄初至十二共十三度，
胃初至十二共十三度，昴初至八共九度，
毕初至十三共十四度，参初至一共二度，
觜初至十一共十二度，井初至三十共三十一度，
鬼初至四度共五度， 柳初至十六共十七度，
星初至七度共八度， 张初至十七共十八度，
翼初至十六共十七度，轸初至十二共十三度。

考定古历(明历)二十八宿度数

角宿:初度至十二度共十三度。

亢宿:初度至八度共九度。

氐宿:初度至十五度共十六度。

房宿:初度至六度共七度。

心宿:初度至五度共六度。

尾宿:初度至十七度共十八度。

箕宿:初度至九度共十度。

斗宿:初度至二十三度共二十四度。

牛宿:初度至六度共七度。

女宿:初度至十度共十一度。

虚宿:初度至九度共十度。

危宿:无初度只十五度。

室宿:初度至十七度共十八度。

壁宿:初度至九度共十度。

奎宿:初度至十七度共十八度。

娄宿:初度至十一度共十二度。

胃宿:初度至十五度共十六度。

昴宿:初度至十度共十一度。

毕宿:初度至十五度共十六度。

觜宿:只有一度。

参宿:初度至九度共十度。

井宿:初度至三十度共三十一度。

鬼宿:初度至一度共二度。

柳宿:初度至十二度共十三度。

星宿:初度至五度共六度。

张宿:初度至十七度共十八度。

翼宿:初度至十九度共二十度。

轸宿:初度至十七度共十八度。

以上共三百六十五度为一周天也。

斗母太阴临到山方

月	正	二	三	四	五	六	七	八	九	十	十一	十二
壬子山方	初一	廿六	廿四	廿二	十九	十七	十五	十二	初十	初八	初五	初三
壬子山方	初二	廿七	廿五	廿三	二十	十八	十六	十三	十一	初九	初六	初四
壬子山方	初三	廿八	廿六	廿四	廿一	十九	十七	十四	十二	初十	初七	初五
乾亥山方	初四	初一	廿七	廿五	廿二	二十	十八	十五	十三	十一	初八	初六
乾亥山方	初五	初二	廿八	廿六	廿三	廿一	十九	十六	十四	十二	初九	初七
辛戌山方	初六	初三	初一	廿七	廿四	廿二	二十	十七	十五	十三	初十	初八
辛戌山方	初七	初四	初二	廿八	廿五	廿三	廿一	十八	十六	十四	十一	初九
庚酉山方	初八	初五	初三	初一	廿六	廿四	廿二	十九	十七	十五	十二	初十
庚酉山方	初九	初六	初四	初二	廿七	廿五	廿三	二十	十八	十六	十三	十一
庚酉山方	初十	初七	初五	初三	廿八	廿六	廿四	廿一	十九	十七	十四	十二
坤申山方	十一	初八	初六	初四	初一	廿七	廿五	廿二	二十	十八	十五	十三
坤申山方	十二	初九	初七	初五	初二	廿八	廿六	廿三	廿一	十九	十六	十四
丁未山方	十三	初十	初八	初六	初三	初一	廿七	廿四	廿二	二十	十七	十五
丁未山方	十四	十一	初九	初七	初四	初二	廿八	廿五	廿三	廿一	十八	十六
丙午山方	十五	十二	初十	初八	初五	初三	初一	廿六	廿四	廿二	十九	十七
丙午山方	十六	十三	十一	初九	初六	初四	初二	廿七	廿五	廿三	二十	十八
丙午山方	十七	十四	十二	初十	初七	初五	初三	廿八	廿六	廿四	廿一	十九
巽巳山方	十八	十五	十三	十一	初八	初六	初四	初一	廿七	廿五	廿二	二十
巽巳山方	十九	十六	十四	十二	初九	初七	初五	初二	廿八	廿六	廿三	廿一
乙辰山方	二十	十七	十五	十三	初十	初八	初六	初三	初一	廿七	廿四	廿二
乙辰山方	廿一	十八	十六	十四	十一	初九	初七	初四	初二	廿八	廿五	廿三
甲卯山方	廿二	十九	十七	十五	十二	初十	初八	初五	初三	初一	廿六	廿四
甲卯山方	廿三	二十	十八	十六	十三	十一	初九	初六	初四	初二	廿七	廿五
甲卯山方	廿四	廿一	十九	十七	十四	十二	初十	初七	初五	初三	廿八	廿六
艮寅山方	廿五	廿二	二十	十八	十五	十三	十一	初八	初六	初四	初一	廿七
艮寅山方	廿六	廿三	廿一	十九	十六	十四	十二	初九	初七	初五	初二	廿八
癸丑山方	廿七	廿四	廿二	二十	十七	十五	十三	初十	初八	初六	初三	初一
癸丑山方	廿八	廿五	廿三	廿一	十八	十六	十四	十一	初九	初七	初四	初二

上太阴每于太阳所到之宫,再起初一逆行十二宫,寻所用之日,每一宫管两日,只有子午卯酉管三日,推所用之日,到山为吉也。

论太阳太阴

论天符十一曜发用宜忌

(谓十一曜行躔宫度休咎等事)

论太阳

太阳者,乃星中天子之象,德刚体健,为万宿之祖。使天如无日,则万古长夜;月星如无日,则其体何光?杨公云:

常将历数考诸天,天上星辰万万千。才到五更便皆没,

惟有阳乌亘古今。请君专把太阳照,茅屋光辉亿万年。

七个太阳三个紧,中间历数第一亲。

盖太阳至贵,到方到向大可扦立,三方对照亦可叨光。入午宫为归垣,躔四日宿为升殿,用之尤吉。若与罗、计同宫度,为日蚀,天变凶。丁已年化禄元,六辛年化贵元,得之倍添福泽。丙戊年化刃,宜合山命为吉,否则凶。周天,一十二宫,二十八宿,总统三百六十五度四分度之一,以应一年三百六十五日零二十五刻。即如旧年冬至日起,至今年冬至日止,谓之一年,是得其数也。太阳一日行一度,一年行一周也,十九年行一大周天。

论太阴

太阴,乃星中后妃之象,德柔体顺,佐太阳以宣化,为万宿之母。到山到向,能制凶杀,普化吉祥。《千金歌》云:

更得太阴照坐处,致使生民添福泽。

入未宫为归垣,行月宿为升殿,吉。若遇月蚀,天变凶。甲、戊、庚年化贵元,申、子、辰年化三杀,必合山命可用。太阴一时行一度,一日行十三度,一

月行一小周天,六十二年行一大周天。

论太阳到山吉凶

上太阳、太阴流行吉矣,庸师不识,泥师执之,而明师则不拘也。太阳,召吉之神,非造命之神也,故山家以造命年、月、日、时为主。吴景鸾曰:选择之良莫如造命。又《天机歌》云:一要阴阳不驳杂,二要坐山逢三合。首言未及太阳、太阴者,恐俗师执于太阳、太阴,而忽于造命也,先须要求课格与山家符合,后审太阳、太阴到方到向为佐助,此克择之善者也。若专执太阳、太阴为吉而不求其课格与山龙合不合,亦犹医之不视病而专补参苓也,奚可哉?余观先贤杨、曾诸公作用,如以太阳论之,壬、子、丙、午向何拘于正、七月,乾、亥、巽、巳向不拘于二、八月,辛、戌、乙、辰向何拘于三、九月。庚、酉、卯、甲向不拘于四、十月。坤、申、艮、寅向不拘于五、十一月。丁、未、癸、丑向不拘于六、十二月,非其恶太阳而然,须要急在补山也。其不拘用太阳而获福,应验者多矣。今人专泥太阳,往往多致凶者,犹其不明辅助之法也。宗师道者,宜祥审而加意焉。

论太阴到山吉凶

余录太阳到山、到向,有吉、有凶,以便克择参考,则无误矣。其太阴到宫吉凶,仿此类推。

一乾亥山　二月太阳到山,吉;八月太阳到向,犯地曜杀,次。

一壬子山　七月太阳到向,吉;正月太阳到坐,犯三杀,凶。

一癸丑山　十二月太阳到山,吉;六月太阳到向,冲破山头,凶。

一艮寅山　五月太阳到向,吉;十一月太阳到山,犯地杀,凶。

一甲卯山　十月太阳到山,吉;四月太阳到向,坐三杀,凶。

一乙辰山　三月太阳到向,吉;九月太阳到山,冲破山头,凶。

一巽巳山　八月太阳到山,吉;二月太阳到向,次。

一丙午山　正月太阳到向，吉；七月太阳到山，坐三杀，凶。

一丁未山　六月太阳到山，吉；十二月太阳到向，冲破山头，凶。

一坤申山　十一月太阳到向，吉；五月太阳到山，次。

一庚酉山　四月太阳到山，吉；十月太阳到向，坐三杀，凶。

一辛戌山　九月太阳到向，吉；三月太阳到山，冲破山头，凶。

上开列二十四山有得太阳吉，有得太阳凶者，可不慎哉！

历数太阳过宫硬局

（谓官历中气躔度乃为真诀）

大寒，五日太阳到癸，十五日过子。

立春，太阳在子，十五日后过壬。

雨水，四日太阳到壬，十五日过亥。

惊蛰，太阳在亥，十五日后过乾。

春分，六日太阳到乾，十五日过戌。

清明，太阳在戌，十五日过辛。

谷雨，九日太阳到辛，十五日过酉。

立夏，太阳在酉，十五日后过庚。

小满，九日太阳到庚，十五日过申。

芒种，太阳在申，十五日后过坤。

夏至，七日太阳到坤，十五日过未。

小暑，太阳地未，十五日后过丁。

大暑，九日太阳到丁，十五日过午。

立秋，太阳在午，十五日后过丙。

处暑，十一日太阳到丙，十五日后过巳。

白露，太阳在巳，十五日后过巽。

秋分，十二日太阳到巽，十五日过辰。

寒露，太阳在辰，十五日后过乙。

霜降，十二日太阳到乙，十五日过卯。

立冬,太阳在卯,十五日后过甲。

小雪,十一日太阳到甲,十五日过寅。

大雪,太阳在寅,十五日后过艮。

冬至,七日太阳到艮,十五日过丑。

小寒,太阳在丑,十五日后过癸。

按《授时历》,每月中气前后各七日,共十三日,为天干之位,月中后七日之外,太阳改躔之日,方为地支。如正月,雨水中气前后各七日为壬,雨水后八九日,改躔之次,方为后。一如大寒后五日,躔玄枵之次,入于女二度,虽云入子方到癸,若对照午丁,可以禀光,若三合在巽、庚二方得禀光于甲辰,则无干矣。

朝廷颁降历日,每以四大吉时定日度数,四大吉时乃合日月五星,各居其主,俾士庶遵行可法。

五星发明宜忌

论木星到山吉凶

夫木星者,东方木之精也,名为岁星,又名楷提星。其色青,其性仁,应青龙之位,主生息之权。行有顺逆、留伏。顺轨,必致福德文显;逆轨,必生灾咎。入寅亥为居垣,行木宿为入庙,水宿为得势。到木山为主星,火山为恩,水山为用,金山为财,俱吉。惟土山为难,凶。甲、壬年化禄,丙、辛年化贵,申、子、辰、巳、酉、丑年化马,吉。其木星六日行一度,或七日行一度,一年移行一宫,十二年行一小周天,大周天八十有三年。

论火星到山吉凶

夫火星者,南方火之精也,名为荧惑。其色赤,其性礼,应朱雀之位,主舒长之权。行有疾迟、顺逆、伏留。顺轨,必主福禄荣昌;逆轨,必主火灾瘟疫。

如入戌宫为归垣,行火宿为入庙,木宿为得势,到火山为主星,土山为恩,木山为用,水山为财,俱吉。惟金山为难,凶。六乙年化禄元,壬、癸年化贵,大吉。甲年化刃,亥、卯、未年化杀,合山命方可用也。其火星顺行一十八时周一度,五十日移一宫。若遇迟留、伏逆,二日一度,两月方过一宫,疾行七日过五度,四十五日过一宫,迟限行时三、四月过一宫,越二年一小周天,七十九年一大周天。

论土星到山吉凶

夫土星者,中央土之精也,其名镇星。其色黄,其性德,应勾陈之位,主养成之德。行有顺逆、留伏。顺轨,必至富贵兴隆,出入温厚;逆轨,必生瘟疸黄肿。入子丑宫为归垣,行土宿为入庙,火宿为得势。到土山为主星,金山为恩,木山为财,火山为用,俱吉。惟水山为难,凶。六癸年化禄元,乙、己、甲、戊、庚年化贵,到山大吉。壬年化刃,寅、午、戌年化杀,凶。其土星八日行一度,或九日行一度,二十七个月过一宫,二十九年一小周天,大周天五十九年期。

论金星到山吉凶

夫金星者,西方金之精也,其名太白。其色白,其性义,应白虎之位,主收敛之权。行有迟留顺逆。诸星只要顺行,惟此亦宜留伏。盖金性刚锐,当顺迟伏留之时,发福无比。若值逆轨疾行,犯其锋者,必生巨殃。入辰酉宫为居垣,行金宿为入庙,土宿为得势。到金山为主星,水山为恩,火山为财,土山为用,俱吉。惟木山为难,凶。六辛年化禄,丙、丁年化贵,吉。六庚年化刃,巳、酉、丑年化杀,凶。其金星一日行一度,一月移一宫,一年行一小周天,八年行一大周天。

论水星到山吉凶

夫水星者，北方水之精也，其名辰星。其色黑，其性智，应玄武之位，主归藏之气。行只有疾迟、伏退，无逆行。当顺轨时，必得祯祥；遇迟留，失舍为福必轻。入巳申二宫为归垣，行水宿为入庙，金宿为得势。到水山为主星，木山为恩，金山为用，土山为财，俱吉。火山为难，凶。丙辛年化禄，壬、癸、乙、己年化贵，亥、卯、未、寅、午、戌年化马，用之大妙。五纬之中，水、木二星每年多犯芒劫，必审合山命吉。其水星一日行一度半，或五日行七度。一月过一宫，迟行六十九日移；疾行二十日，最快十七日过一宫。一年行一小周天，六十五年行一大周天。

四余发明宜忌

论紫气到山吉凶

夫紫气者，木星之余气也。凡入山向，主一切祥瑞喜庆。共行顺轨，无迟留伏逆，性善良，无凶毒。值归垣乐旺，发福非常。其紫气一月行一度，三年行过一宫，二十八年一大周天。

论月孛到山吉凶

夫月孛者，水星之余奴也。凡入山向，遇吉星同宫则为福，遇凶星同宫则为祸。此星行亦顺轨，无伏逆迟留，但性多凶少吉，然不能自作其害。遇七政得地顺轨，彼断不敢肆其凶。若五纬逆轨，彼则助之以致大祸。其孛星一日行三度，九个月过一宫，九年行一小周天，六十二年行一大周天。

论罗睺计都到山吉凶

夫罗睺者,火星之余奴也,其名天首星。此星顺宫逆度,亦无退伏迟留,性最急善,宿怨交仇不能其义。日月若与同宫同度,必主晦蚀夭变。入山向,主火灾盗贼之祸。其星或十八日一度,或十九日一度。十八个月过一宫,十九年一小周天,九十三年一大周天。

夫计都者,土星之余奴也,其名天尾星。此星亦顺宫逆度,常与罗睺相对,故以豹尾为名,性最含害,日月逢之必至晦昧无光。若到山头向首,更值四课凶象,主孤寡少亡。其星十九日行一度,一年半过一宫,十九年行一小周天,九十三年一大周天。

定诸星入垣升殿(图局定位载后)

陈抟注曰:天顺行,诸星亦顺行。每廿一时,诸星居垣入局,则为大吉得福。但登垣入局,元有所定,四土、四日、四月定在子、午、卯、酉之宫;四木、四金定在辰、戌、丑、未之宫;四火、四水定在寅、申、巳、亥之宫。善推步者,以中星定之,则知某日时诸星居局入垣,竖造、安葬,百事吉利。如星宿失位,或侵垣局,若上官赴任,必有休宫退败之祸,当祥之,不可忽略。

每年以冬至日度为首日,在箕五度,日与天会,其日寅时初三刻,天运始于寅日,行亦始于寅,其时星宿在午,诸星居垣入局。又如大寒后五日,入女宫二度,躔玄枵之次,其夜子时初四刻,女宿在子,柳宿在午,诸星居垣入局。

凡星曜入垣升殿,颇相类。但入垣只到其宫,即是升殿,须各分度。下如:子宫,月在危度为升殿,在虚、女度,即非升殿矣。似仕宦之在朝,当权秉政,恩泽及于民,故吉,信也。

凡星曜入庙及旺乐喜好之宫,谓之得地,最能为吉。纵有仇难同度,不能加害,若更得合时令,为福尤大。又为权星,或值迟留,亦为福神得其地,故也。

星曜入垣昇殿庙旺喜乐之图

五层六层

七政四余入庙

二层四层

二十八宿入垣

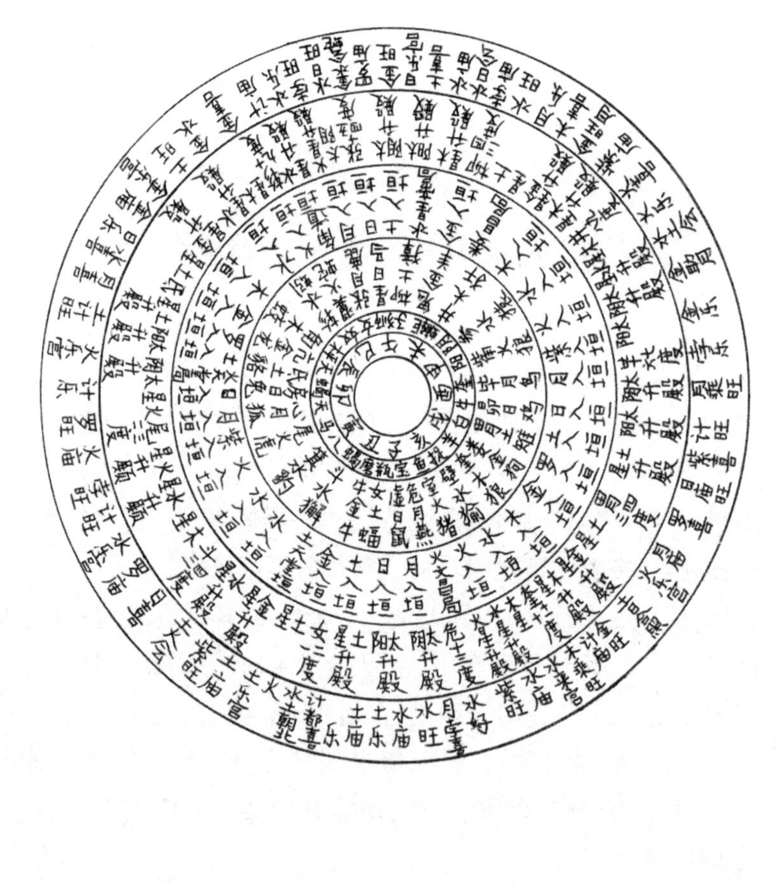

五声八音六律六吕

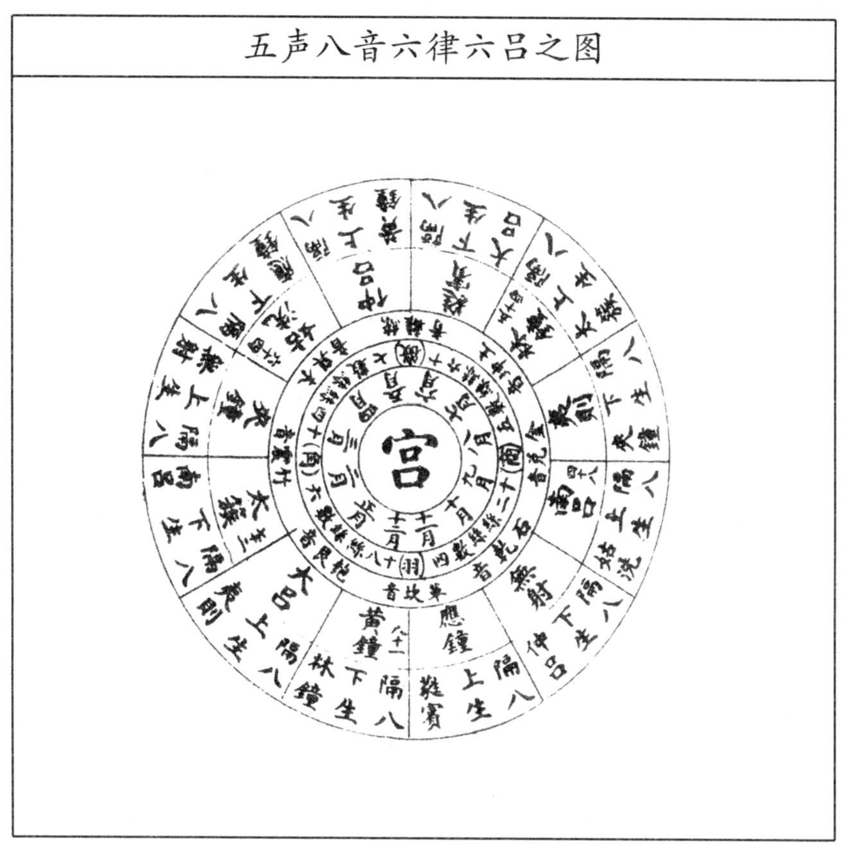

问曰:律吕何预于选择乎?答曰:盖六律为万物之根本,律历所通八正之气,天所以成熟万物也。律吕音和天地,兆泰神人克谐,万物资本,鸟兽及群,故八风随时而布,日月次舍而定,风雨以调,人民以康。善选择者,明损益相生,知五行者,宜调停律宫以和气运,以应人事,顺乎天地之正气,以召太和。

律吕论

昔黄帝使伶伦自大夏之西,昆仑之阴,取竹于斛谷。以生而空窍厚薄均者,断两节间而推之,以为黄钟之宫。数十二筒,以准凤鸣,是为律本。其后,舜律度星衍,《周礼》以六律、六吕合阴阳之声。及秦灭,学其道寝微。汉兴,张苍言音声所不能审,史迁有《律书》,其法略详。至京房,方以六律之本衍而相生,既始于黄钟,极于仲吕。文立执始去灭南史之名以毕之,自十二律变为六十律,犹《易》以八卦变为六十四卦也。其器虽传,知之者少。迨宋,钱乐之复因南事之余,引而伸之,主为三百律,终于安连,总为三百六十律,日当一管,其律绡随未之论于江都论丧。

候气之法,为室三重户闭涂爨,必周密布缇缦室中,以水为案,每律名一案,内卑外高。从其方位加律其上,以葭灰实其端,按历而候之,其月气至则灰飞而管通也。大抵冬至,阳气距地面九寸而止,惟黄律一管达之,故黄钟为之应验。正月,阳气距地面八寸而止,白太簇以上皆达黄钟、大吕,先以虚,故惟太簇一律飞灰,如人用缄彻其绡渠,则气随缄而出矣。

闰月定时成岁

按律历诸书与《周髀》皆云:日行一度,月行十三度十九分度之七。周天三百六十五度四分度之一,故曰:一周天为岁,岁十二月,而无整数,故以闰月定四时。三岁一闰,五岁再闰,及十九年而余一百九十日一万五千七百十三分。以日法除之,共得二百六日六百七十三分,为七闰之数,是谓一章。然必以十九岁而无余分者,盖天数终于九,地数终于十。十、九者,天地二终之,数积八十一章则其盈虚之除尽而复始。推此以定四时岁功,其有不成乎!

闰月定时成岁之图

岁余法一万
一百二十七分

岁法三百五十四
日三百四十八分

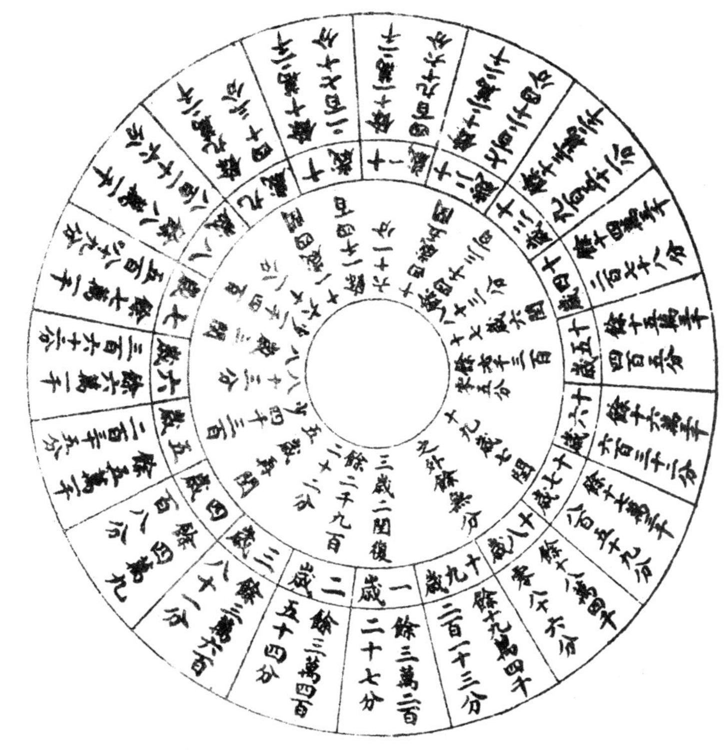

月法二万七千
七百五十九分

日法计
九百四十分

推闰月立春捷法

诀曰:若要求立春,旧年立秋同,闰月无中气,二十年可寻。

欲求来岁立春,可看今年立秋是何日,即与明年立春同矣。如欲起甲子年闰月,要推乙巳年闰何月是矣。又《性理》云:三十五个月,或三十六节气,则当置闰,无差误矣。

推月大小法

推月大小歌云

授时法历报君知，但将九年旧历推。月大月小起初一，
看其初一天地支。大月天干五支九，小月天四地八隅。
月大三十日无差，小月分明二十九。节气只凭九年历，
二十四气真端的。

欲起今年历,当推九年前历,看每月初一是何干支。如前九年正月大,初一是甲子,则甲至戊五数,子至申九数,即戊申日是初一矣。如前九年正月小,初一是甲子,则甲至丁四数,子至未八数,即丁未日是正月初一矣。余月仿此类推。

又定大小月捷法

将前六十三年历法大小月推看,皆同。如欲起今岁甲子年大小月,推算前六十三年得壬戌,则以壬戌年大小月与今甲子年大小月同矣,此法甚当。

推历家二十四节气捷法

欲求来岁节气,将本年之节气推算前去五日三时是也。如今岁甲子日子时初二刻立春,推算前五日三时,则知来岁立春该得乙巳日卯时初一刻也。余节气依此推算,毫发无差。

天帝天将合符交会篇(天将即太阳也)

天帝顺行十二月,布四时之令。天将逆行三百六十五度,宜八节之功。大寒,天帝司丑,天将司子,交会于丑子之间,万物成始成终,《易》曰:成言乎艮。雨水,天帝司寅,天将按亥,寅亥交符于丑寅辅艮,东北之位也。春分,天帝司卯,天将按戌,卯戌交符,甲乙符震,正春之令也,万物发生,《易》曰:帝出乎震。谷雨,天帝司辰,天将按酉,辰酉交会,万物洁齐,《易》曰:齐乎巽。小满,天帝司巳,天将按申,巳申交符,辰巳辅巽,东南之位也。夏至,天帝司午,天将按未,午未交符,丙丁辅离,正夏之令,万物皆茂,《易》曰:相见乎离。大暑,天帝司未,天将按午,未午交符,万物致养,《易》曰:致役乎坤。处暑,天帝司申,天将按巳,巳申交符,申未辅坤,西南之位也。秋分,天帝司酉,天将按辰,酉辰交符,庚辛辅兑,正秋之令,万物说成,《易》曰:说言乎兑。霜降,天帝司戌,天将按卯,戌卯交符,阴阳相薄,《易》曰:战乎乾。小雪,天帝司亥,天将按寅,亥寅交符,戌亥辅乾,西北之位也。冬至,天帝回归,北极子垣,天将复命,告功丑所,壬癸辅于坎,正冬之令也,万物归藏,《易》曰:劳乎坎。观斯可见万物造化,随帝将以出入;四六阴阳,随帝将而升降。所关甚大,所行甚显,如良臣赤心以辅国,圣主生道以治民,理必确然。发先圣之定论,启来学之阶梯,帝将之惠,不亦厚乎!

推算十一曜捷法(七政四余即是十一曜)

推算七政四余躔度过宫捷法

歌诀：八十年前论火躔，月孛六十有三年。金星九载土六十，
气星二十九年煞。惟有水流六十六，罗计九十四无偏，
八十四年加木德，太阳分明二十年。

此论十一曜大周天,其《未来历》俱依此法造算。其水星于今有用四十七年历法推算者,有用六十六年推算者,再查罗、计二星,今前清历考正罗易计位,计易罗位矣。

量天景尺测时图

(谓量天尺定时刻,论日永日短等事)

下量天景尺,长四寸八分,宽一寸,厚四分。正面划以刻数,首有二穴,以定南北二极之天表。上穴深一分半,下穴深一分。两旁墙刻天表寸数,以草量截,安穴内对日影正中墨为度,表头尽处因是其时。背面以节气,用表方寸而为准验之规。

冬至日在斗,去极一百五十五度,影一丈三尺三寸。

小寒日在女,去极一百三十三度,影一丈二尺三寸。

大寒日在虚,去极一百一十度,影一丈一尺。

立春日在危,去极一百六十度,影九尺六寸。

雨水日在室,去极一百一十度,影七尺七寸五分。

惊蛰日在壁,去极九十五度,影六尺五寸。

春分日在奎,去极九十一度,影五尺二寸。

清明日在胃,去极八十三度,影四尺一寸五分。

谷雨日在昴,去极七十七度,影二尺五寸。

立夏日在毕,去极七十三度,影二尺五寸。

小满日在参,去极六十九度,影一尺六寸九分。

芒种日在井,去极六十七度,影一尺六寸八分。

夏至日在井,二十五度去极六十七度,影一尺六寸。

小暑日在柳,去极六十七度,影一尺五寸。

大暑日在星,去极七十度,影三尺。

立秋日在张,去极七十二度,影二尺二寸五分。

处暑日在翼,去极七十八度,影二尺三寸。

白露日在轸,去极八十四度,影四尺二寸五分。

秋分日在角,去极九十一度,影五尺五寸二分。

寒露日在亢,去极九十六度,影六尺八寸五分。

霜降日在氐,去极一百八十三度,影八尺四寸。

立冬日在尾,去极一百七十三度,影一丈八寸三分。

小雪日在箕,去极一百八十一度,影一丈四寸。

大雪日在斗,去极一百八十一度,影一丈二尺五寸六分。

量天景尺之图

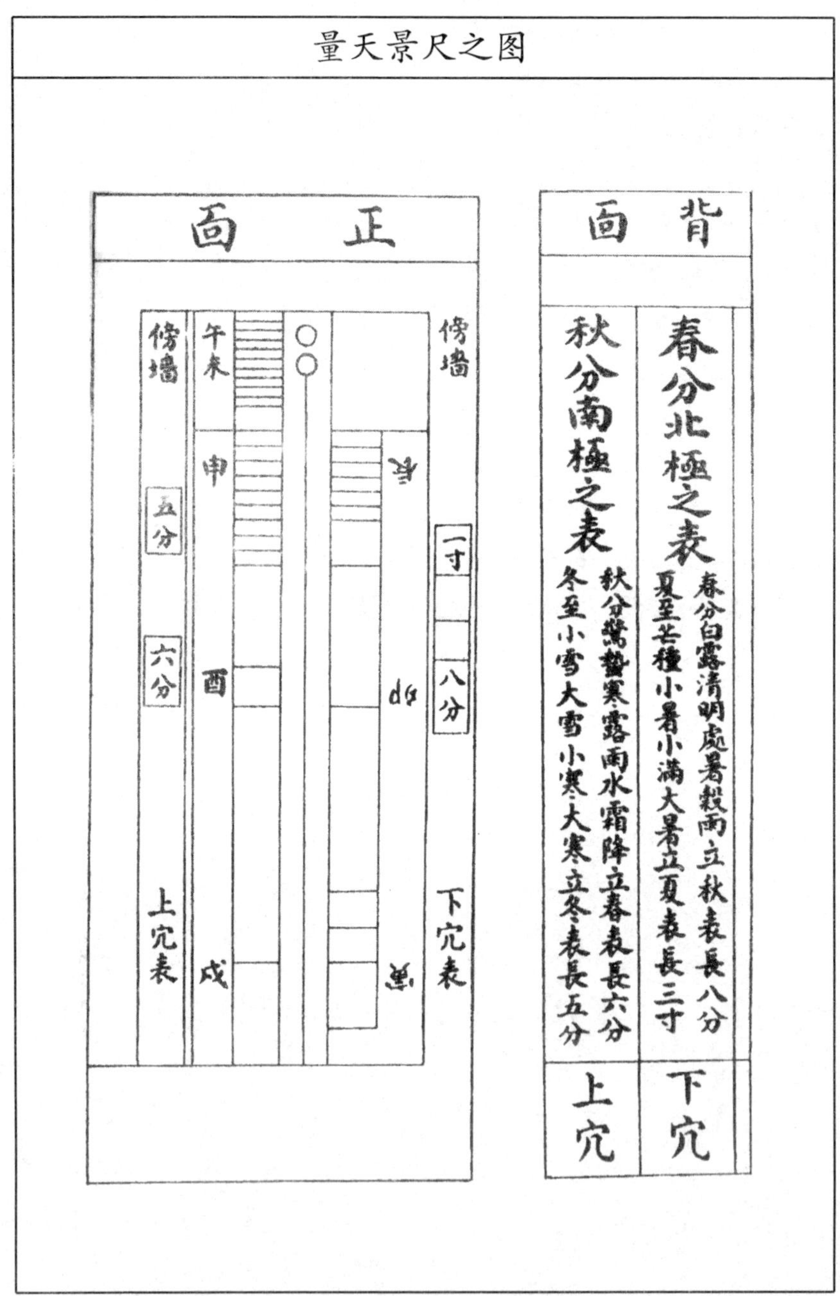
正面
傍墙
午未
申
酉
戌
五分
六分
上穴表
傍墙
一寸
八分
下穴表
背面
春分北極之表
春分白露清明處暑穀雨立秋表長八分
夏至芒種小暑小滿大暑立夏表長三寸
秋分南極之表
秋分驚蟄寒露雨水霜降立春表長六分
冬至小雪大雪小寒大寒立冬表長五分
下穴
上穴

虞书日永日短百刻之图

节气	立春	雨水	惊蛰	春分	清明	谷雨	立秋	处暑	白露	秋分	寒露	霜降
昼	昼四十四刻	昼四十六刻	昼四十八刻	昼五十刻	昼五十二刻	昼五十四刻	昼五十六刻	昼五十四刻	昼五十二刻	昼五十刻	昼四十八刻	昼四十六刻
夜	夜五十六刻	夜五十四刻	夜五十二刻	夜五十刻	夜四十八刻	夜四十六刻	夜四十四刻	夜四十六刻	夜四十八刻	夜五十刻	夜五十二刻	夜五十四刻

节气	立夏	小满	芒种	夏至	小暑	大暑	立冬	小雪	大雪	冬至	小寒	大寒
昼	昼五十六刻	昼五十七刻	昼五十八刻	昼五十九刻	昼五十八刻	昼五十七刻	昼四十五刻	昼四十三刻	昼四十二刻	昼四十一刻	昼四十二刻	昼四十三刻
夜	夜四十四刻	夜四十三刻	夜四十二刻	夜四十一刻	夜四十二刻	夜四十三刻	夜五十五刻	夜五十七刻	夜五十八刻	夜五十九刻	夜五十八刻	夜五十七刻

昼夜百刻图

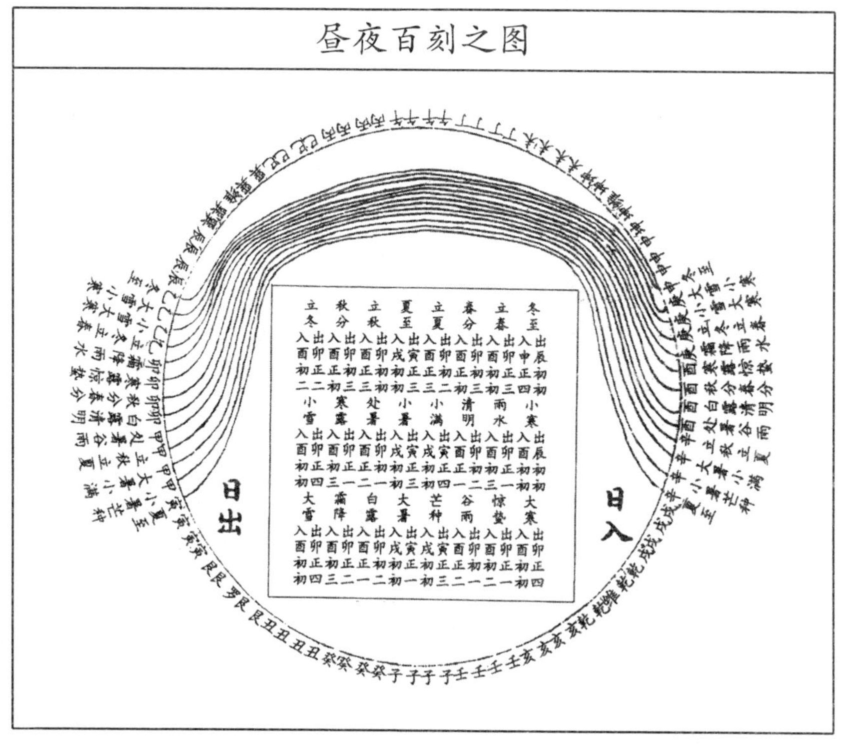

夏至,昼六十刻
为日永,后渐损,
至秋分,昼五十
刻,为昼夜平。又
渐损至冬至

昼四十刻为日短,
后渐增,至春分,
昼五十刻亦为
昼夜停,后渐增,
复至夏至也。

凡每日昼夜一百刻,分十二时,每一时有八刻二十分,每刻有六十分。其二十四气者,每气差一分半。冬至日极短,春分日均平。冬至后,行盈;夏至后,行缩,乃阴阳升降之期。二十四气分为二十四图,略其经矣。符天定时与三代有异,故今录图以定符天,纂昼夜行出十二月刻时图准。

定太阳出没歌诀

正九出乙入庚方，二八出兔入鸡场。三七发甲入辛地，
四六生寅入戌乡。五月生艮居乾上，仲冬出巽入坤方。
惟与十月十二月，出辰入申仔细详。

定太阴出没歌诀

三辰五巳八午升，初十出未十三申。十五酉时十八戌，
二十亥上记其神。二十三日子时出，二十六日丑时辰。
二十八日寅时立，三十加来卯上轮。

论定寅时歌诀

正九五更二点彻，二八五更四点歇。三七平光是寅时，
四六日出寅无别。五月日高三丈地，十月十二四更二，
仲冬才到四更初，此是寅时君须记。

古十二月歌诀以寅时为定例,其前后十一时,依此递算推测,则无差矣。

定神藏煞没、四大吉时

壬时:亥正三至子初二刻;乾时:戌正三至亥初二刻;
辛时:酉正三至戌初二刻;庚时:申正三刻,酉初二刻;
坤时:未正三刻至申初二刻;丁时:午正三至未初二刻;
丙时:巳正三至午初二刻;巽时:辰正三至巳初二刻;
乙时:卯正三至辰初二刻;甲时:寅正三至卯初二刻;
艮时:丑正三刻至寅初二刻;癸时:子正三至丑初二刻。

定论时上下四刻分数

日百刻,配十二时之数。昼夜百刻,配十二时。一时得八刻,十时得八十刻。又二时得十六刻,共九十六刻。所余者,四刻,每刻六十分,四刻该二百四十分,谓之十二时,计之每一时得八刻二十分,故有初初刻一十分,正初刻者一十分,一时有五百分,初初刻十分。初一刻至初四刻各六十分,共二百五十分,谓之上四刻。正初刻至正四刻亦二百五十分,谓之下四刻。

论半夜子时隔界

凡半夜子时隔界之类,一时有八刻二十分。子时上四刻属本日管,下四刻属第二日管。谨按大明成化十八年壬寅岁《授时历》,四月二十六日甲子夜子时初二刻,小满是上四刻作二十六管,故有夜字。若下四刻交节,则无夜字,是第二日管。但凡择时者详之。

定晓昏时总论

日未出地二刻半,而地上已明。日已入地二刻半,而地上明尽,故昼常多夜五刻,夜常少昼五刻。说见前《天文志》。盖日未出地二刻半而地上已明,即晓分时,日已入地二刻半而地上明尽,即黄昏时。世人但知以昏明为昼夜,不知日出在已明之后,日入在未昏之前也。

(新镌历法便览象吉备要通书卷之一终)

新镌玉函全奇五气朝元斗首合节象吉备要通书大全卷之二

大唐国师　杨救贫　秘旨
大明国师　刘伯温　重述
潭阳后学　魏　鉴　汇选

斗首五行二十四山图说

起例诗曰：

甲己土元子巳戌，
乙庚辰酉是金神，
丙辛卯申元属水，
丁壬寅未木成林，
戊癸丙午本属火，
乾亥癸丑火同宗。

甲己属土，
乙庚属金，
丙辛属水，
丁壬属木，
戊癸属火。

元辰五气立成

年月日时元辰五气立成定局

土山壬子	元土	廉水	武火	破金	贪木
火山癸丑	廉金	武木	破土	贪水	元火
木山艮寅	武水	破火	贪金	元木	廉土
水山甲卯	破木	贪土	元水	廉火	武金
金山乙辰	贪火	元金	廉木	武土	破水
土山巽巳	元土	廉水	武火	破金	贪木
火山丙午	廉金	武木	破土	贪水	元火
木山丁未	武水	破火	贪金	元木	廉土
水山坤申	破木	贪土	元土	廉火	武金
金山庚酉	贪火	元金	廉木	武土	破水
土山辛戌	元土	廉水	武火	破金	贪木
火山乾亥	廉金	武木	破土	贪水	元火

论元辰

凡论斯格，俱以坐山所属五行所主为我。我生他者为廉贞，为子孙；他生我者为贪狼，为官鬼；我克他者为武曲，为妻财；他克我者为破军，为破鬼也。但廉贞为子孙只喜一位，不宜重见。廉贞损子孙与我同类者，为元辰，宜生旺有气，宜生出，不宜死绝受克。生我者为贪官，不宜生入克入，宜休囚月上，相生无害，不宜在日时。我克他者为武财，宜生旺有气，宜生入克入，吉；不宜生出克出。克我者为破鬼，宜克出，又宜休囚，无气而头关得倒者无妨，正所关鬼，鬼衰鬼自灭者是也，不宜在日时。若见生旺有气，立见损人退财，大凶。重则人命官非，轻则丁粮耗散。凡择日期，以年月为上、为外、为出，日时为下、为内、为入。元武财决宜生入克入，不宜生出克出，立见退财；生入克入，立见进财。又看纳音四柱属何星，即以先天数断之，水一、火二、木三、金四、土五，数之百发百中，万无一失。

论周流四干于世，分经造化，化六十四卦，龙分经十干化气。

八卦番复问真龙，逐岁元辰定见踪。斗柄夜始天上照，
北辰维达在离宫。以天合地问支干，要合元辰问鼠郎。
乙庚鸡唱龙吟处，北极元辰斗上藏。惟有三台存一位，
乃求太岁与元辰。丙辛宫中属水神，兔猴照见斗星辰。
戊癸马牛猪一队，丁壬羊虎一同群。甲己鼠蛇同戊大，
阴阳变化义由深。一生元辰魁斗曜，太初一气是为灵。
二仪分判三才祖，万物因兹性命生。

杨公老夫，元辰之理，天地之间，此道隐妙深微，不可轻传！惟人精究留与子孙，在人之聪明作用，用之得宜，祸福有验，万无一失。

论元辰立法

太初元辰始先天气，在天管星斗，在地应人间万物之性命，在御街管官禄之星。玄释修持此宗成道。若见元辰五气，三阳开泰，日月光辉，春雷霆动，万物发生，夜雨时临，诸苗皆秀。若无元辰五气，有天不成形，阴阳皆失度，种子也焦枯，修而无成，花发一场空，如鱼之失水，诸物皆不成。若无辰五气全，万物皆化生，诸命喜完成，盖载之吉也。

秘传五气朝元玉函经选择要旨

一论五运六气；二论大利年月；三论龙运生死；

四论山运生克;五论太阳太阴;六论星宿垣庙;
七论奇门遁甲;八论演禽星象;九论天河转运;
十论雷霆太阳;十一论真禄马贵人;十二论生命化命;
十三论三白吉星;十四论差方禄马;十五论星宿日时;
十六论五气元辰;十七论推官推富,十八论补龙补运;
十九论修方修向;二十论阴府吉凶;廿一论捉煞帝星,
廿二论时克应。

论元辰起例歌

要求太岁与元辰，须向干头仔细明。衰病绝宫无福力，
长生墓旺始为荣。造葬若逢元辰旺，富贵荣华日日新。
时师若会元辰诀，莫把诸家误杀人。修方造葬皆如此，
立宅安坟要贵人。阳损家长阴损魂，坐空照管逢消息。
何怕同宫恶星辰，安坟自有神龙护。立宅须知有贵人，
分配五行星祸福。更无玄妙与追寻，甲己甲子起于元。
乙庚丙子起廉贞，丙辛戊子逢武曲。丁壬庚子破军边，
戊癸壬子贪先起。五星逢鼠便一般，永定元辰皆此法。

专用天干所用年月日时而言之,年月日时皆从壬子顺行,甲己即是元辰,壬子为正元,廉、武、贪、破,巽巳、辛戌为偏元。廉贞生旺为生气,有气进入为吉利。重坐廉贞犯子孙,但要仔细与推分。解曰:此星不宜重见,必损子孙。

长生 沐浴 冠带 临官 帝旺 衰 病 死 墓 绝 胎 养

论元辰注魂法

(修造忌生命犯元辰,埋葬忌亡命犯元辰)

天地阴阳二气分，清为阳物浊为阴。阴阳二气为根本，
主出元辰作祸魂。安坟立宅为主曜，次论星宿护元辰。
寻取五行相聚会，何愁福禄不臻荣。休将本命为宫主，

错认神魂误杀人。修方造葬皆如此，阳损家长阴损魂。

论元辰阴阳

（立宅安坟要别阴阳）

注曰：立舍用阳气，为灭没元辰；安坟用阴气，为元魂，仍要入墓，乃得龙神拥护。立宅，星辰扶持天五气为福也。若埋葬，务要五气交度，遇生旺者，大贵也。若休囚者，家长亡。若然入命刑冲元辰，正杀家长。若犯元神魂，损亡人，克子孙。顺相生相合福德也。且如甲己年，忌甲子、甲戌、己巳亡命，生命忌修方下向。如乙庚年忌乙酉、庚辰二命。丙辛年忌丙申、辛卯二命。丁壬年忌壬寅、丁未二命。戊癸年忌戊午、癸丑、癸亥三命。余仿此。

论五气体用

山为体兮柱为用，用干化气观生克。克休破鬼最为凶，
武财吉曜体之赋。生休贪官反不顺，我生廉子忌多得。
金见金兮为元辰，元辰福德为和域。

此法以山头五行为体、为内、为主，以四柱为外、为用、为客。要客来生主，用来救主为吉。如火山喜柱中亥卯未木局生入，内忌申子辰水局克入，比和生扶者吉，克入泄气者凶。又以年月日时十干化气与山头五行，论生克比和而分五曜，以山头之生化气者为廉贞、为子孙，如金山见丙辛二干也。以山头之克化气者为武财，如金山见丁壬二干是也。以化气克山头者为破鬼，如金山见戊癸二干是也。以化气生山头者为贪官，如金山见甲己二干是也。以山头与化气同类者为元辰、为福德，如金山见乙庚二干是也。

论五气吉凶

同我者为元辰，元辰宜生旺有位有气，宜生出不宜死绝受克、失陷刑冲。

我生他者为廉子，子只喜有气，一不可重犯，重犯则泄气，反损子孙，纵山水紧拱亦主慢发，盖无辰亦关系子孙。若值死绝、刑冲、空陷，则二三相扶，有气反吉，清闲一生，子孙兴旺昌盛。刑冲破损失子孙。

他生我者为贪官，番气为杀，故名凶曜。宦家可用，只许一位，多则反害。或贪财去职，必被降。庶民得之，若当山头衰时，则因官破财，或生好子孙，交官被败，妄求幸归富贵而致祸，官非牢狱不免。居年月位上为外，逢内克出无妨。若居日时为内，不时克入为凶，不宜有位有气。如火生在寅日有位，旺在午，午日有气。大凡造、葬多而有气，有位更重，则主人命官非，轻则丁粮耗散。如值死绝空亡，亦损六畜，口舌官非，生旺年月见。若居死绝或月上相生克出，亦无大害，不宜生入克入，及在日时上生旺为忌。

我克他者为武曲、为妻财，宜生旺有气，宜生入克入，不宜生出克出。喜三武共一家，清纯无刑冲克害、失陷死绝，则生旺三合之年发财。以先天之数，水一、火二、木三、金四、土五，天数年月，纳音断之，再合奇门，主大发财富贵。如刑冲克破，非损妻亦破财。若无气失陷，虽见重无益，逢败绝位，即四柱清纯，立见破财。

他克我者为破鬼，是凶星。偏宜立庙建学堂，日时带鬼生克出，干不受制鬼旺禄，建学要鬼生克出，内鬼干头生贪官，宜禄、马、贵人到山头本命，官鬼生旺岁高迁。立宅安坟嫌贪破，重重损财丁。若逢生旺克入，不出周年灾殃见。又怕官头化气制，制着廉子损丁亡，制着元辰家长死，制着武曲克妻财。又要两头关得住，破鬼无气莫甚嫌。大凡吉神要生入，半吉凶宜克出。元辰及天干、地支化气俱要相生和合。吉星生入为顺也，凶星克出亦宜。以年月为外、为上，日时为内、为下，克出自下克上，克入自上克下。

元辰武财廉子为吉神，贪官破鬼为凶曜。吉神要当阳进气，生旺得位，又从外宜生入，从内宜克出，不宜生出。年月为外、为上，时为内、为下。长生为有位，帝旺为有气，库、墓稍吉，嫌病、死、绝、空亡。三元三武喜为一家，廉子只宜一位，不宜重见。吉气吉神遇子生子，遇财进财。若无气、刑冲、死绝、败陷子破财。

贪官破鬼生旺，主官非人命退败。若值休囚败绝，亦主六畜小口之灾，不宜生入克入。生旺克制破鬼，干斗最忌番化克制，制廉克子，制财损财，制元辰家长先败。

论五气中别用吉凶神煞

第一要参入列宿，如：

木元辰要用角、亢、氐、房、心、尾、箕七宿；

水元辰要用斗、牛、女、虚、危、室、壁七宿；

金元辰要用奎、娄、胃、昴、毕、觜、参七宿；

火元辰要用井、鬼、柳、星、张、翼、轸七宿。

又曰：木山宜用四木禽，水山宜用四水禽，火山宜用四火禽，

土山宜用四土禽，金山宜用四金禽。此为真诀。

第二要明五运六气及四时旺相，合乎山头（见《通书》局）。

第三要合奇门遁甲，必使奇门到山向为尽善（见《通书》局）。

第四要推禄、马、贵人（见后集）。如申子辰年月日时，马在艮寅也。余仿此。

论元辰五气化合

合者，阴阳交度；刑者，三刑五逆。又曰：合者，周回配合，元辰五气中和是也。诗曰：

静里乾坤不可言，玄中妙理在阴阳，

元辰不合阴阳道，纵有诸家总徒然。

又曰：

先看元辰生不生，次看元辰向何星。五气配合元辰旺，

坐山立向气相通。山向元辰被克散，断定瘟瘽灾病衰。

冲破刑害损家长，冲山克向见灾殃。上克下冲出入天，

休囚死绝万物枯。贪鬼廉贞瘟灾至，必然岁岁官非连。

五气元辰喜生合，全凭吉曜得生旺。妻财子孙逢三合，

定出清高富贵人。克出生回须兴旺，无财空禄果刑人。

一辰一财三子位，四山五气六合运。元辰五气成造化，

克出生入福千般。

论元辰五气相生

元辰五气要相生，生我元辰定富荣。生辰有力方为吉，
退气休囚福不泥。乙庚金生丙辛水，定断其家福无比。
若逢马虎猪鸡贵，必定才子登科第。丙同狗鼠游，
丁蛇是福生。　　丙辛水生丁壬木，三六九年退官禄。
亥卯未年生贵子，人口安宁长发福。

水应三六九及亥卯未年，喜东方，忌乙庚伤元辰。

丁壬戊癸好修装，进入田园岁岁昌。
六畜田产多兴旺，蚕丝丰足出贤良。

火应寅午戌一四七年期，喜南方，忌丙辛三合火局。

戊癸火生甲己土，生旺吉地人发福。
元辰若得寅午戌，金银财宝入门屋。

要坐四库怕丁壬木伤，应辰戌丑未年，乙庚金局泄气。

甲己土生乙庚金，定是金门富贵人。
辰戌丑未年应旺，加官进职足丰盈。

金喜秋生得令，巳酉丑合局，应克出生回，迎财进禄刑，刑伤忌火局。

凡五气元辰要相生，勿相克制为吉。五气干头生入者为顺。

论五气克制

（大抵要吉星克恶曜，如一水克一火，阳胜阴衰为克制）

乙庚克制丁壬水，犯者须臾便杀人。苍木气衰病无休，
百般美事化为尘。丁壬克制甲己土，造葬退败见贫苦。
元辰再行木旺地，定主家长命先死。甲己制伏丙辛木，
水神受病见祸殃。造葬渺茫应年到，血财牛羊绝除踪，

丙辛克制戊癸火，元辰遭逢有徒流。离到夫妇浪荡死，
误杀世间多少人。戊癸火克乙庚金，多少营谋费用心。
若不退财并损失，亦杀福禄一时倾。丁壬乙庚只愁多，
三合格局反成麽。泄气身衰无旺相，退败妻财怎奈何。
甲己仍愁丁壬木，柱中亥卯未难当。户头因见淫欲事，
泄气之年有祸殃。乙庚甚忌戊癸火，寅午戌年出疯狂。
五气再行衰绝地，一家人眷反遭亡。丙辛秋怕甲己土，
大煞元辰不可当。定断瘟火退田庄，口舌官灾闹一场。
戊癸丙辛反为殃，必遭官事损丁粮。五气再逢休囚地，
人丁六畜尽皆伤。

牧牛师口诀曰：自甲子至癸亥六十日，日日可立坟，在人立法用之，智者能知，则气化灌荫山命，富贵立至。时师拘泥大葬之日，反致凶祸，是不知元辰五气之法也。

牧牛师即杨公。

论元辰会天乙贵人、福星贵人

金鸡啼起惹殷勤，飞向申酉对虎林。马带金铃人不识，
此星拱北对南辰。秦臣辅位登金殿，楚地风波作贵人。
惟有九宫留日月，年头定见斗元辰。

《经》曰：元辰入庙，须要天乙、福星二贵人合之，对君臣会聚主方出贵也。

金鸡者，六辛年遇戊子日，甲乃丙申长生，元辰有气。如坤申向艮寅，是为贵人。六辛逢马、虎，六辛遇寅午山向年月日时，俱是辛字为上，甚吉。马带钉铃者，如甲年坐子、癸山向午、丁，是天乙、福星二贵人。对元辰为福德临官贵人，辛年月日时吉。

秦臣辅位，是六癸年作乾亥山，是元辰向巽巳，六癸逢贵也。且如癸酉年元辰逢酉，不可作用。

如九宫得戊癸二干化气，作丙午山，盖元辰有气，金精交度，遇者发福。作子午遇禄元辰，对贵人禄马到吉日月取天乙贵人对元辰，年年斗曜不增空，

二十四神十二宫,惟有天乙贵人难,寻还须向日月轮。

大抵要禄马贵人同到山为上吉,或到时,或时干禄马贵人到合妙。

总断元武诗诀

三元三武共一家，子孙世代享荣毕。时师若会元辰法，
必出公侯宰相家。立宅安坟元辰主，次论星宿护元辰。
寻取五行相聚会，何愁福禄不臻荣。元辰为吉又为凶，
受气临官总不同。若逢生旺墓为吉，或逢衰病即成空。
五气亦要生旺墓，死绝衰病定为凶。元辰死绝不可用，
五气死绝病亦凶。二气得合方为吉，冲伤山向气不钟。
若然克山在外此，男子不死过房郎。

论贵人

修造喜逢天乙星，上曜临方下曜临。更明五星生旺气，
何愁同位恶星辰。立法须合山与向，造葬修方要贵人。

牧牛师论元气有无贵人诗,惟六壬、六辛、六癸有之,其余元辰无贵人。

论命杀

祸福元来有所钟，天星地曜命同求。申子辰年杀元命，
命人衰方不可修。但将太岁十神遁，遁见三杀便杀人。
识得元辰中和气，何愁凶曜破元辰。

论明鬼官

忌曜重重见鬼官,定要破败见伤残。
家中积得千金宝,恰知水溢浪淘沙。

如修桥梁坐元辰,不可坐子孙方。看有克子孙在何方,若在方道,定杀子孙。破贪怕居日时,若有气为祸甚速。若用之建庙,起儒学,生出克出亦好。

贪官廉贞不言凶, 要合山向五理通。五气交度番成贵,
何愁太岁急相逢。不宜相克遇太岁, 泄气身衰定有凶。

牧牛师曰:立舍用阴气,为灭没元辰,用阴气为元魂,故曰:阳损家长阴损魂,损魂便杀克子孙。仍要入星,方得龙神拥护,葬埋务要五气交度,吉星生旺,墓生入不生出,无刑冲破害、败死绝空。若休囚家长亡,若然年命刑冲元辰,主杀家长。犯元辰魂损亡人,克子孙。如:

甲己年,忌甲子、甲戌、己巳亡命,盖甲己元辰子巳戌土。

乙庚年,忌庚辰、乙酉二命,盖乙庚辰酉元辰金。

丙辛年,忌丙申、辛卯二命,盖丙辛申卯元辰水。

丁壬年,忌壬寅、丁未二命,盖丁壬寅未木成林。

戊癸年,忌戊午、癸亥、癸丑三命,盖戊癸元辰本属火。

亥丑午总一同,乃命犯元辰,修造忌生命,安坟忌亡命,犯之凶。又忌阴府太岁,忌主重凶损丁。

论忌三煞

如申子辰年,杀在南方,巳午未及巳午未命又忌阴府太岁,主损户丁。余仿此。凡造、葬二事有分别,立宅乃生人所居,有活动之理,故以天干化气之元辰主之,为阳元辰。第一要于德于禄于马,五气生旺之,而遇刑冲破害,虽凶但稍轻,而祸易过耳!

至若埋葬,乃死者阴魂所依,欲其永世保固,如地支之不动,故以下轮之

化气，观气之交度，会合刑冲破害等而断其吉凶。

第一要元辰入墓，方得龙神拥护，百年发福。若阳宅元辰入墓，则不为全美，主出人愚昧，但亦享安逸老寿之体。

《经》曰：立舍用阴气，为灭没凶；埋葬用阴气，为元魂，此理最妙。又曰：埋葬又要五气交度生旺，主大吉。若休囚者，主家长亡。若人命冲刑元辰，主杀家长。若犯元魂，主损亡人，克子孙。且如甲己年忌甲子、甲戌、己巳亡命，忌修方、立向，盖甲己元辰子戌巳是也。

论元辰兴衰法

元辰为吉又为凶，受气临官总不同。

若逢生旺墓为吉，衰病死绝总成空。

甲己元辰子巳戌，坎山元辰最旺，为福最厚。戌山冠带福力平，巳山元辰逢绝无气，然坎山甲子年正旺，何主退不利，盖犯伏吟。甲年元辰，大利三合。甲辰年，元辰入墓，吉。甲午年冲山，家长凶。戌年冠带甚好，然向犯伏吟，不利家长。甲辰年冲山，反吟，不利家母。甲午半吉。

乙庚辰酉元辰金，如酉山用酉年造、葬，元辰虽旺，然冲向伏吟，不利。卯年冲山，反吟不利。巳年逢生，大吉。丑年入墓，吉。未年冠带，半吉。乙亥年无气有病。

丁壬寅未水元辰，木生在亥，用寅年值临官，吉。又用寅山丁卯年、丁亥年生，丁未年墓、库，吉。壬申年冲山反吟，主退。未山用丑冲山，主退。丁卯年旺，吉。壬辰年衰，巳年病，无气主退。

丙辛卯申元辰水，丙申年，水长生，其福最厚。若卯山逢死气，如申山用丙申造、葬，冲向伏吟，主退。丙子正旺，大发。丙辰年入墓，大吉。丙戌年冠带，半吉。寅年死气，冲山反吟，凶。余同此。

戊癸元辰亥丑午火，外午山用戊寅年，逢生大吉。戊子年冲山，主退，反吟。戊午年冲向，主退，伏吟。戊辰年冠带，戊申逢败，戊戌年入墓，吉。癸亥年火绝，不吉。坤申老母冲寅山，犯必衰不可止，向用三七分经，乾亥天门，巽巳地户。

论先天元辰

人之一身,配分天地元辰,应阴阳五气,合乎六甲,五气应分五行,六运应分六甲。盖五行有旺有衰,有顺有逆,合者阴阳交度,刑者忤逆不调。元辰不离五气,五气不离元辰,二仪有应相生,盖顺荣华显达。甲己坐于勾陈,丙丁定见发福,戊己天干为主,四柱要在生旺,辰戌丑未四墓之地。甲己元辰,四季刚强,逢乙庚便是子孙,金多泄气,反害子孙。

丁壬水逢伤而有祸,主伤户头。取得丙辛结局,天地荣贵,克出生回,切忌戊癸生旺刑配而得和。木气喜在东方,春生荣昌,甲乙有根,亥卯未成祥,丙辛化水,墓辰旺子,木根水养,水成木漂。乙庚忌见有杀,反凶,伤破元辰,家损退败。赤天火气,正在南方,炎辛之精。丙丁之地,木主生火,切忌丙辛三合水局,有刑有害。墓旺午戌,火生于寅,五行上贵元辰,配于六合之地。甲己当权,子孙必然发福。

乙庚元辰,庚辛之地,白帝之方。乙逢庚旺,秋令刚强,墓旺酉丑巳土长生,克出生回,迎财就禄。若见刑伤,家业飘散。甲己化木,金赖土生,祖宗有粮,子孙必贵。金能生水,多则泄气。元辰破克吉地反凶。克出生回,而因财库居生旺之地,龙运得合造化者贵。

玄天水气,即分壬癸丙辛,透露壬癸为奇。甲乙官星见煞为凶,乙庚父母,养育为根。丁壬木为子孙,喜逢三合,青云得路,水居冬旺,生于丙辛,子孙富贵。财多泄气,水能生木,损其母,不祥。长生墓旺便遇吉昌,龙凤呈祥。水土发阴火,龙凤三台,木金化者,微理难明。

以上元辰妙论,大抵欲五气生回,元辰及气生于生旺之月,及地支三合结局助旺。如元辰旺甚,虽见贪官而不忌,就见破鬼而不忌泄。若得破鬼,有转生之妙,则反为福。若见元辰不旺,求五气回生,又宜在中和。若木无根,遇水而浮,金轻微遇土而沉晦,火将灭逢湿木而反息,是也。而生中不生,夏木见水而无用,冬火见木而反寒,是也。又如元辰空亡,刑冲破害,皆无受生受用之地。及元辰太旺,反为无依,孤克而断。经所谓:生旺过甚喜剥削,衰病太过宜生扶。又曰:生我之神再喜,生神之为吉,克我之煞重,忌扶煞之为殃。

此四句足以尽一篇之大旨。

论生旺克制

如辛亥年作甲山庚向,天元辛化水,是元辰大忌。辛卯、辛亥遁得辛卯地元,纳音属木,自旺见亥,乃木之长生。辛水临官亥地,天元临水不死。

论金五行生旺　乙辰庚酉四山属金

乙庚化金,惟庚辰乙巳年宜作庚酉甲卯向。乙庚得卯酉,天元有气,庚辰本家自旺,又辰为养金,为有气,天元水如旺宫,宜用壬寅到,遁得巳酉戌土金器。或用辛巳为长生,须遁武财元辰金见吉。是年不宜坐酉,是反吟、伏吟,破财退败。

论木五行生旺　艮寅丁未四山属木

丁壬化木,惟有丁亥长生,丁卯旺,壬寅临官,壬戌养。如丁卯年天元旺,丁壬化木为天元,木旺在卯,遁得壬寅为元辰木,临元有气。盖艮、寅山属木,用丁卯年五虎遁得壬寅丁壬也。木至寅为临官,有气也,坤向为向,驿马扶元辰吉,壬寅寅午戌合马居申是也,宜坐寅。丁亥年天元自生地元,土临官在亥,入元遁得丁未,见元辰入墓,吉。宜坐丁未、壬戌年天元养,宜坐艮寅吉。且如丙子、丙辰、丙戌、辛亥、辛未宜作坤、申山,遁得丙申化真水,是水入中行。

论火五行生旺　乾亥癸丑丙午六山属火

戊癸化火,推戊寅长生,戊午自旺,戊戌库,戊子胎,宜作丙、午山。盖丙午属火,生寅,旺午,库戌,故也。戊辰、癸丑、癸未宜作乾、亥山,火发也。

论水五行生旺　甲卯坤申四山属水

丙辛化水,惟丙子、丙申、丙辰、丙戌、辛亥、辛未宜作坤申山,辛亥遁得丙辛化真水,元辰长生在申,旺在子,冠在戌,墓在辰,胎在午,养在未,临官在亥,皆吉。若卯丑字出是谓无气。

论土五行生旺　壬子巽巳辛戌六山属土

土旺辰戌丑未及申子辰年月日时,得气大吉。且如甲己化土,宜坐壬子巽巳辛戌六山。用亥月乃临官,有气大吉。宜亥子午未,大吉。余多凶。

两头关格　相关吉凶

诗曰：相关相克两倾强，中有人关及鬼关。关鬼鬼衰鬼自灭，
关人人必受灾殃。关财须要财乡旺，冲破财乡退一场。
或是元辰亦生旺，贵人进物喜非常。

或关年月或关日时。且如年时是甲己,月日是乙庚,依此之类,为两头关格。今集经验一二,以后学之法程,庶不疑惑焉。

两头关格

己卯	乙亥	乙亥	己酉	金山头
贪官火	元辰金	元辰金	贪官火	乙庚山

解曰:此是两头关,火克入中心,金关绝子孙。纵有酉为金之旺,见卯冲之元辰,自坐病位,亦为凶。幸火居败死之地,则亦无大害矣,难为子孙也。

法以年时天干是甲己,乃甲己化土,土生金山为贪官。再以甲己起甲子,遁至辰酉见戊辰、癸酉,贪官之下系戊癸化火,年时属火,再以乙亥月日,天干是乙,乃乙庚化金为元辰金。再以乙庚起丙子遁至辰酉,是庚辰乙酉番化,又是乙庚属金。余仿此遁。

论元辰生旺年月日时

如:丙、午山,宜用戊、癸、丙、丁、寅、午、戌年月日时。
艮、丁山,宜用丁、壬、戊、己、亥、卯、未年月日时。
坤、申山,宜用丙、辛、戊、癸、申、子、辰年月日时。

庚、酉山，宜用乙、庚、甲、巳、酉、丑年月日时。

如甲己元辰，土旺辰、戌、丑、未山，取四季月日及戊巳辰戌丑未申子辰之支，如水山吉，喜冬月五十日。火山喜夏月，土山喜四季月，金山喜秋月，木山喜春月，各以司令之气而断其衰旺，以五运六气司令之月，而定之为妙。

论元辰诗例诀

元辰一曜最相关，大忌刑冲并死亡。
有位有气兼交度，人财昌盛世荣光。

元辰者，与山头五行相同是也，最为紧关，最要有位有气，无冲克害，空亡死绝之地，凶。或得运气生扶及天干来助则山家有气矣。既有气，即有生育，即能担当利名。纵聚凶杀，反谓之身杀两停，假杀为权之美，加以贵人、禄、马、阳虎、阴兔、帝星临照，三奇到方，则昌盛富贵矣。但元辰有隐则吉凶之异，不可不察。如壬山属土，柱中见元辰土，是元辰见也。若四柱并无元辰土出，是元辰隐也。若见最怕刑冲破害、空亡死绝、带刃劫杀，其祸紧速。又怕破鬼、贪官克剥之灾。若元辰隐，而山头之五行亦忌刑冲破害、空亡死绝、带刃劫等凶杀，及无位无气，克剥之害，但祸稍缓耳。

论五气所由生

山为体兮柱为用，用干化气观生克。克体为鬼用为武，
生我贪官又无益。生用廉子生子孙，元辰即是山家客。
如火见火同一类，最喜生旺方得力。

此皆由干头化气所由生也。如山属火，见甲己干头化土，火生土。我生者为廉子也，见丙辛干头化水，水克火。克我者破鬼，见乙庚干头化金，火克金。我克他为武财，见丁壬干头化木，木生火。生我者为贪官，见戊癸干头化火，火见火为比和，为元辰是也。其余仿此而推。

论干头化气

甲己化土,乙庚化金,丁壬化木,丙辛化水,戊癸化火。

论五行生旺墓

火生寅旺午墓戌,木生亥旺卯墓未。

水、土生申旺子墓辰,金生巳旺酉墓丑。

第一要山家旺。如木山要春天,要柱中有丁壬二字及亥卯未,或有壬癸亥子水来则吉。火山头要夏天,要戊癸二字及寅午戌,或甲乙寅卯吉。金山头要秋天,要乙庚二干,巳酉丑吉。水山头要冬天,要壬癸亥子及丙辛二字,及庚辛申酉子辰出吉。土山头要四季月,要甲己及辰戌丑未丙丁申子辰出则吉。

第二要元辰有气。如土山见土是元辰,土生旺申子辰及四季月,要柱见申子辰支及甲己干,吉。第三要武财有位有气。第四要贪鬼无位无气,要居外下,要生入,要空亡冲散。第五要禄马贵人。第六要知吉凶何事,如贪破有位有气,遇生旺主气破,贪官司,如见金,主事主争财,见水主水利,见木争五谷,树木见火,主因火烧疾。

番化捷诀

乙丑	己酉	甲申	乙酉
武财木	廉子金	廉子金	武财木

元元武化贪,官鬼子孙财。只此两句即知。

解曰:元辰化元辰,武财化贪官。五气朝元回者,即此也。贪官化破鬼,五气克元辰者,即此也。破鬼化子孙,盗气泄元辰,此也。子孙化五财,原忌子孙为泄,元辰番化武财,元辰克泄太甚,故廉子忌多,只取一位为美。且如乾山巽向，乾属火，此格中心克出两头财格，主失克妻后生子。

五气立成

壬、子、巽、巳、辛、戌六山属土，甲己元辰土，化土元。乙庚廉子水，化水财。丙辛武财火，化火官。丁壬破鬼金，化金子。戊癸贪官木，化木破。

癸、丑、丙、午、乾、亥六山属火，甲己廉子金，乙庚武财木，丙辛破鬼土，丁壬贪官水，戊癸元辰火。

艮、寅、丁、未四山属木，甲己武财水，乙庚破鬼火，丙辛贪官金，鬼；丁壬元辰木，元；戊癸廉子土，财。

甲、卯、坤、申四山属水，甲己破鬼木，子；乙庚贪官土，鬼；丙辛元辰水，元；丁壬廉子火，财；戊癸武财金，贪。

乙、庚、辰、酉四山属金，甲己贪官火，鬼；乙庚元辰金，元；丙辛廉子，财；丁壬武财土，贪；戊癸破鬼水，子。

以上所属五行，俱以四柱干头起五子元遁，至本山止。如子山亦数至本山所附之支，看得何干，而化气论之。

武财论

武者，武曲也，属金，为北斗，九星中之至吉也。财，妻财也，合者为妻，不合者为财。财乃养命之源，亦是吉曜，故曰：武财。以山头克者为武财，然克之中又有生我之妙，只患我所克者无气力，不旺而已。倘旺相当权，我反得其生扶之美，自无财旺身衰之嫌，所以为美也。倘元辰衰，而武财旺，财主退败之余而有再享之兆，故牧牛师所谓“三元三武共一家”者，殆有见乎！最怕空亡死绝败衰病之乡，及刑冲克害、关克之凶，最有坐于库、墓、长生之位，则用之不竭。

断因祖业之财

年上见财,坐冠带、帝旺、临官之地。而日之干支交合之,则主因上祖之财业享福。若年月刑冲破衰害病空亡,及与日家冲刑克害,及年月上逢马,则祖业退败,或有福不享矣。

断因妻子之财及本身进退

以日干为自己,以日支为妻妾。或曰:以日为自己,以时之干支为妻妾。如日上带财,得五气交生于无刑冲等杀,又得内外有位有气,或自坐长生、胎、养、库之宫,则自进财。若得禄马贵人,主因贵人得财,或因财得官。若带劫刃等杀,财因空手求来,或艺术得之,或多聚散,或合日支及时之干支交合位气,及武财入于时座亦三合交气,定因妻子进财。倘日时刑冲克害,空亡死绝等杀,定是破荡贫贱。又见劫刃等,或因抢劫致死,见孤寡华盖,定因入僧道而食闲饭矣。

牧牛师曰:武财宜生旺有气,宜生入。年月为出,日时为入,财位在年月而生日时为生入;或财在年月,而日时有位有气,亦是。财在外克入,是财来克身,大吉。喜三武共一家,财格局清纯,无刑冲克害,失陷死绝,则生旺三合之年主发财。如犯刑冲等,非损妻亦破财。若无气失陷,虽见重无益。逢败绝位,虽四位清纯,立见败财。

相关诗

内外五行信有宜,中心克出主灾殃。元辰之位或财位,
半是吉祥半是凶。财物有求又是杀,财杀死气祸难当。
有妻便是妻行难,无妻却是退财郎。妻财在外受两克,

必然重叠娶两房。若然克出在外死。男子不死过房郎。

倘见克入成家计，外送儿孙入叫娘。

又:癸山丁向属火。

癸	丁	壬	癸
卯	卯	戌	丑
元	贪	贪	元
辰	官	官	辰
火	水	水	火

此癸山亦中心克出两头格,凶。

星虽要克出,然克元辰,忌克子孙,克出在外死,不死亦过房。又曰:克妻主妻失,无妻主退财,有气亦减半,无气定见灾。

此格最忌元辰关贪破,要贪破无气,且关在月、日、土,则不可关入鬼,却看有何关之气,关鬼要关得倒。

又如两头关克入,若造庙观、寺院,要生起鬼有气不受克,极是显灵。大抵凶者主克出,吉者主克入。

廉子论

廉者,廉贞也;子者,子孙也。以山头所生者为廉子,主生育子孙,后裔长久之事,亦为吉曜。但元辰生他为泄气,而廉子一变,又为元辰之所克者而盗气,为深使元辰衰,或山头失令无助,则有衰弱不兴之兆。纵生子孙,亦是幼失所养,贫贱懦夫矣。况四柱之中,不可多见。《经》曰:廉子不宜重见,重见则克子孙。不克子孙,亦损父母。又怕刑冲破害、克贼鬼关、空亡死绝、败病,带凶神恶煞,无位无气,非多生少养,则是不生不育;非忤逆愚顽、不送亲老,则幼失所夭、中道死亡。若廉子带禄马贵人等,则子孙出贵矣。

贪官论

贪者,贪狼也;官者,官星也。《经》曰:生我者为贪狼官星。夫曰,贪狼乃恶曜也。盖其贪如狼,其凶可知。况生我之门,反为克我之户,如火生土,火变而水之类。而一官星至重,又非庸常之人,浅薄之地所当者。夫山既受克,则畏官,而祸害不免矣。第一怕贪官有位有气,争月令之势而生入克入,纵元辰有合旺生墓之美,亦谓之两敌。流年遇生扶贪官之支干,则贪官之支而作祸矣。第一喜贪官无位无气,墓库无妨,居于衰、病、死、绝、败、胎之位,或敌、刑、冲、破、害、空、亡之地,纵有亦不生祸矣。《经》曰:贪官重见又为凶,又嫌有位并有气。造、葬犯多而有位有气,重则人命官非,轻则丁粮耗散。而值死绝空亡,亦损六畜,口舌官非。生旺年月若见居死、绝,或月上相生克出,无大害。若有位有气,又居时日之内,及年月中见,而克入者带凶神恶煞,其祸难遣矣。

牧牛师曰:人皆知贪官之恶煞,而不知恶有美者。使元辰健旺,山头有气,武财三合有位,最喜贪官一位,有气则有财,旺生官之美,富贵两全之妙。盖贪官生财,财生元辰,此所谓五气交度者也。若贪官又混佔破鬼则谓之官煞混杂,多不成格。又如建学堂、起官衙、士大夫门第及架高楼亭阁,及世族官家修整正堂,则用一位不为凶,反为进位加官之庆。

又要贪官在外,生入在内,克出带禄马贵元,与元辰交互,及命主与之生合,则可推贵矣。又若山家秉令得奇门阳乌等神,及山头有贵禄有气,四柱中天干地支生扶,阴阳不驳,或天干地支一气与山头有情,而贪官四见,或见三见而无位无气,未可断为凶也。所谓官多无官,鬼多无鬼,亦平平而已。若遇刑冲则终,必有灾矣。

破鬼论

破者,破军也;鬼者,鬼煞也。以克山者为破鬼,其名又已凶,又能盗窃元辰有气,使人忘其克入,为祸而不知。盖破鬼一化而为我所生者,其贪灾乐祸何如,故甚忌之。若秉令当阳进气有生、临官、冠、库生扶之位,而克入居内,则凶灾甚速。重则瘟病死亡,丧服叠见,加以劫刃等凶星,则主强盗、抢夺、杀伤、服药、悬梁、水火之灾,图赖之恶,轻则破财,贼病连累,亏负小口,窃盗之祸,亦主家中不和,及淫逸赌荡,血光之厄,官非口舌,积年不散。纵逢空亡亦主六畜之灾。阴宅冲克亡命,主亡人作怪,迁变不定,水蚁之患。若居死地无位,元气刑冲破害在外克出,亦无妨。若单见并无贪官重混,有廉独旺,则可以反祸为祥,其吉凶略同贪官。

三元一子格

庚 甲 甲 甲
午 戌 申 午

廉 元 元 元
子 辰 辰 辰
水 土 土 土

此巽山属土,见三元一廉子土克入,此谓吉神,喜克入也。四柱有位,《经》曰:三元三武共一家,子孙世代享荣华。主申子辰年,大发财发福矣。

三元格及二武财格

又三元格

癸 戊 癸 己
丑 寅 酉 亥

元 元 元 廉
辰 辰 辰 子
火 火 火 金

癸三火。

此癸山属火,三火克金,克出次之。元辰火,生在寅有位,金病在亥,子孙不旺。幸有酉丑旺气,吉。亦取三元三武共一家吉局。

三武财格

丙 丙 丙 己
申 辰 子 亥

武 武 武 元
财 财 财 辰
火 火 火 土

此壬山属土,三武财生出元辰土为灭气,但生元辰山家有气,系冬月山头,主水有气。元辰土见申子辰三合,有位有气,虽武财火无位,幸三丙助之吉,遇申子辰年发福。

四武财格

辛 辛 辛 辛
卯 卯 卯 卯
武 武 武 武
财 财 财 财
火 火 火 火

此巳山元辰,属土属阴,用四阴干支得阴阳不驳杂之美,人皆谓奇。殊不知四大俱坐败地,辛金俱绝在卯,所以主官非、大败、贫穷。昔黄姓人用此格,有五百租,不下十余年,大败尽矣。

贪鬼总断

忌曜重重见鬼贪,定遭破败见伤残。
家中积得千金宝,恰如水溢浪淘沙。

破军总断

立宅安坟见破军,叠叠官灾不可论。
官鬼两混俱吉位,合家灾殃死无存。

此言贪破之凶,夫曰:贪而见官,必因贪财旺祸。有官者败职,名节扫地。无位者,放利而行,廉耻尽丧。而富贵之家,不久亦败。此句是指言元辰衰败者有此,而贫贱者,凶可知矣。夫曰:破而见鬼,必主先破败家国,财产费尽。因飞败暗昧之事,而充军徒流,断之以财败人亡之惨,而入于鬼箓矣,用者详之。

若破鬼带禄贵马元,在外生入,及生元辰,或在内克出或生山头,及干头有制化,纵一位有气,亦无妨。及因祸变福,永世无灾,不过虚惊,而日及起官衙连社屋学堂,一切大事俱可用之。亦要带吉神,无妨。若小事无吉神,亦不忌。

贪官廉贞不言凶,要合山向妙理通。五气交度番成贵,
何愁太岁急相逢。此言变凶反为吉。相生相顺方为吉,
克出生回何必定。若然相克泄身命,太岁生扶两泪汪。

五气总断

若五气吉凶之曜,俱以山向为主,建山论山、修向论向、修方论方。元辰及天干地支化气,俱要相生和合,吉星生入为顺也,凶星克出亦宜。年月位为上、为外,日时为下、为内。大抵要吉神生入克入,凶星要生出克出。若吉星生出克出,其福亦薄,居于外地亦然。凶星克入,其祸重矣。吉星亦要当阳进

气,生旺得位,凶星要受制克,又要克倒(如水克火,水旺火衰,曰克倒)。牧牛师曰:凡吉凶进,则各以生三合之年,主发财。以先天水一、火二、木三、金四、土五,天数年月纳音所属断之。

论何吉凶

不论吉凶神煞,各以人之本命支干化气,三合生克断之。如甲己化土,申子辰之类,如甲是破鬼得己人命是,如贪官无位无气属水,见申子辰人是也。及本命归禄马等,及刑冲破害之凶矣。

克出格

辛 癸 癸 甲
酉 亥 酉 申

武 贪 贪 元
财 官 官 辰
火 木 木 土

此巳山属土,贪土生武火,火生元辰土,似吉,但武财已死在酉土山,入户无气,贪官得长生,胎居内,其凶气甚急,虽元辰土坐申长生,难当二木克之,所以大凶。广武江彭钦用之,后二十七日生双子夭亡,是其验也。

克出格

丁 甲 己 庚
卯 申 丑 子

元 武 武 破
辰 财 财 鬼
木 水 水 火

艮山属木。

此艮山属木,亦克出,吉局。盖木山丑月进气,元辰居旺地,武财长生,克破鬼,应申子辰年进财,亥卯未年生贵子,吉局。

三武格

壬 壬 癸 壬
寅 子 丑 寅

武 武 破 武
财 财 鬼 财
土 土 水 土

乙山属金。

此乙山属金,三武有气,所谓甲己土生乙庚金,定是金门富贵人。辰、戌、丑、未年应旺,加官进职。三土克水,水必灭,所谓鬼关、鬼灭是也,故吉局不论破鬼有气也。

三贪官格

癸 癸 癸 壬
丑 卯 丑 寅

贪 贪 贪 破
官 官 官 鬼
木 木 木 金

巽山属土。

此巽山属土,破鬼克入鬼煞有气,官煞混杂。法曰:丁壬克制甲己土,造葬退败见贫穷,是也。

卞洞黄仁台用此葬父,至丁未年大败矣。

四廉格

戊 戊 癸 癸
子 午 亥 巳

廉 廉 廉 廉
子 子 子 子
土 土 土 土

寅山属木。

此寅山属木,见四土已嫌太泄,又年月相冲,又癸巳年以午为空亡。断曰:午未年损幼丁。又一说,寅山木即是丁壬丁克制甲己土,造葬退败见贫穷,元辰最行木旺地,定主家长命先终。寅申冲克之年,亥卯未木旺之岁配。

四贪格

壬 丁 壬 丁
寅 酉 寅 酉

贪 贪 贪 贪
官 官 官 官
木 木 木 木

亥山巳向属火。

此课贪官重见,虽贪官无气无位,似若不凶,但贪乃贼也,兵刃也,群贼持刃来刺彼空拳之夫,虽有贲育之勇,亦败之矣,况元辰又不旺扶。《经》曰:贪破重混,重则人命徒流;轻则丁粮耗散,后果应之。申子辰巳酉丑年人丁六畜尽皆空。

四鬼格

丙 丙 辛 丁
申 申 丑 丑

破 破 破 破
鬼 鬼 鬼 鬼
土 土 土 土

丙山壬向属火。

此课重见破鬼,本为凶。又鬼煞坐于长生申位,而元辰无位,伏藏病于申位,又生鬼土,愈资其剥削,而破鬼之干又有相生之害,所不出月余,为人命破败。盖火山木急,丙申纳音火,所以二月即应验矣。

此局系张玉湖葬亲,止四十日为人命败家也。

三廉子格

壬寅	壬午	丁酉	辛丑
廉子火	廉子火	廉子火	元辰水

水山。

此课克入格。元辰克子孙,赖子孙有气有位,廉贞重见,可修方,不可造、葬,泄气太重损户头。

修方格

此乾山属火,喜木火。金忌土水。

乙酉	庚辰	辛未	己酉
武财木	武财木	破鬼土	廉子金

此用金化土,用金制太元辰,虽伏藏,幸夏月火旺,二水乘旺四生,虽破鬼见辰日有气,但两木克之又廉子生,化凶变吉,所以为美。主六十日进生气物,果周年生贵子,申子辰得绝户,田地横财,大造大发,小修小发。

艮山属木。

甲辰	丁酉	己酉	庚子
武财水	元辰木	破财水	破鬼火

艮山木也,月时水生元辰,吉。《经》曰:丙辛水生丁壬木,三六九年进官禄,亥卯未年生贵子,人口安宁长发福。况武财有气,大害,但于一庚克木,未全妙也。陈步云葬父,果三年入学。

三贪格

庚辰	乙酉	己丑	庚子
贪官土	贪官土	破鬼水	贪官土

申山属水。

申山属水,贪官三土重见,再行元辰休囚之地,丁财尽空,水败酉死卯绝巳,此等平败兼贪官有气,其凶甚矣。

经验五气朝引证

戊 辛 丙 甲
子 丑 子 甲

贪 武 武 元
官 财 财 辰
木 火 火 土

有饶师与在乡宦择起告,断五年发科者。

本山坐辛乙,辛属土,以土为主,而课中元辰土于申乃长生之位,又见丙子为土之旺,是山独旺。又见贪官之木、武财之火回生元辰土,是财官两见,生身格局,甚美。值日房日兔,冬至后得地,毕宿值时,又助其美。且元辰为子火旺,福力绵远,应申子辰年添丁进财,果戊子得选矣。但贪官属木,乃克元辰之煞,虽宦家不忌,但亥卯未年助木旺,故损宅母,寅年、戌年吉;巳酉丑年,定然损伤;申子辰年,半吉半凶,为上格。

酉山卯向属金

戊 戊 壬 壬
午 午 寅 寅

破 破 武 武
鬼 鬼 财 财
水 水 土 土

酉山属金,一富家用此课,武鬼并见,虽武财回生,但春季上已休囚,又坐于座位,岂有回生之可破鬼?虽无位无气,但坐午上,乃胎宫酉山生出耗气,助破鬼之旺。幸戊壬制之,所以未至大凶。次年亥卯未之岁,元辰休囚,又木局克破武财,且癸卯年纳音属金,又生扶破鬼,兼癸与戊合化火,又是破鬼,故是年损丁破财。然破鬼居戊午纳音吉,之下火二数,故应二年损败,险矣。

续集近用验课

癸 戊 丁 已
丑 寅 丑 酉

贪 贪 破 元
官 官 鬼 辰
木 木 金 土

此造壬山丙向,土元辰,败在酉,衰在丑,病在贵,为无气无位,破鬼贪官俱有气,为官煞交害,已连年官非,破财损丁。乙卯春偶断其验,遂议修改林家课。

又验课 巳山属土

戊申	壬午	乙丑	癸丑
贪官木	破鬼金	廉子水	贪官木

此潮阳陈人葬巳山，元辰属土，隐伏不现。破鬼之金墓丑，贪官年时重见。木虽无位，冠带在丑。乙卯年卯月，逢旺有气，二月内被人产连，破财已尽矣。

诀曰：丁壬克制甲己土，造葬退败见贫苦。元辰再行木旺地，定主家长命先终。

戊午	戊午	癸亥	癸酉
武财火	武财火	武财火	武财火

此卯山属水，元辰格，四格俱财旺于酉年，大吉。亥中甲木又生财，葬主得财大发福。

论元辰禄马贵人格

天上贵人观星斗，凤凰啼报五更天。
金鸡未出扶桑顶，玉兔圆明带禄生。
楚地元辰游甲到，庚山福禄寿星明。
雷鸣辛酉辽天远，霹而金牛起五更。

注曰：六乙年，元辰金旺，酉坐七分庚申，故曰：啼报五更。大东玉兔到甲卯，乙禄到卯也。六己年、六丁年上坐官禄，六己年元辰在子乃贵人，故楚地元辰游，到处日官禄，是也。故称庚山福禄寿星明。六辛年，元辰震雷鸣向庚午日，又辛禄到酉金鸡地，霹而金牛起五更，癸禄居子，乃福临也。

断生子事

元辰亦为子孙，若元辰有位有气，虽无廉子出现，亦主多育。若空亡死绝，纵别宫有位有气，亦是多生少养，螟蛉侧室之儿。若元辰无气无位，犯前项之凶，又无廉子，或有廉子亦居败绝空亡冲刑，则平生不育，多生女子。或廉子被干头化气制着，或两头关格，多是胎不成而生不育矣。元辰廉子无气，则生子夭折不寿矣。

断夭相不寿

山家休囚，元辰无位无气又泄气，或多居在沐浴、病、死、胎、绝之地，则出夭寿之人。

断人财利进退吉凶

一要元辰克五气，五气怕克元辰，五气生元辰，吉。元辰生五气为泄，泄多则凶，故曰：泄气太重，当代贫穷；泄气稍轻，当代必兴。先看本山休旺之年，次怕神煞生旺之岁，五气吉者亦应三合之年。吉神衰绝者，亦怕死绝之岁，应验矣。

斗首二十八宿宜忌

四太阳禽

虚日鼠，常行申子辰宫，子日登垣，犯伏断凶。日喜甲子、庚子、戊申、庚申、丙辰、戊辰，吉。日忌丙午、壬午、丙申、甲申、甲辰、戊子、壬申、壬辰，凶。其合交食怕等及泊落变，俱后演禽列宿同例。

星日马，常行寅午戌宫，午日登垣，生申登驾，造吉，葬凶。日喜甲寅、丙寅、壬寅、甲午、丙午、戊子、丙戌、庚戌。

昴日鸡，常行亥卯未宫，卯日登垣，葬、嫁、娶吉。日喜辛亥、乙亥、丁卯、乙卯、癸卯、丁未、乙未、辛未，忌癸卯日。失则吉多可用，喜金水时禽相生。

房日兔，常行巳酉丑宫，酉日登垣，竖造俱吉。日喜己巳、丁巳、己酉、丁丑、辛丑、癸酉，葬忌。

虚子日午日登垣，星午生身垣驾舍。昴遇卯地房垣西，
若遇登驾即安然。寅卯辰出日即驾，日驾午上仔细看。
若论登垣生身局，日酉驾登即安然。登垣生身两无合，
定取登驾日光天。日禽俱无垣身驾，用之无益总是闲。
架造娶妇诸吉事，名为双喜自古传。日宿葬埋加月建，
血痨绝没出奸凶。日显阳光百事和，架造经商创业多。
求官赴任得高职，出行移徙居吉科。娶妻买田生贵子，
诸为百事笑呵呵。若泊生身登垣驾，加位冲举至大罗。
宝义专同会愈妙，制定日逢定不明。日禽若落未日下，
阴曜之乡怎奈何。独造一门逢日宿，血痨绝没百灾磨。
日宿葬凶加月建，定出强徒作乱人。

日乃人君之象，名曰：双喜。宜用日间时，当论升明沉晦，传在东南之地为升明，西北之地为沉晦。若遇制日、定日，其福减半。若遇伐日，纵遇本禽登垣，生身登驾，亦是凶禽。如逢寅卯辰巳午日，皆谓太阳登垣登驾之日。独寅卯二日，要看官历内日分节气，日出之时为准，方定得太阳定驾。其辰巳午三日，遇日禽是登驾也。若未日以下等日，乃日入阴曜之乡，即非太阳登驾也，此乃不能发福。或寅日亦可中有宝、义、专和，亦可用诸事，吉。独乐造尤妙，其架造宜用日月水禽，喜金水二时禽相扶本日太阳，大吉。忌火禽，恐火烧倾陷。

又曰：若得太阳行度数合年月日时，不用山脉起龙运，坐向山起屋运。又不必论造人生命有利、无利等件，及论刑冲克害四字，一切语俱扫除。合架造，日禽有忌，最重年月日时天干，怕犯五局正阴府、太岁二十四字，及重选定、除等十二件等日吉凶，最凶。又重忌天火日，必定火烧。若犯天火日，无风无雨三五年间，忽然自家倒塌。又重忌大杀白虎入中宫日，犯着甲辰、戊辰、丁丑、癸丑、丙戌、壬戌、己未日，主伤家长，宜用雄鸡割血，在中宫地上压之，尤恐不免。又忌禄空、财空、天地不载日、五穷、天地灭没日，及将军箭受射，及犯罗金，用一得九，用二得八，用四得六，对中对缝俱凶，独选用三得七为妙。又暗金伏断日及浮天空亡、罗天大退、巡山罗睺、天牢黑道，此俱是架造日禽不用者。又忌天兵时，忌截路空亡，其截路空纵凑时禽好，亦凶。余五

不遇、暗金伏断时，皆是轻忌者，埋葬用之，必有重登大灾恶祸。又遇本日禽登垣及登笺，祸患重速，葬则主耗散财物，出孤寡，添恶疾，男妇痨瘵吐血，衄血伤血，堕胎产亡，刀兵刑杖，及伤奴婢凶死，并损六畜。若再得凶日及加月建，是本日禽又遇此日建，是凶加凶，又主一世之内绝矣。若葬少年之人，一七、二七，回家葬老人，主出颠狂，吐血伤丁。

推月建例法：如有埋葬，用卯日遇禽是昴日鸡，又遇二月建卯，是加月建也。若卯日虽遇昴宿，坐三四日是建辰巳，非加月建也。又如用午日遇星禽，又五月建午是加月建也。若在六月建未申，又非加月建也，余仿此。

四太阴禽

心月孤寅日登垣，毕月乌申日登垣。危月燕丑日登垣，
张月鹿未日 登垣伏断。心寅毕申月登垣，危丑张未两垣躔。
惟有张未垣身备，月禽登驾有即安。申子戌日入即驾，
戌亥子丑月即完。月遇登垣生身地，纵不登垣福绵绵。
不垣不身何足取，定取登驾月光天。如垣身驾俱无一，
月禽虽吉也徒然。月明照体百般好，造葬经商万事利。
嫁娶更美名利吉，移徙出行获利多。月禽若主身垣驾，
如锦面上又添花。再演生身垣驾日，宝义专同居吉科。
制日相逢稍可用，偶逢伐日凶祸多。月禽垣驾俱无一，
平过无益怎奈何。宝玉美次专中等，制定相逢福半绝。
惟有月禽并木宿，百为皆喜笑呵呵。

以上四禽皆忌制、伐日，减半福。

月乃后妃之象，名曰：善宿。宜用夜间时，须看上下弦与晦朔无光，望夜全光，其登垣生身及登驾之日，乃有宝、义日，专、制、伐之分。又当详审，去取其架造，俱同日禽之科。吉凶所宜所忌俱同。

又月禽大吉者是埋葬也。所忌者，土月火日，即白虎消尸骨杀者，又名地中白虎杀，若犯此者，尸骸葬在冢中，消化无存。又忌入地空亡，纵吉地不能发达。宜用金水二时禽来扶太阴，又用木月火时禽，俱吉。所忌者日时土时禽，截路空、五不遇，纵凑时禽吉，亦不可用。用申酉戌亥子丑为生身登驾之日，吉如卯辰巳午乃月无光之时，此日遇月宿亦徒然耳。若遇宝、义、专日，百

事、造、葬皆妙。若逢制、伐之日，亦减福。

今纪日禽、月禽登驾日，宜用当年官历查看节气日出、日入之时，方可用之无差节。若是夏至，是五月中，日出寅正四刻，日入戌初二刻。月分此后，若交小暑，便是六月节，第二日即日出卯初二刻，第八日即日入酉正四刻。节若交冬至，是十一月中，其日即日出辰初二刻，日入申正四刻之。月分居后，若交小寒十二月节前一日即日入酉初二刻，第五日即日出卯正四刻。

今用日禽，若遇日入戌之月分，其寅卯辰巳午五月俱属阳，是日登驾也。若未申酉戌亥子丑七日俱属阴，非日登驾也。若用月禽，遇日出寅入戌之月分，其戌亥子丑四日俱属阴，是月登驾也。若寅至酉八日则气属阳，非月登驾也。

今用日禽，若遇日出辰入申之月分，其辰巳午三日属阳，是日登驾也。寅卯二日属阴，非日登驾也。用月禽，若逢日出辰入申之月分，戌亥子丑寅卯六日属阴，是月登驾也。

今用日禽，遇日出卯入酉之月分，其卯辰巳午四日属阳，是日登驾也。惟寅日在此节气属阴，非日登驾也。用月禽，若遇日出卯入酉之月分，其戌亥子丑寅日属阴，是月登驾也。惟申酉节气属阴，非月登驾也。

此四月禽所值之日，谓之善宿，百事皆善，要合得登垣生身及登驾之局，大吉有验。仍有宝、义、专日登驾，上吉。制日、定日福减。若遇伐日，纵得本禽登驾，生身登垣之局，亦主大凶，决不可用。今架造月禽，俱同日禽之吉并所宜忌吉凶俱同，日禽架造之科一般用。

凡造、葬一作重选，月禽居第一者，尤重。本禽务要合看本月禽登垣，生身登驾之局，方验大吉，不合平过。今葬埋宜用月禽并木禽、火禽。

用官历，盖杀年月日时俱不用，定来脉起龙运，定坐山起墓运，又不用亡人年命及祭主生命，与墓坐山论有利、不利等件及刑冲克害，一切说明扫除无疑矣。

今埋葬，月禽首忌，最重年月日时天干，怕犯五局正阴府、傍阴府。二十四山，若年月日时，有一犯山，各主有祸。葬埋重选出头并年月日时，俱阴阳一顺，不杂一件，方吉。惟杂主祸患，又重选宝、义、专等日，吉凶最灵者。宝日为上吉，义为次，专为中吉，制为吉凶相半，伐为大凶。又重选建、除等日，吉凶最灵者，建、除、满、破、开日，葬极凶。危葬有凶，平葬平常无益。定日，乃死气之日，好事虽来有阻，福禄减数，轨日主有权柄威仪，亦出头贵奴，成、闭、开三日俱火，福禄并生，富贵双吉。

重选天干四字，一顺相连，俱生入者为妙。一顺相连俱克出者，亦妙。一顺相连俱生出者，平过。一顺相连俱克入者，大凶。若隔位杂乱者，相生、相克者，祸福不准。又重地支四字顺看，一顺相连相合者是吉，顺看逆看左右相连相冲者是凶。若隔位杂乱相合相冲者，祸福亦不准。

合者，申子辰四局三合也。冲是子与午三局四冲。若地支合阴阳混杂，皆不能用矣。四干论生克不论合冲，四支论合冲不论生克。葬忌月火日，即白虎消骸杀，又名地中白虎杀。尸骸消化，岂能荫佑？大凶。又重忌入地空亡日，大杀入中宫日，犯着甲辰、戊辰、丁丑、癸丑、丙戌、乙未等日，主伤家长，术用雄鸡割血，中宫压之，尤恐不免其祸。又忌禄空、财空、河图减气日、月忌日、天不载日、五穷日、天地灭没日，在此埋葬用月禽，不吉。灭没日至，水火金木土方有不吉。

灭没所忌日并重犯将军箭射二杀，又忌罗金，用一得九，用二得八，用四得六，对冲对缝俱凶，独选用三得七为妙。

又暗金伏断相及算禄到山，算定到山头逆，小儿二煞、天地官符、受死日、重丧日、天贼日方灵，此一俱是埋葬月禽所用轻忌者，埋葬月禽无看五音大葬、鸣吠，不灵不算。

外又天瘟日、天地空亡日、罗天大退、巡山罗睺、朱雀黑道、天牢黑道，此俱是埋葬月禽不用者。

今埋葬月禽又得金水二时禽，俱吉。重忌日、时禽，必主大祸，并土时禽亦忌。又重忌截路空，纵凑时禽好，亦凶，不可用。余暗金伏断时，五不遇时，皆葬埋月禽轻忌者。

以上葬埋月禽，凡备录所用宜忌吉凶煞，俱要逐一查过，合吉离凶，方为全美之兆也。

四火禽曜登垣并生克本禽歌断诀

（四禽一曜）

翼火蛇子日登垣，室火猪午日登垣。尾火虎卯日登垣，
觜火猴酉日 登垣伏断。翼子室午火登垣，尾卯觜酉垣庚躔。
火禽葬吉垣方验，出富入贵不等闲。又嫌未亥戌申日，
寅生午旺禽有缘。架造火烧商外死，百为哭泣灾祸连。
再逢伐日刀兵起，杀伤凶祸不周全。此怕生旺寅午日，
宜遇未申戌亥支。生旺吉凶随取用，绝没吉凶理自然。
燥宿葬埋堪取用，余皆凶祸不须言。

火乃南方荧惑星，文明之象也，名曰：燥宿。登垣日仍有宝、义、专、制、伐日之分，又有自主相生、相克方，有所宜忌。火禽埋葬吉凶俱同日禽。埋葬之科，一般宜用寅午时并月水火时禽，俱吉。忌用未申时、戌亥时，日时禽用之必凶。

截路空亡、五不遇，纵合时禽凑好，亦不可用。盖未申日是灭没，不吉。亥日火绝，戌日火库旺午日，若值水禽登垣，忌嫁娶，百事皆凶。逢伐日，凶上加凶。若鬼、室、尾星祸速，觜、翼星缓些。翼用子日，室用午日，尾卯日，觜酉日，俱登垣，埋葬吉。逢宝、义、专日，主行贵，得横财。架屋火灾，出行商本财被盗，嫁娶、移徙、求官、上任，百事人财两空。有太阴时，大吉。

猛虎变烧炼出金，宝义专逢妙愈亲。百事火禽霜上雪，独逢埋葬锦添花。最重登垣次旺生，方得横财次显身。架屋火烧商外死，娶损移伤祸不浅。凡为百事三年内，家中哭泣不曾停。学者宜当仔细用，两下分开定浊清。

此四火禽专看本日，合得本火禽登垣，又看本日生、旺、绝、库、灭没，终各得祸福，应验如神。不然，各得祸福，亦轻缓些。若用火禽登垣之日架屋，决定三年两次火烧，百祸交至。如用火禽登垣之日，近出经商，五六日归者，虽凶不凶。若远出经商至五七月及一年者，决主财本耗尽，或被盗劫，或逢水沉船，遭恶风，并主病缠，外死不回家矣。

若嫁娶、求官、上任，百为做事，遇此火禽登垣之日，及生旺本禽之日，定

主人财两亡,三年之内哭泣不停。若遇伐日,凶上加凶,定主刀兵之祸。若逢室、尾二火,祸来迟。若值建日、伐日,亦祸速矣。此四火禽,诸事不宜用,外宜埋葬,但同本禽月禽之吉。凡所宜所忌吉凶俱同,月禽埋葬之科用之。

今葬火禽固知吉利,务要合得登埋之宝、义、专日及得日,主生旺,并合得吉神,无犯凶煞,终得横财,决出英雄大富。遇贵人相扶,出风宪显官,做小官亦有英烈名声。此四火禽,独安葬宜用。若得登垣,虽犯伏断,亦主得吉。又遇寅日、午日,本禽生旺,吉上愈吉,福来更速。若遇戌日、亥日,并灭没未日、申日,纵合宝、义、专日,福来轻缓。切忌用四火禽,造作事俱凶,若值生旺登垣,愈凶,祸来速。若值绝、库、灭没,祸来缓。此又宜用月时禽,木时、火时禽,俱大吉。若用太阳日时禽,必主大祸。用水时禽、金时禽,俱凶。重忌截路空亡时,纵凑时禽,亦凶。余五不遇、暗金伏断时,皆葬轻用者。

四水禽曜登垣并生克本禽歌断诀

箕水豹辰日登垣伏断, 参水猿戌日登垣。轸水蚓巳日登垣,
壁水貐亥日登垣。箕辰参戌水登垣, 轸巳壁亥垣度躔。
造葬四水俱不利, 若遇登垣加时延。奸盗人命皆诬枉,
贼窃人欺招祸愆。弱宿如此坐灾祸, 前犯难说吉中延。
若遇宝义专三日, 生旺犠牲牛马羊。

四水禽,乃北方辰星,亥冥之象也,名曰:弱宿。仍有宝、义、专、制、伐之分,又用日主相生、相克与有所宜、所忌。水禽,造、葬万事俱不可用,误犯之,主子孙男女并不刚正,懦弱被人欺凌,多招无妄官讼,人命贼情及生疾病。嫁娶犯之,遭淫乱之诬,虽得吉日,亦不取。若得宝、专、义日,好养六畜作栏圈。又宜祈雨、开池塘、移花接木,并制乐器、造网罟等件,宜用申子辰时,忌用休囚时,忌卯巳丑。以上宜忌者,然水土同一宫,俱生西、旺北、休东、囚南。鹤神日,酉日以下,下地东北方以下,乙卯五日转正东,庚申日东南,丙寅六日正南,辛未六日西南,丁丑五日正南,壬午正北,癸未在天上北,戊戌在天上南,辰在天上东,己酉下地,周而复始。

诀曰:从癸巳日上天堂,己酉还归东北方,主天下地之日晴,主久晴。若

雨,主久雨。

箕辰、轸巳、参戌、毕亥日,忌演武、造葬、行船、裁衣、结帐、造酒醋、放债,百事遇主好诬,盗贼相侵。若值宝、义、专日,宜养六畜。凡事不宜用四水禽,若合生旺凶,余亦凶。若遇辰巳日库绝,祸稍轻。

论四木禽附登垣

角木蛟寅日登垣,奎木狼申日登垣。斗木獬丑日登垣伏断,
井木犴未日登垣。角寅奎申木登垣,井未丑斗垣度躔。
造葬嫁娶生贵子,务合登垣定出贤。求官得位迁高职,
行利商贾定平安。木盛林崇应成宝,英雄禽曜要归垣。
他年定做金鱼客,宝义专同会有缘。更喜生旺加添禄,
如逢库绝福难全。四木总名一文宿,流传吉曜不虚言。
再值居垣并生旺,相助木禽上九天。得垣若遇绝库没,
求利有阻不周全。不得登垣得生旺,目下虽吉也稀安。
登垣又随辰未申,木禽虽吉总是闲。

四木禽,乃东方木星,文明之象也,名曰:文宿。登垣之日,仍有宝、义、专、制、伐之分,并日主相生、相克。若遇宝、义、专日,又逢生旺日,出大贵。若遇登垣,得遇生旺日,得福轻些。若遇制日,福减半。若遇伐日、绝库日、没日,虽登垣,亦不可用。其造、葬宜忌俱同月禽之科,其所宜所忌亦同月禽之科。宜亥卯未生旺之时禽,并日时禽俱吉。忌申未辰之时。

凡此四木禽,其造、葬、嫁娶、求官、上任、经商、移徙、出行等件,若得之俱吉利平安。合得本木禽登垣及日主生旺木禽之局,大吉有验。若得垣又逢绝库、灭没、申未辰日,福禄亦减分数。若得登垣兼生旺,造、葬定主文章秀士,出行遇贵,赴举必利中试,百事皆吉。宜用月时禽,火时、木时禽,皆吉。

忌用太阳日时禽,必致大祸。用水、土时禽,俱凶。以上系埋葬用木禽者。若嫁娶月者,宜用日月木时禽,俱吉。火、水、土、金时禽俱凶。求官、上任、出行、经商等件,用者又宜日、月、木、金时禽,俱吉。用水、火、土时禽,俱凶。以上诸事,用水禽,忌截路空亡时,纵时禽好,亦不可用。五不遇时,亦其

轻忌者。

论四金禽附登垣

鬼金羊子日登垣，牛金牛午日登垣。亢金龙卯日登垣，
娄金狗酉日登垣。鬼子牛午日登垣，亢卯娄酉垣度躔。
莅任征伐最高妙，务合登垣始验然。商贾出行多利益，
钉门作灶最安康。再逢生巳旺酉日，相助金星极妙玄。
若遇寅午戌三日，虽宜金宿福难全。造葬按娶并移徙，
六畜骨肉尽伤残。只宜生巳旺酉日，怕遇寅午戌日间。
不拘生旺墓绝地，吉凶随取理昭然。威宿如此分别用，
万古不易前数言。造葬嫁娶并移徙，犯着金禽六畜亏。
又加箭射伐金日，丁财官没害相催。空手求财金得令，
尤忌埋没造祸随。

四金禽，乃西方太白星也，名曰：威宿。登垣之日，仍有宝、义、专、制、伐之分，及相生、相克日主。若遇宝、义、专日，又逢巳酉丑生旺日，亦不吉。陈希夷云：此金宿乃天地四方，方入上金神是也。

造、葬、嫁娶、移徙、作事，一切并忌。只宜上任，得大名望，决然高迁。只宜征伐获大勋功，定有升授。并宜出行，得人钦敬、经商买卖，得十分利益，开门作灶，喜事增辉，俱吉。但造、葬、嫁娶、移徙，及作牛马栏圈等件，用四金禽，又合登垣，主损六畜，加犯将军箭射二煞，决伤小口，破财招官方瘟疾。又遇庚申、辛酉日，干支纯金相助，其祸尤急。因此见庚申、辛酉二日，亦不是吉神。若独遇之，亦指六畜，凡事当避之。若遇支是金日，轻忌。独遇干是金日，则大忌矣。

又若值年月日时干支皆是金，或逢暗金伏断日，又山头是金，则是金杀，叠叠相逢，其祸加重，破财、伤丁、损畜愈速，凶。用四金禽合着登垣，若遇宝、义、专日，半吉，可用。或制日，将就用之。若是伐日，极凶，决不可用。

四金禽乃征伐、出行、经商、钉门、作灶等件，俱重选第一，宜用是吉者只合登垣，决然是吉。若遇巳日酉日生旺本禽，吉上加吉，福来更速更大。若遇

寅日、丑日绝库,并灭没、戌日,纵合宝、义、专日,福来轻缓。如造、葬、嫁娶、移徙等件俱忌用,是凶者若合登垣,决然凶。若遇巳酉生旺日,凶上加凶。若遇丑寅绝库并灭没、戌日,纵合宝、义、专日,祸亦轻缓。

今举凡事宜用禽日,俱同日月木禽时,吉。并所宜所忌吉凶,及所用吉凶之时,俱照日月木禽,各利用之,即是矣。不得已架造,金禽宜用日月木时禽,吉。用水、火、土、金时禽及天兵时,凶。不得已葬埋,遇金禽,宜用月、水、火三时禽,若日时月,必主大祸,并水、土、金时禽,俱忌。不得已嫁娶用四金禽,亦宜用日、月、木时禽,吉。用水、火、土、金时禽,俱凶。

若前莅任征伐等件,用日、月、木、金,俱吉。用水、火时禽,俱凶。独作灶,火、水时禽,吉。又重忌截路空亡时,纵遇好禽,亦不吉。暗金伏断时,五不遇,皆轻忌。然金生于南、旺西、休北、囚东,又金禽最利冬月,见水而变化,牛羊狗未吉。

论四土禽附登垣

氐土貉辰日登垣,胃土雉戌日登垣伏断。柳土獐巳日登垣,
女土蝠亥日登垣。氐辰胃戌土登垣,柳巳女亥垣度躔。
百为做事皆愁怒,登垣祸福在眼前。独胃丙戌是宝日,
虽犯伏断嫁娶安。只宜生申旺子日,又嫌辰巳寅日干。
总括生旺绝灭日,吉凶随取理同然。怒宿所为怒不乐,
官符晦昧是真言。纵来晦昧莫当头,百事为之只恐愁。
谁能解却心中怒,一派长江洗亦忧。

土乃中央镇星,黄帝之象也,名曰怒宿。登垣日仍有宝、义、专、制、伐之分。土禽忌用寅日,造、葬、嫁娶,百事忌,定主官符不祥之兆。上官赴任,主伤家丁及本身患病。如遇初二、十六为不乐,终无所应效。谚曰:初二十六勿嫁居,上官赴任欲亡魂,此之谓也。逢太白同鹤神,如逢吉,无大凶。盖此土禽比水禽便可些,比金禽又略些,比火禽又更高些。惟胃土雉独嫁娶遇丙戌日,决大吉可用。戌日乃胃宿躔度到戌合垣局,切可取也。其丙戌又是宝日,虽犯伏断亦吉,可用也。宜用申子辰时,并日、月、火、金、土时禽,俱吉。忌巳

辰时、寅时，其余庚戌日、戊戌日、专日不可用。又甲戌、制日、壬戌、伐日，不待说也。余柳、氐、女土禽，虽得躔度登垣之宝日，嫁娶亦忌，不用。然四土原非吉曜，又合登垣是甲子生旺本日禽，灾祸立见。然水土长生申，旺子，若遇巳、辰、绝、库之日，并灭没、寅日，祸来轻慢。

重忌截路空亡时，纵时禽好，亦凶。暗金、五不遇，亦轻忌用。水、土二星同宫，生于西，旺于北，休于东，囚于南。春月宜用四木宿，吉；夏月宜用四火宿，吉；秋月宜用四金宿，吉；冬月宜用四水宿，吉。春月忌用水、土禽收，克；夏月忌用金禽收，克；秋月忌用四水禽收；冬月忌用四火禽收，不吉。

总记七曜及宝义专制伐日

喜善燥弱文威怒，随宜取用要相当。虚昴星房为喜宿，
万事皆宜葬不良。危毕心张为善宿，埋葬行商百事昌。
箕轸参壁为懦宿，所为懦弱受欺残。角奎斗井为文宿，
出任求名大显扬。亢牛娄鬼为威宿，上任征伐最高强。
胃柳氐女为怒宿，定遇官符大不祥。觜室尾翼为燥宿，
葬良商病架造殃。四燥若然逢闭日，更加鸣吠葬尤良。
开喜虽然为大吉，架造须良葬见殃。四弱造葬诸事忌，
奸盗扶赖见灾殃。

论宝义专制伐日

宝、义、专三日，用之必称情。制日尚可用，伐日不甚亲。臣犯君不喜，误用损人丁。若然无制化，至凶至恶神。

惟逢己卯、乙酉日更重。以上各件天干论其生入，地支论其左右冲合，齐查过，趋吉避凶，方为全美。

十二星断

建宜出行收嫁娶，定宜冠带满作仓。破除疗病执宜捕，
危本安床闭葬良。成开所作成而吉，平乃作事总平常。

十二星所属

建计除阴满是罗，平火定金执水河。破土危阳成是土，
收气开金闭孛过。建日相逢造葬凶，颠狂乱舞破家风。
行嫁出行上任吉，教牛教马此事良。建日可谋本为事，
若改前为再莫宗。总计建除平日收，出兵斩破大有功。

建者,健也,乃健旺之气。宜教马、教牛、习武、行兵,出行亦吉。惟正、四、七、十一月不宜出行。最忌架造、埋葬,主出行妄之人,酒色昏迷,胡作乱为,破坏家门。只宜行嫁、谒贵、上书,吉。如二、五、八、十二月遇建日,又更利害,是木旺在卯,午火旺之类,余未正。

除遇娶妻并造葬，求宜上任阻前程。经商出行及移徙，
兴工动土楚战秦。疗病捉贼除服好，宜合帷帐除邪精。
削毒断蚁塞鼠穴，解释冤愆一切灵。贪酷官吏恶人类，
除日告之问假真。

除者,乃除旧生新之象。宜除服、疗病、断邪、塞鼠穴,出行、嫁娶,亦吉。埋葬修葬遇吉宿好,生旺亦吉。又曰:最忌嫁娶埋葬。凡求官、上任、经营、移徙、出行并起工、动土俱忌,只宜做帐帷及宜解释冤愆、治邪魔、斩鬼精、捉盗贼、断白蚁、告贪恶人。

满宜造仓并作柜，诸事为之大吉昌。婚姻结义完全好，

一园春色百花香。古云满日土瘟是，架造可为葬不良。

不宜栽种并服药，开凿池塘鱼满江。

满乃丰亨豫大溢之义也，号曰：土瘟。不可动土、栽种、布菜，只宜造仓箱笼柜、婚姻结义、开池。如合好宿，宜架造，出富强壮。忌埋葬，然葬者，藏也，不用满日决不能受益，岂能藏乎？

平宜收益及收瘟，剥削除灾百事亨。又宜教畜及行嫁，

遇伐逢金断贼根。造葬埋之俱平过，余皆守分及高增。

平者，乃绳纠齐一之义，平常之谓。宜行船、收捕、治邪瘟、治病、除灾、行嫁、教牛马与平治道及场屋地基、修造、泥饰墙壁等事。若遇伐日及逢金禽，宜出兵、除贼根。造、葬用之，亦是平常。

定可冠带及安床，余作虽为事不良。招惹官非名死气，

纵逢吉曜也平常。造葬若逢此定日，好事生来却有妨。

定者，死气也，忌做六畜栏，经商、出行、移徙、入宅、词讼、见官，俱凶。只宜冠笄、安床、嫁娶、上任、求官，若造、葬纵得宝、义、专日及合日、月、水宿，福不周全也。

执有威仪总势权，得遇之星出大贤。捕贼擒凶称妙手，

任教捆绑自心安。若合宝义专好宿，用之大吉有威权。

执乃固执之义，亦曰：执持操守之义也。又有威仪权势，宜捕贼擒凶，此执日宜逢造、葬、嫁娶三件。若遇水宿登垣，生出文明贤士，宜宝、义、专日，吉，及月宿亦吉。

破日造葬嫁娶凶，诸事交关无好终。说合不和谋不就，

经商买卖求不通。纵好宝义专好宿，用之亦在破败中。

疗病针灸皆可用，秀士赴考夺天工。

破者，刚旺破败之义，百事俱忌。婚姻不谐，纵合宝、义、专日及好宿，决不能成，是破败矣。若遇辰、戌、丑、未月值木宿，逢此破日，秀才赴考，名为破

天荒。并求医疗病、服药、针灸、破屋坏垣、破贼障亦可。

危日登高及行船，日良宿好却多缘。作事交关全得好，

所谋百事独称先。危日安床亦可许，造屋移迁亦不安。

危乃危险之义，高大之象，荒唐之谓。最忌登高、履险、行船。若履险峻渊深之地，必有阻抑作惊之事。又遇伐日并逢弱、怒二宿，主见伤人之祸。若遇宝、义、专日及好宿，最宜与人交关，全得利益。经营、求官，谋为百事，俱吉，独称先过人。惟造、葬、嫁娶俱凶，但安床可也。

成日百为诸事谐，造葬分明待贵来。娶妻必定生贵子，

求名求利亦快哉。若问隔年新旧事，结冤结仇不须裁。

成者，结果成就之义。凡为百事，只有成就之机。但主先难后易，终有和合之义。若遇日吉宿好，百为俱吉。造、葬、出贵、嫁娶、生贵子、求名利，遂意皆成就。若事已成，不必再谋更移。别结冤仇，亦不必谋，为去栽种也。

收日旺妻埋葬吉，又好出行及买生。若遇宝义专好宿，

百为皆美及作商。架造不宜用收日，阳若宜显阴藏宅。

收者，收天下之溟也，有收成之义。又为纳藏之象。此日遇宝、义、专日及好宿，最宜娶妻，定生贵子，葬必出贵，及经商、出行、移徙俱得利益。买卖金银财物、收贮千箱、收买田地屋宇、纳财取债，诸事吉利。入学、捕捉、畋猎、收置仓廒等件，若此收日，纵合宝、义、专日及好宿，亦不宜架造。盖阳居宜显，阴宅要收藏也。

开日相逢百事昌，天开生气到生方。最宜造架生贵子，

开门放水进田庄。嫁娶移徙出行吉，求名利益喜增光。

开者，乃天下也，系生气之位，最宜造架、生贵子、开门、放水、进田庄、嫁娶、移徙、出行、求财等事，宜用开日。如遇太阳登垣驾之日，主生贵子，福禄至独。埋葬主大灾祸，极凶，切不可用。

闭日埋葬及藏宝，遇此为之终到老。六畜栏坊造亦宜，
架造匠日最不好。施针下灸不当为，塞路合帐称妙巧。
又宜娶妇不妄动，守静闺门留好名。

闭者，坚固之义也，最宜埋葬。生得富贵，大喜收金藏宝，不被盗贼偷劫、造六畜栏坊、合帐帷、塞路、断蚁鼠穴、修筑墙垣、作厕等件。忌医目、针灸、上任、经商、移出，诸事不宜。又忌架造屋宇。如遇坐牢闭而不通，定主暗祸。此日娶妇，主本妇静守不妄动，闺门端正，留好名誉也。

论驿马贵人官禄会局格

猴虎相逢聚一群，天乙南向竹子神。阴阳未分无人晓，
坐向艮寅虎变身。虎马兔龙无人伴，斗宫寻遁即三壬。
从前燕国先贤地，王母宫中对朝训。猪兔群羊同一样，
地得直奏上天庭。法从地户寻驿马，九凤飞龙见帝君。
蛇凤变牛寻楚地，南游天上曜星君。五福大贵无人识，
柱在阎浮问术无。

注曰：甲子元辰是也。丙子、丙辰、丙申，驿马、福星贵人在寅山申向，用艮是也。用玄天水气，是元辰生也。天乙是南方，故称丙午南离为阴阳。未坤两宫，寅午戌，壬戌、壬寅、壬午马居申，坐艮丑也。燕在寅时，坤申是老母，冲寅山，犯必衰也。不可正向，分金三分则不忌也。要元辰生旺亥卯未，癸亥、癸卯、癸未年月日时，元辰在宫，年月日时亥巽巳，驿马贵人随会挟地北辰行，北辰所谓乾亥也，地户乃巽巳也。龙九飞者，癸年属水，丙午为九宫，皇帝登山宫五须震为之，登九五位是五帝乃向北地，谓宝瓶执登，亥到子通用。南方之气须冲，有妨吉曜，大要制优无忌。煞重有损元辰，元辰有旺而无忌。余仿此。

论斗宿生旺到方

持时入穴克应验，元辰坐山为主。元辰持时，主贵人坐马打伞，或有亲人来，喜逢财物进益。廉贞持时，主有人抱儿来，或孕妇来，鸟声应之。

武曲持时，贵人担物财来，女人送生气物来，白衣人来应。破鬼持时，有武官军眷，或儿童、师巫人、禅僧之人来应。

（新镌玉函全奇五气朝元斗首合节象吉备要通书卷之二终）

新镌历法总览合节象吉备要通书卷之三

潭阳后学　魏　鉴　汇述

天符运气说

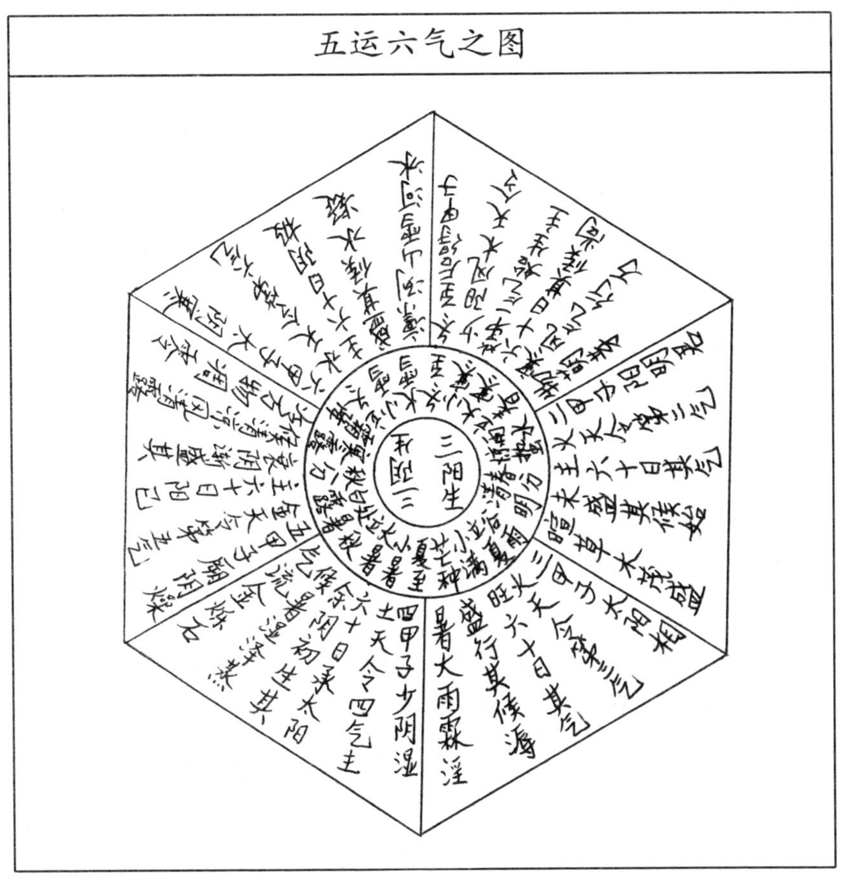

五运六气之图

夫五运者,乃十天干化运之五行也。六气者,乃十二支所值之五行也。凡开山、造、葬宜取山向与年月运气相生则吉,比和次之。山音克运气吉,运气克山凶。

五运有旋转之机,六气有迟早之变。天以是终始之因以地,地以是终始之因以物,二运者即五行也。六气者,五行之变,暑、风、火、湿、燥、寒也,故一气生六十日,六六三百六十日,六甲终以为阴阳寒暑之运而成一岁。冬至后得甲子为早,或在十二月节为中,或在正月为迟,夏至仿此。故物之生落迟早感应于此而已。

五运化气歌

甲己化土乙庚金,丁壬化木昼成林。
丙辛化水滔滔去,戊癸南方火焰侵。

逐年五运歌

大寒木运始行初，清明前三火运居。芒种后三土运是，
立秋后六金运推。立冬后九水运伏，周而复始万年和。

逐年六气歌

子午少阴君火尊，丑未湿土太阴临。寅申少阳逐相位，
卯酉阳明值燥金。辰戌太阳寒水是，巳亥厥阴风木侵。

逐月六气歌

厥阴木气大寒初，君火春分二上居。小满少阳三候主，
太阴大暑四交之。秋分五是阳明位，寒水终于小雪时。

逐年主气歌

初气逐年水主先,二君三相火排连。
四来是土常为主,五气金生六水天。

逐年客气歌

每年退二是客乡,上临实数下临方。
初中六气排轮取,主客兴衰定弱强。

五天之气发微

天地支干相错,而列于八方,各有定位。星宿环列,垂象于上而各有分野,盖上古占天望气,以书之则垂,后人在精意而可明也。盖天分五气,分流散于其上,经于列宿下合方隅,则命之以为五运者也。

夫黄天之黄气上经于心、尾、角、轸四宿,下临于甲己之位,中应人之脾、胃,乃丙火生土于甲己之化,故甲己化土为土运也。盖甲己独运于南,政如君德之尊。中规正南面为君而行政令,其余四运北面为臣事之,以受其令也。

丹天之赤气,上经于牛、女、奎、壁四宿,下临于戊癸之位,中应于心与小肠,乃甲木生火于戊癸之化,故戊癸化火为火运也。

苍天之青气,上经于斗、室、柳、鬼,下临于丁壬之位,中应人之肝、胆,乃壬水生木于丁壬之化,故丁壬化木为木运也。

素天之白气，上经于氐、亢、昴、毕四宿，下临于乙庚之位，中应人之肺与大肠，乃戊土生金，故为金运也。

玄天之黑气，上经于张、翼、娄、胃四宿，下临于丙辛之位，中应人之肾与膀胱，乃庚金生水于丙辛之化水，故为水运也。

此五气所经二十八宿而立五运也，然风、寒、燥、湿、暑、火，相火之化而成六气，周旋居于仲冬六十日有奇零八十七刻三，以序酉时之政令，五行生化万物之充成，发育胥汇之滋长，故司天在泉，三阴三阳上而奉之。盖天之气，曰客动而旋转不息，其气始自少阴而终于厥阴，其地之气运，循环无往不复，当其时而化行之常也，非其时而行变之灾也。

论六气复胜

夫六气之行，居乎上下之中，初终各行六十日有奇。自斗罡建丑循卯之中，乃大寒至惊蛰，厥阴风木用事，阳气始动，风化流行，发生万物，以应乎春为主之初气也。斗罡建卯循巳之中，春分至立夏乃少阴君火用事，君德之象，不同炎热暑化暄行，以应早夏为主之二气也。斗罡建巳循未之月，小满至小暑，少阳相火用事，臣幸君位，炎暑化行，以应长夏为主之三气也。斗罡建未循酉之月，大暑至白露，太阴湿土用事，云雨湿化，以应乎秋为主之四气也。斗罡建酉循亥之中，秋分至立冬，阳明燥金用事，清凉燥热为主之五气也。斗罡建亥循丑之中，小雪至大寒，太阳寒水用事，严凝寒化为主之六气也。

《经》云：显明于右，君之位也。君火退行一步，则相火治焉；复行一步，湿土治焉；复行一步，燥金治焉；复行一步，寒水治焉；复行一步，风木治焉。凡一步者，六十日有奇零八十七刻半，六六三百六十五日为一年，分为四时，故春温、夏热、秋凉、冬寒，以成一岁之令。故曰：地之气静而守其位也。历云：五日为一候，三候为一气，六气为一时，四时为一岁，岁之中得二十四气，七十二候，七百二十气为三年，一千四百四十气为六年，以周六十花甲之统纪。阴阳相乘，胜复之气，以其时化其气，过犹不及，以胜参之，则知其气应与不应。故察之盛与衰，从其气则和，违其气则病。正其气，析其郁而取之化源。益其气，无令邪胜以昧析之，则可暴之疾不生，是至理，岁之大要也。《内经》云：必先岁气，毋伐天和。所谓顺天时而顺其气则和；违天时而逆其气则病也。

推五运十干化气

（此即十干化气乃天运行之气也）

木运太角岁曰发生为太过	少角岁曰委和为不及	正角岁曰敷和为平气
火运太徵岁曰赫义为太过	少徵岁曰伏明为不及	正徵岁曰升明为平气
土运太宫岁曰敦阜为太过	少宫岁曰卑监为不及	正宫岁曰备化为平气
金运太商岁曰坚成为太过	少商岁曰从革为不及	正商岁曰审平为平气

上各以纪之太过、不及，悉能为殃。又详太过运中有为司天之气，所抑者，不及运中上逢天气顺生之，或天符助之，皆得平气，同于正化而无太过、不及之患也。

六甲之岁	敦阜之纪	岁土太过	阴气盛行	其邪干水	羽音为孤
二乙之岁	从革之纪	岁金不及	炎火盛行	其邪干金	商音为虚
六丙之岁	漫衍之纪	岁水太过	寒气流行	其邪干火	徵音为孤
四丁之岁	委和之纪	岁木不及	燥金盛行	其邪干木	角音为虚
四戊之岁	赫羲之纪	岁火太过	炎暑盛行	其邪干金	商音为孤
四己之岁	卑滥之纪	岁土不及	风气盛行	其邪干土	宫音为虚
二庚之岁	坚成之纪	岁金太过	燥金盛行	其邪干木	角音为孤
四辛之岁	涸流之纪	岁水不及	湿土盛行	其邪干水	羽音为虚
六壬之岁	发生之纪	岁木太过	风气盛行	其邪干木	宫音为孤
四癸之岁	伏明之纪	岁火不及	寒气盛行	其邪干火	徵音为虚

上前列气所干之行，遇其山音所值者，并不宜扦立，是名天运空亡，犯之大凶，切宜忌之。《通书》以山头作化气而论为阴府太岁者，全非也。君子宜洞然斥之，勿惑可也。

升明之纪，谓戊辰、戊戌二年也，火本太过，土逢天刑克之，减而得其平也。癸巳、癸亥二年，火木不及，上逢顺化，天气生之助之，得其平也，气化得均。

备化之纪，谓己丑、己未二年，上逢太乙天符助之，得其平也，气化均。

番平之纪，谓庚子、庚午二年，上逢君火。庚寅、庚申二年，上逢相火，天刑克之，减而得其平。乙丑、乙未二年，上逢顺化生之。乙卯年天符，乙酉年逢太乙天符助之，得其平也，气化均。

静顺之纪，谓辛酉、辛卯二年，上逢顺化生之，得其平也，气化均。

敷和之纪，谓丁巳、丁亥二年，土本不及，上逢天符助之，得其平也，气化均。

此一十八年得气化之均，山头无空亡之犯。

发生之纪，六壬之年，岁木太过，风气流行。土受其邪，岁星明见。

赫羲之纪，戊子、戊午、戊寅、戊申四年，岁火太过，金受其邪，荧惑星明见。

敦阜之纪，六甲之年，岁土太过，湿气流行，水受其邪，镇星明见。

坚成之纪，庚辰、庚戌二年，岁金太过，木受其邪，太白星明见。

流衍之纪，丙子、丙午、丙寅、丙申四年，岁水太过，火受其邪，辰星明见。

委和之纪，丁未、丁丑、丁卯、丁酉四年，岁木不及，木反受邪，太白星光芒。

伏明之纪，癸丑、癸未、癸卯、癸酉四年，岁火不及，火反受邪，辰星光芒。

卑滥之纪，己卯、己酉、己巳、己亥四年，岁土不及，土反受邪，岁星光芒。

从革之纪，乙巳、乙亥二年，岁金不及，金反受邪，荧惑星光芒。

涸流之纪，辛丑、辛未、辛巳、辛亥四年，岁水不及，水反受邪，镇星光芒。

此则天运五行，有正受其邪，有反受其邪。知造化者，当察天时以明地利，天时地利既明，方能召于人和也。未有背天时而得地利，能召人和之理矣。

上法以大五行据之，盖阳干为太过，阴干为不及，当抑其太过，而扶不及。如用土太过，而水受弱，用角以抑其太过，用商以扶其弱之不及。以日月时裁之，以岁会之岁会平之，以相合及交气日时干相合，则得为己助，号曰：平气，吉矣。假令辛亥年作癸山，阴年得水运不及，遇亥属北方水，相佐平矣。又每年交初气十年前大寒之日，如丁亥交司之日，遇日期与壬合，名曰：干德符合，亦为平气。若交司之时遇壬，亦曰：干德相符。除此交初气日时之后相遇，皆不济也。余仿此。

又阴年中，若逢月干相符合，若相济未逢胜而见之干合者，亦为平气。若行胜以后，行复已毕，逢月干合者，则得正位，故平气之岁，不可预纪之十干之下，列以阴阳年而纪之，此乃大概，设此庶易知也。平气纪须以当年之辰日时,以法推之。

化合论篇

十干合而化者,阴阳之配,夫妇之道也。遇六则合,遁三则化,以五子干数也,至己上得合,既合遁虎统配龙,主阳德司天而成变化者也。子者,坎之位,天一之水媾精之象,胎娠阳中,故男子从子左行,三十至巳,阳也,故三十而娶女子。从右行,二十至巳,阴也,故二十而嫁。此人事合五行之造化,讵可过于此期哉!

东,壬子至丁巳,六数,故丁与壬合。○丁壬化木,甲德统龙。

南,戊子至癸巳,六数,故戊与癸合。○戊癸化火,丙德统龙。

西,庚子至乙巳,六数,故乙与庚合。○乙庚化金,庚德统龙。

中,甲子至己巳,六数,故甲与己合。○甲己化土,戊德统龙。

北,丙子至辛巳,六数,故丙与辛合。○丙辛化水,壬德统龙。

推五运论

夫十干者,行天地之运。天地之气有正有邪,相为消长,正气衰则邪气盛;邪气弱则正气强,此阴阳消长之必然也。故五行之气有本初之气,有更革之气。本初者,正气也;更革者,邪气也。正气有定位,邪气无定位,古人于此深致意焉。

法则:

甲己化土,一六同宗;乙庚化金,二七同道;

丙辛化水,三八为朋;丁壬化木,四九为友;

戊癸化火,五十相守。

逢此五运化气,皆为天地更革之气,不得中正也。阳年五运,化气太过;阴年五运,化气不及,过与不及,悉能为殃。是故六甲之岁,堆阜之纪,岁土太过,湿气流行,其邪干水,羽音为孤。余说详见后五运例。

六十年主客气

	主气司天		少阴司 子午年	太阴司 丑未年	少阳司 寅申年
厥阴	初气居之	雨水 惊蛰 春分 清明	太阳 寒水切烈 霜雪冰冻	厥阴 大风荣 雨生毛虫	少阴 热风伤人 时热流行
少阴	二气居之	谷雨 立夏 小满 芒种	厥阴 为风湿雨 雨上生虫	少阴 天下瘟疫 以正得位	太阴 时雨
少阳	三气同天	夏至 小暑 大暑 立秋	少阳 大暑炎光	太阴 雷雨电雹	少阳 其热暴至 温风晚布
太阴	四气居之	处暑 白露 秋分 寒露	太阴 大雨淫注 霖雨雷电	少阳 炎热沸腾	阳明 清风雾露
阳明	五气在泉	霜降 立冬 小雪 大雪	少阳 温风乃至	阳明 大凉澡疾	太阳 厥阴 早寒
太阳	六气在泉	冬至 小寒 大寒 立春	阳明 燥寒劲切	太阳 大寒凝冽	厥阴 寒风飘荡 雨生鳙
厥阴	初气居之	雨水 惊蛰 春分 清明	太阳 风雨凝阴 不散	少阳 为豆疫至	阳明 清风露雾 蒙昧

（续表）

	主气司天		阳明司 卯酉年	太阳司 辰戌年	厥阴司 巳亥年
少阴	二气居之	谷雨 立夏 小满 芒种	少　阳 大热旱行 疫病乃行	阳　明 温凉不时	太　阳 寒雨润热
少阳	三气同天	夏至 小暑 大暑 立秋	阳　明 清风间发 热	太　阳 寒气间至 净冰雹	厥　阴 热风大作 雨生羽虫
太阴	四气居之	处暑 白露 秋分 寒露	太　阳 害雨润物	厥　阴 风雨摧拉 雨生螺虫	少　阴 热气反角 暴雨潺
阳明	五气在泉	霜降 立冬 小雪 大雪	厥　阴 凉风大作 雨生介虫	少　阴 秋气温凉 热病时行	太　阴 时雨沉明
太阳	六气在泉	冬至 小寒 大寒 立春	少　阴 蛰虫出见 流水不冰	太　阴 凝阴寒雪 地气温	少　阳 冬温蛰出 流水不冰

定六气论

夫十二支辰者，行地之气。五行之气，生乎地中，有盛衰消长。夫金水木土俱以形化，惟火以气化者也，故木分则小，金分则轻，水分则竭，土分则弱。独火则愈分愈盛，况火又为天地之化气，故金木水土各一而独火有二者，按京房《大元王策》以太阳化寒水，阳明化燥金，少阳化相火，太阴化湿土，少阴化君火。厥阴化风木，为阴阳六气运化之气。

以支辰推之，子午之岁，少阴司天，阳明在泉。丑未之岁，太阴司天，太阳在泉。寅申之岁，少阳司天，厥阴在泉。卯酉之岁，阳明司天，少阴在泉。辰戌之岁，太阴司天，太阳在泉。巳亥之岁，厥阴司天，少阳在泉。

以气朔推之，则自大寒日至春分日，又八十七刻半，厥阴风木主之，谓之生气。自春分日至小满日，又八十七刻半，少阴君火主之，谓之舒气。自小满日至大暑日，又八十七刻半，少阳相火主之，谓之长气。自大暑日至秋分日，又八十七到半，太阴湿土主之，谓之比气。自秋分日至小雪日，又八十七刻半，阳明燥金主之，谓之收气。自小雪日至大寒日，又八十七刻半，太阳寒水主之，谓之藏气也。

其法以一气运于甲子，二气运于甲戌，三气运于甲申，四气运于甲午，五气运于甲辰，六气运于甲寅，随天而左旋。一元甲子、二元丙子，二元戊子，四元庚子，五元壬子，随地而有右转，是以即元起运，即运行气，气有消长，运有顺逆。用以消息天地，察理阴阳，明道在心，通造化之妙，与天地同功，周流而行者也。

交六气时日

交六气时日		申子辰年	巳酉丑年	寅午戌年	亥卯未年
厥阴风木	大寒日交 立春 雨水 惊蛰	初之气始于寅初刻终于子正八十七刻半	初之气始于卯正之中巳初刻终于子一十二刻半	初之气始于申初一刻终于午正之中	初之气始于亥初一刻终于酉正之中
少阴君火	春分日交 清明 惊雨 立夏	二之气始于丑六十七刻终于戌正四刻	二之气始于卯一十二刻六分终于丑正四刻	二之气始于午三十七刻终于辰正四刻	二之气始于酉六十二刻终于未正四刻
少阳相火	小满日交 芒种 夏至 小暑	三之气始于亥初气终于本正之中	三之气始于寅初一刻终于子正八十刻	三之气始于巳初一刻终于未正一十一刻半	三之气始于申初一刻终于午正之中
太阴湿土	大暑日交 立秋 处暑 白露	四之气始于酉六十刻终于未正四刻	四之气始于子八十七刻六分终于戌正四刻	四之气始于午一十二刻六分终于丑正四刻	四之气始于午三十七刻终于辰正四刻

（续表）

交六气时日		申子辰年	巳酉丑年	寅午戌年	亥卯未年
阳明燥金	秋分日交 寒露 霜降 立冬	五之气始于申初刻终于午正之中	五之气始于亥初刻终于酉正之中	五之气始于寅初一刻终于子八十七刻半	五之气始于巳初一刻终于卯正一十二刻
太阳寒水	小雪日交 大雪 冬至 小寒	六之气始于午正三十七刻终于辰正四刻	六之气始于酉六十二刻终于未正四刻	六之气始于子八十七刻终于戌正四刻	六之气始于卯十二刻六分终于丑正四刻

定六气

子午年　少阴君火司天，阳明燥金在泉。
丑未年　太阳湿土司天，太阳寒水在泉。
寅申年　少阳相火司天，厥阴风火在泉。
卯酉年　阳明燥金司天，少阴君火在泉。
辰戌年　太阳寒水司天，太阴湿土在泉。
巳亥年　厥阴风木司天，少阳相火在泉。

此六气者，乃司天在泉之客气，凡生旺主气者，吉；克泄主气者，凶也。

六气玄机

子午二年	少阴君火司天 阳明燥金在泉　火胜金衰　皇极属水　壬子壬午			
初气	大寒至立春	主气厥阴风木	客气太阳寒水	土气受邪
二气	春分至小满	主气少阴君火	客气厥阴风木	金气受邪
三气	小满至大暑	主气少阳相火	客气少阴君火	金气受邪
四气	大暑至秋分	主气太阴湿土	客气太阴湿土	水气受邪
五气	秋分至小雪	主气阳明燥金	客气少阳相火	金气受邪
六气	小雪至小寒	主气太阳寒水	客气阳明燥金	火气受邪

卯酉二年	阳明燥金司天 少阴君火在泉　金胜火衰　皇极属木　乙卯乙酉			
初气	大寒至春分	主气厥阴风木	客气太阴湿土	土气受邪
二气	春分至小满	主气少阴君火	客气少阳相火	金气受邪
三气	小满至大暑	主气少阳相火	客气阳明燥金	金气受邪
四气	大暑至秋分	主气太阴湿土	客气太阳寒水	水气受邪
五气	秋分至小雪	主气阳明燥金	客气厥阴风木	水气受邪
六气	小雪至大寒	主气太阳寒水	客气少阴君火	火气受邪

辰戌二年	太阳寒水司天 太阴湿土在泉　土胜金衰　皇极属水　甲辰甲戌			
初气	大寒至春分	主气厥阴风木	客气少阳相火	金气受邪
二气	春分至小满	主气少阴君火	客气阳明燥金	金气受邪
三气	小满至大暑	主气少阳相火	客气太阳寒水	火气受邪
四气	大暑至秋分	主气太阴湿土	客气厥阴风木	土气受邪
五气	秋分至小雪	主气阳明燥金	客气少阴君火	金气受邪
六气	小雪至大寒	主气太阳寒水	客气太阴湿土	水气受邪

丑未二年	太阴湿土司天 太阳寒水在泉　土胜水衰　皇极属木　己丑己未			
初气	大寒至春分	主气厥阴风木	客气厥阴风木	土气受伤
二气	春分至小满	主气少阴君火	客气少阴君火	金气受伤
三气	小满至大暑	主气少阳相火	客气太阴湿土	水气受伤
四气	大暑至秋分	主气太阴湿土	客气少阳相火	水气受伤
五气	秋分至小雪	主气阳明燥金	客气阳明燥金	水气受伤
六气	小雪至大寒	主气太阳寒水	客气太阳寒水	火气受伤

寅申二年	少阳相火司天 太阳寒水在泉	火胜金衰　皇极属水　戊申戊寅		
初气	大寒至春分	主气厥阴风木	客气少阴君火	金气受邪
二气	春分至小满	主气少阴君火	客气太阴湿土	水气受邪
三气	小满至大暑	主气少阳相火	客气少阳相火	金气受邪
四气	大暑至秋分	主气太阴湿土	客气阳明燥金	木气受邪
五气	秋分至小雪	主气阳明燥金	客气太阳寒水	火气受邪
六气	小雪至大雪	主气太阳寒水	客气厥阴风木	土气受邪

巳亥二年	厥阴风木司天 少阳相火在泉	火胜金衰　皇极属水　辛巳辛亥		
初气	大寒至春分	主气厥阴风木	客气阳明燥金	木气受邪
二气	春分至小满	主气少阴君火	客气太阳寒水	火气受邪
三气	小满至大暑	主气少阳相火	客气厥阴风木	金气受邪
四气	大暑至秋分	主气太阴湿土	客气少阴君火	水气受邪
五气	秋分至小雪	主气阳明燥金	客气太阴湿土	木气受邪
六气	小雪至大寒	主气太阳寒水	客气少阳相火	火气受邪

以上各气受伤之说，如主、客皆火，即金受伤。如主木、客土，则土受伤，余可类推。盖不拘主、客，只以胜者为盛，盛之所克者，即受邪矣。今同各气受伤已□之日开载于下。

五气受邪

金气受邪忌用纳音金日	甲子 乙丑	壬申 癸酉	庚辰 辛巳	甲午 乙未	壬寅 癸卯	庚戌 辛亥
木气受邪忌用纳音木日	壬子 癸丑	庚申 辛酉	戊辰 己巳	壬午 癸未	庚寅 辛卯	戊戌 己亥
水气受邪忌用纳音水日	丙子 丁丑	甲申 乙酉	壬辰 癸巳	丙午 丁未	甲寅 乙卯	壬戌 癸亥
火气受邪忌用纳音火日	丙寅 丁卯	甲戌 乙亥	戊子 己丑	甲辰 乙巳	戊午 己未	丙申 丁酉
土气受邪忌用纳音土日	庚子 辛丑	戊寅 己卯	丙辰 丁巳	庚午 辛未	戊申 己酉	丙戌 丁亥

上各气受邪日,仍看其候。若木气受邪,其用在寅卯木旺之月。火气受邪,其候在巳午火旺之月。金气受邪,其候在申酉金旺之月。水气受邪,其候在亥子水旺之月。土气受邪,其候在丑未辰戌土旺之月。皆为平气不受邪而已。是气也,一日司天,一日在泉,乃气之对待也。司天者,天之气候也;在泉者,地之气候也。然天地之气天符中而行八万四千里,一日计行二百三十二里一十六步六尺六寸六分。凡卜择,须看地之脉气长短,而步算其气,得其多寡,然后分测其气克应一纪、二纪至数十纪之中,天符岁会交变何如?祸福兴替何如?则天地之气,运山用造,天乙生气,不待遍说而知之。既知之,则审主气临其厚者而用之。如太阳寒水自小雪至小寒,未候气临亥、壬、子、癸山是也。盖亥、壬、子、癸山乃太阳寒水所治之地,伏揆其冬候,乃太阳寒水为主气也,诸山仿此。

太乙天符、一六气诀

夫历以五日为一候,三候为一气,六气为一时,一岁二十四气也。七百二十气为子午年,一千四百四十气为六十年。太过、不及于斯可见矣。《经》曰:显明之右,在卯地君火之位。君火之右退行一步,相火治之;复行一步,湿土治之;复行一步,燥金治之;复行一步,寒水治之;复行一步,风木治之。故每气一步,各司六十日,又余八十七刻半,总之乃三百六十五日三十五刻。春温、夏热、秋凉、冬寒,以成一岁之令,千载则一。此主气之常也,故曰:地气静而守位也。

是以大寒至惊蛰,厥阴风木主事,谓之生气,临丑、艮、寅、申山。春分至立夏,少阴君火主事,谓之舒气,临卯、乙、辰、巽山。小满至小暑,少阳相火主事,谓之长气,临巳、丙、午、丁山。大暑至白露,太阴湿土主事,谓之化气,临未、坤、申、庚山。秋分至立冬,阳明燥金主事,谓之收气,临酉、辛、戌、乾山。小雪至小寒,太阳寒水主事,谓之藏气,临亥、壬、子、癸山。又以逐年司天客气加于守位主气之上,而推其变,故曰:天气动而不息也。其六气之源则同,而六气之绪则异,何也?盖天气始于少阴,终于厥阴;地气始于少阳,终于太阳。是故当其时,行变之常,非其时行变之灾也。客气克泄其主气者,祸之端也。客气旺相其主气者，福之源也。仍客气义有德化政令之常时，有暴风疾雨、迅雷飘雹之变。冬有燥石之热，夏有凄风之清。此无它，乃天地之气胜复荣所之致也。然地气有温暖纯淑之常，时有寒淫燥湿骨节胎息之变。生者感冒是气，必有风寒暑湿之变；死者终乘，其气必有吉凶祸福之应。此岂有它，亦坦气胜败兴衰之所致也。是说也，严乎五气太过、不及之气征也。又有所谓平气，故有天符、岁会、同天符、同岁会、太乙天符，凡此五者，所谓敷和、升明、备化、番平、静顺之纪，乃都天太岁之正气也。

天符、岁会

运气相同曰天符

丙辛水运，辰戌太阳寒水司天，运、气皆水，丙辰、丙戌为天符水。

丁壬木运，巳亥厥阴风木司天，运、气皆木，丁巳、丁亥为天符木。

戊癸火运，子午少阴君，寅申少阳相火司天，运、气皆火，戊子、戊寅、戊午、戊申为天符火。

乙庚金运，卯酉阳明燥金司天，运、气皆金，乙卯、乙酉为天符金。

甲己土运，丑未太阴湿土司天，运、气皆土，己丑、己未为天符土。

六十年中，有此十二年天符也，内乙卯属天地真木冲气天符，又属金。丁巳属天地真火运气天符，又属木。夫天地后专位尊而天符卑也，则乙卯可以天地真木专位，丁巳可以天地真火专位也。

运临本气之位曰岁会

丙辛水运，水律，子正旺，亥次旺，运、律皆水，丙子、辛亥为岁会水。

丁壬木运，木律，卯正旺，寅次旺，运、律皆木，丁卯、壬寅为岁会木。

戊癸火运，火律，午正旺，巳次旺，运、律皆火，戊午、癸巳为岁会火。

乙庚金运，金律，酉正旺，申次旺，运、律皆金，乙酉、庚申为岁会金。

甲己土运，土律，丑未辰戌属土正旺，运、律皆土，甲辰、甲戌、己丑、己未为岁会土。

六十年中有此十二岁会也，内有壬寅、庚申、辛亥、丁巳，不以为岁会者，谓不当正中之令也。

同天符、同岁会

太过之运加地气曰同天符

丁壬木运，寅申厥阴风木在泉，运、气皆木，壬寅、壬申同天符木。

乙庚金运，子午阳明、燥金在泉，运、气皆金，庚子、庚午同天符金。

甲己土运，辰戌太阴、湿土在泉，运、气皆土，甲辰、甲戌同天符土。

六十年中，有此六年同天符也。

不及之运加地气曰同岁会

丙辛水运，丑未太阳寒水在泉，运、气皆水，辛丑、辛未同岁会水。

戊癸火运，卯酉少阴、君火，巳亥少阳、相火在泉，运气皆火，癸酉、癸巳、癸亥、癸酉同岁会火。

六十年中，有此六年同岁会也。

天符岁会相合曰太乙天符

戊火运，午君火司天，午律属火运，气、律皆火，戊午太乙天符火。

乙金运，酉燥金司天，酉律属金运，气、律皆金，乙酉太乙天符金。

己土运，丑未湿土司天，丑未律属土运，气、律皆土，己丑、己未太乙天符土。

六十年中，有此四年太乙天符也。

六气诀

大寒在丑，厥阴风木生气，始艮、中寅、末甲。春分在震，少阴君火舒气，始乙、中辰、末巽。小满在巳，少阳相火长气，始丙、中午、末丁。大暑在未，太阴湿土化气，始坤、中申、末庚。秋分在酉，阳明燥金收气，始辛、中戌、末乾。小雪在亥，太阳寒水藏气，始壬、中子、末癸。

一气运于甲子，冬至之朔，比卦。

二气运于甲戌，霜降之朔，小过。

三气运于甲申，大暑之朔，讼卦。

四气运于甲午，处暑之朔，讼卦。

五气运于甲辰，谷雨之朔，中孚。

六气运于甲寅，雨水之朔，明夷。

夫甲己土运，在穴曰合，在气曰注。丙辛水运，在穴曰井，在气曰出。乙庚金运，在穴曰经，在气曰行。丁壬木运，在穴曰俞，在气曰过。戊癸火运，在穴曰荣，在气曰流。

六气应候

大寒日起，立春、雨水、惊蛰末日止，此四节乃厥阴风木司苍天气所主为生。

春分日起，清明、谷雨、立夏末日止，此四节乃少阴君火司丹天气所主为舒。

小满日起，芒种、夏至、小暑末日止，此四节乃少阳相火司丹天气所主为长。

大暑日起，立秋、处暑、白露末日止，此四节乃太阴湿土司黅天气所主为化。

秋分日起，寒露、霜降、立冬末日止，此四节乃阳明燥金司素天气所主为收。

小雪日起，大雪、冬至、小寒末日止，此四节乃太阳寒水司玄天气所主为藏。

上六气，生、舒、长、化、收、藏乃二十四山之主气，各应其候，遇其山家与气相符，按临节候，凡有扦立，大吉之兆也。

二十四山气运

如坎山从申起子为天建，经凡再从子至辰为地建。逢九从辰又至申，为财建。逢九宜合，寒水令为居垣，燥金令为得势，龙水合度，发福无替。余山仿此。

凡各山主气自有一定不移各山墓运。每从冬至后，以五子无用老五行亥壬子癸，大江东之真气变运，勿用洪范，大误人而损德。

凡论化气者，乃天运行之气为天运也；墓气者，乃地运行之气为山运也。然天运有孤虚，有平复，山运有克有制。

亥、壬、坎、癸四山正气属水，羽音，太阳寒水主守之位，为玄天水气。自小雪日起，至小寒末日止，为之藏气。

艮、坤、辰、戌、丑、未六山属土，宫音，太阴湿土主守之位，为黔天土气，自大暑日起，至白露末日止，为之化气。

水土十山皆墓在辰，水山凶。天运，甲年为孤，辛年为虚，甲子、辛亥年平气，吉。土山，天运壬年为孤，己年为虚，壬辰、壬戌、己丑、己未年为平气，吉。

申、兑、庚、辛、乾五山，正气属金。商音，阳明燥金主守之位，为素天金气，自秋分日起，至冬至末日止，为之收气，金山墓丑。金山天运，戊年为孤，乙年为虚，凶。戊申、乙酉年为平气，吉。

震、巽、寅、申、乙五山，正气属木，角音，厥阴风木主守之位，为苍天木气，自大寒日起，至惊蛰末日止，为之生气，木山墓未。木山天运，庚年为孤，丁年为虚，凶；庚寅、丁卯年为平气，吉。

离、丙、巳、丁四山，正气属火，徵音，君相二火主守之位，为丹天火气。自春分君火主之为舒气，自小满相火主之为长气，火山墓戌。火山天运，丙年为孤，癸年为虚，凶。丙寅、癸丑二年为平气，吉。

以上水、土二山，造、葬用申、子、辰、亥年月日时，为大吉，戌、午、未为次吉。

以上金山造、葬宜用巳、酉、丑、申年月日时，为大吉，未、卯、辰为次吉。

以上木山造、葬宜用亥、卯、未、寅年月日时，为大吉，丑、戌为次吉。

以上火山造、葬宜用寅、午、戌、巳年月日时，为大吉，辰、丑为次吉。

凡山家墓运，年克家长，忌月、忌宅母、忌日，众妇时忌子息，若遇四柱中纳音有制伏者，则并无忌也。谓子来救母，化杀为权，反凶为吉也。

以上二十四山主忌客，依其月节候，按临其山，取生旺有气得合禄、马、贵人、三奇、尊帝、太阳、太阴、金水二星及差方禄马贵人、太阳，则在意造作，切勿误信《通书》，反作生旺，错认休囚，编定某月用某鸣吠造坟，某日用某四柱造屋，弃生旺于不顾，用休囚而误人，戎之戒之。

按：六气司天者，主行天之令上之位也。岁运者，主天地间人物化生之气中之位也。在泉者，主地之化，行乎地中下之位也。一岁之中，有此上、中、下之气，各行化令，而气偶符会而同者，则同其化，是谓当年之中，司天之气与中气运同者，命曰天符，符之为言合也。天符共十二年，又当年十干化运与年辰十二津。五行同者，命曰岁会，气之平也，岁会共八年，外有四年。壬寅皆木，庚申皆金，癸巳皆土，辛亥皆水，亦运与年辰，五行相会，故曰：次岁会也。又当年有天会、岁会、运会，三者相同，命同太乙天符。太乙天符，太乙者，尊之号也，止有四年，故曰：天符为取法，岁会为行令，太乙天符为贵人。邪气中执法者，其祸速；邪气中行令者，其祸迟。邪气中贵人者，其祸必致败绝也。凡运气与在泉，合其气化，阳年日同天符，阴年日同岁会。故六十年中，太乙天符四年，天符十二年，岁会八年，次岁会四年，同天符六年，同岁会六年。五者分而言之，共四十年；合而言之，只有二十九年。经言：二十四岁者，不言岁会也。如是则变行有多少，贵贱有轻重，祸福有迟速。按经推步，诚可知矣。凡卜择法，当先审其山之主气，而取年月生旺局以应，如气其年在泉并主气，其月其候复临本山，合年月日时之生旺，天符岁会之辅佐，大宜迁都立郡，造宅安坟，百事皆吉。如犯休囚克泄，百事大凶。此五运六气为诸家年月克择之首，学者当尽心而详察焉。

六气年月专看相克

丙辛辰戌寒水年月不可下，子午君火，寅申相火，戊癸化火山及冗。

乙庚卯酉燥金年月不可下，巳亥风木，丁壬化木。山及冗。

丁壬巳亥风木年月不可下，丑未湿土，甲己化土，山及冗。

甲己丑未湿土年月不可下，辰戌寒水，丙辛化水，山及冗。

戊癸子午君火，寅申相火年月不可下，卯酉燥金，乙庚化金，山及冗。

六气论

厥阴风木、苍天之气

厥阴风木之气，苍天之气也。初气行于大寒之后三候，大寒日至立春，凡十五日为一气，一气分三候，一候凡五日。厥阴风木初气行于地中，每日气行二百二十三里零一十六步六尺六寸。

其气行，其候则“鸡始乳，征鸟厉疾，水泽腹坚”。是时，日行于子，天地之气已行坎之六三也。风木二气，一动则飞暇管之灰，泰开三阳，发明万物，其气正行，立春后三候，感其气应者，则“东风解冻，蛰虫始振，鱼陟负冰”。是时，天行于丁，日行于壬，月行于丙，天地之气已行坎之九五也。

风木终气，行于惊蛰之后三候，大旺秉正，其气行于地中，感而应候者，则“桃始华，鸧鹒鸣，鹰化为鸠”。是时，天行于坤，日行于乾，月行于甲，天地之气已行坎之上六，以周坎之六气也。风木之气，行于地中，凡六十日，气行一万四千里，其气风木，本山之穴，大宜修造、埋葬，营为百事，所合皆吉，不问诸凶、天曜、地煞，悉能制伏。年月日时合风木生旺者，吉；克泄者，凶。胡元象曰：天地之生气，不易明也。

凡克择卜吉者，不可不明地中生气也。若寅、甲、卯、乙之山，风木所治之地，凡造、葬克择者，必须风木气临之时，生旺之候，以取年月日时，以合风木生气旺相者，发福非常，主出人厚贤才，富贵久远。若风木之气休囚克泄者，必主人丁亏损，资财耗散，物业渐消，灾祸叠至。所谓克泄者，凶也。

少阴君火、赤天之气

少阴君火，初气行于春分之后三候，君火一候，气行甲子水，七火暗应，故“玄鸟至”。二候气行甲寅木，入木暗应“雷乃发声”。三候气行甲辰上，九金暗应“始电”。是时也，日行于戌，天地之气临于震之初九。发育万物，感之气舒，故《易》曰：帝出乎震。即君火所临，其候阳升阴降，法所当详。

君火二气行于清明之后三候，其气行于地中，一候气行庚午火，一木暗应,故“桐始华”。二候气行庚申金,二火暗伏,故“田鼠化为鴽”。三候气行庚戌土,三木暗应,故“虹始见”。是时天行于壬,日行于辛,月行于壬,天地之气行于震之六二也。

君火三气行于谷雨之后三候,其气行于地中,气行其候,则“萍始生,鸣鸠拂其羽,戴胜降于桑”。是时日行于酉,天地之气行于震之六三也。君火中气行于立夏之后三候,气行其候则“蝼蝈鸣,蚯蚓出”。是时天行于辛,日行于庚,月行于庚,天地之气已行于震之九四也。

法以君火为雅,故升于五阳之令,统阴之候,继以相火而相乘。凡君火气临木山,大宜扦立,不问诸凶、恶煞,悉可制伏。生旺者则,克泄者则凶。

少阳相火、丹天之气

少阳相火乃天地之气化,愈分愈盛,故五行之气各一,而火独二也。君火为天地陶冶万物之雅火,故以少阳相火而相承之。相火初气行于小满之后三候,其气行于地中,气临其候则“苦菜秀,靡草死,麦秋至”。是时乾阳刚而有晦,天地之气行于震之六五。

相火三气行于芒种之后,其气行,其候则“螳螂生,鵙始鸣,反舌无声”。是时天行于乾,日行于坤,月行于丙,天地之气已行于震之上六也。

相火三气行于夏至之后,其气行,其候应其气,应者则“鹿角解,蝉始鸣”,木槿荣其候也。风行巨谷,日行于未,天地之气行于离之初九也。

一阴生焉,姤临其政,夏草遭霜,相火中气行于小暑之后,其气行于地中,应其候者则有“温风至,蟋蟀居壁”。是时也,天行于甲,日行于丁,月行于甲,天地之气行于离之六上。相火之气临其山,吉。凡少阳相火之气所治之山,大宜造、葬,营为百事,所合大吉,发福最快。盖得天地热火之气,相火气临,不问诸凶,天曜地煞,悉能制伏。克择者必求其生旺以资辅,相火之气生旺也,火既炎上,愈生愈旺,俱不可犯,休囚克泄也。

太阴湿土、黅天之气

太阴湿土,初气行于大暑之后三候,其气行于地中,应其候,感其气化者“腐草为萤,土润溽暑,大雨时行”。卜择者各得并气之助也,天地之气并行子离地之九三。

初气行于地中三千五百里八十一刻有奇，湿土二气行，自坤而入，动于梧桐西南隅之根，摧落一叶而报天下之秋。此乃湿土之气行于地中，应其候者，则“凉风至，白露降，寒蝉鸣”。是时天行于癸，日行于丙，月行于壬，天地之气正行离之九四也。

湿土三气行于处暑之后三候，感其气应者“鹰祭鸟，天地肃，禾乃登”。是时也，日行于已，天地之气行于离之六五也。湿土中气行于白露节后，感于气应者“鸿雁南来，玄鸟北归，群鸟养羞”。是时天行于艮，日行于巽，月行于庚，天地之气行于离之上九。湿土之气化其山，人可行造、葬埋，营于百事，所合皆吉。不明诸凶恶煞，悉能制伏。生旺者吉，克泄者凶。

阳明燥金、素天之气

阳明燥金，初气行于秋分之后三候，其气行于地中，感其气而应候，“雷乃收声，蛰虫坏户，水始涸”，日行于辰，观封六候也，是时天地之气已行兑之初九。

燥金二气行于寒露之后三候，其气行于地中，感其气而应候者“鸿雁来宾，雀入大水为蛤，菊有黄花”，是时天于于丙，日行于乙，月行于丙，天地之气已行于兑之九二也。

燥金中气行于立冬之后三候，感气而应候者“水始冰，地始冻，雉入大水为蜃”。是时天行于乙，日、月行于甲，天地之气已行于兑之九四也。阳明燥金之气临其山，大宜扦立、造、葬，所合皆吉。生旺者吉，克泄者凶。

太阳寒水、玄天之气

太阳寒水，初气行于小雪之后，其气候则“虹藏不见，天气上升，地气下降，天地不和，闭塞而成冬”。是时日行于庚，天地之气已行于兑之九五也。

寒水三气行于大雪之后，其候则“鹍不鸣，虎始交，荔挺出”。是时天行于巽，日行于艮，月行于壬，天地之气已行于兑之上六也。

寒水二气行于冬至之后，其候则“蚯蚓结，麋角解，水泉动”，复封始生，天地之气已行于坎之初六也。一阳生焉，枯根暖回，寒水中气行于小寒之后，则

“雁北乡，鹊始巢，雉为鸡”，是时天行于庚，日行于癸，月行于庚，天地之气已行于坎之九二。太阳寒水气临亥壬子癸水山，大宜扦立、造、葬，百事所合皆吉。生旺者吉，克泄者凶同前。

（新镌历法总览合节象吉备要通书卷之三终）

新镌历法总览合节象吉备要通书卷之四

潭阳后学　魏　鉴　汇述

金精鳌极

（谓配卦取义以明生克吉凶等事）

起镇山鳌极五气歌诀

震乾从亥初爻起，坎丑艮从卯顺经。
坤戌巽辰初路起，兑申离午是行程。

如子年从乾山巽向，则将乾宫纳甲从亥宫起甲子水，子宫则是甲寅木，子宫即是子年，今年乾亥即是苍天木气司山。又如丙寅年，作乾山、巽山，寅年太岁泊在乾局第四爻，纳音是壬午火，其年乾山即是丹天火气丁火司令入穴清，更合后局，以断吉凶。

二十四山金精所正爻歌诀

乾坤艮巽天清六，子午东西五浊天。巳亥寅申人四洁，
人三四墓穴溷言。甲庚地二清壬丙，初地丁辛癸乙传。

乾、坤、艮、巽四山，天穴清，额定在第六爻。
子、午、卯、酉四山，天穴浊，额定在五爻。
寅、申、巳、亥四山，人穴清，额定在第四爻。
辰、戌、丑、未四山，人穴浊，额定在三爻。
甲、庚、壬、丙四山，地穴清，额定在第二爻。

乙、辛、丁、癸四山，地穴浊，额定在初爻。

其法：每从太岁支爻上起一甲，如子年作戌山辰向，就在乾局二爻起一甲，初爻二辛，六爻三丙，五爻四乙，四爻五庚，三爻六丁，值六丁者大吉也。余仿此。

凡遇一甲、二辛、三丙者为后天散气，俱凶。四乙、五庚、六丁者，为先天盈气，俱吉。

金精到穴起法捷歌诀

（此诀与前诀皆同，姑揭掌诀以便后学）

初爻指掌寅支是，卯二辰三巳宫四。午是五爻未六爻，
乾震初爻起亥子。坎丑艮卯坤戌年，巽辰离午初爻始。
兑将申岁初爻发，岁支上爻起一是。数至用山值爻止，
却看正爻得何气。丁甲辛丙为暗凶，四乙庚丁为吉利。

假如子年作乾山巽向，则以亥支加于初爻，寅宫子支加于二爻，卯宫子支即用年之支轮，止卯宫就从二爻卯宫，数一甲起寅上初爻，数二辛未上六爻，数三丙乾山额在六爻止，则子年得乾山，得三丙暗散之气到穴，余仿此。

论天符临御

赋曰：甲己之岁，戊为统龙，以土司化黄天最灵。乙庚之岁，统龙于庚，以金司化气旺素天。丙辛之岁，壬得统御，水以司化玄天之度。丁壬之岁，甲为统龙，以木司化苍天是奉。岁临戊癸，统龙是丙，以火司化赤天之任。龙统天德，上下御临，以神变化品汇元亨，故丙遇辛得申子辰而奋发，乙遇庚得巳酉丑而掀阳，丁遇壬得亥卯未而清贵，戊遇癸得寅午戌而光明，甲遇己得辰戌丑未与申子辰而最灵。是以五行以我宫为正庙，我入母宫是为福德之神。我入子宫为漏胎泄气，我入鬼宫为伤克之刑。我克之地为财，反为偏制之凶。生克机变，不一于斯，造化无穷。

金精主山定局　二十四山定位

二十四山 定　位		支　六爻 穴　天穴清 山　乾坤艮巽	五爻 天穴浊 子午卯酉	四爻 人穴清 寅申巳亥	三爻 人穴浊 辰戌丑未	二爻 地穴清 甲庚壬丙	初爻 地穴浊 乙辛丁癸
壬山 子山 癸山	太岁○ 爻 穴 气 五行	子午年 戊子水 天穴清 玄天气 癸水司令	巳亥年 戊戌土 天穴清 黄天气 戊土司令	辰戌年 戊申金 人穴清 素天气 庚金司令	卯酉年 戊午火 人穴浊 赤天气 丁火司令	寅申年 戊辰土 地穴清 黄天气 戊土司令	丑未年 戊寅木 地穴浊 苍天气 甲木司令
艮山 丑山 寅山	太岁○ 爻 穴 气 五行	寅申年 丙寅木 天穴清 苍天气 甲木司令	丑未年 丙子水 天穴浊 玄天气 癸水司令	子午年 丙戌土 人穴浊 黄天气 戊土司令	巳亥年 丙申金 人穴浊 素天煞 庚金司令	辰戌年 丙午火 地穴清 赤天气 丁火司令	卯酉年 丙辰土 地穴浊 黄天气 戊土司令
卯山 甲山 乙山	太岁○ 爻 穴 气 五行	辰戌年 庚戌土 天穴清 黄天气 戊土司令	卯酉年 庚申金 天穴浊 素天气 庚金司令	寅申年 庚午火 人穴清 赤天气 丁火司令	丑未年 庚辰土 人穴浊 苍地气 戊土司令	子午年 庚寅木 地穴清 玄天气 甲木司令	巳亥年 庚子水 地穴浊 黄天气 癸水司令
巽山 辰山 巳山	太岁○ 爻 穴 气 五行	卯酉年 辛卯木 天穴清 苍天气 乙木司令	寅申年 辛巳火 天穴浊 赤天气 丙火司令	丑未年 辛未土 人穴清 黄天气 己土司令	子午年 辛酉金 人穴浊 素天气 辛金司令	巳亥年 辛亥水 地穴清 玄天气 壬水司令	辰戌年 辛丑土 地穴浊 黄天气 己土司令
午山 丙山 丁山	太岁○ 爻 穴 气 五行	巳亥年 己巳火 天穴清 赤天气 丙火司令	辰戌年 己未土 天穴浊 黄天气 己土司令	卯酉年 己酉金 人穴清 素天气 辛金司令	寅申年 己亥水 人穴浊 玄天气 壬水司令	丑未年 己丑土 地穴清 黄天气 己土司令	子午年 己卯木 地穴浊 苍天气 乙木司令
坤山 未山 申山	太岁○ 爻 穴 气 五行	卯酉年 癸酉金 天穴清 素天气 辛金司令	寅申年 癸亥水 天穴浊 玄天气 壬水司令	丑未年 癸丑土 人穴清 黄天气 己土司令	子午年 乙卯木 人穴浊 苍天气 乙木司令	巳亥年 癸巳火 地穴清 赤天气 丙火司令	辰戌年 乙未土 地穴浊 黄天气 己土司令
辛山 庚山 酉山	太岁○ 爻 穴 气 五行	丑未年 丁未土 天穴清 黄天气 己土司令	子午年 丁酉金 天穴浊 素天气 辛金司令	巳亥年 丁亥水 人穴清 玄天气 壬水司令	辰戌午 丁丑土 人穴浊 黄天气 己土司令	卯酉年 丁卯木 地穴清 苍天气 乙木司令	寅申年 丁巳火 地穴浊 赤天气 丙火司令
乾山 戌山 亥山	太岁○ 爻 穴 气 五行	辰戌年 壬戌土 天穴清 黔天气 戊土司令	卯酉年 壬申金 天穴浊 素天气 庚金司令	寅申年 壬午火 人穴清 赤天气 丁火司令	丑未年 甲辰土 人穴浊 黄天气 戊土司令	子午年 甲寅木 地穴清 苍天气 甲木司令	巳亥年 甲子水 地穴浊 玄天气 癸水司令

论生克制害

生我者,父母,生气朝元也。比和者,兄弟,元气入庙也。是斯二者,一曰福德,一曰护旺,皆至贵之神。不拘年月日时,连见杂出,愈多愈妙。在天干,主新创屋宇,兴旺人丁。在地支,主基址丰隆,牛马长进。在纳音,主产业增崇,财禄自至。入局,主利富贵,人物咸亨。入局者,如赤天火气得亥卯未三字齐全,为朝元入局;得寅午戌三字齐全,为护旺入局也。我生者,子孙,泄元害气也。如黄天土气,值年月日时,或纳音有金为泄气漏胎,当时害子荫孙。若泄太重,为祸尤深;泄若稍轻,得火来生救本元,谓之根深蒂固,反主荣华。若得时子有孙须泄,何害。

克我者,官鬼,元气受伤也。假如苍天木气得一金为官,更逢生旺,吉局相扶,是为官贵名利无疑。若众金作党为鬼,或巳酉丑齐全为鬼局,更加秋令当权,是鬼贼相攻,元气受伤必矣。

我克者,妻财,本气之仇也。如玄天水气见一火为财,遇生气旺相,吉局可作吉推。如干支纳音见三两重火,财多则损己,反为成仇,是则谓之漏制。

日精金精到穴定局

造葬流年	子午年	丑未年	寅申年	卯酉年	辰戌年	巳亥年
一甲暗凶	寅申辰 丁未酉	癸巳丙 申戌	辛亥 壬艮	卯巽 坤庚	午乾	子丑乙
二辛暗凶	子丑乙	寅申辰 丁未酉	癸巳丙 申戌	辛亥 壬艮	卯巽 坤庚	午乾
三丙暗凶	午乾	子丑乙	寅申辰 丁未酉	癸巳丙 申戌	辛亥 壬艮	卯巽 坤庚
四乙明吉	卯巽 坤庚	午乾	子丑乙	寅申辰 丁未酉	癸巳丙 申戌	辛亥 壬艮
五庚明吉	辛亥 壬艮	卯巽 坤庚	午乾	子丑乙	寅申辰 丁未酉	癸巳丙 申戌
六丁明吉	癸巳丙 申戌	辛亥 壬艮	卯巽 坤庚	午乾	子丑乙	寅申辰 丁未酉

月华金精定局

	一甲	六丁	五庚	四乙	三丙	二辛
子午年	寅申辰 丁未酉	癸巳丙 申戌	辛亥 壬艮	卯巽 坤庚	午乾	子丑乙
丑未年	癸巳丙 申戌	辛亥 壬艮	卯巽 坤庚	午乾	子丑乙	寅申辰 丁未酉
寅申年	辛亥 壬艮	卯巽 坤庚	午乾	子丑乙	寅申辰 丁未酉	癸巳丙 申戌
卯酉年	卯巽 坤庚	午乾	子丑乙	寅申辰 丁未酉	癸巳丙 申戌	辛亥 壬艮
辰戌年	午乾	子丑乙	寅申辰 丁未酉	癸巳丙 申戌	辛亥 壬艮	卯巽 坤庚
巳亥年	子丑乙	寅申辰 丁未酉	癸巳丙 申戌	辛亥 壬艮	卯巽 坤庚	午乾

初一至初五日	○五庚	○六丁	●一甲	●二辛	●三丙	○四乙
初六至初十日	○六丁	●一甲	●二辛	●三丙	○四乙	○五庚
十一日至十五日	●一甲	●二辛	●三丙	○四乙	○五庚	○六丁
十六日至二十日	●二辛	●三丙	○四乙	○五庚	○六丁	●一甲
二十日至二十五日	●三丙	○四乙	○五庚	○六丁	●一甲	●二辛
二十六日至三十日	○四乙	○五庚	○六丁	●一甲	●二辛	●三丙

论先天气盈、后天气散

按“阴阳升降图”，凡造屋、埋葬取地气明为吉。每用二十八宿循次月初至月半前十四也。日十至朝至二十七，地气暗，为凶。二木去，起屋天气明，亦可用，于埋葬不可用。若论定山坐穴，从本年太岁泊处起，甲辛丙为后天气散，次及乙庚丁为先天气盈，不问起屋、造葬，一切用事必以先天盈气为吉，后天散气为凶。

论禄马羊刃贵人

禄马、羊刃皆以太岁推之,如甲年禄在寅,则卯为羊刃。申子辰岁马同到寅,是禄、马同到。如年月日时带禄逢生、旺、临官气盈,主富贵双全,即便发福。若遇衰、病、死、绝,及后天散气,难于衣食,一世奔波。羊刃值生、旺、临官吉局,主志气掌威。若入库、墓,虽不凶,必主暗疾,逢衰、病、死、绝,愈增恶党,凶败。天乙贵人,亦以太岁推之。诗云:一座贵人为上局,二座贵人心不足,三座贵人反见凶,是亦嫌疑多色欲。

五天气泊定局

<table>
<tr><td colspan="2">唯墓气取半吉
得年数减半论之</td><td colspan="3">八十一年</td><td colspan="3">六十四年</td><td colspan="3">三十四年</td><td colspan="3">四十一年</td><td colspan="3">四十九年</td><td colspan="3">二十九年</td><td colspan="3">二十六年</td><td colspan="3">三十六年</td></tr>
<tr><td colspan="2">年月日时</td><td colspan="2">子</td><td colspan="2">丑</td><td colspan="2">寅</td><td colspan="2">卯</td><td colspan="2">辰</td><td colspan="2">巳</td><td colspan="2">午</td><td colspan="2">未</td><td colspan="2">申</td><td colspan="2">酉</td><td colspan="2">戌</td><td colspan="2">亥</td></tr>
<tr><td rowspan="2">苍天木气</td><td rowspan="2">甲乙木司令</td><td colspan="2">败</td><td colspan="2">冠</td><td colspan="2">官</td><td colspan="2">旺</td><td colspan="2">衰</td><td colspan="2">病</td><td colspan="2">死</td><td colspan="2">库</td><td colspan="2">绝</td><td colspan="2">胎</td><td colspan="2">养</td><td colspan="2">生</td></tr>
<tr><td colspan="2">病</td><td colspan="2">衰</td><td colspan="2">旺</td><td colspan="2">官</td><td colspan="2">冠</td><td colspan="2">败</td><td colspan="2">生</td><td colspan="2">养</td><td colspan="2">胎</td><td colspan="2">绝</td><td colspan="2">库</td><td colspan="2">死</td></tr>
<tr><td rowspan="2">赤天火气</td><td rowspan="2">丙丁火司令</td><td colspan="2">胎</td><td colspan="2">养</td><td colspan="2">生</td><td colspan="2">败</td><td colspan="2">冠</td><td colspan="2">官</td><td colspan="2">旺</td><td colspan="2">衰</td><td colspan="2">病</td><td colspan="2">死</td><td colspan="2">墓</td><td colspan="2">绝</td></tr>
<tr><td colspan="2">绝</td><td colspan="2">库</td><td colspan="2">死</td><td colspan="2">病</td><td colspan="2">衰</td><td colspan="2">旺</td><td colspan="2">官</td><td colspan="2">冠</td><td colspan="2">败</td><td colspan="2">生</td><td colspan="2">养</td><td colspan="2">绝</td></tr>
<tr><td rowspan="2">黅天土气</td><td rowspan="2">戊己土司令</td><td colspan="2">胎</td><td colspan="2">养</td><td colspan="2">生</td><td colspan="2">败</td><td colspan="2">冠</td><td colspan="2">官</td><td colspan="2">旺</td><td colspan="2">衰</td><td colspan="2">病</td><td colspan="2">死</td><td colspan="2">墓</td><td colspan="2">绝</td></tr>
<tr><td colspan="2">绝</td><td colspan="2">库</td><td colspan="2">死</td><td colspan="2">病</td><td colspan="2">衰</td><td colspan="2">旺</td><td colspan="2">官</td><td colspan="2">冠</td><td colspan="2">败</td><td colspan="2">生</td><td colspan="2">养</td><td colspan="2">胎</td></tr>
<tr><td rowspan="2">素天金气</td><td rowspan="2">庚辛金司令</td><td colspan="2">死</td><td colspan="2">养</td><td colspan="2">绝</td><td colspan="2">胎</td><td colspan="2">库</td><td colspan="2">生</td><td colspan="2">败</td><td colspan="2">冠</td><td colspan="2">官</td><td colspan="2">旺</td><td colspan="2">衰</td><td colspan="2">病</td></tr>
<tr><td colspan="2">生</td><td colspan="2">库</td><td colspan="2">胎</td><td colspan="2">绝</td><td colspan="2">养</td><td colspan="2">死</td><td colspan="2">库</td><td colspan="2">衰</td><td colspan="2">旺</td><td colspan="2">官</td><td colspan="2">冠</td><td colspan="2">败</td></tr>
<tr><td rowspan="2">玄天水气</td><td rowspan="2">壬癸水司令</td><td colspan="2">旺</td><td colspan="2">衰</td><td colspan="2">库</td><td colspan="2">死</td><td colspan="2">病</td><td colspan="2">绝</td><td colspan="2">胎</td><td colspan="2">养</td><td colspan="2">生</td><td colspan="2">败</td><td colspan="2">冠</td><td colspan="2">官</td></tr>
<tr><td colspan="2">官</td><td colspan="2">冠</td><td colspan="2">败</td><td colspan="2">生</td><td colspan="2">养</td><td colspan="2">胎</td><td colspan="2">绝</td><td colspan="2">库</td><td colspan="2">死</td><td colspan="2">病</td><td colspan="2">衰</td><td colspan="2">旺</td></tr>
</table>

上五天气及金精之诀,已得胎养之气,主人心盛。生旺之气,主财谷丰。冠官之地,主官禄近贵。墓库之气,主血财盛衰败。减气,主讼退财病死。病气,主凶祸病亡。绝减气,主人丁改替。凡造、葬用事课四乙、五庚、六丁,谓之先天盈气,吉。次求生旺年月日时不犯减气,然后详论支干生克制化,有山者为吉局。若值一甲、二辛、三丙,谓之后天败气,凶。若取生旺之气,反自害也。

生我者为朝元日,福德比和者为入庙日,护旺化生者为泄气日,害气克我者为官鬼日,受伤我克者为偏制,反仇也。

金精起例

(杨、曾教法载有证年月)

杨筠松于大中十一月,丁丑岁十二月十一日寅时修乾山巽向屋,其生年太岁泊于三爻,人穴浊,甲辰土,黄天气。辰中戊土司令,配值四乙乃先天盈气,戊土主事,合取五气,助旺年月日时,必主发福。其丁丑年癸丑月皆得戊土养子丑,甲寅日、丙寅时,戊土长生于寅,丁丑太岁所取值日精、月华。每月十一至十五日得值四乙盈明之气,令主登科及第。其家辛酉生人果于乙酉科台禄之年,请举丁亥合马之年中及第,官授李士之验。

乾山吉局

丁丑年	正干	火比	支属	土比	养气六十四年
	化干	木鬼	音属	木财	
癸丑月	正干	水财	支属	土比	养气六十四年
	化干	火母	音属	木鬼	
甲寅日	正干	木鬼	支属	土比	养气六十四年
	化干	火比	音属	水财	
丙寅时	正干	火母	支属	木鬼	养气六十四年
	化干	水财	音属	火父	

上黔天土气戊土司令,用事年月日时,总合地支养生共得二百五十六年添旺吉。

又于大中九年乙亥,闰四月辛巳、丁卯日、癸卯时与人葬亥山巽巳向,地亥山。乙亥年,太岁泊初爻,地穴浊。壬子水,玄天气以中子癸水司令,亥值四乙盈气,癸水旺于亥年,癸水胎于巳月,癸水生于卯日卯时。亥年乾山每月初六至初十日值五庚,得日精月华盈明之气,其家庚九臣罢闲盈复用。

亥山吉局

乙亥年	正干	木子	支属	水比	旺气三十六年
	化干	金鬼	音属	火财	
辛巳月	正干	金鬼	支属	火财	胎气四十一年
	化干	水比	音属	金鬼	
丁卯日	正干	火财	支属	木子	生气三十四年
	化干	木子	音属	火财	
癸卯时	正干	水比	支属	木子	生气三十四年
	化干	火财	音属	金鬼	

上玄天水气，癸水司令，十月日时总合天气一百四十五年生气旺，四十五年吉。

又于庚寅年、庚辰月、丙申日、癸巳时葬艮山，太岁泊六爻，天穴清，处值苍天青帝气主事，就本爻起一甲，艮山正属土，六爻所管遇一甲是后天散气。其苍天属木，虽然寅戌为临官气，木衰于辰月，绝于申日，病于巳时，此局为凶。

艮山凶局

庚寅年	官气添六十一年
庚辰月	衰气减四十一年
丙申日	绝气减二十九年
癸巳时	病气减四十一年

上苍天木气，虽得官气六十四年，吉。月日时合一百一十一年减气，凶。吉少凶多，况是后天散气，暗凶。

又如己巳年、癸酉月、乙卯日、丁丑时竖造宅舍，作兑山震向系第八局，太岁泊四爻，人穴清，处值玄天水气主事，兑山属木，五爻遇六丁，先天盈气。

兑山金局

己巳年	绝气减四十一年
癸酉月	败气减二十五年
乙卯日	死气减三十四年
丁丑时	衰气减六十四年

上玄天水气用事,年月日时绝败死衰,总一百六十五气减退,一百六十五年当见门庭替败。虽得先天盈气,又巳酉丑金局颇为生气,然流年遇申子辰旺之时,亦不能发福也,但平平而已。

论坎艮二宫不受黄天气

论曰:一、二、三、四、五、六、七、八、九数隶于九宫错综五行。以一无变二,二而四,三三而九,四四而十六,五五而二十五,六六而三十六,七七而四十九,是故艮得八,八而六十四,坎得九九而八十一。大衍之数五十,而用四十九,九数之内不脱乎五十。五十者,天五生土也,土以黅天气统之,旺于辰、戌、丑、未四墓之处,故四墓之岁,除坎、艮二宫,乃乾、坤、震、巽、离、兑皆属六宫配土。余地不满东南,甚与地势可极于东南,殊不知极于北,故坎为九九八十一,为天地之原根,万物之本位,司此力也。艮得八八六十四为岁枢,在月隔丑建之寅联,隔正之间系八八之中,故艮气最重,不属黄天气统。乾、坤、震、巽、离、兑、艮、子、午、卯、酉、寅、申、巳、亥五行有禀,辰、戌、丑、未四者为极。是辰、戌、丑、未禀五行土,六者归于戊己,为戊己者,天地之根,阴阳之位。一阳从地生,一阴从天降,皆本于此二十四句之中。无戊己者,又何存焉于四墓之岁?所以坎、艮二宫不受黅天气,又何疑哉!

富贵生旺局

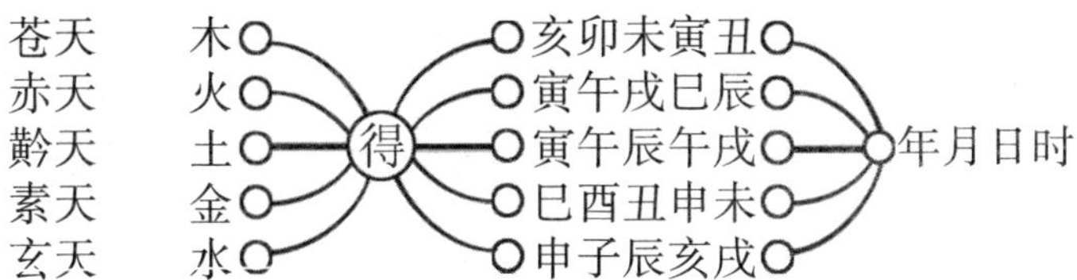

以上长生、冠带、临、官、帝、旺、墓、库，年月日时，要合乙、庚、丁先天盈气，不远三年，必发门庭，大吉，富贵自来。若合甲、辛、丙后天败气，人物退缩，凡事不济。

子孙胎养局

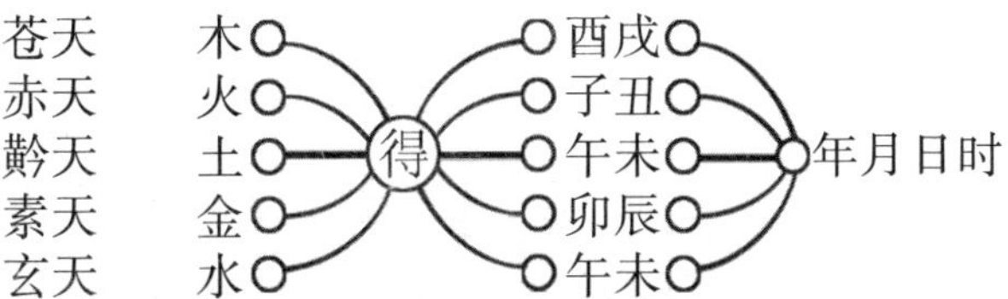

以上胎养年月日时，要合得乙、庚、丁先天盈气，方为吉局。若合甲、辛、丙后天败气，为凶局。假如苍天木气合乙、庚、丁盈气，又得酉年戌月，或戌年酉月，主当年有孕妇，次年主生贵子。如酉月戌日，或戌月酉日，当次年有孕，后年生贵子。如酉日戌时，或戌日酉时，当第三年有孕。又须得坐旺、冠带、临官诸吉佐助，便生贵子。如值衰、病、死、绝临之，或值甲、辛、丙后天散气，虽然生子，亦不标致。只有胎气无养生年月日时，其胎必养不成。

贫贱衰败局

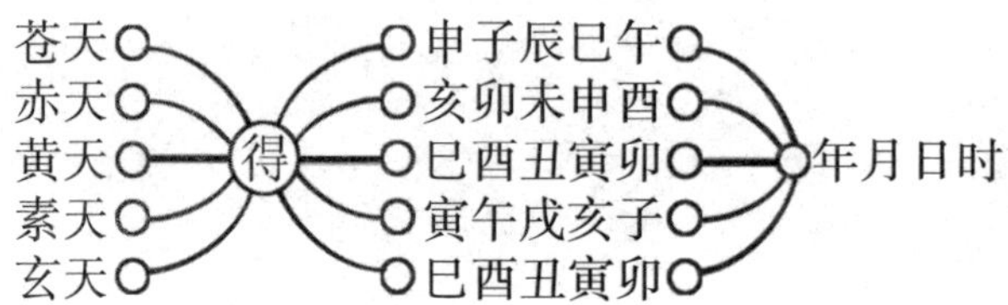

以上败、衰、死、绝、病年月日时，减退福气。若遇先天盈气乙、庚、丁，颇得平和。虽然不吉，且亦不凶。遇后天甲、辛、丙散气，愈加凶兆，照依减退年数，克应如神。

五气正垣局

苍天木气得丁、壬、甲、乙、亥、卯、未年月，系角、亢、氐、房、心、尾、箕主事，宜作艮、寅、甲、卯、乙、辰、山向造、葬，合东方旺气，荫三十四年。

赤天火气得戊、癸、丙、丁、寅、午、戌年月，系井、鬼、柳、星、张、翼、轸主事，宜作巽、巳、丙、午、丁、未山向造、葬，合南方旺气，荫四十九年。

黅天土气得甲、戊、己、申、子、辰年月，宜作乾、坤、艮、巽山向造、葬，合中央旺气，荫一百年。

素天金气得乙、庚、辛、巳、酉、丑年月，系奎、娄、胃、昴、毕、觜参主事，宜作坤、申、庚、酉、辛、戌山向造、葬，合西方旺气，荫二十六年。

玄天水气得丙、辛、壬、癸、申、子、辰年月，系斗、牛、女、虚、危、室、壁主事，宜作乾、亥、壬、子、癸、丑山向造、葬，合北方旺气，荫八十一年。

以上吉局天合五气正垣地，得五方正位，登垣入朝为吉。凡造、葬得斯造化，秉列宿之英灵，受五行之旺气，入局归垣，神藏杀没，年月四柱总得吉气。若于数荫若干年，造屋、安葬皆宜用之。大地用大格局，小地宜小格局。设若大地用此年月葬者，便是亡人再生之日，受气之吉，得地之正，何怕后人附葬？

盖先者受气，自然受福；后附葬者不受气也，必主败绝。如合此局，不怕山凶水走，亦主大发，众地潇然。古云：夏旱秋涝，彼长此短，无可疑者。起造宅舍，与安葬同论。

假如五气登垣入殿和木躔东方七宿，又值庚、甲、卯、乙、辰、丙、寅年月日时，如星近太阳之傍有日，青云得路便朝天，身贵名香近帝前。

论五运之气（即五行之气）

苍天之气，经于危、室、柳、鬼四宿之上下临丁壬之位，立为木运，主东方之气。

丹天之气，经于牛、女、奎、壁四宿之上下临戊癸之位，立为火运，主南方之气。

黅天之气，经于心、尾、角、亢四宿之上下临甲己之位，立为土运，主中央之气。

素天之气，经于亢、氐、昴、毕四宿之上下临乙庚之位，立为金运，主西方之气。

玄天之气，经于张、翼、娄、胃四宿之上下临丙辛之位，立为水运，主北方之气。

论五气克应

苍天木气

祥异，妇人提瓶，小儿讴歌，鲤鱼上树，贵人临门。

造、葬宜艮、震、巳山及山运属木，吉。忌年月日时纳音属金，逢金居为杀。杀衰气旺，官势清显，外郡得名，九流超众，白手成家，更得吉地相扶，文章绝世，飞黄腾达，孕生男子，子孙昌盛。杀旺气衰，慵懒膺病，所作不成，牛触蛇伤，囹圄死亡，子孙忤逆，田产退败，疯疾沾染。

丹天水气

怪异,甑鸣,马生骡子,赤蛇上木,槌门送契。

造、葬宜离、壬、丙、乙山及山运属火,吉。忌年月日时纳音属水,逢水吉为杀。杀衰气旺,润屋肥家,子孙大旺。杀旺气衰,顿见灾祸,时遭瘟火,田蚕不收,人物耗散。

黅天土气

怪异,牛犬自至,牛生犊,生气自至。

造、葬宜丑、癸、坤、庚、未向首,大利,及山运属土,吉。忌年月日时纳音属木,凶。逢木局为杀。杀衰气旺,助我声势,当作显官,大发田产,嗣续延长。杀旺气衰,逃亡失脱,六畜虚耗,疾病连绵,家门坎坷。

素天金气

怪异,雷鸣,掘地得金,因公事得财,鹊噪,因女得官。

造、葬宜乾、亥、兑、壬向首,及山运属金,吉。忌年月日时纳音属火,凶。逢火局为杀。杀衰气旺,招军贼财宝,进横财粮税房屋,田蚕大旺,牛马自来南方,绝户送契书。杀旺气衰,家被贼劫,横死无辜,放火烧屋,女人公事时不祥,大宜慎之。

玄天水气

怪异,鬼怪,鬼运财物,僧道送物,井沸,奴仆自来。

造、葬宜甲、寅、辰、巽、戌、坎、辛、申向首,及山运属水吉。忌年月日时纳音属土,凶。逢土局为杀。杀衰气旺,财物自来,九流中人送田契及金盏银瓶,因捕获得官,荣身致富。杀旺气衰,主连年遭公讼,失物丧财,六畜虚耗,疾病无时,甚则逃亡乞丐。

鳌极属金精之术,王鹗之践,鳌峰之注,惟造、葬选择,极是有理。但合得生旺格局盈气,年月发福无穷;合得衰败散气,年月退败不止。今俗常用,姑集全局,以便选用,术者不可不知。

吉气合垣局

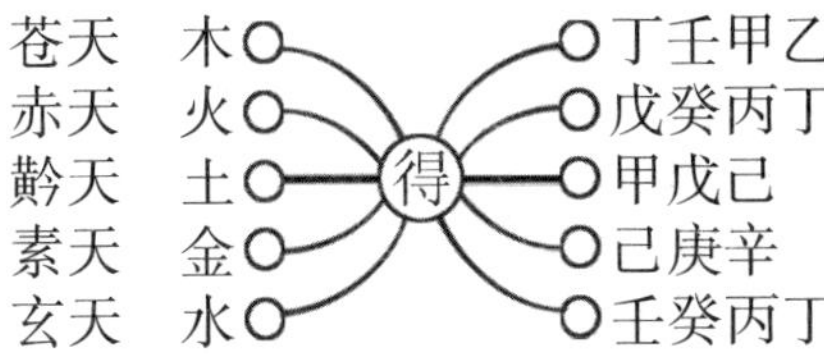

四干齐全在年月日时,合天市垣护旺三十四年。
四干齐全在年月日时,合太微垣护旺四十九年。
三干齐全合勾陈、金阙护旺一百年。
四干齐全在年月日时,合天乙垣护旺二十六年。
四干齐全在年月日时,合紫微垣护旺八十二年。

以上五气年月日时合得此气齐全,得若干年限增添旺气,龙神护卫,恶煞潜藏,添人进口,家宅安宁。

骈俪贡福局

骈俪者,对偶也。甲与己合,乙与庚合,丙与辛合,丁与壬合,戊与癸合。甲丙戊庚壬属阳,男子之像;乙丁己辛癸属阴,女子之像。克我者为夫,我克者为妻。相合为骈俪,又为天府。驳杂者无用,余仿此。

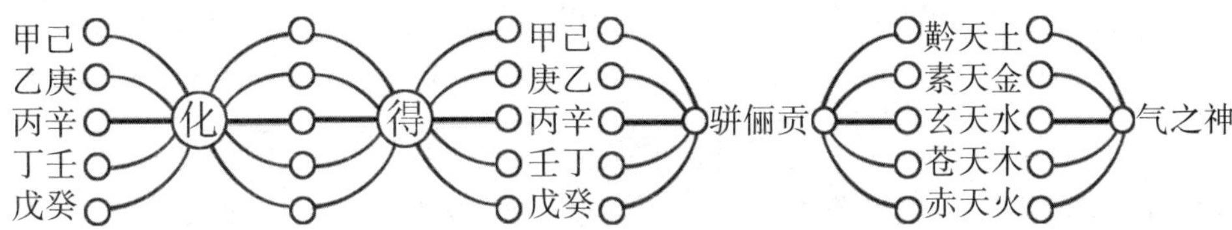

上阴阳对合配偶一联,骈俪犹夫妇和谐,门庭生喜气,富贵自天来,谓之骈俪贡福,又曰天己。假如黄天土气二甲一己,反为带煞,必主中有暗夫淫妇,因女人破家,奴婢败主。一甲二己为二女争雄,竟宠好妒,反至败家。其余四天之气仿此推断。若非化气骈俪,如苍天气见两甲二己或二甲一己,又系护旺局,不在此论。

元气护旺局

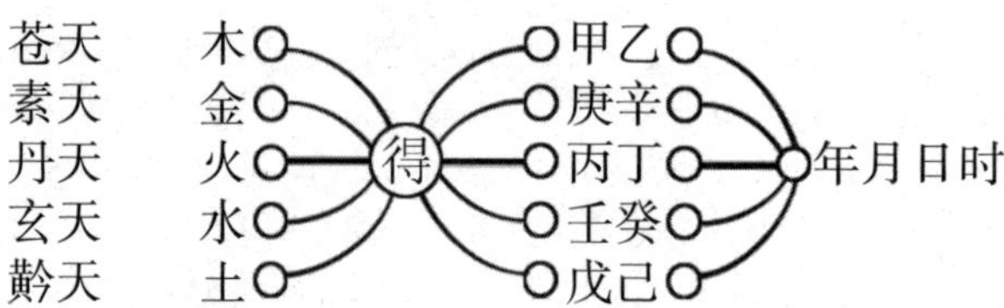

以上谓之护卫旺气年月日时，带多者吉，如苍天木气有二甲三乙者是。

生气朝元局

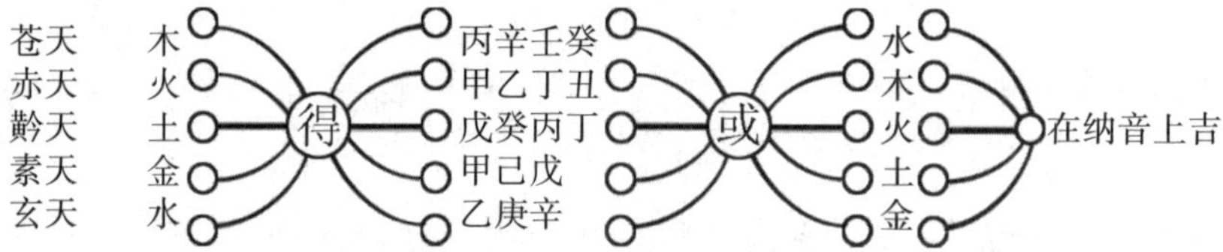

以上母来生我为生气朝元局，何以出长寿者？母来生我，进福朝元，是以生气吉。何以出夭亡者？我去生他，虚耗减福，是为泄气。生气不息，木气愈昌。我生不已，本气衰亡。朝元局主发福招财，寿命延长，儿子蕃衍论年月。

假如水生木，应得北方财物，江湖中称意，人送水中物，田产大进，生男。又如木生火乃应东方得人送竹木凶契书，出人聪明俊秀，修长藩司州县衙门之职。

减福泄气局

苍天木气得丙丁己午，纳音属火，或寅午戌三字齐全者。赤天火气得戊己辰戌丑未，纳音属土，或申子辰三字齐全者。黄天土气得庚辛申酉，纳音属金,或巳酉丑三字齐全者。素天金气得壬癸亥子,纳音属水,或申子辰三字齐全者。玄天水气得甲乙寅卯,纳音属木,或亥卯未三字齐全者。此局我去生他,为减福也。

歌曰

泄气之局,是我生子。泄我气元,漏胎之母。害子荫孙,亦有可取。
无子有孙,方宜用此。庆及曾孙,荫注后昆。不宜太泄,用固本源。
根深蒂固,泄又何干。不识根蒂,是为生气。木破火泄,水来救济。
金破水泄,土亦能制。有泄无救,必知伤寿。泄气太重,世代贫穷。
泄气化轻,后代当兴。四课为主,吉凶可睹。朝元泄气,请看山水。
山聚水渚,用泄可许。山走水去,用泄有阻。泄重不好,人无寿考。
木化灰飞,男儿死早。大化灰尘,随胎懊恼。土化铿锵,衣食难讨。
金化泉流,性命难保。水化萌芽,父子相盗。土泄难当,冬雪浇汤。
火金泄重,新妇终亡。水木泄重,悲衰相伤。轻重可测,智者精详。

五气定论(各以山为主起长生)

苍天木气,上合天市垣,以甲乙为正位,宜作艮、寅、甲、卯、乙、辰山,亥卯未年月为进气,喜水生,忌火泄。宜丁壬护旺,盖谓荣福。水得甲乙同躔,木遇水而喜权,木得土而根厚,木喜四生一气之日期,宜亥卯未丑戌年月生旺,合东方之旺气生也。造、葬主命与气相生者,大发财禄,富贵荣华。名腾青史,声播玉堂。假如癸亥水生,乙卯木旺,壬戌水养丁未木墓,此为四生一气之期也,添旺三十四年。

黅天土气,上合勾陈、金阙垣,以戊己为正位,宜作乾、坤、艮、巽山,申子辰年月为进气,喜火来生,忌金能泄气,忌木制克,大凶。造、葬主命与气相生者,大发财禄,富贵荣华。假如戌山辰向,以丙戌、丙申为龙凤三台之格,长生于申,胎于午,合之主发福非常,主添旺气一百年。凡甲己日时在家,以金为子孙,火为父母,照育一元根,因火而发大富贵者,火命之人得大财也。

素天金气,庚辛为正位,水是子孙,土为父母合庚辛。上合天苑垣,内有华盖星,又喜土生金,宜巳酉丑年月为进气,宜作坤、申、庚、酉、辛、戌山。造、葬主西方添旺气二十六年。假如己酉年、甲戌月、壬申日、戊申时,甲己化土为上,华盖内用真临官,内用戊申、己酉土司赞气旺,大发财福。

丹天火气,丙丁为正位,上合天微垣,戊癸护旺,寅午戌年月为进气,宜作巽、巳、丙、午、丁、未山。造、葬合南方旺气,添旺四十九年。以土为子孙,木为父母,最喜甲乙寅卯之木生气,忌辰戌丑未为泄气,不祥。喜临官、帝旺年月日时为福。又喜火年月财喜,大吉。正是梦招鹤鹊之来荣,槌门送契添田地。假如庚辰年、辛巳月、壬寅日、丙午时,以火冠在辰,临官在巳,长生在寅,帝旺在午。

玄天水气,壬癸为正位,上合紫微垣,宜作亥、壬、子、癸、丑、乾山。造、葬北方,添旺气八十一年。申子辰年为进气,喜丙辛为护旺,木为子孙,金为父母。忌甲乙寅卯为泄气,遇庚申辛酉而发福。广寒宫里攀仙桂,见水叶吉庆产麒麟,贵同商辂,而三元之科甲,富比石祟富豪之金屋。大凡选择合得五气年月日时,造、葬者,龙神护卫,恶煞潜藏,添人进产,家宅安宁。

天市垣,苍天木气得甲、乙、丁、壬四干为全,旺三十四年吉气,宜作艮、寅、甲、卯、乙、辰山,喜亥卯未丑戌年月日时。值生、旺、临官、带、墓、养吉。合□、遁、坤卦为三晶帝星用事。

太微垣,丹天火气,得丙丁戊癸四干为全,旺四十九年吉气。宜作巽、巳、丙、午、丁、未山,喜寅午戌年月日时为进气。合姤、剥卦为三晶帝星用事。

天乙垣,素天金气,得乙庚丙辛四干为全,旺三十六年吉气。宜作坤、申、庚、酉、辛、戌山,喜巳酉丑申辰年月日时。合生、旺、临官、养、墓吉。合临、观、乾卦,为三晶帝星用事。

紫微垣,玄天水气,得壬癸丙辛四干为全,旺八十一年吉气。宜作亥、壬、子、癸、丑山吉,喜申子辰亥未戌年月日时,为生旺护元局。逢申子辰年,大发财,合否、复、夬卦,为三晶帝星用事,大吉。

五运六气配金精吉凶论

冬至、小寒、大寒、立春四气,厥阴风木司令。甲、乙、寅、卯、巽五山谓本气,极吉。巳、丙、午、丁四山,生气亦吉。庚、兑、辛、申、乾五山为财气,次吉。

辰、戌、丑、未、坤、艮六山为克气，极凶。亥、壬、子、癸四山，泄气，次凶。

以上六气，各以六山正属论。

怀念雨水、惊蛰、春分、清明四气，少阴君火司令同。谷雨、立夏、小满、芒种四气，皆少阳相火司令。此八节气少阴火、少阳火。巳、丙、午、丁四山为正气，极吉。辰、戌、丑、未、艮、坤六山为生气，亦吉。亥、壬、子、癸四山为财气，次吉。庚、兑、辛、申、乾五山为克气，极凶。寅、甲、卯、乙、巽五山为泄气，次凶。

各以本山克气为财也。

夏至、小暑、大暑、立秋四气皆太阴湿土司令。辰、戌、丑、未、艮、坤六山谓本气，极吉。庚、兑、辛、申、乾五山为生气，亦吉。寅、甲、卯、乙四山以土气为财，次吉。亥、壬、子、癸、酉山为克气，极凶。巳、丙、午、丁四山为泄气，次凶。

处暑、白露、秋分、寒露四气皆阳明燥金司天令。庚、兑、辛、申、乾五山谓本气，极吉。亥、壬、子、癸四山为生气，次吉。巳、丙、午、丁四山为财气，次吉。寅、卯、甲、乙、巽五山为克气，极凶。辰、戌、丑、未、艮、坤六山为泄气，次吉。

霜降、立冬、小雪、大雪四气皆太阳寒水司天令。亥、壬、子、癸四山谓本气，极吉。寅、甲、卯、乙、巽五山为生气，亦吉。辰、戌、丑、未、艮、坤六山为财气，次吉。巳、丙、午、丁四山为克气，极凶。庚、兑、辛、申、乾五山以水为泄气，次凶。

凡二十四气分为六节。金、木、水、火、土取用法：用本气者自兴；用生气者，自立、自成；合财气者，自成、自创；合克煞者，自伤、自亡；合泄气者，自败、自退。至验，屡试屡应！夫凡五运六气之理，选择善知者，则回天命，造、葬以夺神功，岂为虚语哉！

五气论

五气从八方，每一方应天始、人中、地终，以象三才，各分清、浊二穴，共成六爻。敷陈八卦之中，具列浑六之甲，五行所属以苍木、丹火、黅土、素金、玄水，五天之气以上第六爻，次第连接六十甲子。备见本年太岁泊在何爻，就以本年太岁坐下所值何天气为主，数一甲、二辛、三丙、四乙、五庚、六丁，随数至本山,穴在第几爻,值甲辛丙为后天散气,暗为凶祸。若值乙庚丁为先天盈气,明为吉福也。其中年月日时各有生克制化,从太岁坐气所管之天而推论。

假如年月日时见胎,当主家中有孕妇,须要有养生以作助之,便生富贵之子。若无生养作助,又逢衰、病、死、绝,其胎不成。又如四课中,但凡逢生、旺、冠带、临官,主发田财,人口蕃盛,墓、库主门户稳富,惟主富不主贵,故曰:半吉。得气若干年,减半论之,局上逢生气,进旺人丁,家富贵殷实,名为福德之神也。已上诸吉,皆须合得盈气先天,方能发福。如局上若逢泄气,害子退财,夭亡立见。若衰、病、死、绝,必然家门退缩,疾病相缠,人亡财散,自惹官非。若合后天散气,愈加凶兆。智者上观昏星,以认贵地,昏星失次,南北不知。昏星者,太阴昏见乙庚丁上,故为生天气也。失次者,朝见甲辛丙上,是后天散气也。详见前八卦纳甲"阴阳升降图"。

原乎天无垂象,地不成形,不考某日时明,某日时暗,某气生,某气败。近世阴阳之家不知其本而究其末,但以某年犯空亡,某年犯禁向,某年值罗睺,某年犯灸退,不知地下之气明暗亏盈之吉凶,是可叹也。且万物生于天地之间,皆阴阳标本以见源流。人生在世为阴阳标,死者埋葬骸骨为阴为本,标气不足,本气盛旺,自旺自贵,犹树之有根,根深蒂固,枝叶须枯槁,自然复生荣华。设若本气不足,根枯叶存是亡魂也。不幸遭此阳气偏绝,则为生翼飞;阴气绝,则为兽类。阴关阳隔,其骨虽蛰,其福则否,向后绝灭家门,无辜此也。

若不得地之美,但得旺气于天星内座盈聚之气,亦主一地之发福,存亡安稳,优游自在。阴阳二宅不问年禁、月犯身皇定命、太岁、三煞、九良、七杀、流财、剑锋、崩腾、官符一百二十等凶神恶煞,又不问山向相克、得龙不得龙及亡魂入墓,但要先天盈气。若得五天生气旺,便为吉兆,其三百六十家明位阻克择之文,岂有于此哉?

(新镌历法总览合节象吉备要通书卷之四终)

新镌历法总览象吉备要通书增补雷霆曜气又卷之四

潭阳后学　魏　鉴　汇述

雷霆曜气

（谓雷霆太阳十二星并正煞方例等事）

升玄入室歌

世人徒知有年月，竞把诸经谬区别。或云曜气或尊星，或说九星天圣诀。乱装名目有千般，不识其中奇妙诀，只在雷霆四局中，雷霆合气动天地。出将入相得其功，一守位行九宫转，传音直符于此同，谁人敢作钓封使。竟游方位不知踪，惟有杨曾得真趣，各令年月归中路，谩言会者抵千金。纵有千金莫传度，能教白屋出公卿，能使贫人家致富，灾祥祸福若合符。定断死生皆有据，阳神便是损男儿，阴位妻娘终薤露，一论年、二论月，三论日时讨真诀，四论生命细推详，杀人须审阴阳命，仍看何座属何宫。于此五行为准定，论死论生论官贵，论贫论贱皆神圣，将军太岁及官符。七煞金神皆不惧，作者流财财便发，作着官符官超越，身星定命好施工。万世千年无朽绝，推察五行知妙理，祸福灾祥如屈指，血刃金星损血财。阴人小口同其灾，太阳作着喜气浓，资财驴马便亨通，月孛须知烧野火。克除新妇手槌胸，金水星名位吉居，居官便得公侯职，台将土星君要知。
杀临宅母并孙媳，有胎牛马不生全。八位如逢为半吉，
（八位者：乃甲、庚、丙、壬、乙、辛、丁、癸）。
天罡金星君但作，巳酉丑年多快乐，西方驴马自来迎，
印信文书终不错。土潺凶星损户头，肿病瘟瘴家退落，
惟有奇罗乃吉星，白衣变作绿衣人。又忧燥火烧厨屋，
宅母阴人主哭声，丙乙能凶也不祥，临到天干方半吉。
支惟专主损阴娘，遭瘟被溺受灾殃，丧长更须防小口，
正犯当头人便亡。凶星水位不堪临，兴灾起祸命逡巡，
合家长幼皆不利，资财耗散病来侵。第一吉星君作着，
元气灌忻主和乐，出官置产此中来，要看五行相克剥。
吉凶十二位尊星，一一为君明说却，若能作用细推详，
万事施为必无错。

雷霆正杀

太岁停宫便起正，逆于宫主月知情。便使亥时加顺转，
卯时住处是雷神。架星之时君且忌，金刚犯着也辰尘。

假如动雷年月日时到震、庚、亥、卯、未方兴，五行相战，是每从太岁起正月逆行，如到月上便将亥加月上数去，至卯是雷杀停处，此火验也。

又如乙酉年十月己酉日，作乾方巽向。年头泊在寅，从寅上起正月逆数，二月在丑，十月在巳，至申上是七月月建建亥，却从巳上将亥顺数酉，见卯字是雷霆杀也。酉月，台将入中宫。艮土奇罗，离上燥火，坎上丙乙，坤上水潦，震上紫气，血刃在巽。乙酉年，泊头在寅，寅上系本位紫气星入中宫，飞山乾是血刃。己酉日，五虎遁起丙寅，从艮发丁卯在离，戊辰在坎，逐一数去，癸酉在乾，又名传音杀。

雷霆停宫太阳起例歌诀

甲子寻猪甲戌寅，甲申龙位好安身。甲午本宫扶上马，
甲辰猴上可相亲。甲寅戌犬来相会，逆转周流十二辰。
遇丑将寅粘接去，逢癸中央跳两辰。不过子丑冤仇路，
劝君仔细去推寻。取月还寻太岁上，逆于停上起元正。
看他本月寻何宿，将入中宫遍九程。取日还从月上起，
初一还从逆路行。取时依例日上起，却将吊封论星辰。

甲子寻猪亥上起,乙丑在酉,丙寅在申,丑寅连接去,丁卯午戊辰在辰,庚午复在亥,辛未酉壬申未癸酉在辰,逢癸跳,酉辰申戌在寅,使从寅上紫气是正月星,将此星用排山飞入中宫,血刃乾甲逐一数去,又有图例于后。

十干年起例星(即年合气)

甲庚血刃丙壬金，丁癸还从月孛寻。六己三台紫气戊，
乙辛年向太阴行。明师合得幽微理，富贵灾祥指上陈。

且如甲年将血刃星入中宫,乙年太阳星入中宫,丙年将金水入中宫,丁年将月孛入中宫,戊年紫气入中宫,己年台星入中宫,顺飞,余气准此例推。

六甲求月例

(局例见后《六十年十二星起例图》)

遁甲常将太岁停,却从停上起于正。
逆寻本月星辰处,星入中宫顺九程。

如甲子年从亥上起,寻太岁停宫,就停上起正月星月孛,二月太阳,三月血刃,四月紫气,五月水潦、六月丙乙。余月仿此。如六月丙以丙乙入中宫,

顺寻止向值何星，以辨吉凶。

月将起例诗

雷霆顺逆求其月，合气逆求方见真。
合使本顺星飞去，始知住下吉凶星。

永定丑上起血刃，子上系太阳星，逆行十二辰位，如正月起月孛，二月是太阳，三月血刃。余仿此推。

停星布六甲诗（局例见后）

甲子寻猪甲戌寅，甲申辰上好安身。甲午本宫扶上马，
甲辰申上好推轮。惟有甲寅居戌上，每求隔位去相寻。
如数丑寅连接去，逢癸中央跳两辰。如行子丑为仇路，
就于年上起元正。

月星定局诗（即月合气）

丙辛燥火甲己罡，乙庚血刃入中央。
丁壬紫气戊癸孛，将入中宫飞九方。

日星起例诗（即日合气）

丑上元来是血星，太阳却在子宫停。
假如午日寻方道，便把奇罗入内行。

丑日血刃，子日太阳，亥日月孛，戌日金水，酉日台将，申日天罡，未日土

潺,午日奇罗,巳日燥火,辰日丙乙,卯日水潦,寅日紫气。

此是十二宫永定诗例。如丑日以血刃星入中宫,顺飞,寻取山方吉凶星为例。

十干取时例诗(即时命气)

遁时一法少人知，甲己先从燥火时。元始乙庚寻日用，
天罡还是丙辛奇。月孛丁壬当位数，戊与癸兮紫气推。
就中四局人难晓，识者终须赖指迷。

如甲己日用未时,将燥火入中宫,顺飞到震庚亥未,值金水时,吉。日即太阳也。

运行年吉凶方

甲庚燥火丙壬罡，丁癸还归水潦场。六戊奇罗己土潺，
乙辛丙乙运身方。若到宫主中行发，看他方位好修装。

用排山十二星例掌轮,然后加九宫掌。其例不问男女,法以甲丙戊庚壬阳命人一十顺行;乙丁己辛癸阴命人一十逆行,寻所用行年住处,值何星宿将入宫中,顺飞九宫,寻吉星到山方,大宜修造。假如甲子生人,三十五岁修造,则一十起巳上燥火系阳命,顺行午上奇罗,未上土潺,三十天上天罡,三十一酉上台将,三十二戌上金水,三十三亥上月孛,三十四子上太阳,三十五行,行运吉了,就将行年太阳星入中宫,顺飞,则月孛在乾,甲金水在兑,丁巳丑方大利造作。又如己未生人,五十七岁修造,则起一十在未上,潺暑系阴命逆行二十午上奇罗三十巳上燥火四十,辰上丙乙五十,卯上水潦五十一,寅上紫气五十二,丑上血刃,累数五十七岁在申上天罡,已得运吉、便将天置入中宫,顺飞九宫,土潺在乾,奇罗在兑,丁巳丑方,宜修造吉。

十二星吉凶断

太阳紫气奇罗木，离壬寅戌偏为福。欲知金水旺何方，兑丁巳酉丑相逢。天罡震庚并亥未，须知此处多宜利。土㵒须知损户头，雷伤六畜可忧愁。四季更防时病危，要知半载祸方休。水潦癸宫人眷哭，三年切忌火烧屋。若还凶少吉星多，宅母明人须忌目。月孛须忧到申宫，失财公事祸重重。欲知灾祸何时应，春季蛇虫咬小童。设使凶星皆不利，伤胎血痢本人当。燥火到壬非吉曜，逢冬贼盗扰其乡。更忧牛出争交起，衰旺须知断吉殃。台将坎星凶最恶，坠胎自吊教人伤。定知四季损牛羊，年年财物自亏落。丙乙偏宜卯乙方，女人脚上定遭伤。夏月更防蚕养起，因此烧屋及口困。

十二星游方吉凶断

血刃属金(又名从金革元首凶)

血刃主刀兵，官灾动四邻。定遭流血患，丧妇更见迍。巳酉丑年应，颠邪怪梦因。此星如有气，四十日中嗔。金位刀兵卒，木宫刑杀人。水宫灾病起，火位火临身。土上加黄肿，瘟瘽祸患频。五行兼旺相，自缢暗伤身。

太阳属木(又名重阳中天子)

太阳生贵子，宅母进田庄。东北角音契，荣华数世昌。紫衣托为梦，卯亥未年当。有气期年应，休囚三载昌。木宫林圃事，金位角音坊。器主金银应，火宫蚕茧强。水位多田屋，船车应此方。子孙多旺相，富贵土神乡。

月孛属火(又名英上火、太乙火)

月孛火星强,母与妇遭殃。难逃产难厄,公事血财当。有气火尤速,休囚三载长。梦异缘雷火,祸应不寻常。金位刀兵厄,兼逢毒药伤。木宫风吊患,水主病中亡。火位心家疾,土宫患脚疮。此宫如会遇,财退更恓惶。

金水属水(又名文华水、太白水)

金水生才子,文章冠世贤。加官并进禄,招入羽音田。文契多收拾,玄与子申年。梦想真龙应,居尊寿更延。金宫家自泰,木主富多钱。更喜见孙盛,火位熟蚕绵。土宫惟角好,富贵更长年。

台将属土(又名元符土)

台将入于中,方为半吉凶。支维皆是杀,宅母妇人逢。官灾并口舌,暗缢事交攻。亥子并申酉,其年见吉凶。有气三百日,家合少从容。梦寐鬼相伴,所为百不同。金位神伏愿,火位血流红。木主人长寿,水神带血终。土位人黄肿,忧心更重重。

天罡属金(又名华盖金)

天罡星最吉,宝契自然来。驷马金银兆,丝蚕更足财。艺求儒释道,申酉亥年猜。有气四十日,无气岁终灾。梦寐龙环宅,官爵至三台。金宫财宝至,木宫进外财。水宫生贵子,土宫宝成堆。火宫家旺相,福庆自然催。此星来临照,人丁定少媒。

土潺属土(又名天广土)

土潺损户头,次男瘟病愁。祸因公事起,损畜即伤牛。梦土来相压,凶灾不自由。莫教常有气,四十日中忧。

无气三年内,危亡不可修。金位刀兵起,木位被人谋。此宫为恶杀,水盗木主偷。土宫瘟疫疾,火主祸殃求。此星为造作,灾害几时休。

奇罗属木(又名曲直木福恶宫)

奇罗一木星,万福自来迎。驴马并财宝,更兼贵子生。角音并羽姓,田地进逐耕。梦想乘云吉,有气一年荣。比和三载外,富贵又添丁。水位多财宝,木宫百事成。火宫蚕茧旺,土宫富有名。此星如逢造,宫位至公卿。

燥火属木(又名荧惑火)

燥火损宅母,新妇命难存。遭火忧公事,畜养不成群。梦火成凶兆,无事被人论。休因三百日,无气月中迎。木宫有瞽疾,水宫血气神。火宫主瘟疫,忧病虑多侵。土宫阴人害,产厄恐难存。金乡防卒死,百祸入门庭。

丙乙属火(又名离明火)

丙乙火之神,妇位受艰辛。八干方半吉,支维却坏人。此宫伤宅母,小口更灾迍。屋舍遭荧烬,钱财化作尘。火梦成凶兆,灾映入宅频。金宫主财讼,暗缢自伤身。木宫为劫杀,水位嗽痨因。火宫成火疾,土主病相亲。

水潦属水(又名玄冥水)

水潦星属水,户头先架丧。子孙为田界,公事亦难当。六畜资财退,家计渐消亡。水火为凶恶.非灾见血光。有气七日内,平和百事殃。金宫为毒药,水主水中亡。木气遭刑害,土位病成狂。火宫须犯死,灾宫岂寻常。

紫气属木(又名文房木)

紫气木星贵,招坐贵子孙。加官并进禄,田地满乡村。

梦兆僧和道，资财便入门。若然逢有气，三百日中论。
无气三年内，应子早成婚。金宫妻妾位，木气进田真。
水主船车事，土中古器存。火宫利蚕茧，蚕熟满箱中。

定行年灾宫

（水土又言看行年到某宫，如金忌火年月）

金忌火年并火月，瘟瘟疾病皆流血。木犯金方重犯金，
兄弟灾伤更主刑。水犯土时人必死，火须避忌北方神。
土忌东方甲乙木，疯邪黄肿丧其身。两金两木并两火，
水土双见主倾危。双神未好重相见，祸患重遭百事嗔。

传音例诀

俱以本日五虎加艮，逆寻本日在何宫是也。三元即九宫。

传音一诀报君知，遁甲从寅五虎推。
逆走三元从艮发，吉凶逐一莫猜疑。

但将本日五虎元遁。如庚辰作乾方，《经》云：逆走三元从艮发，乙庚戊为头。戊寅在艮，己卯在兑，庚辰在乾，此日传音在乾。其辰随星推断，吉星则福，凶星则缺。

值符例诗

只以甲子日加乾，顺飞九宫，本日泊处即值符。三元即九宫。

值符急事疾如飞，天门甲子起星移。
顺走三元寻本日，凶星传音一例知。

甲子起乾，甲戌起兑，甲申起艮，甲午在离，甲辰起坎，甲寅起坤，俱在乾

上起甲子。如庚午日作震方,乾上起甲子,兑乙丑,艮上丙寅,离丁卯,坎戊辰,坤己巳,震庚午,即值符在用卯乙方,余仿此,宜入雷霆传音值符例。

合气例诗

雷霆合气要星同,有气方知动上穹。
树打射方并比例,时师虽众少人通。

凡射方要坐吉星方,打凶星方。如辛卯二月坐丁作癸向,人家主克户头。或次长雷事瘟气,损血财。传音木星到山头,只动三六九,木锄打杀人,用过月将,方可用也。天罡、水潦、月孛、奇罗、土溽、金水、紫气、丙乙,此八星是雷路。若到亥卯未申子辰方,兴云有气,日时皆应。若年月皆到卯上打奴婢,皆到亥上打树,并牛马为例。雷霆杀,卯为雷,打奴婢,亥为人牛,未为树木,验矣。

动雷法

(祈雨例兼用流金白虎直符会方至验)

手把天心正诀推,天罡相会便兴雷。就中恶曜为血刃,
暴风疾雨如倒崖。月孛那堪逢水源,先雷后雨满天来。
金水若虽逢水潦,兴云致雨莫疑猜。

凡动雷,年月日时下到震庚亥卯未上,与五行相战,是以辛卯二月作震庚亥未方,须动雷打妇人即其应也。如辛卯年在寅紫气上,便以紫气入中宫,顺飞土溽到震庚亥未上。二月在卯水潦上,以水潦入中宫,顺飞天罡在震庚亥未上,是土溽、天罡相会,在震本宫相会克应。凡占雷雨要土、木、水星守宫,然后飞宫星辰有气方有,如无气天阴。此门凡看天晴须要金、火星守宫,然后飞宫星辰有气到火宫方晴,无气天晴方应。

雷霆晴雨

天晴雷雨气何求，五子元中仔细搜。
五行旺相须求应，无气终须雨自收。

一元孛阳丙奇燥，主晴。二元台刃孛潺罡，主雷。三元潦金罡刃索紫，主雨。

雷霆箭

甲己丁壬乾巽宫，乙庚莫与丙壬同。
戊癸丙辛坤艮位，对方必定见灾凶。

雷霆杀

戌亥子日艮宫寻，未申酉日巽为真。
辰巳午日坤方是，丑寅卯日乾上亲。

以雷霆例，看月煞在何位，如煞在子，即入中宫飞看至何位，如卯至艮，雷路在艮，震属木，亥卯是也。将木桩在地，用槌打一百下，退犯用此解之即好。

正例诀断

将星逢生旺，传音要气神。本年并有月，正月及时辰。
四局星同例，当方便杀人。阴人阴位讨，阳命察阳神。
动火须忧火，兴瘟水土轮。故将真妙诀，仔细与君论。

台将星到乾亥伏杀之地，血刃星到甲庚申坎伏杀之地，丙乙星到离壬丙乙伏杀之地。

雷霆纳甲例

乾甲,坤乙,艮丙,巽辛,坎癸申辰,离壬寅戌,兑丁巳丑,震庚亥未

飞宫掌诀

四 巽	九 离	二 坤
三 震	五 中	七 兑
八 艮	一 坎	六 乾

此飞宫掌诀,依此一、二、三、四、五、六、七、八、九之数,周而复始而行。

九宫排山掌诀

巽 四	中 五	乾 六
震 三		兑 七
坤 二		艮 八
坎 一		离 九

此排山掌诀定局,从一坎顺行向二坤、三震、四巽至九离,周流九宫是也。

十二星定局

申天罡酉台将戌金水亥月孛
未土滛　　子太阳
午奇罗　　丑血刃
巳燥火辰丙乙卯水潦寅紫气

歌曰:血刃掌居丑逆行,周流十二甚分明。雷霆合气藏于此,只恐时师识不精。

八宫纳甲

坤乙　　兑丁巳丑乾甲
离壬寅戌　　坎癸申辰
巽辛　　震庚亥未艮丙

此八宫纳甲图,即是二十四山配后十二星年月日时定局吉凶之事。

六十年十二星起例之图

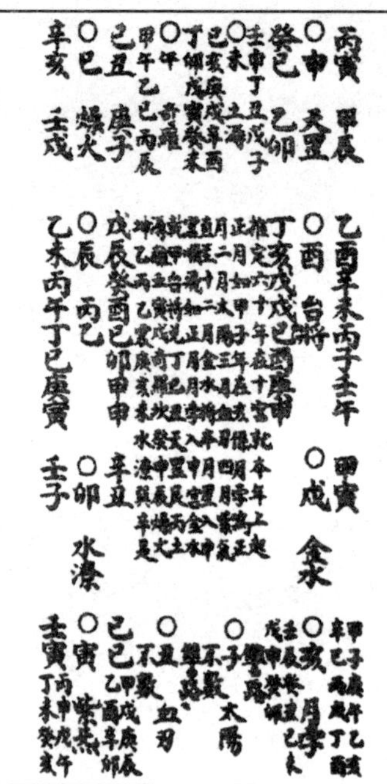

推定六十年在十宫，就本年上起正月。如甲子年在亥，系月孛为正月，二月太阳，三月血刃，四月紫气，直到十二月金水。将本月星入中宫顺飞，如正月月孛入中宫，金水乾甲，台将兑丁巳丑，天罡艮丙，土潙离壬寅戌，奇罗坎癸申辰，燥火坤乙丙乙，震庚亥未，水潦巽辛是。

雷霆十二年求月定局

	宫		丁癸年	乙辛年		甲庚年	戊年	横看年月 直看星辰		己年	丙壬年		
甲子庚午乙亥辛巳丙戌丁酉癸卯戊申癸丑己未壬辰	亥	正	二	三	四	五	六	七	八	九	十	十一	十二
甲寅年	戌	二	三	四	五	六	七	八	九	十	十一	十二	正
乙丑戊戌辛未丙子己酉丁亥壬午庚申	酉	三	四	五	六	七	八	九	十	十一	十二	正	二
丙寅甲辰乙卯癸巳	申	四	五	六	七	八	九	十	十一	十二	正	二	三
己亥丁丑壬申庚戌戊子辛酉	未	五	六	七	八	九	十	十一	十二	正	二	三	四
丁卯癸未戊寅乙巳丙辰甲午	午	六	七	八	九	十	十一	十二	正	二	三	四	五
庚子辛亥己丑壬戌	巳	七	八	九	十	十一	十二	正	二	三	四	五	六
戊辰癸酉壬戌己卯甲申庚寅丁巳乙未	辰	八	九	十	十一	十二	正	二	三	四	五	六	七
辛丑　壬子年	卯	九	十	十一	十二	正	二	三	四	五	六	七	八
己巳甲戌壬寅丁未庚辰乙酉辛卯戊午癸亥丙申	寅	十	十一	十二	正	二	三	四	五	六	七	八	九

雷霆年月山向方位定局

中宫	月孛	太阳	血刃	紫气	水潦	丙乙	燥火	奇罗	土滆	天罡	台将	金水
乾甲	金水	月孛	太阳	血刃	紫气	水潦	丙乙	燥火	奇罗	土滆	天罡	台将
兑丁巳丑	台将	金水	月孛	太阳	血刃	紫气	水潦	丙乙	燥火	奇罗	土滆	天罡
艮丙	天罡	台将	金水	月孛	太阳	血刃	紫气	水潦	丙乙	燥火	奇罗	土滆
离壬寅戌	土滆	天罡	台将	金水	月孛	太阳	血刃	紫气	水潦	丙乙	燥火	奇罗
坎癸申辰	奇罗	土滆	天罡	台将	金水	月孛	太阳	血刃	紫气	水潦	丙乙	燥火
坤乙	燥火	奇罗	土滆	天罡	台将	金水	月孛	太阳	血刃	紫气	水潦	丙乙
震庚亥未	丙乙	燥火	奇罗	土滆	天罡	台将	金水	月孛	太阳	血刃	紫气	水潦
巽辛	水潦	丙乙	燥火	奇罗	土滆	天罡	台将	金水	月孛	太阳	血刃	紫气

直看山向，横推星曜吉凶。

雷霆日方：日方例，从丑上起血刃，逆行，如子日将太阳入中宫，太阳即中宫星此例。

日时山向方定局

	子	丑	寅	卯	辰	巳	午	未	申	酉	戌	亥
中宫	太阳	血刃	紫气	水潦	丙乙	燥火	奇罗	土滆	天罡	台将	金水	月孛
乾甲	月孛	太阳	血刃	紫气	水潦	丙乙	燥火	奇罗	土滆	天罡	台将	金水
兑丁巳丑	金水	月孛	太阳	血刃	紫气	水潦	丙乙	燥火	奇罗	土滆	天罡	台将
艮丙	台将	金水	月孛	太阳	血刃	紫气	水潦	丙乙	燥火	奇罗	土滆	天罡
离壬寅戌	天罡	台将	金水	月孛	太阳	血刃	紫气	水潦	丙乙	燥火	奇罗	土滆
坎癸申辰	土滆	天罡	台将	金水	月孛	太阳	血刃	紫气	水潦	丙乙	燎火	奇罗
坤乙	奇罗	土滆	天罡	台将	金水	月孛	太阳	血刃	紫气	水潦	丙乙	燎火
震庚亥未	燥火	奇罗	土滆	天罡	台将	金水	月孛	太阳	血刃	紫气	水潦	丙乙
巽辛	丙乙	燥火	奇罗	土滆	天罡	台将	金水	月孛	太阳	血刃	紫气	水潦

雷霆时方例：如甲、己日，将燥火入中宫，丙乙到乾甲，燥火即系中宫星。

时山向方定局

	甲	乙	丙	丁	戊	己	庚	辛	壬	癸
中宫	燥	阳	罡	孛	气	燥	阳	罝	孛	气
巽辛时	台	丙	阳	潦	罗	台	丙	阳	潦	罗
乾甲时	丙	孛	潺	金	血	丙	孛	潺	金	血
酉丁巳丑时	潦	金	罗	台	阳	潦	金	罗	台	阳
艮丙时	气	台	燥	罡	孛	气	台	燥	罡	孛
午壬寅戌时	血	罡	丙	潺	金	血	罡	丙	潺	金
子癸申辰时	阳	潺	潦	罗	台	阳	潺	潦	罗	台
坤乙时	孛	罗	气	燥	罡	孛	罗	气	燥	罡
卯庚亥未时	金	燥	血	丙	潺	金	燥	血	丙	潺

论气诀

钧卦星辰要顺飞，方知时下得星奇。五行顺则皆言吉，
相克相刑莫施为。金神须要火郎君，便须祸害不相侵。
木用真辛金始吉，水求土宿甚为欣。火盛原来须壬癸，
土宿大喜木成林。

凡人家造作，各随五音推休咎。大凡怕方本克射星便发灾，如血刃到丙，土星过辰戌丑未，吉凶便发。木星正月、二月吉，西方凶，有气不发。

雷霆射方诀

（如甲己年五虎遁见戊干在辰，癸干在癸酉是也）

甲己龙飞鸡不啼，乙庚虎咬羊到归。丙辛蛇犬同群戏，
丁壬兔位伴猴倚。戊癸马枋猪寄宿，逆听雷公霹雳声。

其法以年五虎遁戊见于干，亥是也。

雷霆正杀年月凶方定局

月	正	二	三	四	五	六	七	八	九	十	十一	十二
甲子庚午乙亥辛巳丙戌 丁酉癸卯戊申癸丑己未 壬辰	卯	寅	丑	子	亥	戌	酉	申	未	午	巳	辰
甲寅	寅	丑	子	亥	戌	酉	申	未	午	巳	辰	卯
乙丑辛未戊戌 丙子己酉壬午 丁亥庚申	丑	子	亥	戌	酉	申	未	午	巳	辰	卯	寅
丙寅甲辰乙卯癸巳	子	亥	戌	酉	申	未	午	巳	辰	卯	寅	丑
己亥壬申 丁丑庚戌 癸未戊子辛酉	亥	戌	酉	申	未	午	巳	辰	卯	寅	丑	子
丁卯 乙巳 戊寅丙辰甲午	戌	酉	申	未	午	巳	辰	卯	寅	丑	子	亥
庚子辛丑己丑壬戌	酉	申	未	午	巳	辰	卯	寅	丑	子	亥	戌
戊辰癸酉甲申 丙午己卯丁巳 庚寅乙未	申	未	午	巳	辰	卯	寅	丑	子	亥	戌	酉
辛丑壬子	未	午	巳	辰	卯	寅	丑	子	亥	戌	酉	申
己丑甲戌乙酉辛卯庚辰 壬申丁未戊午癸亥丙申	午	巳	辰	卯	寅	丑	子	亥	戌	酉	申	未

雷霆传音方位定局

传音盖传十二星善恶之旨，善则传以吉，凶则传以凶，所不可乱其宫也。

日方横推

乾	辛卯	戊午	壬午	己酉	癸酉	庚子	甲子
兑	壬辰	己未	癸未	庚戌	甲戌	辛丑	乙丑
艮	癸巳	庚申	甲申	辛亥	乙亥	壬寅	丙寅
离	甲午	辛酉	乙酉	壬子	丙子	癸卯	丁卯
坎	乙未	壬戌	丙戌	癸丑	丁丑	甲辰	戊辰
坤	丙申	癸亥	丁亥	甲寅	戊寅	乙巳	己巳
震	丁酉	甲子	戊子	乙卯	己卯	丙午	庚午
巽	戊戌	乙丑	己丑	丙辰	庚辰	丁未	辛未
中	己亥	丙寅	庚寅	丁巳	辛巳	戊申	壬申

雷霆直符方位定局

直符,此乃赏善罚恶之神,其职自重,不可犯也。如开山破地,起天神地神,下符遣煞,却宜用之,每以月将交宫,用之方吉。

日方横推

巽	辛酉	己卯	辛卯	戊午	壬午	庚子	甲子
乾	癸未	壬戌	丙戌	庚辰	甲辰	辛丑	乙丑
艮	乙巳	癸亥	丁亥	丙寅	壬寅	戊申	甲申
坎	戊子	丁卯	己丑	丙午	庚午	己酉	乙酉
震	庚戌	癸丑	己丑	丁未	辛未	壬辰	戊辰
中	壬申	辛亥	乙亥	庚寅	甲寅	癸巳	己巳
离	丙辰	丁丑	丁卯	戊戌	甲戌	乙未	己未
坤	己亥	丁巳	辛巳	庚申	丙申	壬寅	戊寅
兑	甲午	壬子	丙子	乙卯	辛卯	丁酉	癸酉

雷霆白虎六煞诗例

(以排山九宫掌轮依顺逆数之可见矣)

甲己顺坤白虎方,乙庚之月逆离乡。丙辛震逆雷声响,
丁壬顺巽动瘟瘟。戊癸分明从兑顺,祸福从头仔细详。
甲子周回日建住,随宫分布虎头当。

起例:

白虎凶　帝星吉　麒麟吉　人剑凶　进宝吉　福慧吉
朱雀凶　天富吉　凤凰吉　官符凶　魁星吉　三台吉

法以日建住虎,白虎若到坎、离、震、兑四宫,即以子、午、卯、酉加白虎而无顺逆之分也。若到乾、坤、艮、巽四宫,阳局以白虎加四生之位,阴局以白虎加四库之位。若到中宫,冬至后以亥加白虎,夏至后以申加白虎。假如甲己月丙寅日,依例坤上起甲子,顺行至巽上是丙寅。即巳上白虎,午上帝星,未上麒麟,申上人剑,酉上进宝,戌上福慧,亥上朱雀,子上天福,丑上凤凰,寅上

官符,卯上魁星,辰上三台。余仿此推。

又如乙庚月,甲子从离上起,逆乙、丑、艮、丙、寅、兑、丁、卯、乾、戊、辰、申、己、巳、巽。如己巳日用事,即辰上白虎,卯上帝星,寅上麒麟,丑上人剑,子上进宝,亥上福慧,戌上朱雀,酉上天富,申上凤凰,未上官符,午上魁星,巳上三台,余仿此推。

凡遇白虎,到处不可修作,主损人口血财。遇帝星、天富、进宝、魁星、福慧、三台吉。遇麒麟、凤凰者能灭白蚁,能降虎形蜈蚣,凶地也。

四气归玄论

太阳、奇罗、紫气俱属木,东方木德星也,旺于立春至谷雨七十二日。寅甲卯乙四位受青阳之气,其太阳,贵星尊曜也。奇罗,善星吉曜也。紫气,荣星福曜也。凡建都设县,迁坟立宅,修作百事,光明先降吉祥,地崇珍宝。逢春旺气,入夏相气,秋乃囚气,不能兴发。冬休废,不为全吉。其春木星重正,雷霆曲直得趣,万物发生,诸事吉利矣。丙乙火吉,月孛、燥火凶。南方火星,夏可以受南方丙丁巳午之位,应立夏至小暑旺七十二日。丙丁,威武星也,及南方丹天之气,主敷荣万物。凡建都设县,迁坟立宅,天罡祯祥赐官全帛之应。若犯月孛、燥火二星,主火焚仓舍,退败灭,刑狱牵连,天雷击搏之应。如有犯,宜投金水吉星在方,报解之反凶为吉也。天罡金吉血刃,金凶,秋受庚辛申酉之位,应立秋至霜降旺七十二日。天罡,帝车星,刚正礼义,乾乾不息,诚实万物从革之道。凡诸用事,应天恩宠爵,主命旌功,勇义武烈之兆。若犯血刃,乃肃杀之道,催剉万物,饥则食肉,渴则饮血,主格战伤损,非理官刑,凶殃之兆也。金水,水吉;水潦,水凶。名受北方亥子壬癸之位,应立冬至大寒旺七十二日。其名玉泉星,又名翰苑星,凡建都邑诸事,主生俊义神童文章之士,受官进职,庶人进财产,大吉之兆。若犯水潦,主逃亡、溺水、堕胎、死伤、凶祸之变也。台将,土吉;土滹,土凶。受戊己辰戌丑未之位,每季旺十八日,共七十二日。台将,元符星,生育万物。凡迁山、立向等事,主君恩荣贵,子孙大富贵之象也。若犯土滹,招疫祸毒,损宅母病肿之厄。

(新镌历法总览象吉备要通书增补雷霆曜气又卷之四终)

新镌历法便览象吉备要通书卷之五

潭阳后学　魏　鉴　汇述

造命至要诀

克择须知论五行,不明理义莫妄传。
先合命格为定主,次选利星体用全。

注云:此言警初学之人,须明五行生克制化之理。若不明其理,切勿妄言为选择。但造、葬年月以造命为体,吉星为用。若不以造命格局为主,俱以吉星取用,则五尺童子皆能按图而索星矣。凡为术者,当以造命为枢机,以吉星为佐使,庶几体、用两全而获吉之道也。

造命须知

(谓年月五行造成富贵格局等事)

年遁月诗诀

甲己之年丙作首，乙庚之岁戊为头。丙辛之岁庚寅上，
丁壬壬寅顺行流。戊癸却从何处起，甲寅之上好追求。

假如甲己年,正月建丙寅,二月建丁卯。又如乙庚年,正月建戊寅,二月建己卯。

日遁时诗诀

甲己之日还加甲，乙庚之日丙作初。丙辛之日从戊起，
丁壬之日庚子居。戊癸日从何处觅，原来壬子是程途。

假如甲己日起甲子时，又如乙庚日起丙子时，丙辛日起戊子时。余仿此类推。

五行生克旺相休囚

五行

水、火、木、金、土。

五行相生

金生水，水生木，木生火，火生土，土生金。

五行相克

金克木，木克土，土克水，水克火，火克金。

五行比和

金见金，木见木，水见水，火见火，土见土。

五行旺相

当生者旺，所生者相，生我者休，克我者囚，我克者死。
春木旺，火相，水休，金囚，土死。
夏火旺，土相，木休，水囚，金死。
秋金旺，水相，土休，火囚，木死。
冬水旺，木相，金休，土囚，火死。

天干地支所属五行

十天干

甲、乙、丙、丁、戊、己、庚、辛、壬、癸。

十二地支

子、丑、寅、卯、辰、巳、午、未、申、酉、戌、亥。

十天干所属五行(名天元)

甲属阳木,乙属阴木,丙属阳火,丁属阴火,戊属阳土,
己属阴土,庚属阳金,辛属阴金,壬属阳水,癸属阴水。

十二地支所属五行

子属水阳,丑属土阴,寅属木阳,卯属木阴,辰属土阳,巳属火阴,
午属火阳,未属土阴,申属金阳,酉属金阴,戌属土阳,亥属水阴。

干支相合地支三合

十天干相合

甲与己合,乙与庚合,丙与辛合,丁与壬合,戊与癸合。

十二地支相合

子与丑合,寅与亥合,卯与戌合,辰与酉合,巳与申合,午与未合。

十二支三合局

申子辰结水局,亥卯未结木局,寅午戌结火局,巳酉丑结金局。

地支刑冲

十二地支相刑

子刑卯,卯刑子,丑刑戌,寅刑巳,辰刑辰,巳刑申,
午刑午,未刑丑,申刑寅,酉刑酉,戌刑未,亥刑亥。

十二地支相冲

子冲午,丑冲未,寅冲申,卯冲酉,辰冲戌,巳冲亥,
午冲子,未冲丑,申冲寅,酉冲卯,戌冲辰,亥冲巳。

天干生克

十干相生

甲木生丁火,乙木生丙火,丙火生己土,丁火生戊土,
戊土生辛金,己土生庚金,庚金生癸水,辛金生壬水,
壬水生乙木,癸水生甲木。

十干相克

甲克戊,乙克己,丙克庚,丁克辛,戊克壬,
己克癸,庚克甲,辛克乙,壬克丙,癸克丁。

天干十禄

十干相食

甲食丙禄,乙食丁禄,丙食戊禄,丁食己禄,戊食庚禄,
己食辛禄,庚食壬禄,辛食癸禄,壬食甲禄,癸食乙禄。

天干支刃

丙戊以午为羊刃,子为飞刃;丁己以未为羊刃,丑为飞刃;
庚以酉为羊刃,卯为飞刃;辛以戌为羊刃; 辰为飞刃;
壬以子为羊刃,午为飞刃;癸以丑为羊刃, 未为飞刃;
甲以卯为羊刃,酉为飞刃。禄前一位为羊刃,禄后五位为飞刃。

五行生旺死绝十二支总论(死败地最凶)

金生在巳,败在午,沐浴为败,冠带在未,临官在申,帝旺在酉,衰在戌,病在亥,死在子,墓在丑,绝在寅,胎在卯,养在辰。

木生在亥,水土生在申,火生在寅。各从生位起长生、沐浴、冠带、临官、帝旺、衰、病、死、墓、绝、胎、养,顺行十二支。更有天干甲丙戊庚壬属阳,乙丁巳辛癸属阴。阴阳顺逆,生死不同具图于下。

十干阳顺阴逆生旺死墓之图

申
甲绝,丙戊病,庚临,壬生
乙胎,丁己败,辛旺,癸死

酉
甲胎,丙戊死,庚旺,壬败
乙绝,丁己生,辛临,癸病

戌
甲败,丙戊墓,庚衰,壬冠
乙墓,丁己养,辛冠,癸衰

亥
甲生,丙戊绝,庚病,壬临
乙死,丁己胎,辛败,癸旺

子
甲败,丙戊胎,庚死,壬旺
乙病,丁己绝,辛生,癸临

丑
甲冠,丙戊养,庚墓,壬衰
乙衰,丁己墓,辛养,癸冠

寅
甲临,丙戊生,庚绝,壬病
乙旺,丁己死,辛胎,癸败

卯
甲旺,丙戊败,庚胎,壬死
乙临,丁己病,辛绝,癸生

辰
甲衰,丙戊冠,庚养,壬墓
乙冠,丁己衰,辛墓,癸养

巳
甲病,丙戊临,庚生,壬绝
乙败,丁己旺,辛死,癸胎

午
甲死,丙戊旺,庚败,壬胎

未
甲墓,丙戊衰,庚冠,壬养

乙生,丁己临,辛病,癸绝　乙养,丁己冠,辛衰,癸墓

甲丙戊庚壬五阳干顺转:

甲木生在亥,丙戊生于寅,庚金生在巳,壬水生居申。

乙丁己辛癸五阴干逆转:

乙木生在午,丁己生于酉,辛金生在子,癸水生居卯。

五行逐月节气生旺歌

看命先须看日主，八字始能究奥理。假如子上十日壬，
中旬下旬方论癸。丑宫九日癸之余，却除三辛皆属己。
新春戊丙皆七期，十六甲木方堪弃。卯宫阳木就初旬，
中下两旬阴木是。三月九朝尤是乙，三日癸库余属戊。
初夏九日论庚金，十六丙火五戊持。午宫阳火属上旬，
丁火十日九日己。未宫九日丁火明，三朝是乙余是己。
孟秋巳七戊三朝，三壬十七庚金备。酉宫还有十日壬，
二十辛金属旺地。戌宫九日辛金胜，三丁十八戊土具。
亥宫七戊五日甲，余皆壬旺君须记。谁知得一疑三分，
此诀先贤留下秘。

上生旺者喜官、喜财,则制其太过而得中和。衰弱者,喜印、喜比,忌盗气,则补其不足,亦得其中也。

干支属四时

干属四时

甲乙春旺,丙丁夏旺,庚辛秋旺,壬癸冬旺,戊己四季旺。

支属四时

寅卯辰春旺,巳午未夏旺,申酉戌秋旺,亥子丑冬旺。

支属三季支属卦位

支属三季

寅申巳亥为四孟,子午卯酉为四仲,辰戌丑未为四季。

支属卦位

子属坎,丑寅属艮,卯属震,辰巳属巽,午属离,未申属坤,酉属兑,戌亥属乾。四正卦属单支,四维卦属两支。

十二支中所藏五行之图

申宫	庚金七分,辛金二分 壬水初生一分,丁火二分半	酉宫	辛金七分,庚金三分 己土丁火初生二分
戌宫	戊土五分,辛金二分半 丁火二分半,为天门	亥宫	壬水七分,癸水三分 甲木初生
子宫	癸水八分,壬水三分 辛金初生	丑宫	己土五分,辛金二分半 癸水三分
寅宫	甲木七分,乙木二分 丙火,戊土初生三分	卯宫	乙木七分,甲木三分 癸水初生
辰宫	戊土五分,癸水二分半 乙木二分半	巳宫	丙火四分,戊土三分 庚金初生三分
午宫	丙丁火八分 己土二分半 乙木初生二分半	未宫	丁火二分半 己土五分,乙木二分半

子宫单癸水,丑未己辛逢,寅宫甲丙戊,卯中独乙木,辰藏癸戊己,己丙戊庚同,午宫丁己土,未内乙己丁,申宫庚壬水,酉内独辛金,戌宫辛丁戊,亥宫壬甲宗。

干支纳八卦

干纳八卦

乾(甲壬)　坎(戊)　艮(丙)　震(庚)

巽(辛)　离(己)　坤(乙癸)　兑(丁)

支纳八卦

乾(子午)　坎(寅申)　艮(辰戌)　震(子午)

巽(未)　离(卯酉)　坤(丑未)　兑(巳亥)

干支纳卦

乾(甲)　坎(癸申辰)　艮(丙)　震(庚亥未)

巽(辛)　离(壬寅戌)　坤(乙)　兑(丁巳丑)

上八卦各纳天干,惟坎、离、震、兑四正之卦加纳八支。

起禄、马、天乙贵人法

起禄法

甲禄在寅,乙禄在卯,丙戊禄在巳,丁己禄在午,庚禄居申,辛禄到酉,壬禄在亥,癸禄在子。以临官为禄。

起马法

申子辰马居寅,寅午戌马居申,亥卯未马在巳,巳酉丑马在亥。

起天乙贵人

甲戊庚牛羊,乙己鼠猴乡,丙丁猪鸡位,壬癸兔蛇藏,六辛逢马虎,此是贵人方,即阴阳贵人。

起山命例

各从子上起正月,逆数二月亥,三月戌,四月酉,五月申,六月未,七月午,八月巳,九月辰,十月卯,十一月寅,十二月丑。择某月即轮某月止,某日时逢卯,己卯即安命宫。假如用二月某日卯时,即安命在亥,宜亥卯未山,大利。

起山运诀

各从天干阴阳而定。甲丙戊庚壬属阳。男顺数未来节,女逆数过去节。乙丁己辛癸属阴,男逆数过去节,女顺数未来节。止各三日,作一岁。多一日,除一日,除一日,少一日,借一日,人命运,一字管五年,山运一字管十年。假如丙午年二月十四日,顺数未来节至清明,即是十七日。少一日,借一日,添作六岁运,即壬辰癸巳顺行。又丁未年二月十四日,卯时,数过去节,十一日惊蛰,四日作一岁运,初一行壬寅、辛丑,逆行也。

论命中六亲取用

生我者为父母,偏印、正印;我生者为子孙,食神、伤官;克我者为官煞,偏官、正官;我克者为妻财,偏财、正财;比和者为兄弟,比肩、劫财。以日干为我合课中取用。

凡竖造以生命葬埋以亡命干为主,于四柱中看得何干神,定其格局。

生进克出定论

山头须要克年干，年月日时总一般。若遇相生为吉庆，
合支克日见封官。山头克年家长益山头克月宅母强。
山头克日人口旺，山头克时百事昌。

凡选择年月宜生旺，地支宜克出纳音，俱宜生进山头。山头不可生年月日时，为泄气，不可用也。

如前一二干支有泄，及纳音泄，须求日时有补助刑为吉。若俱泄，则大凶。三合者亦要补助山头，不宜泄气，克山则凶矣。

按：山家为君，年月日时为臣，纳音为从役、奴婢，太岁来山纳甲为将帅。君使臣以礼，臣事君以忠，不得臣悖君恩，奴来欺主，主败而民乱也。太岁者，当年太岁也，统领诸臣而事君也，四柱干支俱生进比和，此谓通天进神之妙，君臣庆会之格。

论山头克年干者为君使臣以礼；若年干生山头，是臣事君以忠。山家变运则是君臣之将帅，五行纳音有气乃佐助之神；若无佐助，是败国之人也。若将帅佐助其君，得其位以致富盛；若不佐助人君，则君败臣亡。

凡要山头克年干为大吉，山头若生年干为泄气。又要墓运生山头大妙，只用四柱纳音，金木水火土首尾相关为奇也。

玄机赋

少死泉门春属多，只因修造犯凶课。庄田卖尽倾家去，
破败贫穷怎奈何。第一且看山头利，次论行年运及身。
四柱合格为奇妙，虽病造命体中和。通全年月谁家有，
时师熟记玄机歌。

《造命发微赋》附注解明。

《继善篇》摘要

人禀天地，命属阴阳，生居覆载之间，尽在五行之内。

人禀天地，命有阴阳，生于天地之间，不离金木水土火生化也。

造命至玄，难逃一理之中；五行妙用，要识变通之机。

先贤造命至于玄处，无过理顺，命之理微，圣人罕言，八字有健旺衰弱之分，扶助枭制喜忌之不同也。嫌其太过不及，取其中和为妙。此言二章之纲领，学者要知五行变通而用。

先察山脉贵贱，次定造化高低。贵龙须知寻贵局，富龙还当推富期。凡欲造命，先审山头何如，然后选合年月格局，务要得宜，配合相当。如贵地择正官、正印之类，如富地择偏财、偏印之类。

龙弱日贵莫载，力小图大，先凶后吉。

主龙欹弱，孤力轻小，欲图大进，选值大富贵格局，年月莫能受授，先主见凶，后出吉人，终入外姓以成其才也。

格局停当，亦扶否山之薄脉；年月休囚，能减真龙之厚福。

脉须薄而课吉，终须致富；龙须真而课凶，焉能发福？

断其吉凶，专用命日为主。三元要成格局，四柱喜见财官，天干为天元，地支为地元，以支中所藏者为人元，年月日时为四柱。我克者为财，克我者为官，生我者为印，我生者为食，专以命日干为我配合生克。四柱取用，要见财、官、印、食而成格局，方为美也。

用神不可损伤，日主最宜健旺。

用神者，四柱益我之物也，有用之神不可损害也。课中日干强健，能任其财官生旺，以扶其命也。

年伤命日，名为主本不和。

假如庚辛金年用甲乙木日干，或甲乙木命人被金克之，故云：主本不和，父子不相和也。四柱无制伏救助，则造、葬不吉。

岁月日时，大怕煞官混杂。

年月日时中有官星，若见七煞，则不为吉。务要去煞留官，伏制度方为美。

课主偏财,忌兄怕弟。

若偏财一位,比肩莫逢。如丙命用庚,忌见丁丙,弟授兄妇,兄夺弟财,贵返贱矣,盖言忌相克之意。

局内印授,畏财喜官。

如甲乙生人见亥子为印绶格,最喜正官星用事,乃官遇印绶,必然欢悦。忌逢戊己辰戌财星之年,即贪财坏印,定主灾凶也。

七煞偏官,喜逢制伏不宜太过。

如壬逢戊为七煞,要见甲木制之则吉也。喜一制一伏,不可甲乙多众制之,太过反为其凶也。

官见正气,若见刑冲则为不吉。

如乙命以庚申为正官之格,无七煞之混,乃得五行正气,最忌刑冲或四柱犯之,寅字则冲之,见巳字则刑之,故曰:不吉。

伤官如遇官地,不空灾降。

如甲生人用四丁为伤官。伤官者,乃盗身泄气所忌之神,再逢官煞年,必有不测之灾也。

阳刃冲合岁君,勃然祸至。

如甲日生人见卯为羊刃,遇酉则冲之,戌则合之,则祸至矣。三合木局,年月冲命,亦主不吉也。

富贵荣华,定因财旺生官。

课中财旺生官,财积福如山,财旺无官亦妙。财官不露,当作贵看。《经》云:财多生官,须一身居旺地。财多盗气,本身自奈,不在此限。且如甲乙木用庚辛金为官,戊己土为财,土旺生金,金乃木之官,先贫后富而且贵,定见财旺生官也。

寿命夭贫,盖是身衰遇鬼。

课中有煞,日主死绝无气者,主夭。日主衰弱无助者,主贫。旺则以煞化权,良则变官为鬼。且如秋天,甲乙生人见庚申辛酉来克,不夭则贫,财见多而命弱,世出贫人。

如课中财多而日干衰弱而无助扶,主先富后贫,及出贫人。《经》云:财多身弱,正为富屋贫人矣。煞化权而命旺,家生贵子。如课中日主生旺有气,虽见煞反为我喜，乃煞化权之论，主先贫后富及生贵子。《经》云：以煞化权，定显家门之客。

官星无破，定主登科甲第。

凡正官之格，无煞混杂及无冲破者，必主登科及第之兆也。财库生旺，必出纳粟官员。

凡四柱得财旺生官之格，无冲破者，必出纳粟、援例、监生、缘吏之官。

有官有印而无冲破，乃作廊庙之材。

课中有官有印者，尤财星坏印，又无伤食，及四柱无冲破，必主大贵。

无印无官而有格局，亦为朝廷备用。

课中无官无印者，得其真正格局，亦主大贵。如三奇朝相等例，拱禄、拱贵等格局是也。

要登金榜，须择身以遇权。

权者，正气官星也。命日生旺，官星有气又印绶助身，必主科第也。

若佐圣君，必选主健逢官。

四柱官星显露，日主健旺又得财星助，官合其孚跃者，必主大贵。

印绶被伤格未就，倘若荣华不久。

但印绶本生气之源，不可有伤被伤见财也。如六甲生逢癸地，最嫌戊己来侵，为祸见损。倘有禄位，不久而败，所谓合财坏印，财见重重，有事难夸。

身弱遇鬼局无成，纵然富贵必倾。

凡自身天元衰弱，纵得官星，不可为妙。歌云：非格非局细察，只因破损伤神。身弱官多先贵，后来费力劳心。身若居官难发，纵然富贵必倾。

凶格中亦有正印官星。

印绶者，怕逢财气坏印。官星者，畏见伤官，必败。若四柱中有财官、印绶，遇其伤害，不成其名，反为凶恶之害矣。

吉课内也犯七煞羊刃。

七煞有制化为官。羊刃无冲，可为极品贵。偏官发于白屋，羊刃起于边城，为将相，岂不为吉课哉？歌云：正官正印，柱中忌见，伤坏刑冲，恶多吉少，反为凶，可作贫贱而论。课内羊刃七煞，善多恶少，相逢煞星，喜刃两相同制煞，身强贵用。

羊刃犯于七煞，主生好杀凶性。

羊刃在天为紫暗星，专行诛戮。在地为羊刃，杀偏官者七煞之暗鬼。若阳刃之七煞，主生凶恶之人。

印绶会于天德，定出素食慈心。

如命元犯凶神恶煞，若遇天月二德神救之，凶不为害。大凡印旺重逢，天月二德而助其吉，定出慈心素食之人。

日主高强，屡出子孙无病。

凡课中日主高强，荫出子孙无疾。

财星有气，常见钱谷有余。

凡课中财星有气，荫出人家多钱谷。如庚金见乙木为财，在正、二月，或会水局，皆为有气。在三、四月则为退气。

世享林泉，官与刑而不犯，印贵二德还宫。

凡课不犯官鬼、刑宫，如得印绶相扶，再合天月二德，并贵人还宫，年月纵然在高位，主致仕定无疑也。

劳碌田园，日与命而相弱，官与七煞相临。

凡命干与日主休囚，四柱干支官杀相欺，必出下贱之徒，可坐而定也。

命日两强而杀少，是为以杀化权。

日干健旺，四柱生命有气，故曰：两强杀少者，乃我盛而彼衰。故曰：以杀化权也。

命日两弱而杀多，乃为有损无益。

日主衰弱，四柱克命无助，故曰：两弱杀多者，乃彼盛而我衰。纵合吉星，而无益也。

命日逢衰，见官星而出小人；命日遇旺，见鬼宿而产贤才。

此四句申言贵在日旺为先也。

二禄居时，不喜官星。

或命禄，或日禄居时者，最怕官星，所以强破禄，反贵为贱矣。如壬命日主用亥时之例，见戊己官杀者，为凶也。

六阴朝阳，切忌鬼宿。

六辛见戊子时是也，鬼宿即官杀也。辛以丙丁为官杀，岁月若见丙丁二字，乃南方火伤了辛字，所以不能朝阳也。若成其格局，不见丙丁，主大富贵也。

太岁乃众煞之主，未必为殃，若逢战斗，必主刑伤。

太岁乃人君之象，未可作凶言。或命主、或羊刃诸煞，或日干冲合，刑克岁君，乃是臣犯君，必招其祸，此为战斗也。

岁伤日干，有祸必轻；日犯岁君，灾殃必重。

太岁克日干，如父怒子，其情可恕；日克岁君，如子怒父，罪不可赦也。且如太岁庚辛，日干甲乙，则灾轻；日干庚辛，太岁甲乙，则灾重。

五行有救，反必为财。四柱无情，故名克岁。

此言日犯岁君，若当生有救，祸减一半，反招其财也。若四柱有食相印绶制救者，谓之子遇母救，则吉无凶。又如甲日克戊岁，若得己字在干，则是甲与己合，夫妇贪合有情。乙日克己岁，若干头有庚，亦是夫妇贪合有情。若无配合克制，便是四柱无情，故以日犯岁君论之。

命日选值甲乙，如遇庚辛相伤，切要丙丁来制。

庚辛怕见丙丁，若逢壬癸不忌。戊己本嫌甲乙，庚辛先见无危。癸水愁逢戊己，甲乙逢之不畏。丙丁处遭壬癸，戊己当头何惧！假如命日主值甲乙，遇庚辛金来克，切要丙丁来制方吉，虽云有救，其祸亦轻。

天元虽旺无倚依，必出常人；日主太柔有财官，断生寒士。

但格局要秉中和，日主太旺，无财官乃云无倚。为太过，必主出僧道孤刑之人。日主太柔，财官多者曰不及，必主寒士贫穷之人。

假如甲乙命干日用在春月为身旺，虽见庚辛为官煞，四柱再得丙丁火制，其中和者为贵。如命日主衰，四柱有相助者，亦吉。不可举此而弃彼也。又如乾山用四乙酉之例，乃乙木为阴府，日主虽微，用在秋月。酉宫辛金七煞生旺，故能制乙煞。原命干属庚，乙与庚合，见乙木为财，反致吉福。奈四酉刑重，必得命干命主方许无伤。

甲与己合，如逢生旺必出公平。

课中逢甲与己合，更带生旺，主出忠厚、公平、正直之人。

丁与壬合，妒遇太过的产奸淫。

课中遇丁与壬合而太过，多阴浊阳盛，主出奸心、酒色、淫乱之人。

命日逢丙，值申位定出亡。

谓逢丙申日，申有壬水长生无制，定出少亡之人，及申子辰水局年不吉。

命日遇己，临亥地必主寿夭。

谓逢己亥日，亥有长生木无制，必出寿夭之人，及亥卯未年不利。

庚金见寅而遇阳火，命日逢旺何害。

庚寅日四柱中有丙火，乃庚旺煞衰，故主无害。诗云：庚逢寅位禄当权，丙丁重见寿必端。身旺鬼衰犹可制，应知鬼煞化为权。

乙木加巳而遇阴金，命日值弱为灾。

乙巳命日，柱中有辛金，乃乙木弱而煞旺，故主灾祸。诗云：乙逢双女木衰残，若见辛金寿必难。丙丁不来相救助，岂知安乐不成权？

木犯丙丁，名为泄气终落寞。

甲乙木日重见丙丁巳午火，则为泄气，乃泄身之气，必主贫困也。

水逢庚辛，号曰印绶始丰隆。

壬癸水日重见庚辛申酉金，则为印绶，生身必主富贵也。

木旺于春，水旺于冬，安然无忧。火旺于夏，金旺于秋，自然福寿。

如日主甲乙，用于春三月之间，而四柱有财官之倚，必主富贵。福寿太旺，又反夭贫。

金逢夏月，频见血光。

如庚辛金日干用于夏月，又见四柱丙丁火生旺，无壬癸水制，必招血光之灾。又云：金逢夏月者，太岁忌见阳火、阴火，最喜金水而有救，终为有损无益也。

土遇春天，多生黄肿。

如戊己土日干用于春月，又见四柱甲乙木生旺，无庚辛金制，必生黄肿之病。又云：土遇春天者，太岁忌见阳木、阴木，最喜土金而有制，终为有劳无功。

筋骨疼痛，盖因木被金伤。

甲乙木日干衰，逢四柱庚辛申酉，金旺克木，主生四肢疼痛，疯颠邪症之人。

眼目昏暗，必是火遭水克。

如丙丁火日干衰，逢四柱壬癸，水旺克火，主生眼目昏暗瞽目之人。盖肺属金，脾属土，肝属木，心属火，肾属水，故金受伤，主见血光痨瘵之症；土受伤，主见腹胀满肿之症；木受伤，主见筋骨痂疲之症；火受伤，主见眼目朦胧之症；水受伤，主见下元冷疾之症。

金木相克，人人凶恶；水火相伤，代代官讼。

以上乃申言相克之弊。

木要水生最要得宜，金资土厚亦贵得中。

如木死在午，得四柱水盛，反为生地，故曰：死处逢生。如金死于子，四柱土旺，反为有救也。

是以五行变用，不可偏枯，阴阳罕见，不可一例而推。务要禀中和之气，竖造、埋葬自然富贵。略敷古圣之遗书，纵约以今之贤者博览，若通此法，参详鉴命，无差误矣。

天干变动年月日时定局

横推直看	年月日时	甲	乙	丙	丁	戊	己	庚	辛	壬	癸
甲寅山	甲	比肩	劫财	食神	伤官	偏财	正财	七煞	正官	偏印	正印
乙卯巽山	乙	劫财	比肩	伤官	食神	正财	偏财	正官	七煞	正印	偏印
丙午山	丙	偏印	正印	比肩	劫财	食神	伤官	偏财	正财	七煞	正官
丁巳山	丁	正印	偏印	劫财	比肩	伤官	食神	正财	偏财	正官	七煞
辰戌艮山	戊	七煞	正官	偏印	正印	比肩	劫财	食神	伤官	偏财	正财
丑未坤山	己	正官	七煞	正印	偏印	劫财	比肩	伤官	食神	正财	偏印
庚申乾山	庚	偏财	正财	七煞	正官	偏印	正印	比肩	劫财	食神	伤官
辛酉山	辛	正财	偏财	正官	七煞	正印	偏印	劫财	比肩	伤官	食神
壬子山	壬	食神	伤官	偏财	正财	七煞	正官	偏印	正印	比肩	劫财
癸亥山	癸	伤官	食神	正财	偏财	正官	七煞	正印	偏印	劫财	比肩

如甲寅山并六甲生命选配课格，竖造安葬者。四柱之中则以甲年月日时为比肩，乙为劫财，丙食神，丁伤官，戊偏财，己正财，庚七煞，辛正官，壬偏印，癸正印。竖造以造主生命配合，安葬用亡命相符。余俱仿此类推。

再者，审其地系贵龙，则宜选正印、正官、正财诸贵命格，以助其贵。若其地系富龙，则宜选正财、偏官、偏印及财局以助其富。此择吉配命，格以补山龙要诀也。凡术者其可忽乎？当细玩而得焉，此万世不易之至理也。

造命富贵格局(名目取格局上课日)

天地同流干支一气格

天地同流

四壬寅,四庚辰,四己巳,四戊午,四丁未,四辛卯,四乙酉,四癸亥,四甲戌,四丙申,又名天干地支一气同流格。

天干一气

如甲子年、甲戌月、甲子日、甲戌时,四天干同者是,又名一气堆干格。

地支一气

如己未年、辛未月、己未日、辛未时,但四支同者皆是,名一气堆支格。

正印、偏印、正财、偏财格

正印

如甲命人,甲见子癸为印绶,用四癸或四子年月日时是也。又如丙命人,取卯乙为印绶,用甲戌年、乙亥月、乙未日、乙卯时亦是。余仿此。

偏印

如甲命人,甲见壬亥为偏印,或用四亥,或用四壬年月日时是。余仿此。

正财

如乙命人,用辰戌戊为正财课,取四辰,四戌,或四戊年月日时是也。余仿此。

偏财

如乙命人,用丑未巳为偏财课,取四丑、四未或四己年月日时是。余仿此。

正官、偏官、拱贵、建禄格

正官

如丁命人,以亥壬为正官,或用亥年月日时,或用壬年月日时是。余仿此。

偏官

如丁命人,以子癸为偏官,或用子年月日时,或用癸年月日时是。余仿此。

拱贵

如庚命人,贵人在未,用庚申年、壬午月、庚申日、壬午时是也。余仿此。

建禄

如甲命人,禄在寅,用寅年月日时是也,余仿此。

冲禄、食禄、堆禄、拱禄格

冲禄

如辛命人,禄在酉,用四卯年月日时,卯酉相冲是也。余仿此。

食禄

如癸命人,癸食乙禄,乙禄在卯,用卯年月日时是也。余仿此。

堆禄

如甲命人,甲禄到寅,用四壬寅。又如乙命人用四辛卯是也。余仿此。

拱禄

如甲命人，甲禄到寅，用丑年、卯月、丑日、卯时，禄在其中是也。又名夹禄格，填实者不是，反为凶。

遥禄、合禄、赶禄拦马格

遥禄

如甲命人，甲禄到寅，用午年、戌月、午日、戌时，三合寅午戌，禄在其中是也。

合禄

如癸命人，禄在子，用丑年月日时；子与丑合，用甲辰年月日时，三合者亦是也。

赶禄拦马

如甲戌命人，甲禄在寅，须得丁丑以赶之。寅午戌马在申，须得酉以拦之。

禄马交驰、禄马同乡格

禄马交驰

如乙未命人，乙禄在卯，亥卯未马在巳。如年月日时不见禄、马而日时互见者尤妙，禄即官星，马即财也，无非财官交互相见之理是也。

禄马同乡

六壬日主加临午位，术中号为禄马同加格，盖壬以丁为财马，己为官禄，丁己禄居午，故云也。

两干不杂、双飞蝴蝶格

两干不杂

如用甲子年、乙亥月、甲戌日、乙丑时，甲乙二字不乱。又如丙寅年、丁酉月、丙辰日、丁酉时，丙丁二字不乱之类是也。又名两干连珠格。

双飞蝴蝶

如用庚申年、壬午月、庚申日、壬午时是也。又云：如用庚戌年、戊寅月、癸卯日、乙卯时，二阳二阴者亦是也。

天上地下三奇格

三奇

乙、丙、丁为天上三奇，取年月日或月日时三位相连者是，甲、戊、庚地下三奇，取用亦同。又云：乙丙丁亦曰三奇。

论明八格（凡八节）

聚拱遥合冲食正偏

聚格

聚者，堆也。癸亥年、癸亥月、癸亥日、癸亥时，谓干支一气，又谓堆干堆支。癸年、癸月、癸日、癸时谓天干一气，又谓一气堆干。亥年、亥月、亥日、亥时，谓地支一气，又谓一气堆支。如癸龙用四癸，谓聚干格。亥龙用四亥，谓聚支格。壬龙用四亥，谓聚禄格。丑未龙用四癸、四亥，谓聚财格，名曰补山，皆上格也。丁龙见四癸,谓聚杀。离龙见四癸,谓聚盗,名曰克山,皆凶格也。甲命用四癸,谓聚印。用四亥,谓聚宝。辛命用四癸,谓聚福。壬命用四癸,谓聚禄。戊癸命用四癸、四亥,谓聚财。己酉共命,用四亥,谓聚马,名曰相主,皆上格也。丁命见四癸,谓聚杀。庚命见四癸,谓聚盗。癸命见四亥,谓聚刃,名曰克主,皆凶格也。大抵官不可用聚格,官多作杀论。偏印可用聚格,偏多必立一正。竖造以宅长本命一人为主,安葬以亡命一人为主。余以类推。

拱格

拱者,夹也。乙丑年、己卯月、乙丑日、己卯时,以天干言谓两干不杂,以地支言谓两支不杂。以两丑两卯暗夹一寅字,故曰:拱格。甲命谓拱禄,丙命谓拱宝,辛命谓拱贵,壬命谓拱福,丁命谓拱印,庚辛命谓拱财,己命谓拱官。大抵马不宜拱格,竖造不忌重丧日,安葬不忌受死日,造、葬不忌死气官符、建日。余类推。

遥格

遥者,邀也,远地邀来之谓也。盖以巳年、巳月、巳日、巳时,巳中戊土与子中癸水作合为财,巳中丙火以子中癸水为官,四巳相连而能远邀子水,财官双美,故曰:遥格。推巳、亥、子 、午能遥,此希格也。

合格

合者,会也。其名有二,曰三合,曰六合。申年、辰月、申日、辰时,丙申、丙辰暗会一子字,故曰:合格。甲命谓合印,丙命谓合官,戊己命谓合财,辛命谓合福,癸命谓合禄,乙巳命谓合贵,以上谓之三合也。申年、申月、申日、申时,四申相连而能暗合一巳字,亦曰:合格。丙戊命谓合禄,壬癸命谓合贵,此谓之六合也。大抵库不宜合。余以类推。

冲格

冲者,对也。酉年、酉月、酉日、酉时,四酉相连而能冲一卯字,故曰:冲格。乙命谓冲禄,壬命谓冲贵,癸命谓冲福,庚辛命谓冲财。大抵官印马不宜用冲格,马冲则散,印冲则亏,官冲则刑,惟库可冲也。余以类推。

食格

食者,食神也。午年、午月、午日、午时,乙以丁为食神,丁以己为食神,丁己禄居午,乙丁命谓食禄格,以四支相连故也。余以类推。

正格

正者,不偏也。辛年、辛月、辛日、辛时,丙命以四辛为正财,壬命以四辛为正印,故曰:正格。余以类推。

偏格

偏者,不正也。壬年、壬月、壬日、壬时,戊命以四壬为偏财,故曰:偏格。惟财可偏可正,余皆不可兼得也。

藏八用(凡八节)

长生、真禄、真马格

长生格

夫命以长生为宝。如甲乙属木,长生在亥,皆以长生为主。盖下之至宝,莫若长生,故以长生为宝,以本命年干为主,暗藏四柱之中,以成补山相主之格。

真禄格

如用乙命,乙禄在卯,以十干居禄为主,以本命年干为主,暗藏四柱之中,以成补山相主之格。

真马格

如申子辰马居寅,寅午戌马居申,乃地支居马为主。又以本命支马为主,暗藏四柱之中,以成补山相主之格。

贵人、福德、印绶格

贵人格

如甲戊庚命贵人在丑未,乙巳命贵人在子申,丙丁命贵人在酉亥,壬癸命贵人在卯,己辛命贵人在寅午。以本命年干为主,暗藏四柱之中,以成补山相主之格。

福德格

夫命以食神为福德,甲见丙,乙见丁,丙见戊,丁见己,戊见庚,己见辛,庚见壬,辛见癸,壬见甲,癸见乙。以本命年干为主,暗藏四柱之中,以成补山相主之格。

印绶格

夫命以父母为印绶。甲见癸,乙见壬,丙见乙,丁见甲,戊见丁,己见丙,庚见己,辛见戊,壬见辛,癸见庚,名曰:印绶。以本命年干为主,暗藏四柱之中,以成补山相主之格。

财神、官星格

财神格

如甲乙见戊己,丙丁见庚辛,戊己见壬癸,庚辛见甲乙,壬癸见丙丁,名曰:财神。以本命年干为主,暗藏四柱之中,以成补山相主之格。

官星格

如甲见辛,乙见庚,丙见癸,丁见壬,戊见乙,己见甲,庚见丁,辛见壬,壬见己,癸见戊,名曰:官星。以本命年干为主,暗藏四柱之中,以成补山相主之格也。

以八用配八格，主龙本命互相不偏，推至六十四格，积见三百六十五枝，各以选择历书为主，世之大传，历府历书皆《齐东》之语。大抵补山贵明显相，主贵暗藏，此造命之精微也。

凡竖造、埋葬、造命年月日时，尤人生世遇富贵之命，则富贵矣。如遇休囚则贫夭，不能为福。当宜熟读《继善篇》，并取贵格歌诀，方能取成格局。今细纂集于下，以便学者善知取格局矣。

论造命格局年月引证

先贤凡择造、葬之课，皆合造命之法。或用天地同流，一气天干，一气地支。或正财、正官、印绶，或拱贵、拱禄、遥合、冲食等格。得合山头运气、天符等吉星临照者，是谓全吉之课。今将昔日诸公选用格为年月略具一二于后，以开来学。

天地一气格

昔曾公与饶州宋氏作主壬午生造，巳山亥向，屋用己巳年、己巳月、己巳日、己巳时。盖己为壬官，禄朝午命，合马到向。

杨公与莆田陈长者下祖坟，坤山艮向，同此年月，下后三年出四科状元，子孙兴旺。

又杨公在靖康作祖坟，下乾山巽向，庚午亡命，用乙酉年、乙酉月、乙酉日、乙酉时，下后子孙富贵不替。年月日时皆犯阴府。

汝阳永乐魏郑公下祖坟，子山午向，用四丙申年月日时，下后子孙代代富贵，入朝不替。四酉宜丙辛丁命吉，否则大凶。子山宜癸乙己命吉，辛巳命凶。

昔有一人作亥山屋，其作主己未，用四丁未，惟知天地一气之格为喜，孰知己未生人见四丁为枭神，四未为羊刃，然其造变后，二子俱亡，己足疯废。

或问曰：四丁者，古人之所用为吉，何也？盖命干所合之不同也。所宜者甲戌庚壬生人也，禄甲生人见未为四贵，丁为伤官，未须年干日主之刃见甲，反为贵人所用之器也。戊生人见四丁为正印，庚生人见四丁为正官，四位皆贵人也。壬生人见四丁为正财，又丁与壬合，支申亦有丁火，皆为迁合之财，故为吉也。

一气堆干格

杨公与霸上文婆下白石冈地，艮脉作丁向，用丙申年、丙申月、丙申日、丙申时，而犯四阴府。记曰：艮山丁向水流未，丁壬尖峰起。丙申七月丙申时，天地合玄机。十三又是丙申日，乌见分南北。一周三载横财归，文武挂绯衣。

又与一丙午宅长造酉山卯屋，用辛巳年、辛丑月、辛未日、辛卯时。记曰：四位辛干丙命合，堆干无驳杂。四位进禄都到山，食禄万年间。三房得福一般均，不利乙生人。合得天和火格局，子孙皆享福。待将亥卯未年来，生子旺资财。此家年月真靖化，至宝深无价。盖丙午生人，丙合辛，午合未，四位辛干得化，丙克辛干为财，四辛连珠一气，四辛归酉禄于坐山，故曰：进禄。丙命用巳年，为丙食我禄。丙人归禄，皆在己巳年属长男，未月未日属小男，卯时属中男，故三房同发福。四辛冲乙人不利，其辛克乙干也。

一气堆支格(宜甲戊庚命吉)

昔杨公与沈溪许氏下庚山甲向，用己未年、辛未月、己未日、辛未时。记曰：未年未月未时下，未日有声价。两位尊星入正官，有福自然通。子孙登科后为相，安然得吉祥。十日之内挂绯衣，名题金榜上。

郭景纯与吉安项氏葬戊辰亡命，下寅山申向，用壬子年月日、庚子时。记曰：四子一气顺流行，富贵旺田丁。不见官星何处出，财旺生官急。甲乙年头金榜名，只为见官星。子孙因上得贤妻，行嫁宝如堆。如堆年月日犯阴府。

又杨公与陶朱下祖坟，艮山坤向，同此年月，下后周年进人，田地大发非常。缘壬为阴府，病在寅山。又戊命克壬为财，子中癸为戊命之财，故吉也。奈初有四凶，宜乙癸己命吉。

正财格

昔曾公与饶州宋氏作主，壬午生，造巳山亥向屋，用四丁未，壬取丁为财，财干朝午命合马到山。记曰：天干浑丁支浑未，天地同流皆一气。干支照命愈为奇,管取家豪代代贵。

又杨公与宋朝王丞相祖坟同此年月,作乾山巽向,名曰:胎元一气年月。下后子孙繁盛,出贵不替,宜甲戌庚壬合吉,否则凶。

正官格

昔曾公与人下寅山申向,葬丁巳亡命,用壬申年、壬申月、壬辰日、壬寅时,丁用壬为官,旺子生申。又巳申合,与申子辰马到寅山,巳午年出贵,宜乙巳命吉。

拱贵格

昔杨公与泯江秦好仁葬耦溪地,亡命庚戌,下申山寅向。用庚申年、壬午月、庚申日、壬午时。记曰:干合寅向申补脉,双飞蝴蝶格。此为聚禄马亦同,食禄作三公。年命日贵俱佳美,未午用拱出。贵聚禄马夹贵人,取用妙通神。

拱禄格

昔杨公与京兆余待御,乙亥年致仕,未方作退居。用庚寅年、庚辰月、庚寅日、庚辰时,命禄在卯,二寅二辰拱卯禄,乙命以庚为官星,官禄俱全。余年七十六年整,不许再任,赐券老钱,擢其子孙,余寿至九十之上。

昔陶公与富阳县宋家下祖坟同此年月,范葬地名灵隐寺边,卯山酉向,乙亥生命,名曰:天元一气,又名夹禄格,后大富贵。月时皆犯,贴身空亡,用火克金为财,故无咎也。

冲禄格

昔郭景纯与鄱阳潘氏下河湖蟠龙望月形,卯脉转亥作巳向,亡命辛亥,用四辛卯。记曰:辛干卯支冲禄格,合山更补脉。灵椒几载在庭前,拣选几多年。得此年月方安葬,葬后状元并拜相。子孙无限锦衣归,不利酉生人。后登科状元,食禄三十余人,卒不拜相乃包之意,酉生人皆夭折。

昔曾公与汪曲逊葬用辰,亡命用甲申年、壬申月、甲申日、壬申时,下辰山戌向,六年后其子登科,官禄甚众。

食禄格(前课五伤,后课吉禄)

昔杨公与饶州郭仲达葬己亥亡人,下戌山辰向,用庚午年、丙戌月、壬午日,犯阴府,丙午时后,赏军粮食禄。记曰:乙食丁禄在于午,午为食禄位。支中见丁则午多,散乱反偏颇。

杨公又与汉江颜绍,癸丑生,两科不中。星士曰:命不贵。公曰:宜修食禄方,必中。颜曰:拗命文章,何必如是,又不中。托杨公于巳方为命贵,作书楼,用辛卯年、辛卯月、丁卯日、癸卯时,丁为财,癸食乙禄在卯,卯与巳方为命贵。记曰:拗命文章不食禄,禄贵为补足。食禄在卯贵亦同,再举便乘龙。丁酉年来必有应,子当加敬信。颜果中,后公贺曰:文章能贵乎?颜曰:今合前记,此课吉。

遥禄格

昔杨公与池阳庄心田,戊戌生,丑方作横庭,用丙申年、辛丑月、辛酉日、己丑时。按记云:年命二禄俱在巳,何用明见是。酉丑三合喜相逢,巳禄在其中。

合禄格

昔杨公与钱塘刘林葬父,亡命癸未,下申山寅向,用戊申年、丙辰月,犯阴府、贴身空亡。壬申日、甲辰时,犯贴身空亡,六年后其子登科。记曰:癸未禄何如,申辰合出子。见干造化无取用,实是合不动。又合暗局,房宿主贵。

双飞蝴蝶格

昔曾文遄与贡州徐运使下祖地,乾山巽向,用庚戌年、戊寅月、癸卯日、乙卯时,年皆犯阴府,二曰三曰名曰:双飞蝴蝶,庚戌须金得寅戌中之官煞。又戊土枭之以制庚金,乙木及二卯中之乙木为乾金之财也,初年凶。

六阴朝阳格

昔范公与雷丞相下祖地,坤山艮向,用己丑年、辛未月、辛未日、戊子时,皆犯阴府,以辛日干用干,夏月乃杀旺身衰,己土枭之,二未中有杀,乃年时纳音火盛克制阴府,又辛逢戊子时,名曰:六阴朝阳之阴矣。

四火朝元格

昔曾文遄与叶龙图下祖地，子山午向，用四戊午一气纳音，四火以扶生干旺，名四火朝元，下后子孙富贵。奈午刃虽旺，得玄天水气，子山以制之，主出人威猛性烈。四午宜下丁巳辛命吉，余则大凶。

三德丛集格

三德者，岁德、天德、月德也。如甲己年六月，三德同在甲。丙辛年九月三德同在丙，乙庚年十二月三德同在庚。丁壬年三月三德同在壬。是谓三德同聚于此方，大宜造作、安葬。更用造命以合之，乃诸福所集，十全大吉。

以上诸格造命年月，凡造、葬合得此等年月者，最吉。又须审其地系贵龙贵局，则取贵格日期，如正官、三奇、正印、堆禄诸格更合生命贵人，文星、禄、马到山乃是催官年月。若龙穴合得富格，则宜择偏官、正财、偏印之格。更取生命、禄、马并催富诸吉星到山，是为催富之造也。

凡学造命，熟读《继善篇》。

年月启蒙

按悟斋洪氏山向修方之法，须要通利，更与年月日时相关，阴阳纯粹。阴山向方用阴年月日时，阳山向方用阳年月日时，亦有分别。须要山向逢三合，补之有力，即孟仲季之说，具三才之道备矣。若合山者不可合向；若合向者不可合山。若一位合山、一位合向，合则散阴灵，为福轻矣。修方仿此。

如子山午向，用寅午戌四柱合成火局，为子山财局，吉。若午山子向，用申子辰四柱合成水局，为杀克身，凶。如寅山申向，用寅午戌合成火局，反泄寅卯之气。宜用申子辰合成木局，生起寅木为佳。如辰戌丑未山合得一二相冲，盖库中有冲，用钥方开。若年月日时自相刑冲，皆不吉也。如甲子年冲庚午月日时之类，如子年刑卯月日时之类。又岁干支与日合，不吉，如乙丑年用庚子日之类，依此作主本命被四柱冲克者，凶。岁干支与作主、祭主本命冲合者，不吉，如壬申生命用丙寅年为冲，如壬戌生命用丁卯年为合，仿此修造。

以日干禄位为命宫,看田宅、官禄、福德,如在所修之方极吉,如在命宫兄弟,主耗散财物,拮据、疾厄,主事百端,男女碌碌,奴游荡走他乡。

假如寅山申向,用火局年月,虽曰泄山之气,却有喜忌之不同。所喜者,戊丙壬日主,反致吉福;所忌者甲庚日主必见凶殃。缘戊见火局为印绶,丙见为身旺,壬见为财局,故喜之。如甲见火局为死绝,庚则为败绝,故忌之。凡结局年月不可以泄山为忌。宜仿此推之,万无一失也。

论方坐向

论坐山

夫山者,乃行龙之脉;坐者,乃坐下之位。天干地支山向例应出煞,而有恶煞所占者,但得吉星临之乃吉。凡占山者,多下占向坐向,与方亦不同也。盖山之与坐,分为二说,如直龙直下,山与坐一同;直龙横下,横龙直下,山与坐则二矣。如乾脉坐戌向辰,名曰:大道驳龙格,正以乾金山为论,借戌为坐,不取用于戌焉,庶其补助云尔。直要吉神到乾,又得吉星到戌时。时师之秘诀,究其奥妙之精微也。

论山向

夫向者,则次于坐山与年三合,尤为吉也。得诸吉星及卦坐中武曲、贪狼、左辅、太阳、太阴、三白、九紫、四大帝星当向者为上,故曰:三要明星入向来。但吉星到向者不□,盖坐山方与隅亦不同也。

论山方

夫方者,谓天干地支方隅也。有定位,才可以定方。宅以中厅为主,坟以穴心为主,将罗经仔细格定所修之方位,不犯凶神恶煞,但要取三德、天道、差方、禄、马、贵人、天柱、大通、三白、帝驾到方,修之发福。用一火星助之,发福尤快。临方者不照对宫,如凶曜临方,赶得吉星制伏为吉,要吉星得位有气,使凶星失令无气可也。若人君之用勇将制杀为权,反获速福。吉多凶少亦化为吉,致灾祸不侵矣。

论年月日时

论年

夫看山头阴阳所属利否，然后择吉利之年而用之，切忌向犯太岁。乃坐岁破暗煞，又忌坐犯三煞，为坐凶故也。《经》曰：太岁可坐不可向，三煞可向不可坐。正此之谓。其诸吉凶、宜忌，一一仔细推之，要与山头命位三合，有生无克及年家、禄马贵人、三白帝星得临山向方隅，为至吉也。

论月

夫提纲者，乃月令也。月乃为年之辅相，先得年家通利，然后择月，亦要阴阳纯粹为首，次不犯官符、大小月建等凶，及月建、飞吊紧杀。推算太阳、太阴到何宫分度，数合三奇、三德、岁星、禄马贵人飞遁紧用，吉星临山到向，再推龙运，得到禄马贵人、财官、生旺之宫为妙用也。年家神煞只论坐宫，月家神煞有坐有飞，故吉凶重于年家。又山方坐向神煞全在月令，遁取得失，而月之一任重，于年于月于时也。

论日

夫至重者，乃日主也。虽曰山向，岂可为家家可用乎？虽要山命之相间，如春用庚辛戊己，废而无用。寅月巳日三刑，卯月辰日六害，太岁皆冲，名曰：大败。丑日未月总是破乡，建破收平，在所不用。至于食伏、灭没之日，非所宜用也。收日取方之法，用支不可损伤，其干最宜健旺，故庚辛之金用于秋月，戊己之土用于季辰，则为气旺得令，其中要取三合一气及天月岁德，显、曲、传星、黄道通方值日吉星多者为佳也。

论时

夫时为收成，最关紧要也。要配天、地、人元，三合、三奇入局。合格禄马贵人时，其次之。故时者，日月之归聚，万事之成败，莫不出于一时。如在人臣则为使，如在人命则如嗣，如在果木则为实，使则薄命迅速，嗣在养老防虞，则一岁结成，故曰：成功结果，在此一时耳。

论生克制化

论生

夫生我者，印绶也；我生者，泄气也。八字生山命为印绶，吉；山命生八字为泄气，凶。如补合与山命相合，皆生也。三合相生，纳音相生，亦生也。如木星、太阳到午山，本命行年得一白，皆生也。生则旺相为吉，但取中庸之道，无太过耳。故曰：金资土生，土厚金埋，木须水养，水泛木浮，土赖火暖，火重土焦，水要金生，金寒水冷，火乘木焰，木实火暗，反为身耗无嗣之患矣。

论克

夫克我者，官鬼也；我克者，妻财也。八字克山命为鬼杀，凶；山命克八字为妻财，吉。如兑山属金，见甲乙及亥卯未年月日时者，乃财也。水命人用丙丁及寅午戌年月日时者，亦财也。财虽我用，亦要身旺。或山命而值衰令，入官见杀星也，杀为我伤，最宜忌之。又怕身弱逢财而助杀。若山命而值旺令，见官星无煞混杂带禄者为贵格，故不忌也。

论制

夫制伏者，制则伏其性也。如水银之炼灵砂，冷变热也。凶星之有吉星，转凶变吉，化杀为权。如金能克木，用火星以制金；鬼能伤身，加食神而制鬼。如三煞在东，有金则伏，独火遇水，冬月无光。又如三奇尊贵可修，凶方禄马三德能降恶曜，太阳照没群星，太阴光伏众宿，此皆制伏之法也。但看得令有气何如耳，如水制火，秋冬则可制，在春夏则难灭其势，故曰：星名虽吉，用之失地，反生灾煞；曜本凶神，制伏有方，翻作富贵，信哉！

论化

夫化变者，如鲤跃龙门也。别有天地，脱胎换骨，入圣超凡。如用两叠、一气、三合、三奇、三德、双拱、堆干、堆禄、进马逢冲、夹食、印绶、财官各成一家之妙,而格局合吉者,皆日化也。不可以寻常观之谓也。而化之一字变化无穷,非深通阴阳者,皆明星曜也,孰能知之?大抵吉星宜年月日时之生化,凶曜宜年月日时之克制,使文治武修,俱化为用,学者为详味之。

论年月造命

夫年月八字,如人生四柱五行,贵乎纯粹,要合山头、命位、坐向、方隅有气,以山命为体,年月为用。用宜生体,不宜克体。体宜克用,不宜生用。如人生得八字合格者,为平生富贵之命也。亡则故人无命,选用葬日八字为山头入地之命也,得合格者,为后代之福禄,乃子孙之荫益,但以亡命年干为主。阳宅修方,以宅长年命为主,既合山头,外要与命不相冲刑刃害,宜相生旺,食禄、贵人、禄、马、财官、印绶、食神合成格局为美。故曰:三元要成格局,四柱喜见财官。

论生年亡运身命

论生年

且夫命者,盖忌亡命,所生之年,决不可用,是葬日也不宜,今俗反忌于子孙生命,传之讹矣。且如百口之家,花甲周古,则将择何日以葬之?可见以生命之论,诚哉可哂!

论亡运

夫人既亡矣,何有运乎?且亡命有十八般,将何以折衷之?但以五星三命依生年阳顺阴逆数之起去到葬日,得值何运,又且庶几矣。如亡命丙辰年二月初四日生,得寿年七十八岁,其年就葬,则丙辰二月之建辛卯,阳男阴女,顺行二岁起运,就辛卯起,顺数两岁,出卯外十年一宫,七十八岁正行己亥,属北方水运,但不可过亡命丙辰之年生耳。亡命中推此理第一,故先贤多不论到此也。

论身命

盖夫身命只有三元白运，男顺女逆数之，如合命遇五黄二黑，致于有气，本命六白，原白中有煞，若值二黑有财，其诸例俗增繁矣。

论天合地合人合四正

论天合

夫天合者，乃天干相合是也。如甲午年、己巳月、辛酉日、丙申时，即干合也。甲与己合，乃六数也。天一生水，地六成之，亦曰六甲。如甲午年、己巳月、辛酉日、丙申时，只阴阳二宅合命为吉。

论地合

夫地合者，乃地支相合是也。如子与丑合，以丑为宫主，加上是也。顺行至午为太阳，未为太阴，乃午与未合，亦曰六合。如用癸丑年、甲子月、壬子日、乙巳时，合命犹吉。

论人合

夫人合者，乃地支吊宫三合是也。如寅午戌结成火局，寅本属木，戌本属土，惟午属火，然火生在寅，旺在午火，库在戌，是化之谓也。但于九星自寅数起，贪狼于一至五为廉贞中五，数至戌为右弼，九数九洁是也。所谓正五九，其三合之妙也。如用丁巳年、癸丑月、癸酉日、辛酉时。又如酉辰年、甲午月之数合命者，为之补合向，但不可合山头与命也。

论四正

如子午卯酉年，作乾坤艮巽山，辰戌丑未年作甲庚丙壬山，寅申巳亥年作乙辛丁癸山是也。

论青龙生气年月

如丑年乙山吉,乃是阳年在太岁后五位天干,是阴年在太岁前五位天干。如寅年作壬山丙向,未年作辛山是也。每支年加建逢开字是一宫占二位,以阳顺阴逆数之。如寅年顺至壬子山,值开为生气也。

论三合补龙年月

如寅山以龙收辰山作戌向,不问辰山作戌向,不问辰山合以寅(龙为正,用寅午戌年以补之)。杨公云:巽山亥不用巳论,单补巽山属木,用丁未年、辛亥月、乙酉日、己卯时,乃收年月日时,亥卯未结成木局,以补巽脉生旺有气为吉也。

论三合补山年月

假如坐卯山酉向,用亥卯未年月日时以补之。又如辰山戌向,用庚辰年、戊子月、丙申日、壬辰时,为申子辰年月以补之是也。宜乙巳癸命主事,否则伤。

论三合补山向支干年月

假如未山丑向,用丁亥年、丁未月、丁卯日、丁未时。又壬山丙向,用壬戌年、壬寅月、壬午日、壬寅时,多用壬字以补山,壬属水,丙向属火,故用寅午戌火局以补戊己土,火局年月为补山是也。按未山丑向,用四丁并亥卯未得甲戌作命,未月午日一凶,宜辛丁巳命吉。

人伦妙论

夫人伦有天、地、人元之分,官符亦有三元之例。大小三星杀详载本经,今不具述,姑引证开写于后。昔丁卯生,用辛丑年、辛丑月作巳山亥向屋,丁卯生人遁得天元丁未水官符,又丑年地官符在山遁得癸巳水,故官符犯丙位,属水克丁卯火,未及一月,官讼丧人口。

又一人壬戌生,坐卯向酉,在酉上作庭屋,用辛丑年、丙申月、壬子日、庚子时,丙申火月克壬生人,官符天元壬寅金,又辛丑年刑壬戌水,至十二月因致死亡。大凡修造要中宫利,方可去修四星,如壬戌生人,太岁辛丑入中宫,乃土克水命也。丙申火月建入中宫,又克壬寅金官符也,庚子土时,以起其中宫恶煞之土凶,为不利也,宜乙癸命吉。

选择造命定论

自昔杨曾传造命,无过一理顺。生克制化讨工夫,得令宜相近。
世人不知造命法,选择无真定。若人生时得好命,五行禀气清。
富贵原来在五行,可以理推情。通书逐月安葬日,避凶趋吉神。
后来宋末失真传,讹论到于今。五行错乱竟无分,体用莫能评。
富贵年月无人识,宜把卦例寻。几多富贵地相逢,葬后令人贫。
掘起须教福人来,富贵又天申。孰知造命课相孚,富贵地同伦。
识得年月不识星,亦是枉劳心。龙运须用正五行,杨曾用有证。
山家洪范验如神,制化重于音。堪舆要约亦分明,术者急推寻。

六神篇

正官佩印,不如乘马。

用官之法,大要健旺、清高,最忌浅薄,官旺宜印,弱则宜财,不易之理也。

今言用印不如用财者,乃有一说。假如身旺官轻,多见印绶,则日主愈旺,而官愈弱矣。《壶中子》云:官轻不如煞轻。所以喜旺之地生官,表里方能中和则发福矣。断曰:正官无印本无权,佩印如何又不然。只为印多官泄气,不如乘马得高迁。

七煞用财,偏宜得禄。

课中煞旺太过,日干无依,又加用财生煞,则日愈弱而杀愈旺矣。断曰:财官煞旺煞伤身,四柱全无倚靠神。弃命相从成贵象,运行得禄反孤贫。

印逢财而罢职。

印乃清高正大之物,见财则不能保其名位,且如原用印绶不以官煞为奇者,运行官印之地,一遇财乡克于印绶,四柱无比肩助救,不免伤重,重者必死于异乡。断曰:印绶贪财得有伤,难从天地立纲常。更无比肩来救助,罢职投闲归故乡。

财逢印而迁官。

身旺用财,荣华可知,再行财旺之地,主不能胜,却要印来相助。流年助我根本,反能迁官发财,不以贪财坏印而论也。断曰:身旺诚能掌大财,财多身弱更为灾,正官何处求根本,岁运还须得印来。

命当夭折,食神子立逢枭。

七煞伤身,原无正印为解,以食制煞,旺年运喜制杀之乡。若遇枭神有力,柱无偏财统敌,不见伤身祸烈。断曰:七煞重重主大荣,食神一味正当中。逢煞夺去无财救,夭折芳魂逐水流。

运至凶危,羊刃重逢破局。

课中用财无杀,大忌羊刃为祸。若岁运重逢羊刃劫财破局,必有丧家、囚狱、伤妻、克子、水火、刀兵之患矣。断曰:用财不有煞重来,羊刃逢之必夺财。再到刃乡应破局,伤妻败业见非灾。

争正官，不可无伤。

官者，禄也，无人不欲。柱中多见比劫，只有一位官星，必争夺有祸，不如运至伤官，伤尽官星，则比肩无争，始可安矣。

归七煞，最嫌有制。

此亦因比肩之谓也，盖四柱多见比肩，必然争禄争财为祸。如年月透出一位七煞，比肩之畏势，必归之运岁，一遇食神制煞，则柱无张主之神，使比肩复乱如初，则破败丧亡必矣。

官居煞地，难守其官。

官为纯雅之贵人，煞乃奸邪之恶客。如官居煞党，其势不能独立，必混化而为煞，须有纯雅之风，安能守乎？

煞在官乡，岂能变煞？

煞乃刚暴之人，须在官星礼义之乡，终不由礼义而化，故不变煞为官，理明矣。

贪财坏印擢高科，印分轻重。

凡印重煞轻，终不贵要。财旺之乡克太过之印，生不及之煞，煞印相停，必能超越。若印轻逢财，乃为大害矣。

遇比用财缠万贯，比得资扶。

财乃我爱之物，柱中七煞专权，日主被制，无暇用财。若比肩透露，岁运扶日主不弱，可以敌煞，而财为我用也。断曰：用法何曾财不用，偏官多见日干衰。得逢比劫资扶处，白手犹能聚大财。

运到旺乡，身反弱。

此言从煞未成之象，日衰未肯弃命从财煞。若运遇资扶之地，必与财争，一不胜，反遭财煞之害，愈见弱矣。必因财横祸灾病累身也。断曰：身弱拖根微有助，未从七煞未从财。假饶岁运扶身起，战敌无功力反衰。

财逢旺处，祸犹轻。

身弱财旺，当之不得，行遇比劫，分财助气而祸反轻也。断曰：偏正财多祸必多，日干孤立奈如何，直逢比劫分将去，省得贫魔与病魔。

财不有伤，还忌阴谋之贼。

柱中用财无比劫者，夺之则无所伤，尤当观支库中有比劫暗藏，或被冲刑，则私窃之害有所不免者也。

煞无明制，当寻伏敌之具。

煞者，凶暴之人也。必食神明制，方可为用。如柱中明无制伏之人，不可便言凶也。要深言四柱支神，如有食神暗伏，或刑冲，或就三合，亦可为伏敌之兵。大运行制杀乡，必主成名进禄也。

贵人头上戴财官，门充驷马。

此言岁日互换贵人，不遇空亡、克破、劫刃同宫，上戴财官，居正位带合有根进气，乃为富贵掌兵之人也。

生旺宫中藏劫煞，勇冠三军。

课中如带亡神、劫煞，得遇真正长生及年支纳音，得长生、临官、帝旺，出武略群英，有拔山之勇人也。

为跨马以亡身，柱中原多比劫。

却无财用，岁运逢财，日主乃贪其财，比刃必然劫夺，重则损命丧家，轻则休官罢职。

因得禄而避位，柱中原有官星。

带财为贵，运行归禄之乡，乃比肩旺地，必然争夺财官，正谓遇比肩而争竞，于此反失俸禄，故避位也。

印解两贤之厄，

两贤者，二煞也；印者，仁也。日主不弱，两煞透天干，虑日主柱中无食神救解，被枭神所夺，最凶。若用印化煞，使降于我，如此不独富贵，则享福矣。

财勾六国之争。

财者，人人欲之，因而招祸者多矣。局中比刃伏于四柱之间，不遇财则无争劫。倘柱中有财，或岁运见财，惹起比肩，紊劫为祸，刑耗伤妻子，此可见矣。

众煞混行，一仁可化。

煞本要制伏，若煞多，力不能制必叛，故不若用印。印者，仁也，以仁化煞，煞自降为妙，喜印旺以益者，其化不宜再制，谓疾之已甚乱也。

一煞倡乱，独力可擒。

独煞倡乱，势力有限，一食制之，则可以伏，况食神多制之者乎！

印居煞地，化之以德。

如甲日用申为煞，克我无制，其凶可知，殊不知水印长生在申，自能化煞，不使凶暴。若干支多财，乃成下格，比旺财轻者，用之更美。

煞居印地，齐之以刑。

如乙木用辛金为煞，遇子栽根，怙强克我，子虽我之印，乃煞所生之宫，若更辛金透露，侵凌日主，干无食神为救者，得旺午冲子去生煞之官，则辛无所依，庶免克身之患也。

兄弟破财财得用，

一局比肩，日干专禄，柱中不见财官，则无所用。却要比肩成党，望空冲破财旺之宫，而财方为我之用也，大怕填实，留合比肩。如辛酉日遇酉多冲卯，乙卯日遇卯多破午，乃合正用。

煞官欺主主须从。

官煞太多，日主无力，四柱更不抱振，运途又行财煞，不如弃命从煞，遇煞旺之乡，必能发福。大忌身旺食神之运，助起身强反破业破财，盖要弃命从煞之谓也。

一马在厩，人不敢逐。

马者，财也，乃比肩必争之物。若财分明，透四柱中特立无遮拦者，譬马之在厩，其分素定，比肩不敢争逐，大怕背财，运道三合、六合之乡，比肩暗窃，致祸不轻。

一马在野，人共逐之。

专言用财不见明露，却隐于支库之间，乃人所不知之地，故比肩亦有所图统窃，其财虽深藏固闭之间，难保无患。

财临生库破生宫，兼奉两家宗祠。

凡人以印为母，以财为父。财以印为家，印以财为主，然财贵而印自荣，夫败则妻无倚。所以论人根基父母，必欲看财为先。若财有长生之宫，又见墓库局中有神破却，所生之宫无犯于墓库者，则为螟蛉过继之儿，弃父从母之子也。盖生于发蒙之初，库在收敛之际，弃始由终，故如此也。

身居比肩成比局，当为几度新郎。

凡命无伤官、食神者必然用财为妻。妻所属之宫，日下一位是也，却被比肩占了。又见三合成局，岁月时中见财必夺，柱无财，岁运亦见为患，克妾伤妻，岂止一二而已矣。

父母一离一合，须知印绶临财。

柱内之印为父母之神，所处不许同宫，虽为父母之名，实有克剥之意，岂能免离门之恨哉？无财印相连之宫，而财印皆有着脚，坐禄同乡者，得聚合而成家无间矣。

夫妻随娶随伤，盖为比肩伏焉。

凡论财为妻室逢旺用之年，或有生助进气，当得其妻，殊不知财下原伏比肩，已被煞神制伏，不能遂可夺之机，一遇其财，又见食神制煞，则纵子夺财，而妻难久处。

子位子填，孤嗟伯道。

子者，官煞也；子位者，生时也。时上要财及用官煞生旺之气，不逢刑害孤虚，不失用神时候，则有子矣。若官失其令，更有伤官食神为妒，径来时上，填实反有伯道之叹也。

妻宫妻守，贤齐孟光。

妻者，财也；妻宫者，日下支神也。本宫若见其妻，乃得位矣。不逢比刃，不遇冲刑，不有桃花恶煞，乃得天月二德贵人同处者，不惟过道韫之才，且有孟光之德矣。

入库伤官，阴生阳死。

伤官本有阴阳生死，当较其是否。凡伤官居库，岁运逢之，多见丧亡横祸，殊不知五阴伤官，为此返魂无咎也。

帮身羊刃，喜合嫌冲。

刃乃帮身之物，大怕身旺，逢之得一重煞，与刃合化为权星。若见官与刃冲战，乃成恶煞，用者当审其轻重何如耳。

权刃复行权刃，刀药亡身。

权，杀也；刃，兵也。身旺有此两端，乃兵刑首出之人。煞旺喜行制乡，财旺喜行煞地。若原杀复行杀旺之地，立业建功处，不免死于刀剑之下。羊刃多再行羊刃之地，旺禄得财处，必终于药石之间也。

财官再遇财官，贪法罢职。

财，俸也；官，禄也。身强遇此两端乃名利出尘之士，凡官弱喜行财乡，财旺喜行印地,皆得福成立之时也。若有官逢官则禄余矣。旺财逢财则俸余矣。君子禄过俸余,必见贪污罢职也。

禄到长生原有印,清任加官。

原用官星衰弱,不能称印绶之荣,若官遇长生,便见清奇特立,且有顾印之情,印乃生身之本,三者之用,既周于此,必然进爵加官也。

马行帝旺旧无伤,官逢进爵。

原用偏正之财,须得位而失其时,居官亦未显要,必待临官、帝旺,岁运财已足用,马必健驰,旧无比刃伤劫,于此加官进禄,余财足征矣。

财旺身衰,逢生即死。

财旺身衰,力不能任意,若遇之相忘,反见所守安然,一遇长生之地,即死倚强,苟图财未得,而祸随至矣。

刃强财薄,见煞生官。

兹言其官微渺而财薄,盖因羊刃劫财,不能生官,则官无所倚矣。如见在位七煞,合刃弃财以甦财,病足以生官,官自旺矣。学者于此,又安可以见煞混之嫌?宜细推之。

兹法玄玄之妙,今颇习而成章,少助学者开明万一。

五行要诀

诀中五行,不可太甚,八字须得中和。土止水流全福寿,土虚木盛必伤残。运会元辰须当夭折。木盛多仁,土薄寡信。水旺归垣须有智,金坚主义却能为。金水聪明而好色,水土混杂必多愚。遐龄得遇中和,夭折丧于偏枯。辰戌克制并冲,必须刑犯徒流。子卯相刑,门户全无礼德。弃印就财,名偏正弃财就杀。论刚柔伤官,无财可恃,虽巧必贫。食神制煞逢枭,非贫即夭。贫贱者皆因旺处遭刑，孤寡者只为财神被劫。弃煞留官方论福，弃官留煞有威权。

造命诸忌论

一忌龙运死经无救；一忌山运相克无制；一忌阴府生旺无枭杀；一忌箭刃无贵解；一忌竖造山向凶神先制伏；一忌作主四课凶星犯刑冲；一忌安葬山向恶煞逢生地；一忌亡命四课凶曜相干连；一忌日主休囚无印助；一忌格局用神损伤而破碎；一忌山运逢空遭刃劫；一忌执泥诸家吉星违造命。

凡此数端，乃择吉选配命格之大忌，术者其可忽诸，当留意焉，宜遵宝而藏之，永为世珍。

造命相地法论富贵歌

告君富地看关锁，有关有锁富须真。十里十锁税千石，
举此推之应若神。无关有锁亦堆玉，无锁有关虚根定。
此是富地真定诀，局受朝迎发不停。来似支玄屈曲去，
不论阴阳混杂神。若是脱龙并就局，不合天星也积银。
于今漏泄此天机，莫把山家去乱评。告君贵地有原因，
龙穴砂水要罗星。罗星尽在水口论，三三五五聚为尊。
罗星形分三十六，吉产定要产名臣。识得三十六般形，
杨公曾说识龙精。贵地水口在此镇，富地何曾有此星。
富地须求富年月。贵地良期贵格寻，山家定得富贵真，
好选四课两孚情。

上造命格局以成，若合天符之吉，又得五运六气符同，更看山向大利，乃大富大贵之造也。苟非种德之家，何能遇此？今人有谙于理者，谓年月选择之法为虚诞，不足信，此何言之太谬耶。盖古人之评，心深仁至厚，既云年月无凭，必不妄诞。卜公云：年月有一端之失，反为吉地之深殃。又云：山吉、水吉而穴吉，何以多灾？岂知年凶、月凶、日凶，犯之罔觉。杨公云：吉地葬凶祸先发，名曰弃尸福不来。岂虚语哉？

翰林集要

（谓王鹗集诸公制化，造葬年月命格等事）

天地同流格

○壬寅金 壬寅金 壬寅金 壬寅金	曾公与醴陵县彭运祖下祖坟，乾山，辛丑土运，丁亥亡命，后八子入朝，食禄不替。甲己命不利。
○丁未水 丁未水 丁未水 丁未水	杨公与宋朝王丞相下祖坟，乾山，系胎元一气，后子孙昌盛，出贵不替。宜甲戊庚命，否则四伤不免。
○己巳木 己巳木 己巳木 己巳木	杨公与莆田陈长者下祖坟，坤山，己巳亡命，后三年，四科状元，子孙兴旺。
○癸亥水 癸亥水 癸亥水 癸亥水	兴化陈丞相下祖坟，金钗形，子山，二纪黄甲及第甚众。山家丙辰山运，宜壬丙丁亡命。

天元一气格

○乙酉水 乙酉水 乙酉水 乙酉水	祝吉师与信州上饶周侍郎下祖坟，坤山，半纪年，朱紫盈门。宜丙丁辛亡命，否则五伤。

○庚午土 庚辰金贴身空 庚子土 庚辰金贴身空	王氏下祖地，子山，乙亥亡命，见四庚金克乙木为官格。又天元一气，二庚辰纳音金，名曰金神格。

○辛卯木 辛丑土克山 辛未土克山 辛卯木	陶公与闰州金山郑图起造巽山，辛亥亡命，克山得二木伏之，后出四员大官，人丁大盛不替。

○壬寅金 壬子木贴身空 壬午木 壬寅金	杨公与兖州郎县孔大夫下祖坟，艮山，壬午亡命，后子孙五代封侯。

○癸丑木 癸亥金将军箭 癸未木 癸丑木	范文正公下祖坟地，乾山，辛亥亡命，虽月家泄气，四柱水盛，故泄为妙，后文正公至相位。

地支一气格

○辛卯木 辛卯木 乙卯水 己卯土时克 阴府	曾公与射洪县陈氏下祖坟，名曰藏蛇形。巽山，丙寅亡命，葬后七代，朱紫盈门。时克二木，己见乙木制，吉。

○丙寅火 庚寅木 庚寅木 戊寅土时克	巽山乾向，壬午亡命，得四寅与赤天火气，合成火局，故出大富。时克见木受制，亦为吉也。

○壬申金 戊申土 壬申金 戊申土	杨公与李枢密下祖坟，白象卷湖形，子山，丁巳亡命，用此后仕宦不替，止出寅生人多夭折。
○甲午金 庚午土 甲午金 庚午土	杨公与钟念九郎修公厅，去东路官职上，用夏至土局，加开四及天河转运，合吉星照坐向，后钟太守三任满，其丁重赏，致仕还乡。
○甲申水 壬申金克山 壬申金克山 戊申土	乙龙戌向，辛纪登科，缘戊辰木运克月日，壬午为财，又水土同长生在四申，故吉。
○戊申土 庚申木克山 庚申木克山 甲申水	范公与泉州林宅下祖坟，子山，在人村屋后，年年是非，林用此四申长生后，其讼即散。
○辛酉木 丁酉火 癸酉金克山 辛酉木	婺州余中丞相下祖坟，黄龙戏珠形，午山，初主六伤，后第二代入朝，三代为五府，子孙盛。

天干三朋格

○丙午水 甲午金 甲申水 甲子金	南丰曾公下祖坟，辰山，三甲堆干，名曰三朋，曰三台，又名：三德申死于午，有申无寅主外孝伤一，初宅长、宅母不利。

○庚戌土 丙戌土 丙申火 丙申火	丙山名高士玄玄格，得三丙为三德，山运丙戌，火土相主，十分贞吉。

○壬午火 戊申土克山阴府 戊申土克山阴府 戊午火	杨公与信州祝夫人下祖母地，卯山，癸亥亡命，得此后半纪出官，缘阴府病申，又与命合，年吉月一伤。

○辛丑土 癸巳水 癸酉金 癸卯木	李公与南剑州沙县胡氏下祖坟，艮山，合三癸、三台、三朋，后子孙仕宦不替，出官甚众。

地支三朋格

○癸丑木克山 乙卯水克山 辛卯木 辛卯木	杨公与杭州董侍郎下祖坟，仙人侍坐形，乾山，初下二年生贵子，后荣贵，乙见辛煞癸枭。

○戊戌木贴身空 丙辰土 庚辰金阴府入地空 庚辰金阴府	处州曹公祖坟，在海门外，地名张山，乾山，癸丑亡命，用纯墓，下后财富不绝，庚见丙为杀，庚见戊为枭，初四凶。

○丁未水年克贴身空 丁未水月克贴身空 癸未木阴府贴身空 戊午火阴府贴身空	丹庐子改葬母坟，庚山，时师谓犯浮天，年月克山，日时犯阴府、贴身空，戊子亡命，用雷霆杀，宜甲戊庚亡命。

○乙亥火克山将军箭 甲申水 甲申水 壬申金	范公与元江公下祖坟，巽山，得三申长生，出聪明，一十八年出官，火逢水死，宜丙丁命吉，否则一伤。

○庚子土 甲申水 壬申金 戊申土	结竹吴三公自下祖坟，子山，用此年月，下后一百二十日进横财，又六十日贯税进入，福禄昌盛。

○己酉土 癸酉金 辛酉木 己丑火	永丰县田使君下祖坟，午山子向，下后十年，进税千贯，后出大贵。

隔干三朋格

○乙卯水阴府 己卯土 乙酉水阴府 乙酉水	蔡季通与朱文公下祖坟，乾山，得乙庚丁为天穴清，二酉二水为相生，初下少利，后贵，三伤。

○庚寅木 戊子火阴府 庚寅木 庚辰金克山	严州寿城叶尚书下祖坟，卯山，后出卿相之贵。戊土逢庚泄气，辰寅鬼杀及枭金见火制，何灾？

○辛卯木 己亥水 辛未土 辛卯木	曹寻龙与岳州平江县贾学士下祖坟，巽山，丙午亡命，见亥贵克山，见三木后，半纪出贾状元，名高上玄玄格。

○癸巳水 丁巳土 癸酉金 癸丑木	曾公与南丰县朱侍郎下祖坟，艮山，初葬下，雷鸣天吼，后子孙代代入朝，簪缨不绝。

○壬戌水 庚戌金 壬午木 壬寅金将军箭	吴景鸾与信州余大夫下祖坟，艮山，合赤天气为火局相，下后半纪出知府，人丁兴旺。

○癸酉金 乙卯水 癸未水 癸丑木	巽山，三朋得令，癸为堆干，暗局通利，得卯未，合苍天气葬女，就癸葬男。此乎宜甲戌庚命，初宅长、宅母一伤。

隔支三朋格

○庚子土 戊子火 壬申金 庚子土	范越公与信州永丰县曾奉议下祖坟，子山，后子孙富贵，惟人口有伤。

○甲寅木 丙寅火 丙午水 庚寅木	廖公与邵武黄时进下祖坟，乾山，宜丁巳辛命，出百子千孙，缘庚逢丙杀，火遭水制。

○丁巳土克山 乙巳火 癸酉金 丁巳土	饶州乐平县胡中大下祖坟，艮山，初下三年未见应验，后三年子孙吏得县丞。

○辛亥金将军箭 乙未金阴府 乙亥火阴府 将军箭 丁亥土	泰宁县江氏起造屋，乾山，辛亥生命，后二年出贵子，双双入朝。箭无冲，乙逢辛制，吉。

日月比和格

○丁卯火 己酉土阴府 贴身空 己酉土阴府 贴身空 丁卯火	巽山乾向，己酉亡命，得二干支不杂，葬后其子孙七代为官禄，二己得二丁，枭伏，奈柱刑冲，初年不利。
○壬寅金 甲辰火 甲辰火 丁卯火	杨公与神龙山张万三公竖造，尊帝星方出火，用谷将加生门，天河转运，吉星方用之，后三年，举家封侯，仕宦不替。

双飞蝴蝶格

○庚申木 壬午木 庚申木 壬午木	杨公与秦好仁下申山，庚戌亡命，记曰：午合寅向申补脉，双飞蝴蝶格。亦为乐禄马亦同，食禄作三公。年命日贵俱在未，干申拱出贵。聚并禄马夹贵人，妙用亦通神。
○辛丑土 癸巳水 辛酉木 癸巳水	范公与湘阴县周元兴下祖坟，艮山，后六十年大富，后六十年大贵。

三合会局格

○丁酉火年克阴府 乙巳火月克 癸酉金癸金伤木 癸丑木身强杀浅	范公与湘州吴参军下祖坟，午山，得二癸为合，二朋乙丁，天穴清。下后子孙为驸马士将，小口一伤。

○己酉土 己巳木 癸酉金 癸丑木将军箭	处州叶丞相下祖坟，丁山，二癸两己，天元配合，后半纪朱紫甚众。宜甲戌庚命，否则伤一小口。

○癸丑木 丁巳土 乙酉水克山 丁丑水克山	祝吉师与孙子正下祖坟，艮山，初下三年，全家食天禄，二水见土受制，又水暴败在酉，山运见水为财。

○壬辰水 壬子木 甲申水 甲子金	徽州陈显下祖坟，乾山，后出学官。盖水局旺在子月，至后为甲木之印绶，时因金寒，克山水冷。

○甲辰火年克 甲戌火月克 丙申火日克 戊子火时克	抚州杨九霄选用下祖坟，酉山，乙丑金运，忌火音克山，四火相生，土气后克无应，又日贵在酉。

○戊午火 丙辰土贴身空 戊申土将军箭 壬子水	曾公与临安府张郎下祖坟,艮山,癸未亡命,三年出状元。日申不冲亡命,克空亡为吉财。

○甲辰火 壬甲金 壬申金 庚子土	山东乐学士下祖坟地,卯山,其地甚大,后出三十六名学士,宜乙巳命,否则小口一伤。

○戊戌木 甲子金 壬申金 甲辰火	汾宜县田知县下祖坟,乾山,下后出一十八员官贵入朝,水神衰,万代富无休,小口一亡。

○丙子水 壬辰水 壬申金 戊申土时克	曾公与欧宁县刘给事葬母坟,子山,用此初损一小口,子孙为官。取申子辰水局补山,见发福有征。

○丙辰土 壬辰水克山 甲申水克山 壬申金	蔡季通与福州郑尚书下祖坟,乾山,子孙入朝为官不替,二水见土合己运之财。

○丁未水 丁未水 庚申木阴府 庚辰金阴府	范公与南剑州叶尚书下祖坟,乾山,下后当年生尚书,六十年官至,庚见丁官,生旺有制。

○甲子金年克 壬申金月克阴府 丙申火 戊子火	昔郭景纯与李龙图葬祖坟，寅山申向，年月克山，得二火阴府，壬见戊制，吉。戊子亡命，禄马到山向，后二纪年，出龙图学士。

三奇格

○甲子金阴府贴身亡 戊辰木月克 庚午土 庚辰金	王氏葬祖坟，艮山，得二庚贵人，月克得二金，阴府得二庚制，丙寅亡命得甲戊庚奇，下后子孙仕宦不替。

○甲午金 戊辰木 庚申木 庚辰金	郭璞与王氏抚州下祖坟，地名庐谷，子山，用此年月下后出王荆公，名扬万古。

○甲辰金 戊辰火 庚申木 丙子水	醴泉县张侍郎下祖坟，乾山，己巳亡命，得甲戊庚奇，后果出侍郎，庚金见丙火有制。

○甲申水克山 戊辰木 壬午木阴府 庚子土	浏阳县柏树刘知县下祖坟，午山，得三奇甲戊庚致富贵，壬逢戊杀庚枭，终不为灾。

杂课集评

○庚申木将军箭 甲申水阴府将军箭 丙子水 辛卯木	杨公与西川马丞相下父坟，艮山，加天河转运到向，值日守时，下材安坟，放禄巷水，后三年内，因女姿征为皇后，大贵。
○丁巳土 癸丑木 壬寅金将军箭 壬寅金将军箭	范公与宋侍郎下父坟，坤山，下后大发，三纪中入侍，后六十年科甲利，盖二寅无冲，故吉。辛命贵，戊命富。
○甲辰火 甲戌火 戊午火 戊午火	申山，得天元两干不杂，名四火朝元，以此富贵。奈干支强，子孙不寿，宜丁巳年命，否则四伤。
○乙亥火克山将军箭 癸未木 甲申水 壬申金	巽山，庚申亡命，用此后出子孙富贵不绝，缘箭在向主外伤，年克庚运，就乙为财，喜日音有制。
○甲戌火 庚午土阴府 丙申火克山 丙申火克山	云州刘知县下祖坟，作乾山，下后一十八年出官，庚逢杀制，克山有杀，虽贵终不旺人口。
○乙丑金 己卯土 己酉土 丁卯火	西源刘氏葬祖地，子山，丙子亡命，地名西源岭。坎水流午丁，下后子孙为官不绝，初年少利。

○乙巳火 庚辰金 丙午水 戊子火	母庐子改葬父坟，坐丙壬向，甲巳年命，下后人旺财富，所喜丙火旺在午，合得阴金即发。
○乙巳火年克 辛巳金 壬午木 壬寅金	吴景銮下祖坟地，申山，吴公自用此年月，下后子孙富贵，人丁兴旺。
○乙未金阴府 戊子火 丙申火 戊子火	王先生在泉州下一祖坟，乾山，下后子孙出贵，代代簪缨不替。乙木病于子，不为大咎。
○辛未土 乙未金 乙亥火克山 丁亥土	廖公与建昌军邓判官葬祖地，卯山，得亥未与卯山合成木局，名曰：补山。又得乙辛丁为妙也，后果出贵。
○己亥木 乙亥火 丙子水阴府克山 戊子火	杨公与沅江县下祖坟，乙山，后三十六年出官甚众。初下半纪少吉，后贵，初损二口。
○辛亥金 壬辰水 壬申金 辛亥金	范公与邵武军黄天监下祖地，卯山，当年出贵子，一纪年间，子孙荣贵。

○己未火 丁卯火克山 丁酉火克山 辛巳金	酉山，甲子亡命，为正印格，取己酉合成金局为补山。缘火败在卯，故克山为吉也。

○乙巳火 乙酉水 庚申木将军箭 庚辰金克山	廖公自下祖坟地，丹凤衔书形，缄书为案，癸未木运，艮山，初下二伤，未见发，后二十年平，空聚财。

○丙戌土 壬辰水克山 丙申火 甲午金	祝吉师与吕大夫下祖地，乾山，出四十四员官，后福平平。虽月令克山，见土乃柔。

平分阴阳格

○乙巳火 甲申水阴府将军箭 庚申木将军箭 丁丑水	南城沙县傅大夫下祖坟，艮山，初下一年，二凶。后子孙尽贵，甲逢杀制，有箭无冲，吉。

○甲午金 辛未土 癸丑木 壬子木	杨公与汪、叶二郎改门放水，年月日时加催官，用凤辇、天宝、御游星与帝星，生门天河转运，作后三年，果上赐宝回，作旌表门。

○丙午水 辛丑土 丁酉火 壬寅金	日主源地，壬辰水运，未山宜甲戌庚命，否则三伤，后富贵。盖月令辛金以生壬运，得日音制，吉。

○癸亥水 甲子金 甲申水 乙亥火阴府将军箭	祝吉师与信州张尚书下祖坟,乾山,初下时谓不好,后代代官员不绝,记曰:出一升麻子官。

杂课集平格

○癸未木 庚申木 甲申火克山阴府将军箭 甲子金阴府	范公与抚州金谿下郑大夫祖地,名长溪,艮山,用此后子孙富贵不替,甲逢庚制,箭气冲动。

○壬辰水克山贴身空 戊申土将军箭 庚申木将军箭 庚辰金贴身空	廖公与南剑州将乐县崔氏下祖坟,坤山,丁亥亡命,用此后,二纪出五府尚书。

○辛酉木 癸巳水 乙酉水 丁丑水阴府贴身空	曾文遄与泉州马氏葬祖坟,午山,丙午亡命,黄蛇出草形。下后子孙仕宦甚众,缘阴府见癸乙枭制吉。

○戊申土 丙辰土 丙午水 壬辰水	贵禅师与京师蔡经略下祖坟,子山,得丙午壬辰纳音水为财,下后致富,丙逢壬制,吉。

○癸巳水 丙辰土阴府 壬申金 甲辰火	刘公亦与钱塘刘氏下祖坟地，申山，后子孙富贵双全，丙杀得生，癸水制，吉。

新增葬埋年月日时富贵格定以便合用

○戊申土	○己卯土	○庚辰金	○庚子土	○己卯土	○壬子木
庚申木	辛未土	丁亥土	庚辰金	丁丑水	壬子木
庚申木	壬寅金	壬子木	庚申木	丙寅火	戊寅土
庚辰金	辛亥金	甲辰火	壬午木	庚寅木	庚申木

○辛丑土	○己酉木	○壬申金	○乙亥火	○癸巳水	○乙酉次
辛丑土	癸丑木	辛亥金	戊子火	丙辰土	癸未次
甲寅水	丙申火	癸亥水	甲寅水	丙午水	癸未吉
甲子金	丙申火	壬子木	甲子金	癸巳水	庚申吉

○辛酉火	○癸亥水	○丙午水	○庚寅木	○乙未次	○戊子火
丙申火	乙卯水	庚寅木	己丑火	甲申次	癸亥水
壬申金	乙未金	丙午水	壬寅金	丙申吉	乙未金
辛亥金	壬午木	癸巳水	辛丑土	庚寅吉	丙子水

○乙卯木	○乙酉水	○壬子水	○丁酉火	○丁亥土	○己巳木
丁亥土	己卯土	壬子水	丙午水	戊申土	乙亥火
丁未水	辛卯木	壬子木	壬寅金	壬申金	甲子金
庚戌金	辛卯木	庚子土	甲辰火	丙午水	甲子金

○壬寅金　○庚寅木　○壬子木

甲辰火　　壬午木　　壬子木
丁酉火　　癸亥水　　壬子木
庚子土　　己未火　　壬寅金

以上不写纳音者次吉也,若能遇吉地亦出富贵。

新增竖造年月日时富贵格定以便合用

○乙卯水	○乙未金	○辛巳金	○丙寅火
丁亥土	甲申水	甲午金	壬辰水
丁未水	丙申火	丁未水	甲子金
庚戌金	庚寅木	乙巳火	甲子金

○丙午水	○辛酉木	○庚寅水	○丁亥土
癸巳水	丙申火	壬午木	戊申土
甲子金	壬申金	戊寅土	壬申金
丙寅火	辛亥金	甲寅水	丙午水

(新镌历法便览象吉备要通书卷之五终)

新镌历法便览象吉备要通书卷之六

潭阳后学　魏　鉴　明远甫　著述

新增造葬验课

愚考先贤造葬验课，皆以造命合山为主，详查吉格，或有一二面煞所占者，彼用月建入中宫，遁寻其煞，煞若泊落失陷，又以课格内制化，则转煞成权而为福也。何尝因山向小庇，拘忌不用。今人过执无定，致使良时吉日当面错过。予究斯业有年，参诸家成书，及阅翰林王鹗，辑杨、曾、赖、廖诸公造葬验课，忌被或干一二，全在课格制化遁宫讨工夫，其犯者反获吉福。近见庸术择选日课，不求至理，惟按某日吉合某吉神，其无犯者，反贻灾咎，只因不明五行之定理，不参前贤之验课，不谙制化之妙用，妄立无稽之论，惑世诬人，深为可恨。宗斯道者，当详审之。予虽管见，所著验课有补山扶龙之妙，制化通权之法，聊具于左，质诸同人，倘属偏执，幸进而教之。

年月发用备要

凡选造、葬年月日时，要与山向、阴阳、纯粹比肩扶助。阳山宜取阳年月日时，阴山宜取阴年月日时，仍要山向逢三合补之有力。故杨公曰：一要山头莫驳杂，一要坐向逢三合，是也。补山之法，如丁未山，丁亥年、丁未月、丁卯日、丁未时，以亥未补支，四丁补干之类。若本山以地支为主，但各补之。若以天干为主，却专补干，如乾甲丁坤乙壬之类。若合山不可合向，合向者不可合山。若一位合山，一位合向，则散阴灵，为福轻矣。又要山运为本命，禀得旺气，命运为体，年月为用，贵乎相生、相合，不可使用克体也。外以太岁入中宫,遁本命真禄马贵人,及月建入中宫,寻太岁真禄马贵人同到山向,发福最快。又喜四柱中得禄马贵人,向到山头朝命主,吉。如乙命人得子山向,宜取贵年月日时。余仿此。

课格合命备要

课格者,造、葬之年月日时也。合命者,如竖造则以造主之生命合之,如葬坟则论所葬之亡命也。盖俗术拘于壬运、紫白之类,所以生命与年月日时之刑与冲,皆莫之顾;山向方隅与命之破与克,亦不暇恤。殊不知运白之法多门,岂能尽合?故《通书》不得已教人各随乡俗,殊不知神杀之说,有则俱有,无则俱无,易地皆然,岂有此乡论之而他乡不论者哉?盖刑冲破克之为害,尤非壬运、紫白之可比。法以命之生年禄马贵人去论年月日时及山向方隅,以命之日主衰旺,论年月日时之印、比、财、官、伤、食。如设曰课山向方隅,若是与命之生年月日主相合为妙,不可得兼。或合生年,或合日主,或合干,不合支,或合支不合干,亦妙。若生年得禄马贵人,而日主又得印、比、财、官、伤、食之宜,与年月日时及山向方隅不相合,亦吉。但年月日时与命生年日主不可刑冲,山向方隅与本命生年日主不可破克,而年月日时又不可自相刑冲破克也。年月日时刑冲破克,必干支俱犯乃忌。如甲子年犯庚午月日时之类。生命之禄马贵人既得年月日时矣,不得山向方隅与生年日主,或相合,或相生,不相破克,亦吉,不必拘定生年之禄马贵人。又到山向方隅也,年月日时与山向方隅补助气脉方吉。

相课备要诀

先看山向吉和凶,不犯自兴隆。次推逐月杀相逢,必定祸来攻。
遁杀月建入中宫,治处仔细穷。研究八字五行情,轻重莫乱用。
日干生旺最为奇,冲刑刃莫从。刃本原来是凶器,逢贵反无凶。
凶神遇刑为受制,无凶休取用。冲逢四墓财库开,家业日丰隆。

日神衰弱宜求印，印旺福雷同。暗局星宿是用神，遇日福膺荣。
八字无凶星宿黑，逢黑灾殃动。山家有克须求制，金要火郎冲。
阴府生旺立生灾，枭杀宜堪共。枭杀被制亦生凶，制伏宜过中。
制伏得宜反为福，五行讨轻重。灸退亦是大凶神，无制祸来钟。
山家坐命煞重重，空制切忌逢。亡神官符居山命，旺怕不堪从。
九天朱雀势浮空，山向方招讼。大害立向最忌逢，致死人命凶。
记取见美真口诀，趋避救凡庸。世人明得此篇歌，处处有杨公。

经验造葬课式

天元一气格

○庚辰土 庚辰土 庚子水 庚辰土	宜辛宅，合真正太阳升殿临筹，天德、月德、壬水德会宫，百煞隐伏，万吉增辉，课取辛山金长生于子禄，合于辰天元一气，四柱扶生，理取天干助旺，地支相生格，合金龙变化，春三月定生朝中宰相郎。

地支同流格

○癸未木克山 已未火 辛未土 乙未金时制	宜未宅，六白解神到方，真太阳正到分金，井十六度，课中乙巳癸暗合三奇，地支纯未，谓之堆支格。以暗合三奇甲戌庚，谓堆贵。未宅土，一派阴土补之，乙木疏之。《经》云：木疏季土培成稼穑之未，上梁大吉，合甲戌、庚午生命。

天元一气格

○辛巳金 辛卯木 辛未土 辛卯木	宜亥宅，年合罗天大进，月合真历数太阳，壬德进禄星同到亥宫，日合天河转运，帝星到宫，斗母太阴坐巳正照，以天干四辛进印地，支卯未会亥，龙运变木，卯未补之，龙运两旺，百福咸臻。

地支同流格

○甲申水 壬申金 壬申金 戊申土	利用庚山，四申堆禄，以甲为财，戊为印，日主壬干长生于申。书云：地支同流人命遇，此位列三公。

○乙酉水 乙酉水 丁酉火 己酉土	天干乙木生丁火，火生己土生金酉，金火土伤官格局清，四柱同贵遇长生，他日联捷登金榜，定作朝中忠烈臣。大利丙山，造、葬合堆财叠贵，印绶格合六丙、六丁生命，极其天然之美。遇此吉课，大福德造化也。

○丙戌土 戊戌木 甲戌火 甲戌火	利申宅，合月天帝解神捉财到方，斗母太阴躔毕四度，升殿亲临分金吉。集凶潜申山，正五行金，丙官、戊印、甲财，地支一派戌土生金，四课纯阳，用干阳金，以阴阳不驳杂为妙，格合地支同流，官居一品，阴府流财克山，以月制之，甲裹之。

突上格（即三合）

○庚辰金 戊寅土 丙午水 戊戌木	艮宅竖造大利，月合罗天大进，八白到方，日合天河转运，尊星天帑星同临艮筹，百煞降伏，普化为权，九宫俱庆，屋宇万年。艮宅正五行四柱，取寅午戌会成火局，补山扶助以成，上逢敦厚之相，课合炎上贵格，正符寅午戌位，遇丙丁荣华之客，架造上吉。但年克山家属金，缘金败午绝，寅火局制之，贞吉无咎，正合制化得宜，返添吉福矣。

○庚辰金 己卯土 乙亥火 丁丑土	宜甲宅竖造,是月天寿星临方,是丑时合天河转运,玉帝玉清会震能制诸凶,召发吉祥。是时运气厥阴风木司令,仲春得地,课取亥卯会木金曲直之势,以成大器之功。
○癸未木 丙辰土 壬子木 戊申土	宜壬龙造、葬,月合八白、天尊到宫,课取润下贵格,时遇长生,以壬山会成湖海之象,无冲无破,纯纯静聚,化育鱼龙,滋养草木,以戊土为堤防,得中和之气,合乙巳生命,吉。
○癸未木 庚申木 壬子木 甲辰火	宜壬宅,合天财到方,太阳居丙正照壬宫,屋宇光辉,富贵荣昌。课取润下贵格,秋令金旺,壬水相时,黑帝当权,玄武正位,壬癸、申子辰会成一家,日主长生子,提纲钟北方之秀气,化育湖海蛟龙,上梁大吉。
○癸未木 辛酉木 丁丑火 乙巳火	宜巳山,是月阴贵飞解到方,太阳躔翼十度,正到巳方,百杀降伏,福禄增崇,巳山火以乙为印,癸为官,巳酉丑为财。课取乙丁辛格,位显名扬。书云:有官有印,无破为荣。又云:富而且贵。又定为财旺生官,葬利。
○甲申水 丙寅火 丙午水 丙申火	宜辰宅竖造,是年大利,月合一白,天富到方,历数太阳躔虚四度,三方拱照于辰宅,百杀潜伏,祥瑞并集,而辰龙正五行土长生于申,孟春木旺土衰。课取三丙泄木,寅午会局,南离得位,可为化难生恩而土培耳!课炎上格。书云:寅午会局而遇丙,荣华有准。上梁吉。
○乙酉水 丁亥土 乙未金 己卯土	巽山,正五行木,课取长生于亥,旺于卯,库于未己土为财,以干为木火通明之象,课合曲直正格。书云:亥卯未逢于甲乙,富贵无疑。

○丙戌土 己未水 丙辰土 戊子火	利申山，月合天尊、八白，阴贵进禄，催官到方，真太阳亲临分金，申山正五行金，长生于巳，申六合，龙运变水，辰子三合以补之。龙运两旺，后裔荣昌，申山斗首水，丙辛元辰，戊癸武财，正合“三元三武共一家，子孙世代享荣华”，安葬大利。

○戊子火 庚申木 壬申金 甲辰火	利申山，课取戊土生庚金，金生壬水，水生甲木，地支会水局以生山，谓生进山龙，上吉。柱取壬癸，格得申子辰，福优财足，安葬吉。月木克山，日金制之。

天元一气格

○甲申水 甲戌火 甲戌火 甲戌火	大利寅山，天尊、六白、捉杀，阴贵到方，寅山在五行木，四甲聚禄，以土为财，财长生于申，财神得位，龙运木四甲辅之，龙运大旺，后裔荣昌。

○丁亥土 丁未水 □□□ □□□	利未山，合真太阳正到分金，癸德到方，能制天官符诸杀，尽化为权。未山斗首五行木，丁壬元辰，木生在亥，库于未，真合元辰，共会一家，子孙世代享荣华，安葬大利。其月日时克山，水以旺土制衰木。书云：制化得宜，大添吉福。

○戊子火 戊午火 戊寅土 戊午火	是岁泊第四爻，人穴清，系黄帝主事，合五庚先天明气，戊土生于夏令，生旺已极，初三日旦，月尚在庚，添旺一百八十年，利庚山造、葬。

○己丑火 己巳火 己酉土 己巳木	宜癸山造、葬,天元己土生地支巳酉丑金,金生癸水毫无驳,如山龙受生,利上添利,而福万倍耳。安葬上吉之课。

○庚寅木克山 庚辰金制 庚寅木克山 庚辰金制	宜丙山安葬,年月克,月时制,天元一气用干,丙山庚金武财,又合山头克年月日时,家长益,宅母强,人丁旺,百事昌,其年向杀,斗母制之。

○辛卯木 辛卯木 辛亥金 辛卯木	宜亥宅竖造,月火捉财,丁奇癸德进禄利方,真太阳临于亥筹,百杀降伏,屋宇万年,亥宅正五行水,四辛生之,亥卯合局扶之,格局天元一气,地支财局正合生旺,财亦旺,紫袍必挂身,上梁吉。

○辛卯木 辛丑土 辛酉木 辛卯木	利巳山安葬,天元一气辛金,地支酉丑合山会金,扶龙补运而山旺。又斗贵辛为武财,四武一家,子孙永亨荣华。

○壬辰水 壬寅金 壬寅金 壬寅金	利艮山安葬,艮土克年月日时,宅长益,宅母强,人丁旺,百事昌,斗首四元成家,儿孙世代荣华。格合六壬趋艮,天元一气,人命遇此,位列三公之贵。

干支不杂格

○癸未木 乙卯木 癸未木 乙卯木	宜巽宅,巽宅木,柱选癸水生之,乙木补之,卯未木局,仲春得令,会成一家,日主长生于月时,乙木归禄子卯位,癸逢兔,为太乙钟东方之荣贵,印、比生旺于宅,龙格合两干不杂,贵禄双全。

○乙酉水 乙酉水 壬寅金 壬寅金	巽山阴木,二乙比之,两壬生之,双寅旺之,变运属金,对酉助之,龙运两旺,世代吉昌,格合干支不杂,定主三多授皇恩。

○丁亥土 癸卯金 丁亥土 癸卯金	是课大利坤宅,天干坐贵名日贵,丁亥无冲癸卯是,贵人会合官星显。马列门排富寿增,清名标写得升腾。为人正直无私曲,禀性忠良如秤平。上合大贵之格。

○戊子火 庚申水 戊子火 庚申木	宜申宅,正五行金,两戊为印,坐山两庚比助,堆禄,申子三合山龙,月时克山木,缘木绝申败子,金旺木凋,贞吉。

○壬辰水 壬子木 甲辰火 甲子金	宜申山安葬,格取子辰拱申壬进,长生申木为财,太阳在寅,正照申位,杀伏神钦,上吉。又合鳌极,四乙先天盈气月旺,二百年旺气,冬至后变土运,月木克山,时金制之。

三奇贵格

○辛巳金 甲午金 庚戌金 戊寅土	宜未宅,以天干甲戊庚三奇进宅贵,地支寅午戌会火生旺未土,六合于午,格合三奇,贵宅贵发,福永祯矣。其月犯独火,以癸德水星到宫制之,正谓飞宫犯飞宫制之,吉。

○甲申水 丁卯火 乙亥火 丙戌土	宜卯龙正五行木,乙进宅禄,亥卯补之,以甲丁乙丙会局卯龙,为木火通明之象,格合三奇,逢官禄,位名扬而贵当朝。

○甲申水 戊辰木 庚申木 庚辰金	是课利申山，正五行金，以戊土为印，甲木为财，庚堆山禄，课合三奇入格，才高发解成名，安葬大利。
○甲申水 甲戌火 戊午火 庚申木	宜坤宅，取甲为官，戊比助午戌为印，长生于申，课合天上三奇甲戊庚，人间状元及第，先遁甲合休门，纳音太阴临坤。
○甲申水 丙子水 戊申土 庚申木	坤山，天干甲木生丙火，火生戊土，土生庚金，金生甲子水，生生不已，而土长生于三申，帝旺于子，况又会局，以进山财。课取三奇坐长生，儿孙代代挂朱衣，葬吉。
○乙酉水 癸未木 丙申火 丁酉火	亥宅，正五行水，申酉生之，丙丁进贵，格合火长夏天金，叠叠富有千钟。
○丙戌土 庚寅木 戊寅土 甲寅水	卯山，正五行阴木，帝旺于寅，卯戌六合，甲比肩，戊进财，庚为官，丙食神，诸吉全备四课，百福咸臻。格合三奇坐长生，荣贵大吉昌。
○丁亥土 己酉土 丙辰土 乙未金	大利巽山，格取三奇堆贵也，丁亥年禄归午以太阳为禄元，丁猪鸡位以木为贵元，亥年马在巳，以水为马元，是太阳、水、木、金星同归于巽，正合天星禄马，贵人守垣。如若遇之，造葬极吉，当出贤人尊贵之士，不可胜数。阴府单忌丁枭之乙制之。此极贵格，先贤多用之。

三才备合格

○丙戌土 辛卯木 癸未木 戊午火	巳宅,正五行火,柱选丙戌禄巳,癸进宅贵,辛为宅财。格合天地合德,万物化生,人事合德,百福迎祥。

○丁亥土 壬寅金 庚午土 乙未金	巽山,正五行木,长生于亥,临官于寅,库于未,丁壬化木,以乙比助,庚为官星,诸吉全备,爵禄咸臻。四课丁壬乙庚天合,寅亥午未地合,寅午人合,三才备合,富贵绵长。

○丁亥土 己酉土 壬寅金 甲辰火	利用丁山,丁与壬合化木,而木生于亥;甲与己合化土,而生于寅,地支寅亥辰酉六合。格取天地合德,其年犯灸退,遁得纳音水,年月土制之,泊宫在艮,制之吉。

杂课集评

○癸未木 甲寅水 己酉土 丙寅火	巳宅大利,格选丙进本宅禄,癸进宅官贵,甲进本宅印,长生于寅,斗首巳宅纳音土,甲己元辰,丙为武财,正合元武一家,世代主荣华。

○癸未木 己未火 戊寅土 戊午火	乾宅斗首,乾宅属火,戊癸元辰,长生于寅,旺于午,格合三元共家,子孙世代享荣华。

○癸未木 己未火 甲申水 甲子金	巽山，取甲为天月二德，未为贵人，《经》云：贵临二德，世诰荣封。巽山斗首土，甲己元辰，格合三元共一家，世代享荣华。宜巳巽二山。

○癸未木 己未火 戊寅土 戊午火	乾宅斗首，乾宅属火，戊癸元辰，长生于寅，旺于午，格合三元，奕世荣昌，竖造吉。

○甲申水 庚午土 壬戌水 壬寅金	戌宅，正五行土，三合会火局以生之，以壬水为财，财长生申，马登岁驾，课合财旺生官格。书云：财逢旺地人多富，马进宅龙子孙荣。时克山金，金败在午，绝在寅，制之吉。

○甲申水 壬申金 辛酉木 戊戌木	酉山，正五行金，柱选甲为财，戊为印，辛进禄，申酉戌会成一家，比龙助运。《千里》云：金备申酉戌之地，富贵无亏。

○甲申水 癸酉金 壬辰水 甲辰火	辰宅，正五行土，长生于申，壬癸进财，以酉合龙，课取壬骑龙背。书云：壬日叠逢辰位，高节承恩登龙阙。

○乙酉水 辛巳金 庚子土 庚辰金	亥山，正五行水，柱选庚辛生进，子辰补旺，斗首属火，戊癸元辰，乙庚武财，正合三武贵格。其亥山四月巳冲，内取巳酉会局，贪合忘冲，吉。

○乙酉水 乙酉水 癸巳水 丁巳土	壬宅，正五行水，二巳堆贵会金生之格，合癸日坐向，巳宫财双美，上梁大利之期，阴府单犯不忌，乙㲋之癸制之。

○甲申水 己巳水 丁丑水 壬寅金	利酉宅，月合罗天进，一白、天德、壬德、捉煞帝星、阳贵、天嗣诸吉临筹，其太阳躔胃十一度，正到分金之所，酉龙五行金，长生于巳，三合会局以补之。课取天干甲己丁壬五合，合巳申六合，酉丑三合，三财合格。

三朋贵格

○辛巳金 乙未金 辛未土 辛卯木	宜巽宅，斗首土，甲己元辰，辛武财。书云：三元三武共一家，子孙世代享荣华。课取隔干三朋，竖造吉。

○辛未木 乙卯水 癸巳水 癸丑木	本山之印巳丑会金□□□□□为本山之财格，合隔干三朋，进贵助龙。书云：癸日坐向，巳宫巳日，财官双全，竖造大利。

○癸未木 丁巳土 丁酉火 丁未水	利巳山，柱选癸进本山，贵卯未会木为午山，柱选四课纯纯阴用于阳山，阴阳相配，万物化生。格中三丁堆禄，日主专贵，年月巳未夹午禄，时日未酉拱申，马利午山，为堆禄之格，课合三朋坐贵。

○癸未木 癸亥水 癸酉金 戊午火	利乾山，斗首论之，四元一家，世享荣华。以课论格之，水居冬旺，贵格以戊土为堤防，修为堤岸之功，位显名扬。

○甲申水 丙寅火 丙午水 丙午水	辰宅,正五行土,长生于申,孟春木旺土衰,理取三丙泄木,寅午会局,南离得位,可为化难生恩而土培耳,课合炎上格。《经》云:寅午会局而遇丙荣华。
○甲申水 甲午土 甲寅水 甲戌火	寅山,正五行木,甲堆山禄,庚为官,马居子申,课合三朋专禄格。书云:禄进山头人富盛,马进山头贵不休。
○甲申水 乙亥火 乙未金 乙未金	利卯山,三乙堆禄,亥未拱之,十月阳春,水旺木相,木向春荣。书云:亥卯未逢于甲乙,富贵无疑。
○乙酉水 丁亥土 丁酉火 丁未水	亥山,正五行水,酉金生之,三丁为财,又堆山贵,课取三朋堆贵遇财旺,富贵双全拜金阶,年时水克山,月土制之,吉。
○丙戌土 壬辰水 丙子水 丙申火	甲宅木而斗首五行水,丙辛元辰,地支三合会局助旺,正合三元共一家,子孙世代享荣华。
○丁亥土 乙巳火 丁酉火 丁未水	格取三朋堆贵,支全巳酉福地格也。是课利葬,癸山以丁为财,月合进贵,巳酉会局为印,日主遇长生,财逢旺地,富比陶朱。时水克山,用年土制之。

○丁亥土 癸丑木 癸巳水 癸丑木	丑宅,柱取丁火为印,生山,癸亥为财,正合山头克年月日时,家长益而宅母强,人丁旺而百事昌。又斗首五行火,癸元辰,三元一家,世享荣华。日犯丙独火,缘火绝在亥,吉。
○庚寅木 壬午木 壬寅金 壬寅金	格取天地三朋,用于乙山,长生于午,帝旺于寅,壬武财,三武一家,世享荣华。其年月纳音克山,日时制之吉,葬无咎。
○辛卯木 癸巳水 癸酉金 癸亥水	癸水三朋用于巳山,以进贵也。巳酉三合会金,补龙运也,龙运旺而后裔荣昌。
○壬辰水 甲辰火 壬子木 壬寅金	乙山,斗首金,壬为武财,三武一家,世享荣华。课合壬癸格,得中于辰,福优财足,月火克山,年水制之。
○壬辰水 壬子木 壬辰水 甲辰火	艮土山,克三壬为财,斗首三元一家,格合干支三朋,又壬骑龙背叠壬辰,高节承恩登御阙,葬吉。

杂格

○丙戌土 辛丑土 乙巳火 庚辰金	酉宅,辰六合,巳丑三合,辛进禄,丙进贵,课合乙庚,逢龙化金,名公巨卿。又云:辰辛乙庚配鸾凤,处世无如福禄长。

○丁亥土 癸卯金 癸丑木 戊午火	乾山,斗首五行火,戊癸元辰,帝旺于午,正合三元共一家,子孙世代享荣华。
○丁亥土 乙巳火 癸丑木 辛酉木	子山,辛金进印,乙进贵,丁进财,癸进禄,巳酉丑叠即生山助旺格,取癸日用于子山,年亥日丑,正合水居亥子丑之源,荣华之客钟北方之秀气,作霖雨之及时滋润化合之功。辛阴府,乙枭之丁制之。
○丁亥土 辛亥金 庚子土 丙戌土	利癸宅,金精鳌极丁亥,岁合五爻,系黅天气,黄帝主事,得五庚先天盈气,明主发福也。其黅天属土,帝旺子,临官亥,养于戌,皆土之生气盈气,得一百八十九年旺气。
○戊子火 己未火 甲寅水 甲戌火	宜寅山,取两甲堆山禄,戊己进山财,斗首木,甲己武财,三元一家,世享荣华,葬吉。
○甲申水 甲戌火 庚申木 甲申水	大利庚山,三申聚禄,三甲偏财,财旺生官,龙门之客,子孙蕃衍,奕世勿替。造、葬吉。

(新镌历法便览象吉备要通书卷之六终)

象吉备要通书增补未来流年又卷之六

潭阳后学　魏　鉴　汇述

未来流年

（谓月分、星宿、年月、节候、日时等事）

嘉靖四十三年，甲子系中元，虚星值年，虚宿主事，以至癸亥年，壁星值年，毕宿主事，而中元毕矣。

天启四年，甲子系下元，奎星值年，氐宿主事，以至癸亥年，昴宿值年，虚宿主事，而下元毕矣。

皇清康熙二十三年，甲子复系上元，毕星值年，鬼宿主事，以至癸亥年井星值年，氐宿主事，而上元毕矣。

大清乾隆九年，甲子系中元，鬼星值年，奎宿主事，以至癸亥年张星值年，鬼宿主事，而中元毕矣。

大清嘉庆九年，甲子系下元，翼星值年，箕宿主事，以至癸亥年，亢星值年，虚宿主事，而下元毕矣。

大清同治三年，甲子复系上元，逐一开列于左，以便观览，历数万万年。

太岁姓金名赤　甲子年　氐土星值年，鬼宿管局，正月胃宿值月，卯女戌胃日暗金伏断。

正月小　　癸卯丑亥十二甲寅申雨水，廿七己巳未惊蛰。

二月小　　壬申午辰十三甲申申春分，廿八己亥戌清明。

三月大　　辛丑亥酉十五己卯寅谷雨，三十庚午申立夏。

四月小　　辛未巳卯十六丙戌寅小满。

五月大　　庚子戌申初二辛丑戌芒种，十八丁巳未夏至。

六月小　　庚午辰寅初四癸酉卯小暑，廿己丑子大暑。

七月大　　己亥酉未初六甲辰申立秋，廿二庚申卯处暑。

八月大　　己巳卯丑初七乙亥酉白露，廿三辛卯寅秋分。

九月小　　己亥酉未初八丙午巳寒露，廿三辛酉午霜降。

十月大　　戊辰寅子初九丙子午立冬，廿四辛卯辰小雪。

十一月大　戊戌申午初九丙午寅大雪，廿三庚申亥冬至。

十二月小　戊辰寅子初八乙亥未小寒，廿三庚寅辰大寒。

太岁姓陈名泰　乙丑年　房日星值年，室宿值事，正月角宿值月，巳房一日暗金伏断。

正月大　　丁酉未巳初九丑立春，廿三亥雨水。

二月小　　丁卯丑亥初八戌惊蛰，廿三亥春分。

三月小　　丙申午辰初十丑清明，廿五巳谷雨。

四月大　　乙丑亥酉十二戌立夏，廿七巳小满。

五月小　　乙未巳卯十三丑芒种，廿八酉夏至。

闰五月大　甲子戌申十五午正二刻二分小暑。

七月大　　癸亥酉未初二午处暑，十八子白露。

八月大　　癸巳卯丑初四巳秋分，十九申寒露。

九月小　　癸亥酉未初四酉霜降，十九酉立冬。

十月大　　壬辰寅子初五未小雪，廿巳大雪。

十一月大　壬戌申午初三酉冬至，十九戌小寒。

十二月小　壬辰寅子初四丑大寒，十九辰立春。

太岁姓沈名兴　丙寅年　心月星值年，毕宿管局，正月室值月，子虚未张日暗金伏断。

正月大　　辛酉未巳初五寅雨水，廿丑惊蛰。

二月小　　辛卯丑亥初五寅春分，廿辰清明。

三月小　　庚申午辰初六申谷雨，廿二丑立夏。

四月大　　己丑亥酉初八申小满，廿三辰芒种。

五月小　　己未巳卯初十子夏至，廿五酉小暑。

六月小　　戊子戌申十二午大暑，廿八寅立秋。

七月大　　丁巳卯丑十四酉处暑，三十卯白露。

八月大　　丁亥酉未十五申秋分，三十亥寒露。

九月小　　丁巳卯丑十六子霜降。

十月大　　丙戌申午初一夜子立冬，十六戌小雪。

十一月大　丙辰寅子初一申大雪，十六巳冬至。

十二月大　丙戌申午初一丑小寒十五戌大寒三十未立春

太岁姓耿名章　丁卯年　尾火星值年，氐宿管局，正月星宿值月，酉觜寅室暗金伏断。

正月小　　丙辰寅子十五巳雨水

二月大　　乙酉未巳初一辰惊蛰，十六巳春分。

三月小　　乙卯丑亥初一未清明，十六亥谷雨。

四月小　　甲申午辰初三辰立夏，十八亥小满。

五月大　　癸丑亥酉初五未芒种，廿一卯夏至。

六月小　　癸未巳卯初七子小暑，廿二酉大暑。

七月小　　壬子戌申初九巳立秋，廿五子处暑。

八月大　　辛巳卯丑十一午白露，廿六亥秋分。

九月小　　辛亥酉未十二寅寒露，廿七卯霜降。

十月大　　庚辰寅子十三卯立冬，廿八丑小雪。

十一月大　庚戌申午十二亥大雪，廿七未冬至。

十二月大　庚辰寅子十二辰小寒，廿七丑大寒。

太岁姓赵名达　戊辰年　箕木星值年，奎宿管局，正月牛宿值月，辰箕亥壁暗金伏断。

正月小　　庚戌申午十一戌立春，廿六申雨水。

二月大　　己卯丑亥十二未惊蛰，廿七申春分。

三月大　　己卯丑亥十二未惊蛰，廿八申春分。

四月小　　己卯丑亥十三未立夏，廿九寅小满。

闰四月小　戊申午辰十五戌初一刻二分芒种。

五月大　　丁丑亥酉初二午夏至，十八卯小暑。

六月小　　丁未巳卯初三夜子大暑，十九申立秋。

七月小　　丙子戌申初六卯处暑，廿一酉白露。

八月大　　乙巳酉未初八寅秋分，廿三巳寒露。

九月小　　乙亥寅子初八午霜降，廿三午立冬。

十月大　　甲辰申午初九辰小雪，廿四寅大雪。

十一月大　甲戌寅子初八戌冬至，廿三未小寒。

十二月小　甲辰寅子初八卯大寒，廿三丑立春。

太岁姓郭名灿　己巳年　斗木星值年，翼宿管局，正月觜宿值月，午角一日暗金伏断。

正月大　　癸酉未巳初八亥雨水，廿三戌惊蛰。

二月大　　癸卯丑亥初八亥春分，廿四丑清明。

三月小　　癸酉未巳初九巳谷雨，廿四戌立夏。

四月大　　壬寅子戌十一巳小满，廿七丑芒种。

五月小　　壬申午辰十二酉夏至，廿八午小暑。

六月大　　辛丑亥酉十五卯大暑，三十亥立秋。

七月小　　辛未巳卯十六午处暑。

八月小　　庚子戌申初二夜子白露，十七巳秋分。

九月大　　己巳卯丑初四未寒露，十九酉霜降。

十月小　　己亥酉未初四酉立冬，十九未小雪。

十一月大　戊辰寅子初五巳大雪，廿丑冬至。

十二月小　戊戌申午初四戌小寒，十九午大寒。

太岁姓王名清　庚午年　牛金星值年，奎宿管局，正月心宿值月，丑斗申鬼暗金伏断。

正月大　　丁卯丑亥初五辰立春，廿寅雨水。

二月大　　丁酉未巳初五丑惊蛰，廿寅春分。

三月大　　丁卯丑亥初五辰清明，廿申谷雨。

四月小　　丁酉未巳初六丑立夏，廿一申小满。

五月大　　丙寅子戌初八卯芒种，廿三夜子夏至。

六月小　　丙申午辰初九酉小暑，廿五巳大暑。

七月大　　乙丑亥酉十二寅立秋，廿七酉处暑。

八月小　　乙未巳卯十三卯白露，廿八未秋分。

九月小　　甲子戌申十四戌寒露，廿九夜子霜降。

十月大　　癸巳卯丑十五亥立冬，三十戌小雪。

闰十月小　癸亥酉未十五未大雪。

十一月大　壬辰寅子初一辰冬至十六丑，小寒三十酉大寒。

十二月小　壬戌申午十五午正三刻六分立春。

太岁姓李名素　辛未年　女土星值年，翼宿管局，正月胃宿值月，丑女戌胃暗金伏断。

正月大　　辛卯丑亥初一辰雨水，十六辰惊蛰。

二月大　　辛酉未巳初一辰春分，十六未清明。

三月小　　辛卯丑亥初一亥谷雨，十七辰立夏。

四月大　　庚申午辰初三午小满，十九午芒种。

五月大　　庚寅子戌初五卯夏至，廿夜子小暑。

六月大　　庚申午辰初七申大暑，廿三巳立秋。

七月大　　己丑亥酉初八夜子处暑，廿四午白露。

八月小　　己未巳卯初九戌秋分，廿五寅寒露。

九月大　　戊子戌申十一子霜降，廿六寅立冬。

十月小　　戊午辰寅十一丑小雪，廿五戌大雪。

十一月小　丁亥酉未十一未冬至，廿五辰小寒。

十二月大　丙辰寅子十二子大寒，廿六卯立春。

太岁姓刘名旺 壬申年 虚日星值年,虚宿管局,正月角宿值月,巳房一日暗金伏断。

正月小 丙戌申午十一未雨水,廿六未惊蛰。

二月大 乙卯丑亥十二未春分,廿八戌清明。

三月小 乙酉未巳十三丑谷雨,廿八未立夏。

四月大 甲寅子戌十五丑小满,三十未芒种。

五月大 甲申午辰十六午夏至。

六月小 甲寅子戌初二卯小暑,十七亥大暑。

七月大 癸未巳卯初四未立秋,廿卯处暑。

八月小 癸丑亥酉初五酉白露,廿一丑秋分。

九月大 壬午辰寅初七辰寒露,廿二巳霜降。

十月大 壬子戌申初七巳立冬,廿二辰小雪。

十一月小 壬午辰寅初七丑大雪,廿一戌冬至。

十二月大 辛亥酉未初七未小寒,廿二卯大寒。

太岁姓康名志 癸酉年 尾日星值年,鬼宿管局,正月室宿值月,子虚未张暗金伏断。

正月小 辛巳卯丑初一子立春,廿一戌雨水。

二月小 庚戌申午初七戌惊蛰,廿二戌春分。

三月大 己卯丑亥初九子清明,廿四辰谷雨。

四月小 己酉未巳初九戌立夏,廿五辰小满。

五月大 戊寅子戌十二子芒种,廿七酉夏至。

六月小 戊申午辰十三巳小暑,廿九寅大暑。

闰六月大 丁丑亥酉十五戌立秋。

七月大 丁未巳卯初一午处暑,十六夜子白露。

八月小 丁丑亥酉初二辰秋分,十七未寒露。

九月大 丙午辰寅初三申霜降,十八申立冬。

十月大 丙子戌申初三未小雪,十八辰大雪。

十一月小 丙午辰寅初三丑冬至,十七酉小寒。

十二月大 乙亥酉未初三午大寒,十八卯立春。

太岁姓誓名广　甲戌年　室火星值年，箕宿管局，正月心宿值月，酉觜寅室暗金伏断。

正月小　乙巳卯丑初三丑雨水，十八子惊蛰。

二月小　甲戌申午初四丑春分，十九卯清明。

三月大　癸卯丑亥初五未谷雨，廿一丑立夏。

四月小　癸酉未巳初六未小满，廿二卯芒种。

五月大　壬寅子戌初八夜子夏至，廿四申小暑。

六月小　壬申午辰初十巳大暑，廿六丑立秋。

七月大　辛丑亥酉十二申处暑，廿八卯白露。

八月小　辛未巳卯十二未秋分，廿八戌寒露。

九月大　庚子戌申十四亥霜降，廿九亥立冬。

十月大　庚午辰寅十四戌小雪，廿九未大雪。

十一月大　庚子戌申十四辰冬至，廿九子小寒。

十二月小　庚午辰寅十三酉大寒，廿八午立春。

太岁生伍名保　乙亥年　壁水星值年，毕宿管局，正月牛宿值月，辰箕亥壁暗金伏断。

正月大　己亥酉未十四辰雨水，廿九卯惊蛰。

二月小　己巳卯丑十四辰春分，廿九午清明。

三月小　戊戌申午十五戌谷雨。

四月大　丁卯丑亥初二卯立夏，十七戌小满。

五月小　丁酉未巳初三午芒种，十九申夏至。

六月小　丙寅子戌初五亥小暑，廿一申大暑。

七月大　乙未巳卯初八辰立秋，廿三亥处暑。

八月小　乙丑亥酉初九巳白露，廿四戌秋分。

九月大　甲午辰寅十一丑寒露，廿六寅霜降。

十月大　甲子戌申十一寅立冬，廿六丑小雪。

十一月大　甲午辰寅初十戌大雪，廿五未冬至。

十二月小　甲子戌申初十卯小寒，廿四夜子大寒。

太岁姓郭名嘉 丙子年 奎木星值年，氐宿管局，正月觜宿值月，午角丑心暗金伏断。

正月大 癸巳卯丑初十酉立春，廿五未雨水。

二月大 癸亥酉未初十午惊蛰，廿五未春分。

三月小 癸巳卯丑初十酉清明，廿六丑谷雨。

四月小 壬戌申午十二午立夏，廿八丑小满。

五月大 辛卯丑亥十四酉芒种，三十巳夏至。

闰五月小 辛酉未巳十六寅小暑。

六月小 庚寅子戌初二亥大暑，十八未立秋。

七月大 己未巳卯初丑寅处暑，廿申白露。

八月小 己丑亥酉初六丑秋分，廿一辰寒露。

九月大 戊午辰寅初七巳霜降，廿二巳立冬。

十月大 戊子戌申初八未小雪，廿二丑大雪。

十一月小 戊午辰寅初九冬至，廿一午小寒。

十二月大 丁亥酉未初十大寒，廿二夜子立春。

太岁姓汪名文 丁丑年 娄奎星值年，奎宿管局，正月心宿值月，丑斗申鬼暗金伏断。

正月大 丁巳卯丑初六戌雨水，廿一酉惊蛰。

二月大 丁亥酉未初六戌春分，廿二子清明。

三月小 丁巳卯丑初七辰谷雨，廿二酉立夏。

四月小 丙戌申午初九辰小满，廿四夜子芒种。

五月大 乙卯丑亥十一申夏至，廿七巳小暑。

六月小 乙酉未巳十三寅大暑，廿八戌立秋。

七月小 甲寅午戌十五申处暑。

八月大 癸未巳卯初一亥白露，十七辰秋分。

九月小 癸丑亥酉初二未寒露，十七申霜降。

十月大 壬午辰寅初三申立冬，十八午小雪。

十一月小 壬子戌申初三辰大雪，十八丑冬至。

十二月大 辛巳卯丑初三酉小寒，十八午大寒。

太岁姓曾名光　戊寅年　胃土星值年,翼宿管局,正月胃宿值月,卯女戌一日暗金伏断。

正月大　　辛亥酉未初三卯立春,十八丑雨水。

二月大　　辛巳卯丑初三子惊蛰,十八丑春分。

三月小　　辛亥酉未初三卯清明,十八未谷雨。

四月大　　庚辰寅子初五子立夏,廿未小满。

五月小　　庚戌申午初六卯芒种,廿一亥夏至。

六月大　　己卯丑亥初八申小暑,廿四巳大暑。

七月小　　己酉未巳初十丑立秋,廿五申处暑。

八月小　　戊寅子戌十二寅白露,廿七未秋分。

九月大　　丁未巳卯十三戌寒露,廿八亥霜降。

十月小　　丁丑亥酉十三亥立冬,廿八酉小雪。

十一月大　丙午辰寅十四未大雪,廿九辰冬至。

十二月小　丙子戌申十四子小寒,廿八酉大寒。

太岁姓伍名仲　己卯年　昴日星值年,虚宿管局,正月角宿值月,巳星子房暗金伏断。

正月大　　乙巳卯丑十四午立春,廿九辰雨水。

二月大　　乙亥酉未十四卯惊蛰,廿九辰春分。

三月小　　乙巳卯丑十四午清明,廿九戌谷雨。

闰三月大　甲戌申午,十六卯立夏。

四月大　　甲辰寅子初一戌小满,十七午芒种。

五月小　　甲戌申午初三寅夏至,十八亥小暑。

六月大　　癸卯丑亥初五申大暑,廿一辰立秋。

七月小　　癸酉未巳初六亥处暑,廿二巳白露。

八月小　　壬寅子戌初八戌秋分,廿四丑寒露。

九月大　　辛未巳卯初十寅霜降,廿五寅立冬。

十月小　　辛丑亥酉初十子小雪,廿四戌大雪。

十一月大　庚午辰寅初十午冬至,廿五卯小寒。

十二月小　庚子戌申初十夜子大寒,廿五酉立春。

太岁姓重名德 庚辰年 毕月星值年，鬼宿管局，正月室宿值月，子虚一日暗金伏断。

正月大 己巳卯丑初十未雨水，廿五午惊蛰。

二月小 己亥酉未初十未春分，廿五酉清明。

三月大 戊辰寅子十一丑谷寸，廿六午立夏。

四月大 戊戌申午十三申小满，廿八申芒种。

五月小 戊辰寅子十四巳夏至。

六月大 丁酉未巳初一寅小暑，十六戌大暑。

七月大 丁卯丑亥初二未立秋，十八寅处暑。

八月小 丁酉未巳初三申白露，十九子秋分。

九月大 丙寅子戌初五卯寒露，廿巳霜降。

十月小 丙申午辰初五巳立冬，廿卯小雪。

十一月小 乙丑亥酉初六丑大雪，廿酉冬至。

十二月小 甲午辰寅初六午小寒，廿二寅大寒。

太岁姓郑名祖 辛巳年 参水星值年，箕宿管局正月心宿值月，酉觜寅室暗金伏断。

正月小 甲子戌申初五夜子立春，廿戌雨水。

二月大 癸巳卯丑初六酉惊蛰，廿一酉春分。

三月小 癸亥酉未初六夜子清明，廿二辰谷雨。

四月大 壬辰寅子初八酉立夏，廿四辰小满。

五月小 壬戌申午初九亥芒种，廿五申夏至。

六月大 辛卯丑亥十二巳小暑，廿八丑大暑。

七月大 辛酉未巳十三戌立秋，廿九巳处暑。

闰七月小 辛卯丑亥十四亥白露。

八月大 庚申午辰初一卯秋分，十六午寒露。

九月大 庚寅子戌初一申霜降，十六未立冬。

十月小 庚申午辰初一午小雪，十六卯大雪。

十一月大 己丑亥酉初三子冬至，十六酉小寒。

十二月小 己未巳卯初一巳大寒，十六卯立春。

太岁姓路名明　壬午年　觜火星值年,毕宿管局,正月牛宿值月,辰箕亥壁暗金伏断。

正月小　　戊子戌申初二丑雨水,十六夜子惊蛰。

二月大　　丁巳卯丑初二子春分,十八卯清明。

三月小　　丁亥酉未初三午谷雨,十八夜子立夏。

四月大　　丙辰寅子初五午小满,廿一寅芒种。

五月小　　丙戌申午初六亥夏至,廿二申小暑。

六月大　　乙卯丑未初九亥大暑,廿五子立秋。

七月小　　乙酉未巳初十申处暑,廿六寅白露。

八月大　　甲寅子戌十二午秋分,廿七酉寒露。

九月大　　甲申午辰十二亥霜降,廿七戌立冬。

十月小　　甲寅子戌十二酉小雪,廿七午大雪。

十一月大　癸未巳卯十三卯冬至,廿七夜子小寒。

十二月大　癸丑亥酉十二申大寒,廿七巳立春。

太岁姓魏名仁　癸未年　井木星值年,氐宿管局,正月觜宿值月,午角一日暗金伏断。

正月小　　癸未巳卯十二卯寸水,廿七卯惊蛰。

二月小　　壬子戌申十三卯春分,廿八午清明。

三月大　　辛巳卯丑十四酉谷雨,廿卯立夏。

四月小　　辛亥酉未十五酉小满。

五月小　　庚辰寅子初二巳芒种,十八寅夏至。

六月大　　己酉未巳初四戌小暑,廿未大暑。

七月小　　己卯丑亥初六卯立秋,廿一亥处暑。

八月大　　戊申子辰初八巳白露,廿三酉秋分。

九月大　　戊寅子戌初九子寒露,廿四寅霜降。

十月小　　戊寅子戌初九丑立冬,廿三夜子小雪。

十一月小　戊寅子戌初八酉大雪,廿三午冬至。

十二月小　丁未巳卯初九卯小寒,廿三亥大寒。

太岁姓方名公　甲申年　鬼金星值年，奎宿管局，正月心宿值月，丑斗申鬼暗金伏断。

正月大　　丙子戌申初八申立春，廿三午雨水。

二月小　　丁未巳卯初八午惊蛰，廿三午春分。

三月小　　丙子戌申初九申清明，廿五子谷雨。

四月大　　乙巳卯丑十一午立夏，廿七子小满。

五月小　　乙亥酉未十二申芒种，廿八巳夏至。

闰五月小　甲辰寅子十五丑小暑。

六月大　　癸酉未巳初一戌大暑，十五午立秋。

七月小　　癸卯丑亥初三寅处暑，十八申白露。

八月大　　壬申午辰初五子秋分，廿卯寒露。

九月大　　壬申午辰初五辰霜降，廿辰立冬。

十月小　　壬申午辰初五卯小雪，廿子大雪。

十一月大　辛丑亥酉初五酉冬至，廿巳小寒。

十二月大　辛未巳卯初五寅大寒，十九亥立春。

太岁姓蒋名端　乙酉年　柳土星值年，翼宿管局，正月胃宿值月，卯女戌胃暗金伏断。

正月大　　辛丑亥酉初四酉雨水，十九申惊蛰。

二月小　　辛未巳卯初四酉春分，十九亥清明。

三月小　　庚子戌申初六卯谷雨，廿一酉立夏。

四月大　　己卯卯丑初八卯小满，廿三亥芒种。

五月小　　己亥酉未初九未夏至，廿五辰小暑。

六月小　　戊辰亥子十三丑大暑，廿七酉立秋。

七月大　　丁酉未巳十四辰处暑，廿九戌白露。

八月小　　丁卯丑亥十五卯秋分。

九月大　　丙申午辰初一午寒露，十六未霜降。

十月小　　丙寅子戌初一未立冬，十六午小雪。

十一月大　乙未巳卯初二卯大雪，十六夜子冬至。

十二月大　乙丑亥酉初一申小寒，十六巳大寒。

太岁姓向名般　丙戌年　星日宿值年，牛星管局，正月角宿值月，巳星一日暗金伏断。

正月大　　乙未巳卯初一寅立春，十六子雨水三十亥惊蛰。

二月小　　乙丑亥酉十六子春分。

三月大　　甲午辰寅初一寅清明，十七午谷雨。

四月小　　甲子戌申初二亥立夏，十八午小满。

五月大　　癸巳卯丑初五寅芒种，廿戌夏至。

六月小　　癸亥酉未初六未小暑，廿二申大暑。

七月小　　壬辰寅子初九子立秋，廿四未处暑。

八月大　　辛酉未巳十一丑白露，廿六午秋分。

九月小　　辛卯丑亥十一酉寒露，廿六戌霜降。

十月大　　庚申午辰十二戌立冬，廿七酉小雪。

十一月小　庚寅子戌十二巳大雪，廿七卯冬至。

十二月大　己未巳卯十二亥小寒，廿七申大寒。

太岁姓封名齐　丁亥年　张月星值年，毕宿管局，正月室值月，子虚一日暗金伏断。

正月大　　己丑亥酉十二巳立春，廿七卯雨水。

二月小　　己未巳卯十二寅惊蛰，廿七卯春分。

三月大　　戊子戌申十三巳清明，廿六酉谷雨。

四月大　　戊午辰寅十四寅立夏，廿九酉小满。

闰四月小　戊子戌申十五巳芒种。

五月大　　丁巳卯丑初二丑夏至，十七戌小暑。

六月小　　丁亥酉未初三未大暑，十九卯立秋。

七月小　　丙辰寅子初五戌处暑，廿一辰白露。

八月大　　乙酉未巳初七酉秋分，廿三夜子寒露。

九月小　　乙卯丑亥初八丑霜降，廿二丑立冬。

十月大　　甲申午辰初八亥小雪，廿三酉大雪。

十一月小　甲寅子戌初八午冬至，廿二寅小寒。

十二月大　癸未己卯初八亥大寒，廿三酉立春。

太岁姓郢名□　戊子年　翼火星值年，氐宿管局，正月心宿值月，酉觜寅室暗金伏断。

正月大　癸丑亥酉初八午雨水，廿三巳惊蛰。

二月小　癸未巳卯初八午春分，廿三申清明。

三月大　壬子戌申初九夜子谷雨，廿五巳立夏。

四月大　壬午辰寅初十夜子小满，廿六申芒种。

五月小　壬子戌申十二辰夏至，廿八子小暑。

六月大　辛巳卯丑十四戌大暑，三十午立秋。

七月小　辛亥酉未十六丑处暑。

八月小　庚辰寅子初二未白露，十七夜子秋分。

九月大　己酉未巳初四卯寒露，十九辰霜降。

十月小　己卯丑亥初四辰立冬，十九寅小雪。

十一月大　戊申午辰初四夜子大雪，十九酉冬至。

十二月小　戊寅子戌初四巳小寒，十九寅大寒。

太岁姓潘名尽　己丑年　轸木星值年，奎宿管局，正月牛宿值月，辰箕亥壁金伏断。

正月大　丁未巳卯初四亥立春，十九酉雨水。

二月小　丁丑亥酉初四申惊蛰，十九酉春分。

三月大　丙午辰寅初五亥清明，廿一卯谷雨。

四月大　丙子戌申初六申立夏，廿二卯小满。

五月小　丙午辰寅初七亥芒种，廿三未夏至。

六月大　乙亥酉未初十辰小暑，廿六丑大暑。

七月小　乙巳卯丑十一酉立秋，廿九辰处暑。

八月大　甲戌申午十三戌白露，廿九卯秋分。

九月小　申辰寅子十四午寒露，廿九未霜降。

十月大　癸酉未巳十五未立冬，三十巳小雪。

十一月小　癸卯丑亥十五卯大雪，廿九夜子冬至。

十二月大　壬申午辰十五申小寒，三十巳大寒。

太岁姓邬名桓　庚寅年　角木星值年，翼宿管局，正月觜宿值月，午角一日暗金伏断。

正月小　　壬寅子戌十五寅立春，廿九夜子雨水。

二月大　　辛未巳卯十五亥惊蛰，三十夜子春分。

闰二月小　辛丑亥酉十六寅清明。

三月大　　庚午辰寅初二午谷雨，十七亥立夏。

四月小　　庚子戌申初三午小满，十九丑芒种。

五月大　　己巳卯丑初五戌夏至，廿一未小暑。

六月小　　己亥酉未初七辰大暑，廿二夜子立秋。

七月大　　戊辰寅子初九未处暑，廿五丑白露。

八月大　　戊戌申午初十午秋分，廿五酉寒露。

九月小　　戊辰寅子初十戌霜降，廿五戌立冬。

十月大　　丁酉未巳十一申小雪，廿六午大雪。

十一月小　丁卯丑亥十一卯冬至，廿五亥小寒。

十二月大　丙申午辰十一申大寒，廿六丑立春。

太岁姓范名宁　辛卯年　亢金星值年，虚宿管局，正月心宿值月，丑斗申鬼暗金伏断。

正月小　　丙寅子戌十一卯雨水，廿六寅惊蛰。

二月大　　乙未己卯十二卯春分，廿七巳清明。

三月小　　乙丑亥酉十二酉谷雨，廿八寅立夏。

四月大　　甲午辰寅十四酉小满，三十辰芒种。

五月小　　甲子戌申十六丑夏至。

六月大　　癸巳卯丑初二戌小暑，十八午大暑。

七月小　　癸亥酉未初四卯立秋，十九戌处暑。

八月大　　壬辰寅子初六辰白露，廿一申秋分。

九月大　　壬戌申午初五亥寒露，廿二丑霜降。

十月小　　壬辰寅子初七丑立冬，廿一亥小雪。

十一月大　辛酉未巳初七酉大雪，廿二巳冬至。

十二月小　辛卯丑亥初七寅小寒，廿一亥大寒。

太岁姓彭名泰　壬辰年　氐土星值年,鬼宿管局,正月胃宿值月,卯女戌胃暗金伏断。

正月小　　辛酉未巳初六申立春,廿一午雨水。

二月小　　庚寅子戌初七巳惊蛰,廿二午春分。

三月大　　己未巳卯初八申清明,廿三夜子谷雨。

四月小　　己丑亥酉初九巳立夏,廿四夜子小满。

五月小　　戊午辰寅十一未芒种,廿七辰夏至。

六月大　　丁亥酉未十四丑小处,廿九酉大暑。

闰六月小　丁巳丑卯十五巳立秋。

七月大　　丙戌申午初二丑处暑,十七未白露。

八月大　　丙辰寅子初二亥秋分,十八寅寒露。

九月小　　丙戌申午初三辰霜降,十八辰立冬。

十月大　　乙卯丑亥初四寅小雪,十八夜子大雪。

十一月大　乙酉未巳初三申冬至,十八巳小寒。

十二月大　乙卯丑亥初三丑大寒,十七亥立春。

太岁姓徐名舜　癸巳年　房日星值年,室宿管局,正月角宿值月,巳房一日暗金伏断。

正月小　　乙酉未巳初二酉雨水,十七申惊蛰。

二月小　　甲寅子戌初三申春分,十八亥清明。

三月大　　癸未巳卯初五寅谷雨,廿申立夏。

四月小　　癸丑亥酉初六寅小满,廿一戌芒种。

五月小　　壬午辰寅初八未夏至,廿四卯小暑。

六月大　　辛亥酉未初十子大暑,廿五申立秋。

七月小　　辛巳卯丑十二寅处暑,廿七戌白露。

八月大　　庚戌申午十四寅秋分,廿九巳寒露。

九月小　　庚辰寅子十四未霜降,廿九午立冬。

十月大　　己酉未巳十五丑小雪,三十寅大雪。

十一月大　己卯丑亥十四亥冬至,廿九申小寒。

十二月大　己酉未巳十四辰大寒,廿九丑立春。

太岁姓张名词　甲午年　心月星值年，毕宿管局，正月室宿值月，子虚未张暗金伏断。

正月小　　己卯丑亥十三亥雨水，廿八亥惊蛰。

二月大　　戊申午辰十四亥春分，三十寅清明。

三月小　　戊寅子戌十五巳谷雨。

四月大　　丁未巳卯初二亥立夏，十七巳小满。

五月小　　丁丑亥酉初三丑芒种，十八戌夏至。

六月小　　丙午辰寅初五午小暑，廿一卯大暑。

七月大　　乙亥酉未初七亥立秋，廿三未处暑。

八月小　　癸巳卯丑初九丑白露，廿四巳秋分。

九月大　　甲戌申午初十申寒露，廿五戌霜降。

十月小　　甲辰寅子初十酉立冬，廿五申小雪。

十一月大　癸酉未巳十一巳大雪，廿六寅冬至。

十二月大　癸卯丑亥初十亥小寒，廿五未大寒。

太岁姓杨名贤　乙未年　尾火星值年，氐宿管局，正月心宿值月，觜寅室暗金伏断。

正月大　　癸酉未巳初十辰立春，廿五寅雨水。

二月小　　癸卯丑亥初十寅惊蛰，廿五寅春分。

三月大　　壬申午辰十一辰清明，廿六申谷雨。

四月小　　壬寅子戌十二寅立夏，廿七申小满。

五月大　　辛未巳卯十四辰芒种，三十午夏至。

闰五月小　辛丑亥酉十五酉小暑。

六月小　　庚午辰寅初二午大暑，十八寅立秋。

七月大　　己亥酉未初四酉处暑，廿辰白露。

八月小　　己巳卯丑初五申秋分，廿亥寒露。

九月大　　戊戌申午初七子霜降，廿二子立冬。

十月小　　戊辰寅子初六小雪，廿一申大雪。

十一月大　丁酉未巳初七巳冬至，廿二寅小寒。

十二月大　丁卯丑亥初六戌大寒，廿一未立春。

太岁姓管名仲　丙申年　箕木星值年,奎宿管局,正月牛宿值月,辰箕亥壁暗金伏断。

正月小　丁酉未巳初六巳雨水,廿一巳惊蛰。

二月大　丙寅子戌初七巳春分,廿二未清时。

三月大　丙申午辰初七亥谷雨,廿三辰立夏。

四月小　丙寅午戌初八亥小满,廿四未芒种。

五月大　乙未巳卯十一卯夏至,廿七子小暑。

六月小　乙丑亥酉十二酉大暑,廿八巳立秋。

七月小　甲午辰寅十五子处暑。

八月大　癸亥酉未初一午白露,十六亥秋分。

九月小　癸巳卯丑初二寅寒露,十七卯霜降。

十月大　壬戌申午初三卯立冬,十六寅小雪。

十一月小　壬辰寅子初二亥大雪,十七申冬至。

十二月大　辛酉未巳初三辰小寒,十八寅大寒。

太岁姓康名杰　丁酉年　斗木星值年,翼宿管局,正月觜宿值月,午角一日暗金伏断。

正月小　辛卯丑亥初二戌立春,十七申雨水。

二月大　庚申午辰初三未惊蛰,十八申春分。

三月大　庚寅子戌初三戌清明,十九寅谷雨。

四月小　庚申午辰初四未立夏,廿寅小满。

五月大　己丑亥酉初六戌芒种,廿二午夏至。

六月小　己未巳卯初八卯小暑,廿三夜子大暑。

七月大　戊子戌申初十申立秋,廿六卯处暑。

八月小　戊午辰寅十一酉白露,廿七寅秋分。

九月大　丁亥酉未十三巳寒露,廿八午霜降。

十月小　丁巳卯丑十三午立冬,廿八巳小雪。

十一月大　丙戌申午十四寅大雪,廿八亥冬至。

十二月小　丙辰寅子十三未小寒,廿八辰大寒。

太岁姓姜名武　戊戌年　牛金星值年，虚宿管局，正月心宿值月，丑斗申鬼暗金伏断。

正月大　　乙酉未巳十四丑立春，廿八亥雨水。

二月小　　乙卯丑亥十三戌惊蛰，廿八亥春分。

三月大　　甲申午辰十五丑清明，三十巳谷雨。

闰三月小　甲寅子戌十五戌立夏。

四月大　　癸未巳卯初二巳小满，十八丑芒种。

五月大　　癸丑亥酉初三酉夏至，十九午小暑。

六月小　　癸未巳卯初五卯大暑，廿亥立秋。

七月大　　壬子戌申初七午处暑，廿三子白露。

八月小　　壬午辰寅初八丑秋分，廿三申寒露。

九月大　　辛亥酉未初九酉霜降，廿四酉立冬。

十月小　　辛巳卯丑初九申小雪，廿四巳大雪。

十一月大　庚戌申午初十寅冬至，廿四戌小寒。

十二月小　庚辰寅子初九未大寒，廿四辰立春。

太岁姓谢名寿　己亥年　女土星值年，鬼宿管局，正月胃宿值月，卯女戌胃暗金伏断。

正月大　　己酉未巳初十寅雨水，廿五丑惊蛰。

二月小　　己卯丑亥初十寅春分，廿五辰清明。

三月大　　戊申午辰十一申谷雨，廿七丑立夏。

四月小　　戊寅子戌十二申小满，廿八辰芒种。

五月大　　丁未巳卯十四子夏至，廿酉小暑。

六月小　　丁丑亥酉十六午大暑。

七月大　　丙午辰寅初三寅立秋，十八酉处暑。

八月大　　丙子戌申初四卯白露，十九申秋分。

九月小　　丙午辰寅初四亥寒露，十九子霜降。

十月大　　乙亥酉未初三夜子立冬，三十戌小雪。

十一月小　乙巳卯丑初五申大雪，廿巳冬至。

十二月大　甲戌申午初六丑小寒，廿戌大寒。

太岁姓虞名起　庚子年　虚日星值年,箕宿管局,正月角宿值月,巳房一日暗金伏断。

正月小　甲辰寅子初五未立春,廿巳雨水。

二月大　癸酉未巳初六辰惊蛰,廿一巳春分。

三月小　癸卯丑亥初六未清明,廿一亥谷雨。

四月小　壬申午辰初八辰立夏,廿三亥小满。

五月大　辛丑亥酉初十午芒种,廿六卯夏至。

六月小　辛未巳卯十一夜子小暑,廿七酉大暑。

七月大　庚子戌申十四巳立秋,三十夜子处暑。

八月大　庚午辰寅十五午白露,三十亥秋分。

闰八月小　庚子戌申十六寅寒露。

九月大　己巳卯丑初二卯霜降,十七卯立冬。

十月大　己亥酉未初二丑小雪,十六亥大雪。

十一月小　己巳卯丑初一申冬至,十六辰小寒。

十二月大　戊戌申午初二丑大寒,十七戌立春。

太岁姓汤名信　辛丑年　危月星值年,毕宿管局,正月室宿值月,子虚未张暗金伏断。

正月小　戊辰寅子初一申雨水,十六未惊蛰。

二月大　丁酉未巳初二申春分,十八戌清明。

三月小　丁卯丑亥初三寅谷雨,廿酉芒种。

四月小　丙申午辰初五寅小满,廿酉芒种。

五月大　乙丑亥酉初七午夏至,廿三卯小暑。

六月小　乙未巳卯初八亥大暑,廿四申立秋。

七月大　甲子戌申十一卯处暑,廿六酉白露。

八月小　甲午辰寅十三寅秋分,廿七巳寒露。

九月大　癸亥酉未十三午霜降,廿八午立冬。

十月大　癸巳卯丑十二辰小雪,廿八寅大雪。

十一月大　癸亥酉未十二亥冬至,廿七未小寒。

十二月小　癸巳卯丑十二辰大寒,廿七丑立春。

太岁姓贺名谔　壬寅年　室火星值年，氐宿管局，正月星宿值月，酉觜寅室暗金伏断。

正月大　　壬戌申午十二亥雨水，廿七戌惊蛰。

二月小　　壬辰寅子十二亥春分，廿八丑清明。

三月大　　辛酉未巳十四巳谷雨，廿九戌立夏。

四月小　　辛卯 丑亥十五巳小满。

五月小　　庚申午申初一子芒种，十七酉夏至。

六月大　　己丑亥酉初四午小暑，十九寅小暑。

七月小　　己未巳卯初五亥立秋，廿一午处暑。

八月大　　戊子戌申初七夜子白露，廿三辰秋分。

九月小　　戊午辰寅初八未寒露，廿三酉霜降。

十月大　　丁亥酉丑初九酉立冬，廿四未小雪。

十一月大　丁巳卯丑初九巳大雪，十二四丑冬至。

十二月大　丁亥酉未初八戌小寒，廿三未大寒。

太岁姓皮名时　癸卯年　壁水星值年，奎宿管局，正月牛宿值月，辰箕亥壁暗金伏断。

正月小　　丁巳卯丑初八辰立春，廿三寅雨水。

二月大　　丙戌申午初九丑惊蛰，廿四寅春分。

三月小　　丙戌辰寅子初九辰清明，廿四未谷雨。

四月大　　乙酉未巳十一丑立夏，廿六未小满。

五月小　　乙卯丑亥十二卯芒种，廿七子夏至。

闰五月小　甲申午辰十四申小暑。

六月大　　癸丑亥酉初一巳大暑，十七丑立秋。

七月小　　癸未巳卯初二酉处暑，十八卯白露。

八月小　　壬子戌申初四未秋分，十九戌寒露。

九月大　　辛巳卯丑初五夜子霜降，廿夜子立冬。

十月大　　辛亥酉未初五戌小雪，廿申大雪。

十一月小　辛巳丑卯初五辰冬至，廿丑小寒。

十二月大　庚戌申午初五戌大寒，廿未立春。

太岁姓李名成　甲辰年　奎木星值年，翼宿管局，正月觜宿值月，午角一日暗金伏断。

正月大　庚辰寅子初五辰雨水，廿辰惊蛰。

二月大　庚戌申午初五辰春分，廿未晴明。

三月小　庚辰寅子初五戌谷雨，廿一辰立夏。

四月大　己酉未巳初七戌小满，廿二午芒种。

五月小　己卯丑亥初九卯夏至，廿四亥小暑。

六月小　戊申午辰十一申大暑，廿七辰立秋。

七月大　丁丑亥酉十三夜子处暑，廿九午白露。

八月小　丁未巳卯十四戌秋分。

九月小　丙子戌申初一丑寒露，十六卯霜降。

十月大　乙巳卯丑初二寅立冬，十七丑小雪。

十一月大　乙亥酉未初一亥大雪，十六未冬至。

十二月小　乙巳卯丑初一辰小寒，十六子大寒。

太岁姓吴名遂　乙巳年　娄金星值年，虚宿管局，正月心宿值月，丑斗申癸暗金伏断。

正月大　甲戌申午初一戌立春，十六申雨水。

二月大　甲辰寅子初一未惊蛰，十六未春雨。

三月小　甲戌申午初一戌清明，十七寅谷雨。

四月大　癸卯丑亥初三未立夏，十九丑小满。

五月大　癸酉未巳初四酉芒种，廿巳夏至。

六月小　癸卯丑亥初六寅小暑，廿一亥大暑。

七月小　辛未巳卯初八未立秋，廿四寅处暑。

八月大　辛丑亥酉初十酉白露，廿六寅秋分。

九月小　辛未巳卯十一辰寒露，廿六午霜降。

十月大　庚子戌申十二巳立冬，廿七辰小雪。

十一月小　庚午辰寅十二丑大雪，廿六戌冬至。

十二月大　己亥酉未十二未小寒，廿七卯大寒。

太岁姓文名折　丙午年　胃土星年鬼宿管局,正月胃宿值月,卯女戌未暗金伏断。

正月小　　己巳卯丑十二子立春,廿六戌雨水。

二月大　　戊戌申午十二戌惊蛰,廿七戌春分。

三月大　　戊辰寅子十三子清明,廿八辰谷雨。

四月小　　戊戌申午十三酉立夏,廿九辰小满。

闰四月大　丁卯丑亥十五夜子芒种。

五月小　　丁酉未巳初一申夏至,十七巳小暑。

六月大　　丙寅子戌初四寅大暑,十九戌立秋。

七月小　　丙申午辰初五巳处暑,廿亥白露。

八月大　　乙丑亥酉初七辰秋分,廿二未寒露。

九月小　　乙未巳卯初七申霜降,廿二申立冬。

十月大　　甲子戌申初八未小雪,廿三辰大雪。

十一月小　甲午辰寅初八丑冬至,廿二戌小寒。

十二月大　癸亥酉未初八午大寒,廿三卯立春。

太岁姓戮名丙　丁未年　昴日星值年,箕宿管局,正月角宿值月,巳房一日暗金伏断。

正月小　　癸巳卯丑初八子雨水,廿三丑惊蛰。

二月大　　壬戌申午初九丑春分,廿四卯清明。

三月小　　壬辰寅子初九未谷雨,廿五子立夏。

四月大　　辛酉未巳十一未小满,廿七卯芒种。

五月小　　辛卯丑亥十二亥夏至,廿八申小暑。

六月大　　庚申午辰十五巳大暑。

七月大　　庚寅子戌初一丑立秋,十六申处暑。

八月小　　庚申午辰初二寅白露,十七未秋分。

九月大　　己丑亥酉初二戌寒露,十八亥霜降。

十月小　　己未巳卯初三亥立冬,十八戌小雪。

十一月大　戊子戌申初四未大雪,十九辰冬至。

十二月小　戊午辰寅初四丑小寒,十八酉大寒。

太岁姓俞名志　戊申年　毕月星值年,毕宿管局,正月室宿值月,子虚未张暗金伏断。

正月大　丁亥酉未初四午立春,十九酉雨水。

二月小　丁巳卯丑初四卯惊蛰,十九辰春分。

三月小　丙戌申午初五午清明,廿戌谷雨。

四月大　乙卯丑亥初七卯立夏,廿戌小满。

五月大　乙酉未巳初八午芒种,廿四寅夏至。

六月小　乙卯丑亥初九亥小暑,廿申大暑。

七月大　甲申午辰十二辰立秋,十七亥处暑。

八月小　甲寅子戌十三巳白露,廿八戌秋分。

九月大　癸未巳卯十五丑寒露,三十寅霜降。

十月大　癸丑亥酉十五寅立冬,三十丑立冬。

十一月小　癸未巳卯十四戌大雪,廿九未冬至。

十二月大　壬子戌申十五卯小寒,三十子大寒。

太岁姓程名寅　巳酉年　参水星值年,氐宿管局,正月星宿值月,酉觜寅室暗金储伏断。。

正月小　壬午辰寅十四酉立春,廿九未雨水。

二月大　辛亥酉未十五午惊蛰,三十未春分。

三月小　庚戌申午初二丑谷雨,十七午立夏。

四月大　己卯丑亥初四丑小满,十九酉芒种。

五月小　己酉未巳初五巳夏至,廿一辰小暑。

六月大　戊寅子戌初七亥大暑,廿二未立秋。

七月小　戊申午辰初九寅处暑,廿四申白露。

八月大　丁丑亥酉十一丑秋分,廿六辰寒露。

九月大　丁未巳卯十一巳霜降,廿六巳立冬。

十月大　丁丑亥酉十一辰小雪,廿六丑大雪。

十一月小　丁未巳卯初十戌冬至,廿二午小寒。

十二月大　丙子戌申十一卯大寒,廿六子立春。

太岁姓化名秋　庚戌年　觜火星值年，奎宿管局，正月牛宿值月，辰箕亥壁暗金伏断。

正月小　　丙午辰寅初十戌雨水，廿五酉惊蛰。

二月大　　乙亥酉未十一戌春分，廿七子清明。

三月小　　乙巳卯丑十二辰谷雨，廿七酉立夏。

四月小　　甲戌申午十四辰小满，廿九夜子芒种。

五月大　　癸卯丑亥十六申夏至。

六月小　　癸酉未巳初二巳小暑，十八寅大暑。

七月大　　壬寅子戌初四戌立秋，廿巳处暑。

八月小　　壬申午辰初五亥白露，廿一辰秋分。

九月大　　辛丑亥酉初七未寒露，廿二未霜降。

十月大　　己未巳卯初七申立冬，廿二未小雪。

十一月大　辛丑亥酉初七辰大雪，廿二丑冬至。

十二月小　己未巳卯初六酉小寒，廿一午大寒。

太岁姓叶名坚　辛亥年　井木星值年，翼宿管局，正月觜宿值月，午角一日暗金伏断。

正月大　　庚子戌申初七卯立春，廿二丑雨水。

二月小　　庚午辰寅初七亥惊蛰，廿二丑春分。

三月大　　己亥酉未初八卯清明，廿三未谷雨。

四月小　　己巳卯丑初八子立夏，廿四未小满。

五月小　　戊戌申午十一寅芒种，廿六亥夏至。

六月大　　丁卯丑亥十三申小暑，廿九辰六暑。

闰六月小　丁酉未巳十五丑立秋。

七月小　　丙寅子戌初一申处暑，十七午白露。

八月大　　乙未巳卯初三未秋分，十八戌寒露。

九月大　　乙丑亥酉初三亥霜降，十八亥立冬。

十月小　　乙未巳卯初三酉小雪，十八未大雪。

十一月大　甲子戌申初四辰冬至，十九子小寒。

十二月大　甲午辰寅初三酉大寒，十八午立春。

太岁姓卸名德　壬子年　鬼金星值年，虚宿管局，正月心宿值月，丑斗申鬼暗金伏断。

正月大　　甲子戌申初三辰雨水，十九寅惊蛰。
二月小　　甲午辰寅初三辰春分，十八午清明。
三月大　　癸亥酉未初四戌谷雨，十九卯立夏。
四月小　　癸巳卯丑初五戌小满，廿一巳芒种。
五月小　　壬戌申午初八寅夏至，廿三亥小暑。
六月大　　辛卯丑亥初十未大暑，廿六辰立秋。
七月小　　辛酉未巳十一亥处暑，廿七巳白露。
八月小　　庚寅子戌十三戌秋分，廿八丑寒露。
九月大　　己未巳卯十五寅霜降，三十寅立冬。
十月大　　己丑亥酉十五子小雪，廿九戌大雪。
十一月小　己未巳卯十四未冬至，廿九卯小寒。
十二月大　戊子戌申十三子大寒，廿九卯立春。

太岁姓林名簿　癸丑年　柳土星值年，鬼宿管局，正月胃宿值月，卯女戌胃暗金伏断。

正月大　　戊午辰寅十四未雨水，三十巳惊蛰。
二月小　　戊子戌申十四未春分，廿九酉清明。
三月大　　丁巳卯丑十六丑谷雨。
四月大　　丁亥酉未初一午立夏，十八丑小满。
五月小　　丁巳卯丑初二申芒种，十八巳夏至。
六月小　　丙戌申午初五寅小暑，廿戌大暑。
七月大　　乙卯丑亥初七未立秋，廿三寅处暑。
八月小　　乙酉未巳初八申白露，廿四丑秋分。
九月大　　甲寅子戌初十辰寒露，廿五巳霜降。
十月小　　甲申午辰初十巳立冬，廿五卯小雪。
十一月大　癸丑亥酉十一丑大雪，廿五戌冬至。
十二月小　癸未巳卯初十午小寒，廿五卯大寒。

太岁姓张名朝　甲寅年　星日星值年，箕宿管局，正月角宿值月，巳房一日暗金伏断。

正月大　　壬子戌申初十子立春，廿五戌雨水。

二月大　　壬午辰寅十一申惊蛰，廿五戌春分。

三月小　　壬子戌申十一子清明，廿六辰谷雨。

四月大　　辛巳卯丑十一酉立夏，廿八辰小满。

五月小　　辛亥酉未十三亥芒种，廿九申夏至。

闰五月大　庚辰寅子十六巳小暑。

六月小　　庚戌申午初二丑大暑，十七戌立秋。

七月大　　己卯丑亥初四巳处暑，十九亥白露。

八月小　　己酉未巳初五辰秋分，廿未寒露。

九月大　　戊寅子戌初六申霜降，廿一申立冬。

十月小　　戊申午辰初六巳小雪，廿一辰大雪。

十一月大　丁丑亥酉初七丑冬至，廿一酉小寒。

十二月小　丁未巳卯初六午大寒，廿卯立春。

太岁姓方名清　乙卯年　张日星值年，毕宿管局，正月室宿值月，子虚未张暗金伏断。

正月大　　丙子戌申初七丑雨水，廿二亥惊蛰。

二月小　　丙午辰寅初七丑春分，廿二卯清明。

三月大　　乙亥酉未初八未谷雨，廿三子立夏。

四月小　　乙巳卯丑初九未小满，廿五寅芒种　。

五月大　　甲戌申午十一亥夏至，廿七申小暑。

六月大　　甲辰寅子十三辰大暑，廿九丑立秋。

七月小　　申戌申午十四申处暑。

八月大　　癸卯丑亥初一寅白露，十六未秋分。

九月小　　癸酉未巳初一戌寒露，十六亥霜降。

十月大　　壬寅子戌初二亥立冬，十七酉小雪。

十一月小　壬申午辰初二未大雪，十七辰冬至。

十二月大　辛丑亥酉初三子小寒，十七酉大寒。

太岁姓辛名亚 丙辰年 翼火星值年,氐宿管局,正月星宿值月,酉觜寅室暗金伏断。

正月小 辛未巳卯十四午立春,十七辰雨水。
二月小 庚子戌申初四寅惊蛰,十八辰春分。
三月大 己巳卯丑初四午清明,十九戌谷雨。
四月小 己亥酉未初四卯立夏,廿戌小满。
五月大 戊辰寅子初七巳芒种,廿三寅夏至。
六月小 戊戌申戌初八亥小暑,廿四未大暑。
七月大 丁卯丑亥十一辰立秋,廿六亥处暑。
八月大 丁酉未巳十二巳白露,廿七戌秋分。
九月小 丁卯丑亥十三丑寒露,廿八寅霜降。
十月大 丙申午辰十四寅立冬,廿九子小雪。
十一月大 丙寅子戌十三戌大雪,廿八未冬至。
十二月小 丙申午辰十三卯小寒,廿八子大寒。

太岁姓易名彦 丁巳年 轸水星值年,奎宿管局,正月牛宿值月,辰箕亥壁暗金伏断。

正月大 乙丑亥酉亥十三酉立春,廿八雨水。
二月小 乙未巳卯十四巳惊蛰,廿八未春分。
闰二月小 甲子戌申十四酉清明。
三月大 癸巳卯丑初一丑谷雨,十五午立夏。
四月小 癸亥酉未初二丑小满,十七申芒种。
五月大 壬辰寅子初四巳夏至,廿寅小暑。
六月小 壬戌申午初五戌大暑,廿一未立秋。
七月大 辛卯丑亥初八寅处暑,廿三申白露。
八月大 辛酉未巳初九丑秋分,廿四辰寒露。
九月小 辛卯丑亥初九巳霜降,廿四丑大雪。
十月大 庚寅子戌初九戌冬至,廿四午小寒。
十一月大 庚寅子戌初九戌冬至,廿三午小寒。
十二月小 庚申午辰初九卯大寒,廿三子立春。

太岁姓姚名黎　戊午年　角木星值年，翼宿管局，正月觜宿值月，午角一日暗金伏断。

正月大　己丑亥酉初九戊雨水，廿五申惊蛰。
二月小　己未巳卯初九戌春分，廿五子清明。
三月小　戊子戌申十一辰谷雨，廿五酉立夏。
四月大　丁巳卯丑十三辰小满，廿八亥芒种。
五月小　丁亥酉未十四申夏至。
六月大　丙辰寅子初一巳小暑，十七丑大暑。
七月小　丙戌申午初二戌立秋，十八巳处暑。
八月大　乙卯丑亥初四亥白露，廿辰秋分。
九月大　乙酉未巳初五未寒露，廿申霜降。
十月大　乙卯丑亥初四申立冬，廿午小雪。
十一月小　乙酉未亥初五辰大雪，廿丑冬至。
十二月大　甲寅子戌初五卯小寒，廿午大寒。

太岁姓傅名悦　己未年　亢金星值年，虚宿管局，正月心宿值月，丑斗申鬼暗金伏断。

正月小　甲申午辰初四卯立春，廿丑雨水。
二月大　癸丑亥酉初六亥惊蛰，廿一丑春分。
三月小　癸未巳卯初六卯清明，廿一未谷雨。
四月小　壬子戌申初七子立夏，廿三未小满。
五月大　辛巳卯丑初十寅芒种，廿五亥夏至。
六月小　辛亥酉未十一申小暑，廿七辰大暑。
七月小　庚辰寅子十四丑立秋，廿九申处暑。
闰七月大　己酉未巳十六寅白露。
八月大　己卯丑亥初一未秋分，十六戌寒露。
九月小　己酉未巳初一亥霜降，十五亥立冬。
十月大　戊寅子寅初二酉小雪，十七未大雪。
十一月大　戊申午辰初二辰冬至，十七子小寒。
十二月大　戊寅子戌初一酉大寒，十五午立春。

太岁姓毛名倖　庚申年　氐土星值年,鬼宿管局,正月胃宿值月,卯女戊未暗金伏断。

正月小　　戊申午辰初一辰雨水,十七寅惊蛰。
二月大　　丁丑亥酉初二辰春分,十七午清明。
三月小　　丁未巳卯初二戌谷雨,十七卯立夏。
四月小　　丙子戌申初四戌小满,廿巳芒种。
五月大　　乙巳卯丑初七寅夏至,廿二亥小暑。
六月小　　乙亥酉未初八未大暑,廿四辰立秋。
七月小　　甲辰寅子初十亥处暑,廿六巳白露。
八月大　　癸酉未巳十二戌秋分,廿八丑寒露。
九月大　　癸卯丑亥十三寅霜降,廿七寅立冬。
十月小　　癸酉未巳十三子小雪,廿七戌大雪。
十一月大　壬寅子戌十三未冬至,廿八卯小寒。
十二月大　壬申午辰十三子大寒,廿六酉立春。

太岁姓文名政　辛酉年　房日星值年,室宿值月,正月角宿管月巳房一日暗金伏断。

正月小　　壬寅子戌十一未雨水,廿八巳惊蛰。
二月大　　辛未巳卯十三未春分,廿八酉清明。
三月大　　辛丑亥酉十四丑谷雨,廿八午立夏。
四月小　　辛未巳卯十五丑小满。
五月大　　己亥酉未初二申芒种,十八巳夏至。
六月大　　己巳卯丑初四寅小暑,十九戌大暑。
七月小　　己亥酉未初五未立秋,廿一寅处暑。
八月大　　戊辰寅子初七申白露,廿三丑秋分。
九月小　　戊戌申午初八辰寒露,廿三巳霜降。
十月大　　丁卯丑戌初八巳立冬,廿四卯小雪。
十一月小　丁酉未巳初九丑大雪,廿二戌冬至。
十二月大　丙寅子戌初九午小寒,廿四卯大寒。

太岁姓满名范　壬戌年　心月星值年，毕宿管局，正月室宿值月，子虚未张暗金伏断。

正月大　　丙申午辰初八子立春，廿二戌雨水。

二月小　　丙寅子戌初九申惊蛰，廿三戌春分。

三月大　　乙未巳卯初十子清明，廿五辰谷雨。

四月小　　乙丑亥酉初九酉立夏，廿六辰小满。

五月大　　甲午辰寅十一亥芒种，廿八申夏至。

闰五月小　申子戌申十四巳小暑。

六月大　　癸巳丑卯初一丑大暑，十六戌立秋。

七月小　　癸亥酉未初二巳处暑，十七亥白露。

八月大　　壬辰寅子初四辰秋分，十九未寒露。

九月小　　壬戌申午初四申霜降，十八申立冬。

十月大　　辛卯丑亥初五午小雪，廿辰大雪。

十一月小　辛酉未巳初四丑冬至，十九酉小寒。

十二月大　庚寅子戌初五午大寒，十九卯立春。

太岁姓虞名程　癸亥年　尾火星值年，氐星管局，正月星宿值月，觜寅室暗金伏断。

正月小　　庚申午辰初四丑雨水，廿亥惊蛰。

二月大　　己丑亥酉初六丑春分，廿一卯清明。

三月小　　己未巳卯初六未谷雨，廿一子立夏。

四月大　　戊子戌申初八未小满，廿四寅芒种。

五月大　　戊午辰寅初九亥夏至，廿五申小暑。

六月小　　戊子戌申十一辰大暑，廿七丑立秋。

七月大　　丁巳卯丑十三申处暑，廿九寅白露。

八月小　　丁亥酉未十四未秋分，廿九戌寒露。

九月大　　丙辰寅子十五亥霜降，廿九亥立冬。

十月小　　丙戌申午十五戌小雪。

十一月大　乙卯丑亥初一未大雪，十五辰冬至。

十二月小　乙酉未巳初一子小寒，十五酉大寒，廿□立春。

（象吉备要通书增补未来流年又卷之六终）

新镌象吉备要通书大全卷之七

潭阳后学 魏 鉴 汇述

奇门遁甲总说
（附修方、造葬、行兵等事）

奇门之祖根河洛，玄女仙女授此书。上法九宫应九州，中应八门八卦符。每卦之中统二气，一气分为三候天。冬至坎宫阳生顺，夏至阴降离逆宫。八卦一千八十数，三奇六仪左右运。五日一候甲己求，上中下局须寻正。后之来者姜太公，七十二局总能尽。张良四皓西汉兴，□为二老尤其精。符门十时名千万，换事施为靡不成。选择诸书此为冠，佐以星玄之岁星。二十四用贫者富，求官求贵即超荣。散刑解讼有其诀，报瘟报病法通灵。地奇守照天奇盖，八门须寻吉上去。三奇又为日月星，光芒所照星辰退。官符太岁也皈依，不怕方隅诸煞会。顺逆血刃旺犠牲，官符修犯官职迁。作着流财财便发，独火空亡煞化权。管是身星并定命，修之的主旺绵绵。但把奇门寻一功，生克制化当知识。太阳金水生潮来，更有胜光功送速。天机三奇同一家，自此田财多进益。击仪入墓审仪刑，总局之歌当关应，超神接气有迟速，闰气正受索其的。人人晓达此精微，何愁万事不依随。车马骈阗生贵子，富贵荣华可致之。时师个个何曾见，只言犯煞不可为。记取杨公真口诀，大行天下没灾危。神仙拥护天机秘，克应如期世所稀。

遁甲经书始于黄帝，感天神而降龙凤之文，命风后作兵法一十三篇，始立遁甲一十八局。遁者，隐也，幽隐之道也；甲者，仪也，递为真符，谓六甲六仪也，天乙贵人之神也。常隐于六戊之下，盖取用兵机之法，造、葬之法，通于神明之德，故以甲遁为名也。奇者，乙丙丁为三奇也。门者，休、生、伤、杜、景、死、惊、开为八门也。继于吕望善布奇门，删成一节三元，二十四节分得七十二元，故立七十二活局也。逮黄石公知秦亡汉兴，以授于子房，子房删捷冬至十二节为阳九局，夏至十二节为阴九局。一岁计一十八局之图，图虽简而时则仍有一千八十也。是术风后作之，太公节之，留侯约之，实安邦济世之大经也。迄至起乎章，通其微奥，作《烟波钓叟歌》阐明大道，流行于世，世人鲜精其道也。奈近地梓者紊淆古经，变乱遁局，妄加增减，种种繁文，但起例未悉，后学者难以尽谙。今纂一刘全耀先生一千零八十局，备载吉凶贵贱二格。余深究多年，详加校正，不敢私秘隐藏，敬梓以公海内，俾后学奇门遁甲者，朗然于心目之间，能使避凶趋吉如反掌，任用、竖造、安葬、出仕、经商、入宅、嫁娶、行兵等件，可保发瑞生祥而招百福矣！诚建国安基，万年金镜之至宝也。

烟波钓叟赋

轩辕黄帝战蚩尤，逐鹿经年战未休。
偶梦天神授符诀，登坛致祭谨虔修。
神龙负图出洛水，彩凤衔书碧云里。
因命风后演成文，遁甲奇门从此始。
一千八十当时制，太公删成七十二。
迨及汉代张子房，一十八局为精艺。
先须掌上排九宫，纵横十五在其中。
次将八卦轮八节，八节统主为正宗。
阴阳二遁分顺逆，一气三元人莫测。
五日都来换一元，接气超神为准的。
认取九宫分九星，八门又逐九星行。
九星逢甲为直符，八门直使其宫评。

符上之门为直使，十时一换甚为据。
直符到处加时干，直使每加时支位。
六甲元号六仪名，三奇即是乙丙丁。
阳遁顺仪奇逆布，阴遁逆仪奇顺行。
吉门偶尔合三奇，值此须云百事宜。
其门倘或多凶吉，一篇未足穷精微。
三奇得使诚堪取，六甲遇之非小补。
乙逢犬马丙鼠猴，六丁玉女骑龙虎。
又有三奇游六仪，号为玉女守门扉。
若作阴私和合事，请君但向此中推。
天三门兮地四户，问君此法归何处。
太冲小吉与从魁，此是天门私出路。
地户除危定与开，举事皆宜从此去。
六合太阴太常君，三辰元是地私门。
更得奇门相照耀，出有百事总欣欣。
太冲天马总为贵，卒然有难宜斯避。
但当乘取天马行，剑戟如山不足畏。
三为生气五为死，胜在三兮衰在五。
能识趋三知避五，造化真机须记取。
就中伏吟为最凶，天蓬加着地天蓬。
天蓬若到天英上，须知即是反吟宫。
八门返复皆如此，生在生门死在死。
假令吉宿得奇门，万事皆凶不堪使。
六仪击刑为大凶，甲子直符愁向东。
戌刑在未申在虎，寅巳辰午自刑宫。
三奇入墓好推详，乙日那堪见未时。
丙奇属火火墓戌，此时诸事不须为。
更嫌六乙来临二，月奇临六亦如之。
又有时干入墓宫，课中时下忌相逢。
乙未壬辰兼丙戌，辛丑都来尽是凶。

五不遇兮尤不精，号为日月损光明。
时干来克百千止，甲日须知时忌庚。
丁忌癸兮戊忌甲，乙忌辛兮丙忌壬。
奇与门兮共太阴，二般难得总来临。
若还得二亦为吉，举措行藏必遂心。
更得直符直使利，兵家用事最为贵。
常将此地击其冲，百战百胜君须记。
天乙之神所在宫，大将宜居击对冲。
假令直符居离九，天英坐取击天蓬。
甲乙丙丁戊阳时，神居天上要君知。
坐击须凭天上奇，阴时地下亦如之。
若见三奇在五阳，偏宜为客自高强。
忽尔逢着五阴位，又宜为主好裁详。
直符前三六合位，太阴之神在前二。
后一宫中为九天，后二之神为九地。
九天之上可陈兵，九地潜藏可立营。
伏兵但向太阴位，若逢六合利逃刑。
天地人分三遁名，天遁日精华盖临。
地藏月精紫微蔽，人遁当知是太阴。
生门六丙合六戊，此为天遁日分明。
开门六乙合六已，地遁如斯而已矣。
休门六丁合太阴，欲求人遁无过此。
要知三遁何所宜，藏形遁迹斯为美。
庚为太白丙荧惑，庚丙相加谁会得。
六庚加丙白入荧，六丙加庚荧入白。
白入荧兮贼即来，荧入白兮贼须灭。
丙为勃兮庚为格，格则不通勃乱逆。
丙加天乙为直符，天乙加丙为飞勃。
庚加日干为伏干，日干加庚飞干格。
加一宫兮战在野，同一宫兮战在国。

庚加直符天乙伏，直符加庚天乙飞。
庚加癸兮为大格，加己为刑最不宜。
加壬之刑为小格，又嫌岁月日时迟。
更有一般奇格者，六庚慎勿加三奇。
此时若也行兵去，匹马只轮无返期。
六癸加丁蛇跌跻，六丁加癸雀投江。
六乙加辛龙逃走，六辛加乙虎猖狂。
请观四者是凶煞，百事逢之总不祥。
丙加甲兮鸟跌穴，甲加丙兮龙回身。
只此二者是吉神，为事如意十八九。
八门若遇开休生，诸事逢之总称情。
伤宜捕猎终须获，杜好逃遮及隐形。
景上投书并破阵，惊能擒说有声名。
若问死门何所主，惟有游猎葬埋宜。
逢任冲辅禽阳星，英芮柱心阴宿名。
辅禽心星为上吉，冲任小吉未全亨。
大凶逢芮不堪遇，小凶英柱不精明。
大凶无气变为吉，小凶有气亦叮咛。
吉宿更能逢旺相，万举万全功必成。
若遇休囚并废没，劝君不必进前程。
要识九星配五行，各随八卦考羲经。
坎蓬属水离英火，中宫坤艮土为营。
乾兑为金震巽木，旺相休囚看重轻。
与我同行即为相，我生之月诚为旺。
废于父母休于财，囚于鬼兮真不诳。
假令水宿号天蓬，旺在初冬与仲冬。
相于正二休四五，其余仿此自研穷。
急则从神缓从门，三五反复天道亨。
十干加伏若加错，入库休囚吉事危。
十精为使用为贵，起宫天乙甲无遗。

天日为客地为主，六甲推兮无差理。
劝君莫失此玄机，洞彻九宫扶明主。
宫制其门不为迫，门制其宫是迫凶。
天网四张无路走，一二网低有路通。
三至四宫行入墓，八九高强任西东。
节气推移时候定，阴阳顺逆要精通。
三元积数成六纪，天地未成有一理。
请观歌里精微诀，非是贤人莫传与。

遁甲神机赋

六甲主使，三才攸分。步咒摄乎鬼神，存局通乎妙旨。前修删简灵文，裁整诸经奥理。原夫甲加丙兮龙回首，丙加甲兮鸟跌穴。回首则悦怿易遂，跌穴则显灼易成。身残毁兮乙遇辛，而龙逃走；财虚耗兮辛遇乙，而虎倡狂。癸见丁兮腾蛇跃跷，丁见癸兮朱雀投江。生丙临戊，天遁用兵。开乙临己，地遁安坟。休丁遇太阴，人遁安营。伏干格，庚临日干；飞干格，日干临庚。庚临直符，伏干格之名。直符临庚，飞宫格之位。大格，庚临六癸；刑格，庚临六己。按格所向既凶，百事营为不喜。时干克日干，乃五不遇而灾生。丙奇临时干，名为悖格而祸起。三奇得使，众善皆臻。六仪击刑，百凶俱集。太白入荧贼欲来，火入金乡贼将去。地罗遮障不占前，天网四张无远路。直符之宫，乃同天乙位上而取，如逢急难宜从直符方下而行。二至顺逆，妙理玄微。阳符左为前数，阴符右为前寻。阳遁从冬至前一十二气直符，后一为九天，后二为九地，前三为六合，前二为太阴。阴遁从夏至后一十二气直符，前一为九天，前二为九地，前五为六合，前七为太阴。太阴潜形而隐迹，六合遁身而谋议。九天之上扬威武，九地之下匿兵马。天地备兮难量，神机妙兮莫测。学者欲临事，有谋存心，斯赋无惑。

是书谓之，造宅三白之法，出自《都天》《撼龙经》八十一论。《太乙》《紫微》九宫、八卦者，天地之骨髓，星斗之枢机。八卦互变而极于无穷，五行推移而应乎无尽。以九星为之九宫,以八门为之八卦。转活九虚,包涵六合。上则可以补天地不全之化,下则可以助君王不及之功。扶危助吉,发瑞生祥。非同游十二分之经图,又殊配二十八宿之格局。此书者,正天地之纲纪,明阴阳之经纬,探幽索隐,显达通玄。

试看八卦,门庭配列九州,蹊径推迁六甲,驱使六仪,飞其日月,星奇应合乙丙丁,地宿论十干之纳甲。造四极之旺辰,首代周流,未发顺承,更迭不遗,循环无尽。天乙直符俾之运局,太乙直符使之指挥。奇以六仪,偶以八节,上下招摇而内外表应。三盘运局,八卦皆通。值其吉,则万事堪为;值其凶,则一分莫举。

其一曰都天九卦,其二曰入地三元;其三曰行军三奇,其四曰造宅三白,其五曰遁形太白之书,其六曰入山撼龙之诀,其七曰转山移水、九字玄经,其八曰建国安基、万年金镜,其九曰玄宫。

盖为辛言八福救贫,生仙产圣,变祸福如反掌,使贫富如等闲。倘三叠之遇奇门,实若蛟龙之得云雨。见六合之逢吉局,如狼虎之生羽翼。忌取休囚,防其刑击。如得奇星来到,必须吉位门开。位位皆宜,门门俱吉。只要合得其所,仍须各论其求。干神不凶,支神不克。神藏煞没,方知万事皆和;反吟伏吟,知是千殃数集。如或奇逢旺相,是为富贵之谋;门逢开休,方协英雄之应。直使加临,如遇青龙反首,值甲乙之妙祥。若逢白虎猖狂,见庚辛之凶祸。若见螣蛇跃蹻,知壬癸之峥嵘;倘逢朱雀投江,管丙丁之妖怪。若见飞马跌穴,更云百事皆祥。或遇贵人登坛,管取九宫俱庆。通玄机而天地皆转,得妙用则万事亨通。若为文武官僚修造,职位皆增;或为良民庶士迁茔,扶危作富。建州府而民安物泰,兴县镇而富足祖平。立宫室而福聚人依,作庙宇而鬼安神受。桥梁、船驿、井灶、路途,或诸余行事,贵在选择。动获资金万计,要明生旺参宜。或有太岁、将军,尽皆拱手;任是九良、九煞,莫敢当头。不问诸家运气,不超不开,犯着空亡禁煞,但求此局,却要有奇,不可无门,可保千年,皆招百福,最堪动玄。诀曰:埋宗葬祖,亦有奇星到坐,门户得开。有龙山者,必求回首青龙;有白虎者,忌其猖狂白虎;有玄武者,远其跃蹻螣蛇;有朱雀者,怕其投江朱雀。如斯迎避,用意配求。值飞鸟跌穴,则有鸟遗鹏,彩禽坠羽。鹰隼弃其亡鸟,鹤鹭返以鳅鱼。仙鹤来鸣,彩鸾下集。四体俱全者吉,两头破坏者凶。贵人登垣者,必有旌旗相乘,雷电风云,印压文书,金章紫绶。

得其青龙回首之时日者,当有鳞甲伏藏,金鱼落穴,螣蛇蜃化。马骤雷轰光焰,金银幡花增彩,来应其时,相助其吉,各有克应,合取山头,万无一失之虞,动有十全之吉。分其头绪,布其提纲,具列于端,隆遂其蕴。非但谋猷之逢吉,乃为天地之献祥。助国安邦,济民利物,得之者宜什袭于玉匮金滕,真所谓至圣皇家之宝也。

奇门总歌

阴阳顺逆妙难穷,二至还归一九宫。

若能了达阴阳理,天地都来一掌中。

二至者,冬至、夏至是也。九宫者,一乃一七四,九乃九三六也。

三才变化作三元,八卦分为八遁门。三才者,天、地、人也。三元以甲己加子午卯酉为上元,甲己加寅申巳亥为中元,甲己加辰戌丑未为下元。八卦:乾、坎、艮、震、巽、离、坤、兑是也,乃直符所居之宫,即阴阳二遁皆游其上,如:

乾属金,为天,居西北方,主开门是也。

坎属水,为水,居正北方,主休门是也。

艮属土,为山,居东北方,主生门是也。

震属木,为雷,居正东方,主伤门是也。

巽属木,为风,居东南方,主杜门是也。

离属火,为火,居正南方,主景门是也。

坤属土,为地,居西南方,主死门是也。

兑属金,为泽,居正西方,主惊门是也。

遁者,隐也,六甲隐在六仪之下,故名曰:遁甲。今以神龟论数,故知八卦所属,即左三右七,戴九履一,二四为肩,六八为足,五居中宫。以为实腹其中宫,可坤宫也,如《易》所谓坤为母是也。今遁八卦所生,故曰:八遁门也。

星符每遂时干转,直使常随天乙奔。

星符者,九星是也。直使者,八门是也。天乙者,直符是也。所谓星符者,盘内九星中一星是也。直使者,八门是也。时干:甲、乙、丙、丁、戊、己、庚、辛、壬、癸是也。天乙者,本甲之所主直使,顺即一、二、三、四、五、六、七、八、九是也;逆则九、八、七、六、五、四、三、二、一是也。凡遁甲之法,以所用星符随时干以所用,直使随天乙而奔。

六仪六甲本同名,三奇即是乙丙丁。

六仪者,甲子戊、甲戌己、甲申庚、甲午辛、甲辰壬、甲寅癸是也。六甲者,甲子、甲戌、甲申、甲午、甲辰、甲寅是也。甲子常随六戊,甲戌常随六己,甲申常随六庚,甲午常随六辛,甲辰常随六壬,甲寅常随六癸。三奇者,乙为日奇,丙为月奇,丁为星奇也。

三奇倘合开休生,便是吉门利出行。

万事从之无不利,能知玄妙得其灵。

如天上丙临地下乙丁,或在天上丁临地下乙丙。又与开、休、生三门合者,此为吉门。宜出行、出军、行师、兴工、动土,无不利者,委有玄妙如神灵也。

直符前三六合位,前二太阴君须记。

直符后一名九天,后二宫神名九地。

如阳遁一宫甲子加直符,便以一宫为天乙,二、玄武,三、太阴,四、六合,五、九天,六、九地。余仿此。冬至后顺,夏至后逆,前三太阴,前四六合。直符后一九天,后二九地。

地为伏匿天扬兵,六合太阴可藏避。

地静为伏匿,后二神名九地,六癸之下可以伏藏,则人不见。九地之上,六甲可以陈兵而击其冲,然皆要三奇合太阴而无吉门。名曰:有阴无门,门合太阴,无三奇为之,有门无奇。

急从神兮缓从门,三五反覆天道利。

若急无奇门,即用玉女反闭之术,布六算而行从神机也。若运机缓慢,须吉门而出。《经》云:趋三避五,巍然独处。谓之趋三吉门,避五凶门也。如用神机则反凶变吉,是利道矣。如遁得乙奇在门,念乙奇咒,丙奇念丙奇咒,丁奇念丁奇咒,出其方,百事贞吉。

以上若得三奇妙,不知更得三奇使。

乙奇使甲午、甲戌,丙奇使甲子、甲申,丁奇使甲辰、甲寅,须三奇之妙,又不若得奇之使为尤灵也。

得使犹来未为精,五不遇兮损其明。

吟格相加犹不吉,得三奇之使为遁之妙。若五不遇时乃刚柔相克之气,即损其光明。如甲子日得庚午时之例,吟即反覆,二吟为上下相克。凡庚为干格则万物凝滞,六甲相加,尤为不吉也。

掩捕逃亡须克时,占稽行人信岂失。

如掩捕逃亡,阳时可得,阴时不得。如占行人,阳时来,阴时不来。又主信失,如遇庚加时,即有阻不来,主失信也。

斗中三奇游六仪,天乙会合主阴私。

乃天上乙丙丁临地下六甲之仪。如甲子有庚午,甲戌有己卯,甲申有戊子,甲午有丁酉,甲辰有丙午,甲寅有乙卯,此玉女守门时,利为阴私和合之事。

讨捕须明时下克,行人信息遇三奇。三奇上见游六仪,

六仪便见五阳时。兼向八门寻吉位,万事开之万事宜。

如六仪与三奇合太阴,又遇太冲、小吉、从魁,又加地四户是为福食,宜远行、出入、移徙。四户者,除、危、定、开,如正月卯午子酉之例是也。

五阳在前二阴后,主客须知有盛衰。

自甲至戊五阳时,利于客,宜先起;自己至癸五阴时,利于主,宜后动。当阳之时,客盛主衰;当阴之时,主盛客衰。更将旺、相、休、废参详,万不失一。如冬至,休旺,生、伤胎,杜没,惊、景死,死囚,开废之例是也。

阴后五子还须记,六仪加着更无利。

六仪忽然加三宫,更为刑击先须忌。

三宫即太冲也。

六仪刑击三奇墓,此时举动百事误。

如子刑卯,丑刑戌,寅刑巳,卯刑子,辰刑辰,巳刑申,午刑午,未刑丑,申刑寅,酉刑酉,戌刑未,亥刑亥。凡击刑主谋事不成,多有失陷,不可出师、出行,百事不吉。三奇入墓,如乙奇坤,丙丁奇乾,主求谋不获,此时举动,百事失误,不吉。

太白入荧贼即来,荧入白兮贼即去。

丙为悖兮庚为格,格则不通悖乱逆。

凡遇天上丙临地下庚,主贼退逃。天上庚临地下丙,主贼来侵侮。门虽吉亦凶,主、客俱不利,客多败。凡遇丙临时干谓之悖,庚加时干谓之格,不可出行、举事,主乱不动也。如有急事,不得已行筹布局,反闭而出去,则变凶为吉也。

庚加日干为伏干，日干加庚飞干格。

庚加直符天乙伏，直符加庚天乙飞。

庚加岁为岁格，加月为月格，加日为日格，加时为时格。直符为伏宫格，直符加庚飞宫格，皆凶，不可举兵、行师、行事，宜见危败。此注宜写在举动、行师，亦不宜修注内。

加己为刑遁上格，加癸路中大格宜。加壬之时为小格，

兼岁月日之时移。当此之时俱不吉，举动行师亦不宜。

庚加己为刑格，主隐伏之患，祸乱不祥之事出，则车破马颠，敌奔勿追。占人，主刑狱困危，看星门吉凶断之。庚加癸为大格，出军车败马伤，求望不得，托人则失信，须得奇门，不可用也。庚格之法，《三元经》中自有详论，此不赘矣。

丙加甲兮鸟跌穴，甲加丙兮龙返首。

如丙加甲直符，甲直符加丙，更逢开、休、生三门，万事皆吉。

辛加乙兮虎猖狂，乙加辛兮龙返走。

丁加癸兮雀入江，癸加丁兮蛇跌跻。

雀投江忌远行，主词讼；蛇跌跻主惶惑不安；龙返走主失陷财物；虎猖狂时，主伤丁之灾也。四者皆相克制，用之主百事凶。

戊加丙丁为相佐，使加六丁为守星。丙合戊兮为天遁，

地遁乙合开加己。休承丁合太阴入，天网四张时加癸。

蓬加英兮为返吟，伏吟之时蓬加蓬。吉宿逢之事不吉，

凶宿逢之事愈凶。

伏吟时，宜收敛财货；返吟时，宜发财货。其余事纵得奇门，亦凶，不可用也。

天辅冲任禽心吉，天蓬天英芮柱凶。

凡时下得辅、禽、心大吉，任、冲小吉，蓬、芮大凶，柱、英小凶。吉星方道不合奇，可用凶星方奇到，呼其字而咒之，大吉矣，如天蓬呼子禽之例是也。

阴宿禽心柱英芮，阳宿冲辅及蓬任。

凡阳星加一宫为开，阴星加一宫为阖。盖一宫者九气之本，阴阳之根，凡占事开时吉，阖时凶。远信、行人、盗贼开时来，阖时不来。

天网四张无走路，阴阳逆顺妙无穷。

天网者，六癸也。《经》云：天网四张万物尽伤。盖六癸时不宜举动百事，惟宜逃亡。从天上六癸方而出入不见也。然网有高低，不可不察。假令临二、三、四、五宫，尺寸低可扬而出；临六、七、八、九宫，尺寸高过人，为之四张无走路，多遭刑厄。冬至后阳遁，皆顺气布局；夏至后阴遁，皆逆气布局。以推布趋吉避凶，微妙神灵莫测。

节气推移时候应，二至还归一九宫。

三元趋遁游六甲，八卦周流遍九宫。

符节超接以应候，上、中、下三元遁流于六甲上，八卦九宫应一岁之内八节周流度。一白、二黑、三碧、四绿、五黄、六白、七赤、八白、九紫，终而复始也。

若能通达阴阳理，天地消详一掌中。

诚能晓此遁甲之理，天地之大阴阳祸福皆在掌中，所谓纵横天理，把握乾坤。

二起遁例

论阴阳贵人、三辰、地私门、六合、太阴、太常。日支上游，自巳至戌为阴，用逆贵，属阴，用上一字，如阴日用丑字，是阴贵也。日干下逆，自亥至辰为阳，用顺贵，属阳，用下一字，如阳日用未字，是阳贵也。余仿此。子午卯酉月，乾坤艮巽时要神藏，数乃合用辰戌丑未月，乙辛丁未时。日星定阴阳，用寅申巳亥月，甲庚丙壬时，逆顺贵人也，合论太阳过宫为是。

贵人起例

诗曰：甲丑戊加羊，乙鼠己猴乡。丙猪丁鸡位，壬兔癸蛇藏。

六辛当值马，庚见虎为强。辰戌魁罡位，贵人不临场。

论日贵夜贵

盖阴阳贵,自寅至未为日贵,自申至丑为夜贵。日贵用上一字,夜贵用下一字。自亥至辰为阳贵,顺行十二支;自巳至戌为阴贵,逆行十二支。此贵人以月将加时论。

论月将加时

假如十二月壬申日,以未时算,以十二月月将在子加未时上系日贵,贵就以月将数去,顺行,到戌上遇卯,乃未卯在戌是也。

天乙贵人前:一贵神,二螣蛇,三朱雀,四六合,五勾陈,六青龙。

天乙贵人后:一天后,二太阴,三玄武,四太常,五白虎,六天空。

六仪例诗曰:

甲子六戊甲辰壬,甲申六庚甲午辛,
甲戌六己甲寅癸,乙丙丁兮日月星。

阴阳遁直符活法

内顺行

起例:假如阳一局甲子日、辛未时,八休四蓬,就将直符加天盘蓬去,则知九地在艮,九天在震,太乙在坤,六合在兑。余俱仿此

外逆行

又:假如阳局一宫甲巳日、己亥时,系三死九芮,以直符加内盘九芮上,太阴兑,六合乾,九天巽,九地震。阳局俱仿此。

直符活法之图

阳遁:冬至后、夏至前,寻天上直符逆行右方,后一位为九天,后二位为九地,后三位为玄武。天上直符顺行,左方前一位为螣蛇,前二位为太阴,前三位为六合。

阴遁:夏至后、冬至前,寻地盘直符顺行左方,后一位为九天,前二位为九地,前三位为玄武。地盘直符逆行,右方后一位为螣蛇,后二位为太阴,后三位为六合。

凡用奇门布局后,地盘已定,则加天盘,六甲直符依节气而行于各方位上,于时之太乙宫又加符使于各门上讫。然后以直符随阴阳二遁逆顺,纯行九天、九地、玄武、螣蛇、太阴、六合、白虎之神,以验吉凶可知矣。

八门图

巽杜门	离景门	坤死门
震伤门		兑惊门
艮生门	坎休门	乾开门

八节图

立夏顺	夏至逆	立秋逆
春分顺	阳顺阴逆	秋分逆
立春顺	冬至顺	立冬逆

飞宫图

巽四	離九	坤二
震三	中五	兑七
艮八	坎一	乾六

九星图

巽木 辅天	離火 英天	坤土 芮天
震木 冲天	中土 禽天 寄坤	兑金 柱天
艮土 任天	坎水 蓬天	乾金 心天

三元八节二遁二十四气

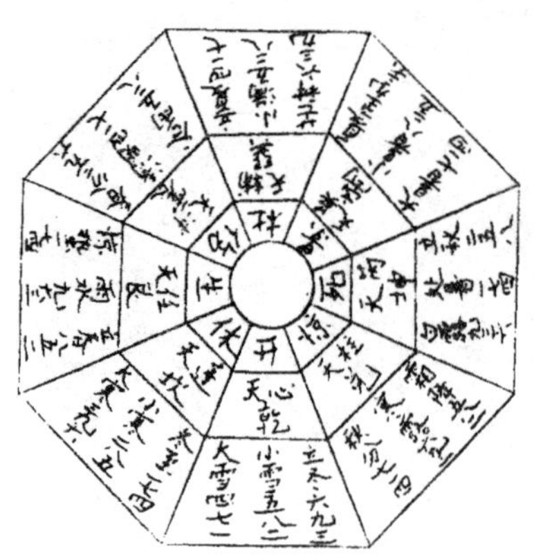

三十六暗藏图

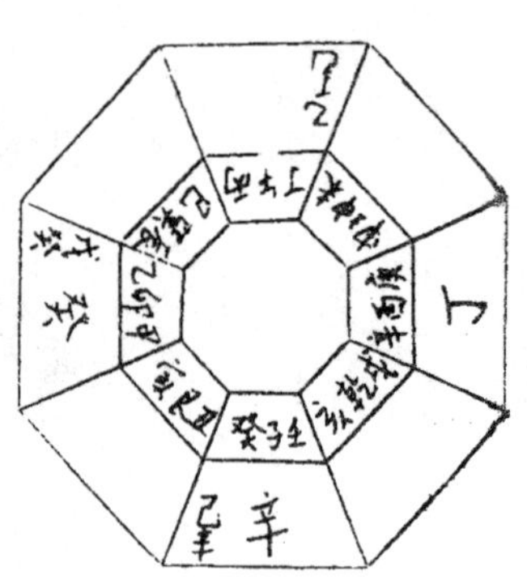

○阳顺局		阳局起例
甲子戊	一	诗曰：上中下
甲戌己	二	冬至惊蛰一七四，
甲申庚	三	小寒二八五相随，
甲午辛	四	大寒春分三九六，
甲辰壬	五	芒种六三九是仪，
甲寅癸	六	谷雨小满五二八，
丁　星	七	立春八五二相宜，
丙　月	八	清明立夏四一七，
乙　日	九	雨水九六三为奇。

○阴逆局		阴局起例
甲子戊	九	诗曰：上中下
甲戌己	八	夏至白露九三六，
甲申庚	七	小暑八二五之间，
甲午辛	六	大暑秋分七一四，
甲辰壬	五	立秋二五八循环，
甲寅癸	四	霜降小雪五八二，
丁　星	三	大雪四七一相关，
丙　月	二	处暑排来一四七，
乙　日	一	立冬寒露六九三。

九星八门配宫诗

一蓬坎上一蓬休，芮死排来坤二流，更有冲伤居震位，
巽宫辅星四柱周，禽星中五却寄坤，乾宫排来心开六，
柱惊常从兑七求，内外任星居艮八，九寻英景逐方游。

九宫运遁式

阴阳遁顺逆行法

阳遁顺行

假如立春节内，庚申日午时即是，立春下局，却乃二宫起甲子戊三宫，甲戌己四宫，庚五宫，甲午辛六宫，甲辰壬七宫，甲寅癸八宫，丁奇九宫，丙奇一宫。乙奇又论壬午时，系甲戌旬即于三宫起甲戌，四宫起亥，五宫丙子，六宫

丁丑，七宫戊寅，八宫己卯，九宫庚辰，一宫辛巳，二宫壬午。又移三震上，甲戌符头，伤门加二坤，又以三宫天冲直符加于乾六上，壬午时即是其时，离上是生门，得地下丙奇可出矣。

阴遁逆行

假如大暑节内，丙寅日未时，却论丙寅日，大暑上局，七宫起戊，六宫己，五宫庚，四宫辛，三宫甲辰壬，二宫甲寅癸，一宫丁，九宫丙，八宫乙，乙未其时在甲午旬，丙却于四宫旬头起甲午三宫乙未是时也。却移杜门，加于三宫，景四宫，死九，惊二，开七，休六，生一。又以甲午天辅加于八宫乙未时。干上其时一宫坎上得生门，地下乙奇可出。五月初八日甲戌吉，出行系芒种下局，节气用事，其日丁辛在乾，丙奇在兑，乙奇在艮，甲丙寅时得福贵。五符、直符从艮方上休门而出，得乙奇盖照，禹步念乙奇咒，现后在手画四纵五横，曰：

四纵五横，六甲六丁，玄武载道，蚩尤避兵，
左悬南斗，右佩七星，邪魔灭迹，鬼祟潜形，
干不敢犯，支不敢侵，太上有敕，吾令旨行，
入水不溺，入火不焚，逆吾者死，顺吾者亨，
避吾者顺，视吾者盲，急急如太上道祖铁师上帝律令。

直行视勿回头。又十二戊寅，系夏至下局节气管事，其日丁奇在离，丙奇在艮，乙奇在兑，用乙未时得天乙贵人，直时从离上开门，出得乙奇，盖照禹步念乙奇咒，用四纵五横画符念咒。又四方生门出，得丁奇盖照，禹步念丁奇咒，又画四纵五横，画符念咒。出若用十五日，出行其日辛巳系玉堂吉日。夏至节上局用事，可用癸巳时，其时系截路时，从震门、休门出，得丁奇盖照，禹步念丁奇咒，用四纵五横，画符念咒就行，六甲六丁，玄武载道，蚩尤避兵……云云。同前慎勿回顾。如用十六日，壬午日系金堂吉日，亦属夏至上局，可用癸卯时，系截路空亡时。从坎方上休门出，得乙奇盖照，禹步念乙奇咒，即画四纵五横，就念就行。凡所出行，由本路作用向之方行六步，立地坐坎面离，今日十五辛巳，十六癸卯时，从坎方休门而出，得乙奇盖照大吉。十六又强如十五，盖十六日是速喜，故也。

三奇神咒

乙奇咒曰:〇天帝威神,诛灭鬼贼,六乙相扶,天道赞德,吾令所出,无攻不克,急急如玄女律令。

丙奇咒曰:〇吾德天助,前后遮罗,青龙白虎,左右驱魔,朱雀道前,使吾会他,天威助我,六丙除疴,急急如玄女律令。

丁奇咒曰:〇天帝弟子,部领天兵,赏善罚恶,出幽入冥,来护我者,玉女六丁,有犯我者,自灭其形,急急如玄女律令。

遁甲起例

洛书九宫,寄宫之祖。上法九名,下应九州,中建八门,以例八卦。每卦统三气,五日为一候。六十时换一局,十五日为三气,计一百八十时系一节,每气分三候,五日为一候,则气计三候也。

自冬至阳生起坎一宫,坎、艮、震、巽四卦统一十二候,分三十六分局,计五百四十为阳遁,故顺布六仪,逆飞三奇。

自夏至气降起离九宫,离、坤、兑、乾四卦统气一十二候,亦三十六分局,计五百四十为阴遁,故逆布六仪,顺飞三奇。

六仪者,六甲也,甲子戊、甲戌己、甲申庚、甲午辛、甲辰壬、甲寅癸。三奇者,乙、丙、丁也,乙为日奇,丙为月奇,丁为星奇。以凡星为直符加时干,布八门九星常为直符,每十时一易,每用加时干是八门为直使,后定方位为奇,八门常为直使,随直符亦十时为一易。直仪造时飞转以定方位,出奇无穷,五日一元,遇用已换局气交而非中已,则以超神接气续之即折局。神局之法,是为神圣之机,玄妙之灵,用循法尽施于此矣。

三元分局起例捷法

三元分局

甲己遇甲子、甲午、己卯、己酉为上局，
甲己遇甲寅、甲申、己巳、己亥为中局，
甲己遇甲辰、甲戌、己丑、己未为下局，
上元甲子至戊辰五日，中元己巳至癸酉五日，下元甲戌至戊寅五日。
上元己卯至癸未五日，中元甲申至戊子五日，下元己丑至癸巳五日。
上元甲午至戊戌五日，中元己亥至癸卯五日，下元甲辰至戊申五日。
上元己酉至癸丑五日，中元甲寅至戊午五日，下元己未至癸亥五日。

分局起例捷歌

甲管五日己五日，甲己子午卯酉上。甲己寅申巳亥中，
甲己四墓下元象。甲己为戊月局六，二至顺阳逆阴上。
节前符到便为超，节气得符为接续。此诀幽繁起例难，
补缀简歌人易熟。

四孟神

四孟神：太乙、传送、登明、功曹是也。阴阳宫用局同，子午卯酉为上元，寅申巳亥局中元，辰戌丑未为下元。

三奇超神接气秘诀

阴阳二遁原洪造，速时未节气先到。迟时节气交未来，
超神接气通玄奥。日未来时节先到，本节端然在剽裁。

虽然新节已交度，奈何仲日来胳胎。子午卯酉日先至，
节未至超用未来。之节气有时超越，遇旬所以积成闰。
二至之前有闰奇，此时叠节累乘之。阳极明终无气数，
内此立闰毕其余。

论超接之法

超者,超过也;神者,日辰也。接者,承接也;气者,诸节也。节气未至而日辰先到,则后节气为主,而超越用未来之节气,此之谓超。又有节气已至而日辰未到,则后日辰为主,而待日辰至方接承节。盖其气未来,而日辰未至,而奇星常用于前节,此之谓接也。

奇门正超闰接局歌诀

正超闰接欲谁知，逐节先须定四奇。四定恰当交节气，
上元从此始无疑。元元逐候轮排去，正后逢超断不移。
超过局余斯有闰，闰余接局又随之。正闰超接循环转，
二至之前是闰期。只此数言为拟诀，详看真足破昏迷。

又：

正局冲符当节气，超因符在节前推。闰中二至超过远，
接是符从节后来。接次又还归正局，循环进退照前排。
更无异义难通晓，不必旁求妄意猜。但见符头在节前，
便为超局不虚言。若逢节向符前至，接气无疑今自然。
正是符头当节气，不前不后恰无偏。闰奇独自希逢着，
端的当居二至前。但逢节气方交日，四仲符头恰相值。
便为正局上元期，一在排推无差忒。正局既明无混渎，
渐渐移来换超局。超至旬余是闰奇，三候才终当接续。
闰奇若不居芒种，便是阴终大雪时。十五日完斯已矣，
不将超接正同推。超或经旬或九朝，或过十一日无饶。
闰奇额在斯三日，更不加前与后头。

奇门正超闰接局例引证

正授奇如六月二十八日，己酉立秋，节气与符同日，即立秋上局不必超接。另有用超神，超者，越过也；神者，进神也，如四月十三日，壬申立夏，而初五日是甲子，须要用立夏上局，以其符头超过于立夏前九日矣，故谓之超神。有用接气，接者，迎接也；气者，节气也。如二月二十三日，虽交清明，至二十五日是己酉符头，饶用得清明上局是先交节，后得奇接节气，故谓之接气。若超过九日、十日、十一日，便须置闰。置闰之法，务要在二至之前，芒种、大雪之节，如五月初一日己卯，至初九日芒种是超过九日，法当置闰，即用初一己卯作芒种上超局，初六甲申作中局，己丑作下局，毕，重用芒种一局，以十六日甲午作芒种闰上局，作一日乙亥作闰中局，二十六日甲辰作闰下局。然二十四日是夏至，是借夏至七日作芒种中下二局矣。余仿此类推。凡闰奇三候一终，即为接气，接气积久乃换正奇，正奇渐移乃换超局，超局过九日，或过十日，或十一日则当置闰。置闰之法，决在芒种、大雪二节之后，设过小雪、小满二气之交，虽超九日、十日，不可置闰，务于二至之前置闰，始不差误。论至于此，正、超、闰、接要诀至矣！尽矣！

接别有式

三奇之法少人知，下着之时事事宜。建国立邦行旅处，
推之无不验神奇。以至凡庶造与葬，推山压杀定无危。
第一山向要合照，第二且要合天机。天机妙处人不识，
超接之中看其术。直符直使不难推，八门开生为上诀。
第星且要识时候，时若得真要龙穴。此是杨公急救贫，
时师莫将容易说。奇到开门宜出行，休门上书并理讼。
生门婚姻堪入宅，伤门索债君须记。杜门逃闪并塞穴，
思量酒肉景门丰。死门捕猎宜上阵，惊门祈雨落纷纷。

八门调坛

罡咒曰：

乾元亨利贞，兑泽英雄兵，
艮山封鬼户，离火驾焰轮，
坎水涌波涛，坤地管人门，
震雷霹雳声，巽风吹山岳，
吾入中宫立，诸将护吾身。

八门调坛

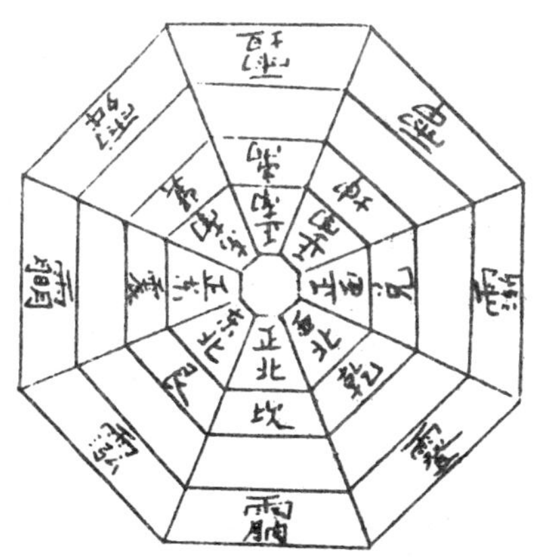

又密咒曰：

太阴生身，水位之精，
虚危上应，龟蛇合形，
周行六合，威摄万灵，
无山不察，无愿不从，
却乃始终，斩伐魔精，
化育利兆，穴护中安，
敢有小鬼，欲来现形，
吾目不视，五岳摧倾。
急急如律令　敕。

（新镌象吉备要通书大全卷之七终）

新镌象吉备要通书大全卷之八

潭阳后学 魏 鉴 汇述

论直符直使例

愚仿时家奇门遁甲,各家《通书》俱载圆图,分为三层,上层象天列九星,中层象人分八门,下层象地定八卦九宫。其一局一图略奉坎水,难以悉知全纂。刘全曜立有方图,精订详备,每一局注六十时定局,共成一千零八十全局及吉凶诸格。集载图内,一见即明,甚为快捷,但直符、直使加宫未曾录载。余究有年,颇得其详,细参较正,今将直符加时干于某宫,布奇仪而转天盘九星,以直使加时支于八宫而定八门。详录本时之下,以便学者一览而自明无误矣。

阳循一局直符直使起例

○如甲子时起坎一宫,即以天蓬为直符,休门为直使。
○甲戌时起坤二宫,即以天芮为直符,死门为直使。
○甲申时起震三宫,即以天冲为直符,伤门为直使。
○甲午时起巽四宫,即以天辅为直符,杜门为直使。
○甲辰时起中五宫,即以天禽为直符,死门为直使。
○甲寅时起乾六宫,即以天心为直符,开门为直使。

布三奇

直使加时支。

阳局:顺布六仪,逆布三奇。

阴局:逆布六仪,顺布三奇,顺逆直符加时干。

阳遁一局

九宫地盘坎甲子戊艮丙　震甲申庚巽甲午辛离乙　坤甲戌己甲辰壬兑丁　乾甲寅癸

如甲己日、甲子时起局直使上一字则以休门加一坎宫顺行生伤杜景死惊开
直符下一字则以蓬星加一坎宫顺行任冲辅英芮柱心

甲子时一一　休戊蓬符生丙任蛇伤庚冲阳杜辛辅合景乙英陈死甲芮甲戊己辰任惊丁柱地开癸心天

○乙丑时起局直使上二字则以休门加二坤宫顺行生兑伤乾杜坎景艮
直符下九字则以蓬星加九离宫顺行任坤冲兑辅乾英坎

乙丑时二九　杜乙英陈景己芮壬崔死丁柱地惊癸心天开戊蓬符休丙任蛇　生庚冲阴伤辛辅合

○丙寅时起局直使上三字则以休门加三震宫顺行生巽伤芮杜坤景兑
直符下八字则以蓬星加八艮宫顺行任震冲巽辅离英坤

○丙寅时三八心天开戊蓬符休丙任蛇生庚冲阴伤辛辅合杜乙英陈　景己芮壬崔死丁惊癸柱地

如艮山,竖造、安葬、修方用冬至上一局,甲己日、丙寅时遁甲合开门甲直符加地盘,丙奇临艮合龙及首,贵格也,大宜择立艮方,当有龙甲伏藏,金鱼落穴,雷轰光照,金银幡花,缯彩来应,其时相助其吉,合取山头,动有十全之美,万无一失之虞。又书云:凡事则悦怿易遂,上吉。余仿此推。

阳遁五百四十局起法

陽一局符頭蓬 地盤坎甲子艮丙 震甲申巽甲午離乙 坤甲戌甲辰兌丁 乾甲寅

甲己日十二時

冬至惊蛰上清明立夏中

時	注								
甲子一	休蓬 伏吟	休戊 符蓬	生丙 蛇任	傷庚 陰冲	杜辛 合輔	景乙 陳英	死壬巳 崔芮	驚丁 地柱	開癸 天心
乙丑二九	星伏反 巳不用	杜乙 制陳英	景壬巳 義崔芮	死丁 制地柱	驚癸 制天心	開戊 害符蓬	休丙(巳日) 義蛇任	生庚 義陰冲	傷辛 害合輔
丙寅三八	相佐	驚癸 義心天	開戊(冲元 輔朝) 和符蓬	休丙(癸入 使) 義蛇任	生庚 害陰冲	傷辛 義合輔	杜(墓巳使) 制陳英	景壬巳 制崔芮	死(墓丁伏) 義地柱
丁卯四七	相佐	死庚(丙自 伏宮) 制陰冲	驚辛 刑合輔	開乙(合) 制陳英	休壬巳 義崔芮	生丁(重) 和地柱	傷癸 制天心	杜戊(任) 害符蓬	景丙 制蛇任
戊辰五一	辟五 星伏	杜戊 害符蓬	景丙 義蛇崔	死庚 害陰冲	驚辛 制合輔	開乙 害陳英	休壬巳 害崔芮	生丁(重) 義地柱	傷癸 害天心
己巳六二	天輔	生辛 制合輔	傷乙 制陳英	杜壬巳 崔芮	景丁 和地柱	死癸 和天心	驚戊 和符蓬	開丙 蛇任	休庚(大格) 和陰冲
庚午七三	守户 甲不用	傷丁(冲 灾) 義地柱	杜癸 制天心	景戊(飛宮 地) 義符蓬	死丙 害蛇任	驚庚 害陰冲	開辛 和合輔	休乙 和陳英	生任巳 義崔芮
辛未八四		開壬(巳) 義崔芮	休丁(重 絕) 害地柱	生癸 害天心	傷戊 符蓬	杜丙 義蛇任	景庚(巳日伏 刑小格) 義陰冲	死辛 義合輔	驚乙 陳庚
壬申九五	門反	景辛 害合輔	死乙 陳英	驚壬巳(巳日刑) 制崔芮	開丁(重) 制地柱	休癸 制天心	生戊 符蓬	傷丙 害蛇任	杜英(大格) 害陰冲
癸酉一六	門伏	休丙(伏辛 星伏) 蛇任	生庚(白天) 陰冲	傷辛 合輔	杜乙(伏 蛇) 陳英	景壬巳 崔芮	死丁(合伏) 地柱	驚癸(蛇) 天心	開戊 符蓬

乙庚日十二時

冬至驚蟄上　清明立夏中

陽一局符頭芮

地盤	甲戌二二死芮伏吟	乙亥三九己日不用甲日爭	丙子四八星反庚不用	丁丑五七辟五門伏	戊寅六十	己卯七二守戶星伏	庚辰八三門反	辛巳九四乙日不用	壬午一五星伏	癸未二六門伏
坎甲子	休戊 蓬合	杜丙 任陳和	傷乙 英天和	休癸 心陰	驚己壬 芮符義	開戊 蓬合墓	景辛 輔地害	生庚 冲雀制	死戊 蓬合制	休丁 柱蛇
艮丙	生丙 任陳	景庚 冲雀義	杜己壬 芮符義	生戊 蓬合	開丁 柱蛇和	休丙 任陳害	死乙 英天	傷辛 輔地制	驚丙 任陳和	生癸 心陰
震甲申	傷庚 冲雀	死辛 輔地害	景丁 柱蛇和	傷丙 任陳	休癸 心陰義	生庚 冲雀制	驚己壬 芮符制	杜乙 英天	開庚 冲雀制	傷戊 蓬合
巽甲午	杜辛 輔地	驚乙 英天制	死癸 心陰害	杜庚 冲雀	生戊 蓬合害	傷辛 輔地	開丁 柱蛇制	景己壬 芮符和	休辛 輔地義	杜丙 任陳
離乙	景乙 英天	開己壬 芮符害	驚戊 蓬合害	景辛 輔地	傷丙 任陳義	杜乙 英天義	休癸 心陰制	死丁 柱蛇和	生乙 英天和	景庚 冲雀
坤甲戌甲辰	死己壬 芮符	休丁 柱蛇害	開丙 任陳和	死乙 英天	杜庚 冲雀制	景己壬 芮符義	生戊 蓬合	驚癸 心刑和	傷己壬 芮符制	死辛 輔地
兌丁	驚丁 柱蛇	生癸 心陰義	休庚 冲雀和	驚己壬 芮符	景辛 輔地制	死丁 柱蛇義	傷丙 任陳害	開戊 蓬合	杜丁 柱蛇害	驚乙 英天
乾甲寅	開癸 心陰	傷戊 蓬合義	生辛 輔地義	開丁 柱蛇杜	死乙 英天義	驚癸 心陰	杜庚 冲雀害	休丙 任陳和	景癸 心陰制	開己壬 芮符

丙辛日十二時

冬至 驚蟄 上 清明 立夏 中

陽一局符頭冲 地盤 坎甲子艮丙 震甲申巽甲午離乙 坤甲戌甲辰兌丁 乾甲寅

時	注	坎甲子	艮丙	震甲申	巽甲午	離乙	坤甲戌甲辰	兌丁	乾甲寅
甲申三	傷天輔 冲伏吟	休戊 地蓬	生丙 伏神 天任	傷庚 宮 符冲	杜辛 蛇輔	景乙 陰英	死己壬 伏 合芮	驚丁 陳柱	開癸 雀心
乙酉四九		開丁 義陳柱	休癸 害雀心	生戊 害地蓬	傷丙 戶 天任	杜庚 乙巳戊 義符冲	景辛 義蛇輔	死乙 義陰英	驚己壬 合芮
丙戌五八	辟五 庚不用	死丙 伏 制天任	驚庚 伏木 刑日入干 和符冲	開辛 制蛇輔	休乙 伏英 風起 義陰英	生己壬 和合芮	傷丁 伏 合 制陳柱	杜癸 害雀心	景戊 制地蓬
丁亥六七	星反	杜乙 和陰英	景己壬 義合芮	死丁 害陳柱	驚癸 制雀心	開戊 害地蓬	休丙 伏 害天任	生庚 任 義符冲	傷辛 害蛇輔
戊子七一	守戶 門反	景庚 害符冲	死辛 蛇輔	驚乙 合 伏 制陰英	開己壬 制合芮	休丁 制陳柱	生癸 雀心	傷戊 害地蓬	杜丙 墓 害天任
己丑八二		生己壬 制合芮	傷丁 制陳柱	杜癸 雀心	景戊 和地蓬	死丙 和天任	驚庚 自刑 和符冲	開辛 蛇輔	休乙 墓 和陰英
庚寅九三	星伏	驚戊 義地蓬	開丙 丙字 和天任	休庚 伏 飛宮 義符冲	生辛 害蛇輔	傷乙 義陰英	杜己壬 制合芮	景丁 制陳任	死癸 義雀心
辛卯一四		傷癸 和雀心	杜戊 制地蓬	景丙 烏穴 歲伏 日奇貴 和天任	死庚 辛伏 害符冲	驚辛 害蛇輔	開乙 地伏 和陰英	休己壬 和合芮	生丁 伏丁 雀江 義陳柱
壬辰二五	丙日不用	死己壬 制合芮	驚丁 義陳柱	開癸 雀心	休戊 義地蓬	生丙 伏神 和天任	傷庚 制符冲	杜辛 害蛇輔	景乙 制陰英
癸巳三六	門伏	休辛 蛇輔	生乙 義陰英	傷己壬 合芮	杜丁 陳柱	景癸 雀心	死戊 地蓬	驚丙 天任	開庚 天害 義符冲

丁壬日十

陽一局符頭輔　地盤坎甲子艮丙　震甲申巽甲午離乙　坤甲戌甲辰兌丁　乾甲寅

冬至　驚蟄　上　清明　立夏　中

日								
甲午 四柱天輔 四輔伏吟	休戊 蓬雀	生丙 任地	傷庚 沖天	杜辛 輔符	景乙 英蛇	死壬己 芮陰	驚丁 柱合	開癸 心陳
乙未五九 避五	驚癸 心陳義	開戊 蓬雀和	休丙 任地義	生庚 沖天害	傷辛 輔符義	杜乙 英蛇制	景壬己 芮陰制	死丁 柱合義
丙申六八	景庚 沖天害	死辛 輔符	驚乙 英蛇制	開己 芮陰制	休丁 柱合制	生癸 心陳	傷戊 蓬雀害	杜丙 任陳害
丁酉七七 守戶 辛不用	死壬己 芮陰制	驚丁 柱合和	開癸 心陳制	休戊 蓬雀義	生丙 任地和	傷庚 沖天制	杜辛 輔符害	景乙 英蛇制
戊戌八一	傷辛 輔符害	杜乙 英蛇制	景壬己 芮陰和	死丁 柱合害	驚癸 心陳害	開戊 蓬雀害	休丙 任地和	生庚 沖天義
己亥九二	開丁 柱合義	休癸 心陳害	生戊 蓬雀害	傷丙 任地	杜庚 沖天義	景辛 輔符義	死乙 英蛇義	驚壬己 芮陰
庚子一三	杜丙 任地和	景庚 沖天義	死辛 輔符害	驚乙 英蛇制	開壬己 芮陰害	休丁 柱合制	生癸 心陳義	傷戊 蓬雀害
辛丑二四 星伏	驚戊 蓬雀義	開丙 任地制	休庚 沖天義	生辛 輔符害	傷乙 英蛇義	杜壬己 芮陰制	景丁 柱合制	死癸 心陳義
壬寅三五	生丁 柱合制	傷癸 心陳制	杜戊 蓬雀	景丙 任地制	死庚 沖天和	驚辛 輔符和	開乙 英蛇	休壬己 芮陰和
癸卯四六 星反門伏 丁不用	休乙 英柱	生壬己 芮陰和	傷丁 柱合	杜癸 心陳	景戊 蓬雀	死丙 任地	驚庚 沖天	開辛 輔符

二陽一局符頭禽　地盤坎甲子艮丙　震甲申巽甲午離乙　坤甲戌甲辰兌丁　乾甲寅

時　戊癸

冬至　驚蟄　上　清明　立夏　中

日								
甲辰五 死天輔 禽伏吟盤	休戊 蓬合	生丙 任陳	傷庚 沖雀	杜辛 輔地	景乙 英天	死壬己 芮符	驚丁 柱蛇	開癸 心陰
乙巳六九	驚丙 任陳義	開庚 沖雀和	休辛 輔地義	生乙 英天害	傷壬己 芮符	杜丁 柱蛇制	景癸 心陰制	死戊 蓬合義
丙午七八 守戶 星反	開乙 英天義	休壬己 芮符害	生丁 柱蛇害	傷癸 心陰	杜戊 蓬合義	景丙 任陳義	死庚 沖雀義	驚辛 輔地
丁未八七 門反	景癸 心陰害	死戊 蓬合	驚丙 任陳制	開庚 沖雀制	休辛 輔地制	生乙 英天	傷壬己 芮符害	杜丁 柱蛇害
戊申九一 己日不用	生壬己 芮符制	傷丁 柱蛇制	杜癸 心陰	景戊 蓬合和	死丙 任陳和	驚庚 沖雀害	開辛 輔地	休乙 英天和
己酉一二 星伏	死戊 蓬合制	驚丙 任陳和	開庚 沖雀制	休辛 輔地義	生乙 英天和	傷壬己 芮符制	杜丁 柱蛇害	景癸 心陰制
庚戌二三 門伏	休辛 輔地	生乙 英天	傷壬己 芮符	杜丁 柱蛇	景癸 心陰	死戊 蓬合	驚丙 任陳	開庚 沖雀
辛亥三四	杜庚 沖雀和	景辛 輔地義	死乙 英天害	驚壬己 芮符制	開丁 柱蛇害	休癸 心陰害	生戊 蓬合義	傷丙 任陳害
壬子四五 星伏	傷戊 蓬合和	杜丙 任陳制	景庚 沖雀和	死辛 輔地害	驚乙 英天害	開壬己 芮符和	休丁 柱蛇和	生癸 心陰義
癸丑五六 門伏	休丁 柱蛇	生癸 心陰	傷戊 蓬合	杜丙 任陳	景庚 沖雀	死辛 輔地	驚乙 英天	開壬己 芮符

時　戊　癸

冬至驚蟄上清明立夏中

二陽一局符頭禽	地盤坎甲子	艮丙	震甲申	巽甲午	離乙	坤甲戌甲辰	兌丁	乾甲寅
甲辰五 死天輔禽伏吟星	休戊 合蓬	生丙 陳任	傷庚 雀冲	杜辛 地輔	景乙 天英	死壬己 符芮	驚丁 蛇柱	開癸 陰心
乙巳六九	驚丙 義陳任	開庚 和雀冲	休辛 義地輔	生乙 害天英	傷壬己 符芮	杜丁 制蛇柱	景癸 制陰心	死戊 義合蓬
丙午七八 守戶星反	開乙 義天英	休壬己 害符芮	生丁 害蛇柱	傷癸 陰心	杜戊 義合蓬	景丙 義陳任	死庚 義雀冲	驚辛 地輔
丁未八七 門反	景癸 害陰心	死戊 合蓬	驚丙 制陳任	開庚 制雀冲	休辛 制地輔	生乙 天英	傷壬己 害符芮	杜丁 害蛇柱
戊申九一 己日不用	生壬己 制符芮	傷丁 制蛇柱	杜癸 陰心	景戊 和合蓬	死丙 和陳任	驚庚 害雀冲	開辛 地輔	休乙 和天英
己酉一二 星伏	死戊 制合蓬	驚丙 和陳任	開庚 制雀冲	休辛 義地輔	生乙 和天英	傷壬己 制符芮	杜丁 害蛇柱	景癸 制陰心
庚戌二三 門伏	休辛 地輔	生乙 天英	傷壬己 符芮	杜丁 蛇柱	景癸 陰心	死戊 合蓬	驚丙 陳任	開庚 雀冲
辛亥三四	杜庚 和雀冲	景辛 義地輔	死乙 害天英	驚壬己 制符芮	開丁 害蛇柱	休癸 害陰心	生戊 義合蓬	傷丙 害陳任
壬子四五 星伏	傷戊 和合蓬	杜丙 制陳任	景庚 和雀冲	死辛 害地輔	驚乙 害天英	開壬己 和符芮	休丁 和蛇柱	生癸 義陰心
癸丑五六 門伏	休丁 蛇柱	生癸 陰心	傷戊 合蓬	杜丙 陳任	景庚 雀冲	死辛 地輔	驚乙 天英	開壬己 符芮

十二時

冬至驚蟄上清明立夏中

日陽一局符頭心	地盤坎甲子	艮丙	震甲申	巽甲午	離乙	坤甲戌甲辰	兌丁	乾甲寅
甲寅六 開天輔伏吟戊不用	休戊 蛇蓬	生丙 陰任	傷庚 合冲	杜辛 陳輔	景乙 雀英	死壬己 地芮	驚丁 天柱	開癸 符心
乙卯七九 守戶	生辛 制陳輔	傷乙 制雀英	杜壬己 地芮	景丁 和天柱	死癸 和符心	驚戊 和蛇蓬	開丙 陰任	休庚 和合冲
丙辰八八	驚丁 義天柱	開癸 和符心	休戊 義蛇蓬	生丙 害陰任	傷庚 義合冲	杜辛 義陳輔	景乙 制雀英	死壬己 義地芮
丁巳九七	杜丙 制陰任	景庚 義合冲	死辛 害陳輔	驚乙 制雀英	開壬己 害地芮	休丁 害天柱	生癸 義符心	傷戊 害蛇蓬
戊午一一	開癸 義符心	休戊 害蛇蓬	生丙 害陰任	傷庚 合冲	杜辛 義陳輔	景乙 義雀英	死壬己 義地芮	驚丁 天柱
己未二二 癸日不用	傷庚 和合冲	杜辛 制陳輔	景乙 和雀英	死壬己 害地芮	驚丁 害天柱	開癸 和符心	休戊 和蛇蓬	生丙 義陰任
庚申三三	死壬己 制地芮	驚丁 和天柱	開癸 制符心	休戊 義蛇蓬	生丙 和陰任	傷庚 制合冲	杜辛 害陳輔	景乙 制雀英
辛酉四四 伏吟	景乙 害雀英	死壬己 地芮	驚丁 制天柱	開癸 制符心	休戊 制蛇蓬	生丙 陰任	傷庚 害合冲	杜辛 害陳輔
壬戌五五	傷庚 和合冲	杜辛 制陳輔	景乙 和雀英	死壬己 害地芮	驚丁 害天柱	開癸 和符心	休戊 和蛇蓬	生丙 義陰任
癸亥六六 伏吟	休戊 蛇蓬	生丙 陰任	傷庚 合冲	杜辛 陳輔	景乙 雀英	死壬己 地芮	驚丁 天柱	開癸 符心

甲己日十二時

小寒上 立春下 谷雨 小满中

陽二局符頭芮

時	註	坎乙	艮丁	震甲戌	巽甲申	離丙	坤甲子甲午	兌甲寅	乾甲辰
甲子二	死 芮伏吟	休乙 蓬合	生丁 任陳	傷己 沖雀	杜庚 輔地	景丙 英天	死辛 芮符	驚癸 柱蛇	開壬 心陰
乙丑三一	己日不用	杜辛戊 芮符和	景癸 柱蛇義	死壬 心陰害	驚乙(合) 蓬合制	開丁 任陳害	休己 沖雀害	生庚(八格) 輔地義	傷丙(墓) 英天害
丙寅四九		傷丁 任陳和	杜己 沖雀制	景庚(大格 己日伏) 輔地和	死丙(伏) 英天害	驚辛戊(任 忌伏) 芮符害	開癸 柱蛇和	休壬 心陰和	生乙(休) 蓬合義
丁卯五八	星反門 伏吟五	休丙(伏) 英天	生辛戊 芮符	傷癸 柱蛇	杜壬 心陰	景乙 蓬合	死丁 任陳	驚己 沖雀	開庚 輔地
戊辰六二	星反	驚乙 蓬合義	開丁 任陳和	休己 沖雀義	生庚 輔地害	傷丙 英天義	杜辛戊 芮符制	景癸 柱蛇制	死壬 心陰義
己巳七三	天輔	開庚 輔地義	休丙(伏) 英天害	生辛戊 芮符害	傷癸 柱蛇	杜壬 心明義	景乙(文使 起墓) 蓬合義	死丁(使 雀沖) 任陳義	驚己 沖雀
庚午八四	守户門 反甲不用	景己 沖雀害	死庚 輔地	驚丙 英天制	開辛戊 芮符制	休癸 柱蛇制	生壬 心陰	傷乙 蓬合害	杜丁(墓) 任陳害
辛未九五	星伏	生乙(伏) 蓬合制	傷丁 任陳制	杜己 沖雀	景庚 輔地制	死丙 英天和	驚辛戊 芮符和	開癸 柱蛇	休壬 心陰義
壬申六一		死癸 柱蛇制	驚壬 心陰和	開乙(伏使) 蓬合制	休乙 任陳義	生己 沖雀和	傷庚(宮) 輔地制	杜丙 英天害	景辛戊 芮符制
癸酉二七	門伏	休壬 心陰	生乙(休) 蓬合	傷丁 任陳	杜己 沖雀	景庚 輔地	死丙 英天	驚辛戊 芮符	開[illegible] 柱蛇

乙庚日十二時

小寒上立春下谷雨小满中

陽二局符頭冲 地盤

	甲戌三傷（冲伏吟）	乙亥四一（已日不用）	丙子五九（辟五 庚不用）	丁丑六八	戊寅七二（門反）	己卯八三（守户星伏）	庚辰九四	辛巳一五（乙日不用）	壬午二六	癸未三七（門伏星反）
坎乙	休乙 蓬地	開己 冲符義	死癸 柱陳制	杜丁 任天和	景辛戊 芮合害	生乙（重） 蓬地制	驚壬 心雀義	傷辛戊 芮合和	死庚（日伏） 輔蛇制	休丙（真） 英陰
艮丁	生丁（伏） 任天	休庚 輔蛇害	驚壬 心雀和	景己（任） 冲符義	死癸（蛇） 柱陳	傷丁 任天制	開乙（重） 蓬陰制	杜癸（蛇） 柱陳制	驚丙 英陰和	生辛戊 芮合
震甲戌	傷己 冲符	生丙（鳥跌穴 己日字） 英陰害	開乙（合重使） 蓬地制	死庚（伏蛇 刑） 輔蛇害	驚壬 心雀制	杜己 冲符	休丁（伏） 任天義	景壬 心雀和	開辛戊 芮合制	傷癸 杜陳
巽甲申	杜庚 輔蛇	傷辛戊 芮合	休丁（伏） 任天義	驚丙（英使 熒字） 英陰制	開乙（合使 風日遯） 蓬地制	景庚 輔蛇和	生己（飛宮） 冲符害	死乙（公 乙日龍） 蓬地害	休癸 柱陳義	杜壬 心雀
離丙	景丙 英陰	杜癸 柱陳義	生己（任） 冲符和	開辛戊 芮合害	休乙（伏） 任天制	死丙 英陰和	傷庚（使） 輔蛇義	驚丁 任天害	生壬 心雀和	景乙 蓬地
坤甲子甲午	死辛戊 芮合	景壬 心雀義	傷庚 輔蛇制	休癸 柱陳害	生己（刑） 冲符	驚辛戊 芮合和	杜丙（合使） 英陰制	開己（合） 冲符和	傷戊（起 及） 蓬地制	死丁 任天
兑甲寅	驚癸 柱陳	死乙 蓬地義	杜丙 英陰害	生壬 心雀義	傷庚（人格） 輔蛇害	開癸 柱陳	景辛戊 芮合制	休庚（大格） 輔蛇和	杜丁（使 在江） 任天害	驚己 冲符
乾甲辰	開壬 心雀	驚丁（合使 墓） 任天	景辛戊 芮合制	傷乙 蓬地害	杜丙（墓） 英陰害	休壬 心雀和	死癸 柱陳義	生丙（墓 真） 英陰義	景己 地符制	開庚（格） 輔蛇

丙辛日十二時

小寒上　立春下　谷雨　小滿中

陽二局符頭杜

宮	甲申四一 柱天輔 輔伏吟	乙酉五一 避五	丙戌六九 門反	丁亥七八	戊子八二	己丑九三	庚寅一四 星伏	辛卯二五	壬辰三六 星反 丙不用	癸巳四七 門伏
坎乙	休乙(起) 蓬雀	驚(乙日伏) 輔符義	景壬 心陳害	死己 沖天害	傷癸 柱合和	開丁(重) 任天義	杜乙 蓬雀和	驚癸 柱合義	生丙 英蛇制	休戊辛(蛇)(天輔) 芮陰
艮丁	生丁(鬼)(空) 任地	開丙 英蛇吔	死乙 蓬雀	驚庚(刑)(合) 輔符和	杜壬 心陳制	休己 沖天害	景丁 任地義	開壬 心陳和	傷戊辛 芮陰制	生癸 柱合
震甲戌	傷己 淨天	休戊辛 芮陰義	驚丁 任地制	開丙 英蛇制	景乙(使) 蓬雀和	生庚(刑) 輔符害	死己 沖天害	休乙 蓬雀義	杜癸 柱合	傷壬 心陳
巽甲申	杜庚 輔符	生癸 柱合害	開己 沖天制	休戊辛 芮陰義	死丁(虎)(使) 任地害	傷丙(鳥穴) 英蛇	驚庚(伏刑宮)(制) 輔符制	生丁(重) 任地害	景壬 心陳和	杜乙(乙日)(合蔽) 蓬雀
離丙	景丙 英蛇	傷壬 心陳害	休庚(格悖)(白入) 輔符制	生癸 柱合和	驚己 沖英害	杜戊辛 芮陰義	開丙 英蛇害	傷己 沖天義	死乙 蓬雀和	景丁 任地
坤甲子 甲午	死戊辛 芮符	杜乙(使起)(墓) 蓬雀制	生丙(合使)(遁) 英蛇	傷壬 心陳制	開庚 輔符和	景癸 柱合義	休戊辛 芮陰害	杜庚 輔符制	驚丁 任地和	死己 沖天
兌甲寅	驚癸 柱合	景丁(使)(雀) 任地制	傷戊辛 芮陰害	杜乙 蓬雀害	休丙 英蛇和	死壬 心陳義	生癸 柱合義	景丙 英蛇制	開己 沖天	驚庚(天格) 輔符
乾甲辰	開壬 心陳	死己 沖天義	杜癸 柱合害	景丁(合使) 任地制	生戊辛 芮陰義	驚乙 蓬雀	傷壬 心陳害	死戊辛 芮陰義	休庚(小格) 輔符和	開丙(墓) 英蛇

丁壬日十

小寒上 立春下 谷雨小滿中

陽二局符頭禽 地盤	坎乙	艮丁	震甲戌	巽甲申	離丙	坤甲子甲午	兌甲寅	乾甲辰
甲午五 死天輔伏 芮吟肆五	休乙 合逢	生丁 陳任	傷己 雀沖	杜庚 地輔	景丙 天英	死辛戊 符芮	驚癸 蛇柱	開壬 陰心
乙未六一	驚辛戊 義符芮	開癸 和蛇柱	休壬 義陰心	生乙 害合逢	傷丁 義陳任	杜己 制雀沖	景庚 制地輔	死丙 義天英
丙申七九	開丁 義陳任	休己 害雀沖	生庚 害地輔	傷丙 天英	杜辛戊 義符芮	景癸 義地柱	死壬 義陰心	驚己 合逢
丁酉八八 守戶星 反門伏	景丙 害天英	死辛戊 符芮	驚癸 制蛇柱	開壬 制陰心	休乙 和合逢	生丁 陳任	傷己 害雀沖	杜庚 害地雀
戊戌九二 星伏	生乙 制合逢	傷丁 制陳任	杜己 雀沖	景庚 和地輔	死丙 和天英	驚辛戊 和符芮	開癸 蛇柱	休壬 陰心
己亥一三 無奇門	死庚 制地輔	驚丙 和天英	開辛戊 制符芮	休癸 義蛇柱	生壬 和陰心	傷乙 制合逢	杜丁 害陳任	景己 制雀沖
庚子二四 門伏	休己 雀沖	生庚 地輔	傷丙 天英	杜辛戊 符芮	景癸 生柱	死壬 陰心	驚乙 合逢	開丁 陳任
辛丑三五 星伏	杜乙 和合逢	景丁 義陳任	死己 害雀沖	驚庚 制地輔	開丙 害天英	休辛戊 害符芮	生癸 義蛇柱	傷壬 害陰心
壬寅四六	傷癸 和蛇柱	杜壬 制陰心	景乙 和合逢	死丁 害陳任	驚己 害雀沖	開庚 和地輔	休丙 和天英	生辛戊 符芮
癸卯五七 丁不用 肆五門伏	休壬 陰心	生乙 合逢	傷丁 合逢	杜己 雀沖	景庚 地輔	死丙 天英	驚辛戊 符芮	開癸 蛇柱

時　戊癸

小寒上 立春下 谷雨小滿中

二陽二局符頭心 地盤	坎乙	艮丁	震甲戌	巽甲申	離丙	坤甲子甲午	兌甲寅	乾甲辰
甲辰六 開天輔 心伏吟	休乙 蛇逢	生丁 陰任	傷己 合沖	杜庚 陳輔	景丙 雀英	死辛戊 地芮	驚癸 天柱	開己 符心
乙巳七一 無奇門	生壬 制符心	傷乙 制蛇逢	杜丁 陰任	景己 和合沖	死庚 和陳輔	驚丙 和雀英	開辛戊 地芮	休癸 和天柱
丙午八九 守戶	驚庚 義陳輔	開丙 和雀英	休辛戊 義地芮	生癸 害天柱	傷壬 義符心	杜乙 制合逢	景丁 制陰任	死己 義合沖
丁未九八	杜癸 和天柱	景壬 義符心	死乙 害蛇逢	驚丁 制明任	開己 害合沖	休庚 害陳輔	生丙 義雀英	傷辛戊 地芮
戊申一二 壬日不用	開己 義合沖	休庚 害陳輔	生丙 害雀英	傷辛戊 地芮	杜癸 義天柱	景壬 義符心	死己 義蛇逢	驚丁 陰任
己酉二三	傷辛戊 和地芮	杜癸 制天柱	景壬 和符心	死乙 害蛇逢	驚丁 害陰任	開己 和合沖	休庚 和陳輔	生丙 義雀英
庚戌三四 星反	死丙 制雀英	驚辛戊 和地芮	開癸 制天柱	休壬 義符心	生乙 和蛇逢	傷丁 制陰柱	杜己 害合沖	景庚 制陳輔
辛亥四五 門反	景己 害合沖	死庚 陳輔	驚丙 制雀英	開辛戊 制地芮	休癸 制天柱	生壬 符心	傷乙 害蛇逢	休辛 害陰任
壬子五六 肆五 星伏	傷乙 和蛇逢	杜丁 制陰任	景己 和合沖	死庚 害陳輔	驚丙 害雀英	開辛戊 和地芮	休癸 和天柱	生壬 蛇心
癸丑六七 門伏	休丁 陰任	生己 合沖	傷庚 陳輔	杜丙 雀英	景辛戊 地芮	死癸 天柱	驚壬 符心	開乙 蛇逢

二陽二局符頭心 時 戊癸

小寒上 立春下 谷雨 小滿中

時（地盤）	坎乙	艮丁	震甲戌	巽甲申	離丙	坤甲午（甲子）	兌甲寅	乾甲辰
甲辰六 開天輔心伏吟	休乙 蓬蛇	生丁 任陰	傷己 沖合	杜庚 輔陳	景丙 英雀	死辛戊 芮地	驚癸 柱天	開己 心符
乙巳七一	生壬 心符制	傷乙 蓬蛇制	杜丁 任陰	景己 沖合和	死庚 輔陳和	驚丙 英雀和	開辛戊 芮地	休癸 柱天和
丙午八九 守戶	驚庚 輔陳義	開丙 英雀和	休辛戊 芮地義	生癸 柱天害	傷壬 心符義	杜乙 蓬合制	景丁 任陰制	死己 沖合義
丁未九八	杜癸 柱天和	景壬 心符義	死乙 蓬蛇害	驚丁 任明制	開己 沖合害	休庚 輔陳害	生丙 英雀義	傷辛戊 芮地
戊申一二 壬日不用	開己 沖合義	休庚 輔陳害	生丙 英雀害	傷辛戊 芮地	杜癸 柱天義	景壬 心符義	死己 蓬蛇義	驚丁 任陰
己酉二三	傷辛戊 芮地和	杜癸 柱天制	景壬 心符和	死乙 蓬蛇害	驚丁 任陰害	開己 沖合和	休庚 輔陳和	生丙 英雀義
庚戌三四 星反	死丙 英雀制	驚辛戊 芮地和	開癸 柱天制	休壬 心符義	生乙 蓬蛇和	傷丁 任陰制	杜己 沖合害	景庚 輔陳制
辛亥四五 門反	景己 沖合害	死庚 輔陳	驚丙 英雀制	開辛戊 芮地制	休癸 柱天制	生壬 心符	傷乙 蓬蛇害	休辛 任陰害
壬子五六 星伏	傷乙 蓬蛇和	杜丁 任陰制	景己 沖合和	死庚 輔陳害	驚丙 英雀害	開辛戊 芮地和	休癸 柱天和	生壬 心
癸丑六七 門伏	休丁 任陰	生己 沖合	傷庚 輔陳	杜丙 英雀	景辛戊 芮地	死癸 柱天	驚壬 心符	開乙 蓬蛇

日陽二局符頭柱 十二時

小寒上 立春下 谷雨 小滿中

時（地盤）	坎乙	艮丁	震甲戌	巽甲申	離丙	坤甲午（甲子）	兌甲寅	乾甲辰
甲寅七 驚天輔伏 杜合戊不用	休乙 蓬陰	生丁 任合	傷己 沖陳	杜庚 輔雀	景丙 英地	死辛戊 芮天	驚癸 柱符	開壬 心陰
乙卯八一 守戶	死癸 柱符制	驚壬 心蛇和	開乙 蓬陰制	休丁 任合義	生己 沖陳和	傷庚 輔雀制	杜丙 英地害	景辛戊 芮天制
丙辰九九	傷己 沖陳和	杜庚 輔雀制	景丙 英地和	死辛戊 芮天害	驚癸 柱符害	開壬 心蛇和	休乙 蓬陰和	生丁 任合義
丁巳一八	驚辛戊 芮天義	開癸 柱符和	休壬 心符義	生乙 蓬陰害	傷丁 任合	杜己 沖陳制	景庚 輔雀制	死丙 英地義
戊午二二	生丁 任合制	傷己 沖陳制	杜庚 輔雀	景丙 英天和	死戊 芮天和	驚癸 柱符和	開壬 心蛇	休乙 蓬明和
己未三三 伏吟 癸不用	開壬 心蛇義	死辛戊 芮天	驚癸 任符制	開壬 心蛇制	休乙 蓬陰制	生丁 任合	傷己 沖陳害	杜庚 輔雀害
庚申四四	杜庚 輔雀和	景丙 英地義	死辛戊 芮天害	驚癸 柱符制	開壬 心蛇害	休乙 蓬陰害	生丁 任合義	傷己 沖陳義
辛酉五五 遊五	生丁 任合制	傷己 沖陳制	杜庚 輔雀	景丙 英地和	死辛戊 沖天和	驚癸 柱符和	開壬 心蛇	休乙 蓬陰和
壬戌六六	開壬 心蛇義	休乙 蓬陰害	生丁 任合害	傷己 沖陳	杜庚 輔雀義	景丙 英地義	死辛戊 芮天義	驚癸 柱天
癸亥七七 伏吟	休乙 蓬明	生丁 任合	傷己 沖陳	杜庚 輔雀	景丙 英地	杜辛戊 符天	驚癸 柱符	開壬 心蛇

甲己日十二時

大寒春分上 雨水下 芒种中

陽三局符頭冲 地盤坎丙 艮甲寅震甲子巽甲戌離丁 坤乙甲申兑甲辰乾甲午

甲子三傷 冲伏今 休丙 地遁 生癸 天任 傷戊 符冲 杜己 蛇輔 景丁 陰英 死庚乙 合芮 驚壬 陳柱 開辛 雀心

乙丑四二 己日不用 開庚乙 義合芮 休壬 害陳柱 生辛 害雀冲 傷丙 地遁 杜癸 義天任 景戊 義符冲 死己 義蛇輔 驚丁 陰英

丙寅五一 避五 死戊 制符冲 驚己 和蛇輔 開丁 制陰英 休庚乙 義合任 生壬 和陳柱 傷辛 制雀心 杜丙 害地遁 景癸 制和柱

丁卯六九 杜壬 和陳柱 景辛 害雀心 死丙 害地遁 驚癸 制天任 開戊 害符冲 休己 害蛇冲 生丁 義陰英 傷庚乙 義合芮

戊辰七三 星伏 門反 景丙 害地遁 死癸 天任 驚戊 制符冲 開己 制蛇輔 休丁 制陰英 生庚乙 義合芮 傷壬 害陳柱 杜辛 害雀心

己巳八四 天輔 生辛 制雀心 傷丙 制地遁 杜癸 天任 景戊 和符冲 死己 和蛇輔 驚丁 和陰英 門庚乙 合芮 休壬 和陳柱

庚午九五 奇户 甲不用 驚庚乙 義合芮 開壬 和陳柱 休辛 義雀心 生丙 害地遁 傷癸 義天任 杜戊 制符冲 景己 制蛇輔 死丁 義陰英

辛未一六 傷己 和蛇輔 杜丁 制陰英 景庚乙 和合芮 死壬 害陳柱 驚辛 害雀心 開丙 和地遁 休癸 和天任 生戊 義符冲

壬申二七 星反 死丁 制陰英 驚庚乙 和合芮 開壬 制陳柱 休辛 義雀心 生丙 和地遁 傷癸 制天任 杜戊 害符冲 景己 制蛇輔

癸酉三八 門機 休癸 天任 生戊 符冲 傷己 蛇輔 杜丁 陰英 景乙 合芮 死壬 陳柱 驚辛 雀心 開丙 地遁

乙庚日十二時

大寒 春分 上　雨水 下　芒种 中

陽三局符頭杜　地盤坎丙　艮丙寅　震甲子　巽甲戌　離丁　坤乙甲申　兌甲辰　乾甲午

時	註	坎丙	艮丙寅	震甲子	巽甲戌	離丁	坤乙甲申	兌甲辰	乾甲午
甲戌四	輔杜 伏吟	休丙 蓬雀	生癸 任地	傷戊 沖天	杜己 輔符	景丁 英蛇	死庚乙(合) 芮陰	驚壬 柱合	開辛 心陳
乙亥五二	辟五 已不用	驚壬 柱合義	開辛 心陳和	休丙(使) 蓬雀義	生癸 任地害	傷戊 沖天義	杜己 輔符制	景丁(使) 英蛇制	死庚乙 芮陰義
丙子六一	門反 庚不用	景己(佐) 輔符害	死丁(使) 英蛇	驚庚乙 芮陰制	開壬 柱合制	休辛 心陳制	生丙 蓬雀	傷癸 任地害	杜戊 沖天害
丁丑七九	無奇門	死辛 心陳制	驚丙 蓬雀和	開癸 任地制	休戊 沖天義	生己(佐) 輔符和	傷丁 英蛇制	杜庚乙 芮陰害	景壬 柱合制
戊寅八三		傷癸(沖) 任地義	杜戊 沖天制	景己 輔符和	死丁 英蛇害	驚庚乙 芮陰害	開壬 柱合和	休辛 心陳和	生丙(合) 蓬雀義
己卯九四	守户 星伏	開丙 蓬雀和	休癸 任地義	生戊 沖天害	傷己 輔符	杜丁 英蛇義	景庚乙(合) 芮陰義	死壬 柱合義	驚辛 心陳
庚辰一五		杜壬 柱合義	景辛 心陳	死丙(使) 蓬雀害	驚癸 任地制	開戊 沖天害	休己 輔符害	生丁 庚蛇義	傷庚乙(使) 芮明害
辛巳二六	星反 乙不用	驚丁 英蛇和	開庚乙 芮蛇和	休壬 柱合雀	生辛 心陳害	傷丙 蓬雀義	杜癸(柱) 任地制	景戊 沖天制	死己 輔符義
壬午三七		生庚乙 芮陰制	傷壬 柱合制	杜辛 心陳	景丙 蓬雀和	死癸 任地和	驚戊 沖天和	開己 輔符	休丁 英蛇和
癸未四入	門伏	休戊 中天	生己 輔符	傷丁 英蛇	杜庚乙(使) 芮陰	景壬 柱合	死辛 心陳	驚丙 蓬雀	開癸 任地

丙辛日十二時

大寒春分上 雨水下 芒种中

陽三局符頭禽地盤

時	坎丙	艮甲寅	震甲子	巽甲戌	離丁	坤乙甲申	兑甲辰	乾甲午
甲申五 禽天輔伏 死吟肆五	休丙 合蓬	生癸 陳任	傷戊 雀沖	杜己 地輔	景丁 天英	死庚乙 符芮	驚壬 合柱	開辛 陰心
乙酉六二 星伏	驚丙 義合蓬	開癸 和陳任	休戊 義雀沖	生己 害地輔	傷丁 義天英	杜庚乙 制符芮	景壬 制蛇柱	死辛 義陰心
丙戌七一 庚不用	開庚乙 義符芮	休壬 害蛇柱	生辛 害陰心	傷丙 合蓬	杜癸 義陳任	景戊 義雀沖	死己 義地輔	驚丁 天芮
丁亥八九 門反	景癸 害陳任	死戊 雀沖	驚己 制地輔	開丁 制天英	休庚乙 制符芮	生壬 蛇柱	傷辛 害陰心	杜丙 害合蓬
戊子九三 守戶	生己 制地輔	傷丁 制天英	杜庚乙 符芮	景壬 和蛇柱	死辛 和陰心	驚丙 和合蓬	開癸 陳任	休戊 天雀沖
己丑一四	死戊 制雀沖	驚己 和地輔	開丁 制天英	休庚乙 義符芮	生壬 和蛇柱	傷辛 制陰心	杜丙 害合蓬	景癸 制陳任
庚寅二五 伏吟	休丙 合蓬	生癸 陳任	傷戊 雀沖	杜己 地輔	景丁 天英	死庚乙 符芮	驚壬 蛇柱	開辛 陰心
辛卯三六	杜丁 和蛇柱	景辛 義陰心	死丙 害合蓬	驚癸 制陳柱	開戊 害雀沖	休己 害地輔	生丁 義天英	傷庚乙 害符芮
壬辰四七 丙不用	傷辛 和陰心	杜丙 制合蓬	景癸 和陳任	死戊 害雀沖	驚己 害地輔	開丁 和天英	休庚乙 和符芮	生壬 義生柱
癸巳五八 肆五星 反門伏	休丁 天英	生庚乙 符芮	傷壬 蛇柱	杜辛 陰心	景丙 合蓬	死癸 陳任	驚戊 雀沖	開己 地輔

丁壬日十

大寒春分上　雨水下　芒種中

陽三局符頭心　地盤坎丙　艮甲寅　震甲子　巽甲戌　離丁　坤乙甲申　兌甲辰　乾甲午

時	坎丙	艮甲寅	震甲子	巽甲戌	離丁	坤乙甲申	兌甲辰	乾甲午
甲午六 關天輔 心伏令	休丙 蛇蓬	生癸 陰任	傷戊 合沖	杜己 陳輔	景丁 雀英	死庚乙 地芮	驚壬 天柱	開辛 符陳
乙未七三	生戊 制合沖	傷己 制陳輔	杜丁 雀英	景庚乙 和地芮	死壬 和天柱	驚辛 和符心	開丙 蛇蓬	休癸 和陰任
丙申六一	驚辛 義符心	開丙 和蛇蓬	休癸 義陰任	生戊 害合沖	傷己 義陳輔	杜丁 制雀英	景庚乙 制地芮	死壬 義天柱
丁酉九九 守戶 年不用	杜己 和陳輔	景丁 義雀英	死庚乙 害地芮	驚壬 制天柱	開丁 害符心	休丙 害蛇蓬	生癸 義陰任	傷戊 害合沖
戊戌二三	開庚乙 義地芮	休壬 害天柱	生辛 害符心	傷丙 蛇蓬	杜癸 義陰任	景戊 義合沖	死己 義陳輔	驚丁 雀英
己亥三四	傷丁 雀英	杜庚乙 制地芮	景壬 和天柱	死辛 害符心	驚丙 害蛇蓬	開癸 和陰任	休戊 制合沖	生己 義陳輔
庚子二五	死戊 制合沖	驚己 和陳輔	開丁 制雀英	休庚乙 義地芮	生壬 和天柱	傷辛 制符心	杜丙 害蛇蓬	景癸 制陰任
辛丑四六 星反 門伏	景丙 害蛇蓬	死癸 陰任	驚戊 制合沖	開己 制陳輔	休丁 制雀英	生庚乙 地芮	傷壬 害天柱	杜辛 害符心
壬寅五七 遁五 門伏	傷癸 和陰任	杜戊 制合沖	景己 和陳輔	死丁 害雀英	驚庚乙 害地芮	開壬 和天柱	休辛 和符心	生丙 義蛇蓬
癸卯六八 不用	休壬 天柱	生辛 符心	傷丙 蛇蓬	杜癸 陰任	景戊 合沖	死己 陳輔	驚丁 雀英	開庚乙 地芮

二時　戊癸

大寒春分上　雨水下　芒種中

二陽三局符頭柱　地盤坎丙　艮甲寅　震甲子　巽甲戌　離丁　坤乙甲申　兌甲辰　乾甲辰

時	坎丙	艮甲寅	震甲子	巽甲戌	離丁	坤乙甲申	兌甲辰	乾甲辰
甲辰七 驚天輔 生伏令	休丁 陰蓬	生癸 合任	傷戊 陳沖	杜己 雀輔	景丁 地英	死庚乙 天芮	驚壬 符柱	開辛 蛇心
乙巳八二	死癸 制合任	驚戊 和陳沖	開己 制雀輔	休丁 義地英	生庚乙 和天芮	傷壬 制符柱	杜辛 害蛇心	景丙 制陰蓬
丙午九一 守戶	傷壬 和符柱	杜辛 制蛇心	景丙 和陰蓬	死癸 害合任	驚戊 害陳沖	開己 和雀輔	休丁 和地英	生庚乙 義天芮
丁未一九	驚戊 義陳沖	開己 和雀輔	休丁 義地英	生庚 害天芮	傷壬 義符柱	杜辛 制蛇心	景丙 制陰蓬	死癸 義合任
戊申二三 星反 壬不用	生丁 制地英	傷庚乙 制天芮	杜壬 符柱	景辛 和蛇心	死丙 和陰蓬	驚癸 和合任	開戊 陳沖	休己 和雀輔
己酉三四 門反	景己 害雀輔	死丁 地英	驚庚乙 制天芮	開壬 制符柱	休辛 制蛇心	生丙 陰蓬	傷癸 害合任	杜戊 害陳沖
庚戌四五	杜癸 和合任	景戊 義陳沖	死己 害雀輔	驚丁 制地英	開庚乙 害天芮	休壬 害符柱	生辛 義蛇心	傷丙 害陰蓬
辛亥五六 遁五	生辛 制蛇心	傷丙 制陰蓬	杜癸 合任	景戊 和陳沖	死己 和雀輔	驚丁 和地英	開庚乙 天芮	休壬 制符柱
壬子六七 星伏	開丙 制陰蓬	休癸 害合任	生戊 害陳沖	傷己 雀輔	杜丁 義地英	景庚乙 義天芮	死壬 義符柱	驚辛 和蛇心
癸丑七八 門伏	己庚乙 天芮	生壬 符柱	傷辛 蛇心	杜丙 明蓬	景癸 合任	死戊 陳沖	驚己 雀輔	開丁 地英

二陽三局符頭柱　時　戊　癸

大寒　春分上　雨水下　芒种中

地盤	坎丙	艮甲寅	震甲子	巽甲戌	離丁	坤乙甲申	兑甲辰	乾甲辰
甲辰七 驚天輔生伏吟	休丁 陰蓬	生癸 合任	傷戊 陳冲	杜己 雀輔	景丁 地英	死庚乙 天芮	驚壬 符柱	開辛 蛇心
乙巳八二	死癸 制合任	驚戊 和陳冲	開己 制雀輔	休丁 義地英	生庚乙 和天芮	傷壬 制符柱	杜辛 害蛇心	景丙 制陰蓬
丙午九一 守户	傷壬 和符柱	杜辛 制蛇心	景丙 和陰蓬	死癸 害合任	驚戊 害陳冲	開己 和雀輔	休丁 和地英	生庚乙 義天芮
丁未一九	驚戊 義陳冲	開己 和雀輔	休丁 義地英	生庚 害天芮	傷壬 義符柱	杜辛 制蛇心	景丙 制陰蓬	死癸 義合任
戊申二三 星反 壬不用	生丁 制地英	傷庚乙 制天芮	杜壬 符柱	景辛 和蛇心	死丙 和陰蓬	驚癸 和合任	開戊 陳冲	休己 和雀輔
己酉三四 門反	景己 害雀輔	死丁 地英	驚庚乙 制天芮	開壬 制符柱	休辛 制蛇心	生丙 陰蓬	傷癸 害合任	杜戊 害陳中
庚戌四五	杜癸 和合任	景戊 義陳冲	死己 害雀輔	驚丁 制地英	開庚乙 害天芮	休壬 害符柱	生辛 義蛇心	傷丙 害陰蓬
辛亥五六 避五	生辛 制蛇心	傷丙 制陰蓬	杜癸 合任	景戊 和陳冲	死己 和雀輔	驚丁 和地英	開庚乙 天芮	休壬 制符柱
壬子六七 星伏	開丙 制陰蓬	休癸 害合任	生戊 害陳冲	傷己 雀輔	杜丁 義地英	景庚乙 義天芮	死壬 義符柱	驚辛 和地英
癸丑七八 門伏	巳庚乙 天芮	生壬 符柱	傷辛 蛇心	杜丙 明蓬	景癸 合任	死戊 陳冲	驚己 雀輔	開丁 地英

日陽三局符頭任　十　二　時

大寒　春分上　雨水下　芒种中

地盤	坎丙	艮甲寅	震甲子	巽甲戌	離丁	坤乙甲申	兑甲辰	乾甲辰
甲寅八 生天輔伏任吟戊不用	休丙 天蓬	生癸 符任	傷戊 蛇冲	杜己 陰輔	景丁 合英	死庚乙 陳芮	驚壬 雀柱	開辛 地心
乙卯九二 星反	死丁 制合英	驚庚乙 和陳芮	開壬 制雀柱	休辛 義地心	生丙 制陰蓬	傷癸 制符任	杜戊 害蛇冲	景己 制陰輔
丙辰一一	生癸 制符任	傷戊 制蛇冲	杜己 陰輔	景丁 和合英	死庚乙 和陳輔	驚壬 和雀任	開辛 地心	休丙 和天蓬
丁巳二九 門反	景庚乙 害陳芮	死壬 雀柱	驚辛 制地心	開癸 制天蓬	休癸 制符任	生戊 蛇冲	傷己 害陰輔	杜丁 害合英
戊午三三	開辛 義地心	休丙 害天蓬	生癸 害符任	傷戊 蛇冲	杜己 義陰輔	景丁 義合英	死庚乙 義陳輔	驚壬 雀柱
己未四四 癸日不用	驚壬 義雀柱	開辛 和地心	休丙 義天蓬	生癸 害符任	傷戊 義蛇冲	杜己 制陰輔	景丁 制合英	死庚乙 義陰芮
庚申五五 反吟避五	景丁 害合英	死庚乙 陳芮	驚壬 制雀柱	開辛 制地心	休丙 制天蓬	生癸 符任	傷戊 害蛇冲	杜己 害陰輔
辛酉六六	傷戊 和蛇冲	杜己 制陰輔	景丁 和合英	死庚乙 害陳芮	驚壬 害雀柱	開辛 制地心	休丙 和天蓬	生癸 義符任
壬戌七七	杜己 和陰輔	景丁 義合英	死庚乙 害陳芮	驚壬 制雀柱	開辛 害地心	休丙 害天蓬	生癸 義符任	傷戊 害蛇冲
癸亥八八 伏吟	休丙 陰蓬	生癸 合任	傷戊 陳冲	杜己 雀輔	景丁 地英	死庚乙 天芮	驚壬 符柱	開辛 蛇心

甲己日十二時

冬至驚蟄下 清明立夏上

陽四局符頭杜，地盤坎丁　艮甲辰震乙　巽甲子離甲寅坤甲戌丙　兑甲午乾甲申

時	註	一	二	三	四	五	六	七	八
甲子四	杜輔伏吟	休丁 蓬雀	生壬 任地	傷乙 沖天	杜戊 輔符	景癸 英蛇	死丙己 芮陰	驚辛 柱合	開庚 心陳
乙丑五三	辟五 已不用	驚壬 任地義	開乙 中天和	休戊 輔符義	生癸 英蛇害	傷丙己 芮陰義	杜辛 柱合制	景庚 心陳制	死丁 蓬雀義
丙寅六二	門反	景辛 柱合害	死庚 心陳	驚丁 蓬雀制	開壬 任地制	休乙 中天制	生戊 輔符	傷癸 英蛇害	杜己 芮陰害
丁卯七二		死戊 輔符制	驚癸 英蛇和	開丙己 芮陰制	休辛 柱合義	生庚 (天格) 心陳制	傷丁 蓬雀制	杜壬 任地害	景乙 中天制
戊辰八四	星伏	傷丁 蓬雀和	杜壬 任地制	景丙乙 沖天和	死戊 輔符害	驚癸 英蛇害	開丙己 芮明和	休辛 柱合和	生庚 心陳義
己巳九五	天輔	開辛 柱合義	休庚 心陳和	生丁 蓬雀害	傷壬 任地	杜乙 沖天義	景戊 輔符義	死癸 英蛇義	驚丙己 符陰
庚午一六	守戶暑 甲不用	杜癸 英蛇和	景丙己 芮陰義	死丁 柱合害	驚庚 (伏宮 己日伏) 心陳制	開丁 蓬雀害	休壬 任地害	生乙 沖天義	傷戊 輔符
辛未二七		驚丙己 芮陰義	開辛 柱合和	休庚 心陳義	生丁 蓬雀害	傷壬 任地義	杜乙 (伏 墓) 沖天制	景戊 輔符制	死癸 英蛇義
壬申三八		生乙 沖天制	傷戊 輔符制	杜癸 英蛇	景丙己 芮陰和	死辛 柱合和	驚庚 心陳義	開丁 蓬雀	休壬 任地和
癸酉四九	門伏	休庚 心陳	生丁 蓬雀	傷壬 任地	杜乙 沖天	景戊 蓬符	死癸 英蛇	驚丙己 芮陰	開辛 柱和

乙庚日十二時

冬至驚蟄下清明立夏上

陽四局符頭禽

時	坎丁	艮甲辰	震乙	巽甲子	離甲寅	坤甲戌丙	兌甲午	乾甲申
甲戌五禽 死辟五 伏吟	休丁（休） 蓬合	生壬 任陳	傷乙 沖雀	杜戊 輔地	景癸 英天	死丙（己妃） 芮符	驚辛 柱蛇	開庚 心陰
乙亥六三 己日 不用	驚戊 輔地義	開癸 英天和	休己丙 芮符義	生辛 柱蛇害	傷庚（大格） 心陰義	杜丁（伏） 蓬合制	景壬 任陳制	死己（合） 沖雀義
丙子七二 星伏 庚不用	開丁（休） 蓬合義	休合 任陳害	生乙 沖雀害	傷戊 輔地	杜癸 英天義	景丙（制伏 符己） 芮符義	死辛 柱蛇義	驚庚 心陰
丁丑八一 門反	景己丙 芮符害	死辛 柱符	驚庚（乙日伏） 心陰制	開丁（休） 蓬合制	休壬 任陳制	生乙（伏 墓） 沖雀	傷戊 輔地害	杜癸 英天害
戊寅九四	生乙 沖雀制	傷戊 輔地制	杜癸 英天	景己丙（伏） 芮符和	死辛 柱蛇和	驚庚（入 伏宮） 心陰和	開丁 蓬合	休壬 任陳和
己卯一五 守戶 星伏	死乙 蓬合制	驚壬 任陳和	開乙 沖雀制	休戊 輔地義	生癸 英天和	傷丙（入大墓 符害己） 芮符制	杜辛 柱蛇害	景庚 心陰制
庚辰二六 門伏	休辛 柱蛇	生庚（小格） 心陰	傷丁 蓬合	杜壬 任陳	景乙 沖宮	死戊 輔地	驚癸 英天	開己丙（伏墓） 芮符
辛巳三七 乙日 不用	杜庚 英陰和	景丁（伏 合） 蓬合義	死壬 任陳害	驚乙 沖雀制	開戊 輔地害	休癸 英天害	生己丙（合） 芮符義	傷辛 柱蛇義
壬午四八 星反	傷癸 英天和	杜己丙 芮符制	景辛 柱蛇和	死庚 心陰害	驚丁（伏） 蓬合害	開壬 任陳和	休乙（使） 沖雀制	生戊 輔地義
癸未五九 辟五 門伏	休壬 任陳	生乙 沖雀	傷戊 輔地	杜癸 英天	景己丙 芮符	死辛 柱蛇	驚庚 心陰	開丁（休） 蓬合

丙辛日十二時

冬至 惊蛰 清明 立夏 上　　冬至 惊蛰 下

陽四局符頭心

時	地盤坎丁	艮甲辰	震乙	巽甲子	離甲寅	坤甲戌丙	兑甲午	乾甲申
甲申六 閉天輔 心伏吟	休丁 蓬蛇	生壬 任陰	傷乙 沖合	杜戊 輔陳	景癸 英雀	死己丙 芮地	驚辛 柱天	開庚 心符
乙酉七三	生己丙 芮地制	傷辛 柱天制	杜庚 心符	景丁 蓬蛇和	死壬 任陰和	驚乙 沖合和	開戊 輔陳	休癸 英雀和
丙戌八二 庚日不用	驚乙 沖合義	開戊 輔陳和	休癸 英雀義	生己丙 芮地和	傷辛 柱天義	杜庚 心符制	景丁 蓬蛇制	死壬 任陰義
丁亥九一	杜庚 心符和	景丁 蓬蛇義	死壬 任陰害	驚乙 沖合制	開戊 輔陳害	休癸 英雀害	生己丙 芮地義	傷辛 柱天害
戊子一四 守戶星反	開癸 英雀義	休丙 芮地害	生辛 柱天害	傷庚 心符	杜丙 蓬蛇義	景壬 任陰義	死乙 沖合義	驚戊 輔陳
己丑二五	傷乙 沖合和	杜戊 輔陳制	景癸 英雀和	死己丙 芮地害	驚辛 柱天害	開庚 心符和	休丁 蓬蛇和	生壬 任陰義
庚寅三六 星伏	死丁 蓬蛇制	驚壬 任陰和	開乙 沖合制	休戊 輔陳義	生癸 英雀和	傷己丙 芮地制	杜辛 柱天害	景庚 心符制
辛卯四七 門反	景壬 任陰害	死乙 沖合	驚戊 輔陳制	開癸 英雀制	休己丙 芮地制	生辛 柱天	傷庚 心符害	杜丁 蓬蛇害
壬辰五八 辟五 丙不開	傷辛 柱天和	杜庚 心符制	景丁 蓬蛇和	死壬 任陰害	驚乙 沖合害	開戊 輔陳和	休癸 英雀和	生己丙 芮地義
癸巳六九 門伏	休戊 輔陳	生癸 英雀	傷己丙 芮地	杜辛 柱天	景庚 心符	死丁 蓬蛇	驚壬 任陰	開乙 沖合

丁壬日十

陽四局符頭柱 地盤坎丁 艮甲辰震乙 巽甲子離甲寅坤甲戌丙 兌甲午乾甲申

冬至 驚蟄下 清明 立夏上

甲午七七 驚天輔 杜伏吟 休丁陰蓬 生壬合任 傷乙陳中 杜戊雀輔 景癸地英 死己丙天芮 驚辛符柱 開庚蛇心

乙未八三 星反 死癸制地英 驚己丙和天芮 開辛制符柱 休庚義蛇心 生丁和陰蓬 傷壬制蛇任 杜乙害陳沖 景戊制雀輔

丙申九二 傷壬和合任 杜乙制陳中 景戊和雀輔 死癸害地英 景己丙害天芮 開辛和符柱 休庚義蛇心 生丁義陰蓬

丁酉一一 守戶 丁不用 驚辛義符柱 開庚和蛇心 休丁義陰蓬 生壬害合任 傷乙義陳中 杜戊制雀輔 景癸制地英 死丙義天芮

戊戌二四 生戊制雀輔 傷癸制地英 杜己丙天芮 景辛合符柱 死庚和蛇心 驚丁和陰蓬 開壬合任 休乙和陳英

己亥三五 門反 景壬害合任 死乙陳沖 驚戊制雀輔 開癸制地英 休己丙制天芮 生辛符柱 傷庚害蛇心 杜丁害陰蓬

庚子四八 杜庚和蛇心 景丁義陰蓬 死壬害合任 驚乙制陳中 開戊害雀輔 休癸害地英 生己丙義天芮 傷辛害符柱

辛丑五七 牌五 星伏 生丁制陰蓬 傷壬制合任 杜乙陳沖 景戊和雀輔 死癸和地英 驚己丙和天英 開辛符柱 休庚和蛇心

壬寅六八 開己丙義天芮 休辛害符柱 生庚害蛇心 傷丁陰蓬 杜壬義合任 景乙義陳沖 死戊義雀輔 驚癸地英

癸卯七七 門伏 丁不用 休乙陳沖 生戊雀輔 傷癸地英 杜己丙天芮 景辛符柱 死庚蛇心 驚丁陰蓬 開壬合任

二時 戊癸

陽四局符頭任 地盤坎丁 艮甲辰震乙 巽甲子離甲寅坤甲戌丙 兌甲午乾甲申

冬至 驚蟄下 清明 立夏上

甲辰八八 星天輔 任伏吟 休丁天蓬 生壬符任 傷乙蛇沖 杜戊陰輔 景癸合英 死己丙陳芮 驚辛雀柱 開庚地心

乙巳九三 死庚制地心 驚丁和天蓬 開壬制符任 休乙義蛇沖 生戊和陰輔 傷癸制合英 杜己丙害陳芮 景辛制雀柱

丙午一二 守戶 星反 生癸制合英 傷己丙制陳芮 杜辛雀柱 景庚和地心 死丁和天蓬 驚壬和符任 開乙蛇沖 休戊和陰輔

丁未二一 門反 景壬害符任 死乙害沖 驚戊制陰輔 開癸制合英 休己丙制陳芮 生辛雀柱 傷庚害地心 杜丁害天蓬

戊申三四 開辛義雀柱 休庚地心 生丁天蓬 傷壬符任 杜乙義蛇沖 景庚陰輔 死癸合英 驚丙陳芮

己酉四五 驚癸合英 開己丙陳芮 休辛雀柱 生庚地心 傷丁義天蓬 杜壬符柱 景庚陰輔 死戊陰輔

庚戌五六 遁五 景乙害蛇沖 死戊陰輔 驚癸合英 開己丙制陳芮 休辛雀柱 生庚地心 傷丁害天蓬 杜壬符任

辛亥六七 傷戊陰輔 杜癸合英 景丙和陳芮 死辛雀柱 驚庚地心 開丁和天蓬 休壬符任 生乙義蛇沖

壬子七八 杜丁和天蓬 景壬符任 死乙害蛇沖 驚戊陰輔 開癸合英 休己丙害陳輔 生辛雀柱 傷庚地心

癸丑八九 門伏 休丙陳芮 生辛雀柱 傷庚地心 杜丁天蓬 景壬符任 死乙蛇沖 驚戊陰輔 開癸合英

二陽四局符頭任 地盤 坎丁 艮甲辰震乙 巽甲子離甲寅坤甲戌(丙) 兑甲午乾甲申

時 戊 癸

冬至驚蟄下 清明立夏上

甲辰八(星天輔 任伏吟) 休丁(伏)天蓬 生壬符任 傷乙蛇冲 杜戊陰輔 景癸合英 死巳丙陳芮 驚辛雀柱 開庚地心

乙巳九三 死庚制地心 驚丁(伏)和天蓬 開壬制符任 休乙義蛇冲 生戊和陰輔 傷癸制合英 杜巳丙(任)害陳芮 景辛制雀柱

丙午一二(守戶 星反) 生癸制合英 傷丙制陳芮 杜辛雀柱 景庚和地心 死丁和天蓬 驚壬和符任 開乙(伏)蛇冲 休戊和陰輔

丁未二一(門反) 景壬害符任 死乙害冲 驚戊制陰輔 開癸制合英 休巳丙制陳芮 生辛雀柱 傷庚害地心 杜丁害天蓬

戊申三四 開辛義雀柱 休庚地心 生丁天蓬 傷壬符任 杜乙義蛇冲 景庚陰輔 死癸合英 驚丙陳芮

己酉四五 驚癸合英 開巳丙陳芮 休辛雀柱 生庚地心 傷丁義天蓬 杜壬符任 景庚陰輔 死戊陰輔

庚戌五六(避五) 景乙害蛇冲 死戊陰輔 驚癸合英 開巳丙制陳芮 休辛雀柱 生庚地心 傷丁害天蓬 杜壬符任

辛亥六七 傷戊陰輔 杜癸合英 景丙和陳芮 死辛雀柱 驚庚地心 開丁和天蓬 休壬符任 生乙義蛇冲

壬子七八 杜丁和天蓬 景壬符任 死乙害蛇冲 驚戊陰輔 開癸合英 休巳丙害陳輔 生辛雀柱 傷庚地心

癸丑八九(門伏) 休丙陳芮 生辛雀柱 傷庚地心 杜丁(伏)天蓬 景壬符任 死乙(伏)蛇冲 驚戊陰輔 開癸合英

日陽四局符頭英 地盤 坎丁 艮甲辰震乙 巽甲子離甲寅坤甲戌(丙) 兑甲午乾甲申

十二時

冬至驚蟄下 清明立夏上

甲寅九(景天輔 英伏吟) 休丁陳蓬 生壬雀任 傷乙地冲 杜戊天輔 景癸符英 死丙(伏)蛇芮 驚辛陰柱 開庚合心

乙卯一三(守戶 門反) 景乙害地冲 死戊天輔 驚癸符英 開巳丙制蛇芮 休辛陰柱 生庚合心 傷丁害陳蓬 杜壬雀任

丙辰二二 開庚合心 休丁害陳蓬 生壬雀任 傷乙(伏)地冲 杜戊天輔 景癸符英 死巳丙蛇芮 驚辛陰柱

丁巳三一(星反) 傷癸符英 杜巳丙制蛇芮 景辛陰柱 死庚合心 驚丁害陳蓬 開壬雀任 休乙和蛇冲 生戊天輔

戊午四四 生壬雀任 傷乙制地冲 杜戊天輔 景癸符英 死巳丙義蛇芮 驚辛明柱 開庚合心 休丁和陳蓬

己未五五(避五) 開庚合心 休丁陳蓬 生壬雀任 傷乙地冲 杜戊天輔 景癸符英 死巳丙害蛇芮 驚辛陰柱

庚申六六 死巳丙制蛇芮 驚辛陰柱 開庚合心 休丁陳蓬 生壬雀任 傷乙地冲 杜戊天輔 景癸符英

辛酉七七 驚辛陰柱 開庚合心 休丁義陳蓬 生壬雀任 傷乙義地冲 杜戊天輔 景癸符英 死巳丙義蛇柱

壬戌八八 杜戊天輔 景癸符英 死巳丙害蛇芮 驚辛陰柱 開庚合心 休丁害陳蓬 生壬雀任 傷乙害地冲

癸亥九九(星伏) 休丁陳蓬 生壬雀任 傷乙(伏)地冲 杜戊天輔 景癸符英 死巳丙(伏)蛇芮 驚辛陰柱 開庚合心

甲己日十二時

谷雨小满上 小寒下 立春中

陽五局符頭禽

時	備注	坎	艮	震	巽	離	坤	兌	乾
地盤		甲寅	甲午	丙	乙	甲辰	甲子丁	甲申	甲戌
甲子五	死避五 禽伏吟	休癸 蓬合	生辛 任陳	傷丙 冲雀	杜乙 輔地	景壬 英天	死丁戊 芮符	驚庚 柱蛇	開己 心陰
乙丑六四		驚丙 冲雀義	開乙 輔地和	休壬 英天	生丁戊 芮符害	傷庚 柱蛇	杜己 心陰	景癸 蓬合	死辛 任陳
丙寅七三		開乙 輔地	休壬 英天	生丁戊 芮符	傷庚 柱蛇	杜己 心陰	景癸 蓬合	死辛 任陳	驚丙 冲雀
丁卯八二	門反	景癸 蓬合	死辛 任陳	驚丙 中雀制	開乙 輔地制	休壬 英天	生丁戊 芮符義	傷庚 柱蛇	杜己 心陰
戊辰九五	星伏	生壬 蓬合制	傷辛 任陳制	杜丙 冲雀	景乙 輔地和	死壬 英天和	驚戊丁 芮符和	開庚 柱蛇	休己 心陰和
己巳一六	天輔	死庚 柱蛇制	驚己 心陰和	開癸 蓬合制	休辛 任陳義	生丙 冲雀和	傷乙 輔地制	杜壬 英天害	景戊 芮符制
庚午二七	守將伏 甲不開	休己 心陰	生癸 蓬合	傷辛 任陳	杜丙 冲雀	景乙 輔地	死壬 英天	驚戊丁 芮符	開庚 柱蛇
辛未三八	星反	杜壬 英天和	景戊丁 芮符義	死庚 任蛇害	驚己 心陰制	開癸 蓬合害	休辛 任陳害	生丙 冲雀義	傷乙 輔地害
壬申四九		傷辛 任陳和	杜丙 冲雀制	景乙 輔地和	死壬 英丙害	驚戊丁 芮符害	開庚 柱蛇和	休庚 心陰和	生癸 地義
癸酉五一	辟五 門伏	休戊丁 芮符	生庚 柱蛇	傷己 心陰	杜癸 蓬合	景辛 任陳	死丙 冲雀	驚乙 輔地	開壬 英天

乙庚日十二時

谷雨小滿上　小寒下　立春中

陽五局符頭心

地盤：坎甲寅　艮甲午　震丙　巽乙　離甲辰　坤丁甲子　兌甲申　乾甲戌

時	局	注	坎	艮	震	巽	離	坤	兌	乾
甲戌	六	開 心伏令	休癸 蓬蛇	生辛 任陰	傷丙 沖合	杜乙 輔陳	景壬 英雀	死丁戊 芮地	驚庚 柱天	開己 心符
乙亥	七四		生壬 英雀制	傷丁戊 芮地制	杜庚 柱天	景己 心符和	死癸 蓬蛇和	驚辛 任陰和	開丙(休使) 沖合	休乙(使) 輔陳和
丙子	八三		驚丁戊(使) 芮地義	開戊 柱天和	休己(任) 心陳義	生癸 蓬蛇害	傷辛 任陰義	杜丙(使) 中合制	景乙(合) 輔陳制	死壬 英雀義
丁丑	九二		杜丙 沖合和	景乙(使) 輔陳義	死辛 英雀害	驚丁戊 芮地制	開庚(小格) 柱天害	休己(任 刑) 心符害	生癸 蓬蛇義	傷辛 任陰害
戊寅	一二		開丙(伏) 沖合義	休乙(伏) 輔陳害	生壬 天雀害	傷丁戊(合) 芮地	杜庚 柱天義	景己(制) 心符義	死癸 蓬蛇義	驚辛 任陰
己卯	二六	守戶 星伏	傷癸 蓬蛇和	杜辛 任陰制	景丙 沖合和	死乙 輔陳害	驚壬 英雀害	開丁戊 芮地和	休庚(庚日伏) 柱天和	生己 心符義
庚辰	三七		死辛 任明制	驚丙(合) 沖合和	開乙 輔陳制	休壬 英雀義	生丁戊(伏 合) 芮陳和	傷庚 柱天制	杜己 心任害	景癸 蓬雀制
辛巳	四八	門反 己不用	景庚(大格) 沖天害	死己 心符	驚癸 蓬蛇制	開辛 任陰制	休丙(伏) 中合制	生乙 輔陳	傷壬 英雀害	杜丁戊 芮地害
壬午	五九	避五	傷乙 輔陳和	杜壬 英雀制	景丁戊 芮地和	死庚 柱天害	驚己 心符害	開癸(中) 蓬蛇和	休辛 任陰和	生丙 沖合義
癸未	六一	門伏	休己 心符	生癸 蓬蛇	傷辛 任陰	杜丙 沖合	景乙 輔陳	死壬 英雀	驚丁壬 芮地	開庚(入宮) 柱天

丙辛日十二時

谷雨小滿上小寒下立春中

陽五局符頭柱 地盤

時	注	坎甲寅	艮甲午	震丙	巽乙	離甲辰	坤甲子丁	兌甲申	乾甲戌
甲申七	驚天輔柱伏吟	休癸 蓬陰	生辛 任合	傷丙 冲陳	杜乙 輔雀	景壬 英地	死戊丁 芮天	驚庚 柱符	開己 心蛇
乙酉八四		死乙 輔雀制	驚壬 英地和	開戊丁(伏) 芮天制	休庚(伏) 柱蛇義	生己 心蛇和	傷癸(蛇) 蓬陰制	杜壬 任合害	景丙(小格) 冲陳制
丙戌九三	星反 庚不用	傷壬 英地和	杜戊丁 芮天制	景庚(伏反) 任符和	死己 心蛇害	驚癸 蓬陰害	開辛 任合和	休丙(入伏) 冲陳和	生乙(伏) 輔雀義
丁亥一二		驚辛 任合義	開丙 冲陳和	休乙 輔雀義	生壬 英地害	傷戊丁 芮天義	杜庚 柱符制	景己 心蛇制	死癸 蓬陰義
戊子二五	守戶	生辛 任合制	傷丙 冲陳制	杜乙 輔雀	景壬 英地和	死戊丁(伏) 芮天和	驚庚 柱符和	開己 心蛇	休癸 蓬陰和
己丑三六	門反	景己 心蛇害	死癸 蓬陰	驚辛 任合制	開丙 冲陳制	休乙 輔雀制	生壬 陰地	傷戊丁 芮天害	杜庚 柱符害
庚寅四七	星伏	杜癸 蓬陰和	景辛 任合義	死丙 冲陳害	驚乙 輔雀制	開壬 英地害	休戊丁 芮天害	生庚 柱符義	傷己 心蛇害
辛卯五八		生戊丁(伏) 芮天制	傷庚(伏) 柱符制	杜己 心蛇	景癸 蓬陰和	死辛 任合和	驚丙(伏) 冲陳和	開乙(伏) 輔雀	休壬 英地和
壬辰六九	丙日不用	開丙 冲陳義	休乙(伏) 輔雀害	生壬 英地害	傷戊丁 芮天	杜庚(小格) 柱符義	景己 心蛇義	死癸 蓬陰義	驚辛 任合
癸巳七一	門伏	休庚(大格) 柱符	生己 心蛇	傷癸 蓬陰	杜辛 任合	景丙 冲陳	死乙 輔雀	驚壬 英地	開戊丁(伏) 芮天

丁壬日十二時

陽五局符頭任盤地

谷雨 小滿上 小寒下 立春中

時	坎甲寅	艮甲午	震丙	巽乙	離甲辰	坤甲子丁	兌甲申	乾甲戌
甲午八 生天輔 任伏吟	休癸 天蓬	生辛 符任	傷丙 蛇冲	杜乙 明輔	景壬 合英	死戊丁 陳芮	驚庚 雀柱	開已 地心
乙未九四	死庚 制雀柱	驚已 和地心	開癸 制天蓬	休辛 義符任	生丙 和蛇冲	傷乙 制陰輔	杜壬 害合英	景戊丁 制陳芮
丙申一三	生已 制地心	傷癸 制天蓬	杜辛 符任	景丙 和陰冲	死乙 和陰輔	驚壬 和合英	開戊丁 陳芮	休庚 制雀柱
丁酉二二 伏吟 年不用	景壬 害合英	死戊丁 陳芮	驚庚 制雀柱	開已 制地心	休癸 制天英	生辛 符任	傷丙 害蛇冲	杜乙 和陰輔
戊戌三五 星反	開壬 義合英	休戊丁 害陳芮	生庚 害雀柱	傷已 地心	杜癸 義天蓬	景辛 義符任	死丙 害蛇冲	杜乙 和陰輔
己亥四六	驚丙 義蛇冲	開乙 和陰輔	休壬 義合英	生戊丁 害陳芮	傷庚 義雀柱	杜已 制地心	景癸 制天蓬	死辛 義符任
庚子五七 符五 門反	景乙 害陰輔	死壬 合英	驚戊丁 制陳芮	開庚 制雀柱	休已 制地心	生癸 天蓬	傷辛 害符任	杜丙 害蛇冲
辛丑六八 星伏	傷癸 和天蓬	杜辛 制符任	景丙 和蛇冲	死乙 害陰輔	驚壬 害合英	開戊丁 和陳芮	休庚 和雀柱	生已 義蛇冲
壬寅七九	杜戊丁 和陳芮	景庚 義雀柱	死已 害地心	驚癸 制天蓬	開辛 害符任	休丙 害蛇冲	生乙 義陰輔	傷壬 害合英
癸卯八一 門伏 丁不用	休辛 地任	生丙 蛇冲	傷乙 陰輔	杜壬 合英	景戊丁 陳芮	死庚 雀柱	驚已 地心	開癸 天蓬

戊癸時

二陽五局符頭英盤地

谷雨 小滿上 小寒下 立春中

時	坎甲寅	艮甲午	震丙	巽乙	離甲辰	坤甲子丁	兌甲申	乾甲戌
甲辰九 景天輔 英伏吟	休癸 陳蓬	生辛 雀任	傷丙 地冲	杜乙 天輔	景壬 符英	死戊丁 蛇芮	驚庚 陰柱	開已 合心
乙巳一四	景辛 害雀任	死丙 地冲	驚乙 制天輔	開乙 制符英	休戊丁 制蛇芮	生庚 陰柱	傷已 害合心	杜癸 害陳蓬
丙午二三 守戶	開丙 義地冲	休乙 害天輔	生壬 害符英	傷戊丁 蛇芮	杜庚 義陰柱	景已 義合心	死癸 義陳蓬	驚辛 雀任
丁未三二	傷已 和合心	杜癸 制陳蓬	景辛 雀任	死丙 害地冲	驚乙 害天輔	開壬 和符英	休戊丁 義蛇芮	生庚 義陰柱
戊申四五 壬日不用	生已 制合心	傷癸 制陳蓬	杜辛 雀任	景丙 和地冲	死乙 和天輔	驚壬 和符英	開戊丁 蛇芮	休庚 和陰柱
己酉五六 符五	開戊丁 義蛇芮	休庚 害陰柱	生已 害合心	傷癸 陳蓬	杜辛 義雀任	景丙 義地冲	死乙 義天輔	驚壬 符英
庚戌六七	死庚 制陰柱	驚已 和合心	開癸 制陳蓬	休辛 和雀任	生丙 和地冲	傷乙 制天輔	杜壬 害符英	景戊丁 制蛇芮
辛亥七八	驚乙 制陰輔	開壬 和符英	休戊丁 義蛇芮	生庚 害明柱	傷已 義合心	杜癸 制陳蓬	景辛 制雀任	死丙 義地冲
壬子八九 星伏	杜癸 和陳蓬	景辛 義雀任	死丙 害地冲	驚乙 制天輔	開壬 害符英	休戊丁 害蛇芮	生庚 義陰柱	傷已 害合心
癸丑九二 星反 門伏	休壬 符英	生戊丁 符芮	傷庚 陰柱	杜已 合心	景癸 陳蓬	死辛 雀任	驚丙 地冲	開乙 天輔

二陽五局符頭英 時 戊 癸

時	坎甲寅	艮甲午	震丙	巽乙	離甲辰	坤甲子丁	兌甲申	乾甲戌
甲辰九 景天輔 英伏吟	休癸 陳蓬	生辛 雀任	傷丙 地沖	杜乙 天輔	景壬 符英	死戊丁 蛇芮	驚庚 陰柱	開己 合心
乙巳一四	景辛 害雀任	死丙 地沖	驚乙 制天輔	開乙 制符英	休戊丁 制蛇芮	生庚 陰柱	傷己 害合心	杜癸 害陳蓬
丙午二三 守戶	開丙 義地沖	休乙 害天輔	生壬 害符英	傷戊丁 蛇芮	杜庚 義陰柱	景己 義合心	死癸 義陳蓬	驚辛 雀任
丁未三二	傷己 和合心	杜癸 制陳蓬	景辛 雀任	死丙 害地沖	驚乙 害天輔	開壬 和符英	休戊丁 義蛇芮	生庚 義陰柱
戊申四五 壬日不用	生己 制合心	傷癸 制陳蓬	杜辛 雀任	景丙 和地沖	死乙 和天輔	驚壬 和符英	開戊丁 蛇芮	休庚 和陰柱
己酉五六 辟五	開戊丁 義蛇芮	休庚 害陰柱	生己 害合心	傷癸 陳蓬	杜辛 義雀任	景丙 義地沖	死乙 義天輔	驚壬 符英
庚戌六七	死庚 制陰柱	驚己 和合心	開癸 制陳蓬	休辛 和雀任	生丙 和地沖	傷乙 制天輔	杜壬 害符英	景戊丁 制蛇芮
辛亥七八	驚乙 制陰輔	開壬 和符英	休戊丁 義蛇芮	生庚 害陰柱	傷己 義合心	杜癸 制陳蓬	景辛 制雀任	死丙 義地沖
壬子八九 星伏	杜癸 和陳蓬	景辛 義雀任	死丙 害地沖	驚乙 制天輔	開壬 害符英	休戊丁 害蛇芮	生庚 義陰柱	傷己 害合心
癸丑九二 星反 門伏	休壬 符英	生戊丁 符芮	傷庚 陰柱	杜己 合心	景癸 陳蓬	死辛 雀任	驚丙 地沖	開乙 天輔

日陽五局符頭蓬 十二時

時	坎甲寅	艮甲午	震丙	巽乙	離甲辰	坤甲子丁	兌甲申	乾甲戌
甲寅一一 休天輔伏吟 蓬六日不用	休癸 符蓬	生辛 蛇任	傷丙 陰沖	杜乙 合輔	景壬 陳英	死戊丁 雀芮	驚庚 地柱	開己 天心
乙卯二四 守戶	杜戊 和雀芮	景庚 義地柱	死己 害天心	驚癸 制符蓬	休丙 害陰沖	開辛 害蛇任	生乙 義合輔	傷壬 害陳英
丙辰三三	驚庚 義地柱	開己 和天心	休癸 義符蓬	生辛 害蛇任	傷丙 義陰沖	杜乙 制合輔	景壬 制陳英	死戊丁 制雀芮
丁巳四二	死乙 制合輔	驚壬 和陳英	開戊丁 制雀芮	休庚 義地柱	生己 和天心	傷癸 制符蓬	杜辛 害蛇任	景丙 制陰沖
戊午五五 遁五	杜乙 制合輔	景壬 義陳英	死戊丁 害雀芮	驚庚 制地柱	開己 害天心	休癸 害符蓬	生辛 義蛇任	傷丙 害陰沖
己未六六 癸日不用	生辛 制蛇任	傷丙 制陰沖	杜乙 合輔	景壬 制陳英	死戊丁 害雀芮	驚庚 地柱	開己 和天心	休癸 和符蓬
庚申七七	傷丙 和陰沖	杜乙 制合輔	景壬 和陳英	死戊丁 害雀芮	驚庚 害地柱	開己 和地心	休癸 和符蓬	生辛 義蛇任
辛酉八八	開己 義天心	休癸 害符蓬	生辛 害蛇任	傷丙 陰沖	杜乙 義合輔	景壬 義陳英	死戊丁 義雀芮	驚庚 地柱
壬戌九九 反吟	景壬 害陳英	死戊丁 雀芮	驚庚 制地柱	開己 制天心	休癸 制符蓬	生辛 蛇任	傷丙 害陰沖	杜乙 害合輔
癸亥一一 伏吟	休癸 符蓬	生辛 蛇任	傷丙 陰沖	杜乙 合輔	景壬 陳英	死戊丁 雀芮	驚庚 地柱	開己 天心

甲己日十二時

芒種上 雨水中 大寒 春分下

陽六局符頭心地盤 坎甲辰 艮甲申 震丁 巽丙 離甲午 坤乙 甲寅 兑甲戌 乾甲子

甲子六開 心伏吟	乙丑七五 已日不用	丙寅八四 星反	丁卯九三	戊辰一六 星伏	己巳二七 天輔	庚午三八 守戶 甲不用	辛未四九 門反	壬申五一 避五	癸酉六二 門反
休壬 蓬蛇	生丁 沖合制	驚辛 英雀義	杜乙癸 芮地和	開壬 蓬蛇義	傷庚 任陰和	死己 柱天制	景丙 輔陳害	驚戊 心符義	休丁 沖合
生庚 任陰	傷丙 輔陳制	開乙癸 芮地和	景己 柱天義	休庚 任陰害	杜丁 沖合制	驚戊 心符和	死辛 英雀	開壬 蓬蛇和	生丙 輔陳
傷丁 沖合	杜辛 英雀	休己 柱天義	死戊 心符害	生丁 沖合害	景丙 輔陳和	開壬 蓬蛇制	驚乙癸 芮地制	休庚 任陳義	傷辛 英雀
杜丙 輔陳	景乙庚 芮地和	生戊 心符害	驚壬 蓬蛇制	傷丙 輔陳	死辛 英雀害	休庚 任陰義	開己 柱天制	生丁 沖雀害	杜乙癸 芮地
景辛 英雀	死己 柱天和	傷壬 蓬蛇義	開庚 任明害	杜辛 英雀義	驚乙癸 芮地害	生丁 沖合和	休戊 心符制	傷丙 輔地和	景己 柱天
死乙癸 芮地	驚戊 心符和	杜庚 任陰制	休丁 沖合害	景乙癸 芮地義	開己 柱天和	傷丙 輔陳制	生壬 蓬蛇	杜辛 英天制	死戊 心符
驚己 柱天	開壬 蓬蛇	景丁 沖合制	生丙 輔陳義	死己 柱天義	休戊 心符和	杜辛 英雀害	傷庚 任陰害	景乙癸 芮符制	驚壬 蓬蛇
開戊 心符	休庚 任陰和	死丙 輔陳義	傷辛 天雀害	驚戊 心符	生壬 蓬蛇義	景乙癸 芮地制	杜丁 沖合害	死己 柱蛇義	開庚 任陰

乙庚日十二時

芒种上 雨水中 大寒 春分下

陽六局符頭柱地盤	坎甲辰	艮甲申	震丁	巽丙	離甲午	坤乙甲寅	兌甲戌	乾甲子
甲戌七 驚柱伏吟	休壬 陰蓬	生庚 合任	傷丁 陳冲	杜丙 雀輔	景辛 地英	死癸乙 天芮	驚己 符柱	開戊 蛇心
乙亥八五 已日不用	死庚 制合任	驚丁 和陳冲	開丙 制雀輔	休辛 義地英	生癸乙 和天芮	傷己 制符柱	杜戊 害蛇心	景壬 制陰蓬
丙子九四	傷丙 和雀輔	杜辛 制地英	景癸乙 和天芮	死己 害符柱	驚戊 害蛇心	開壬 和陰蓬	休庚 和合任	生丁 義陳冲
丁丑一三 星反	驚辛 義地英	傷癸乙 和天芮	休己 義符柱	生戊 害蛇心	傷壬 義明蓬	杜庚 制合任	景丁 制陳冲	死丙 義雀輔
戊寅二六	生戊 制蛇心	傷壬 制陰蓬	杜庚 合任	景丁 和陳冲	死丙 和雀輔	驚辛 和地英	開癸乙 地芮	休己 和符柱
己卯三七 守戶星反門伏	景壬 害陰蓬	死庚 庚日伏 合任	驚丁 制陳冲	開丙 制雀輔	休辛 制地英	生癸乙 伏 天芮	傷己 害符柱	杜戊 害蛇心
庚辰四八	杜癸乙 和地芮	景己 飛宮 義符柱	死戊 害陰心	驚壬 制合蓬	開庚 害陳任	休丁 使 害雀冲	生丙 義地符	傷辛 害天英
辛巳五九 辟五 乙不用	生丁 伏 合 制陳冲	傷丙 伏 熒入 制雀輔	杜辛 地英	景癸乙 和天芮	死己 和符柱	驚戊 和蛇心	開壬 陳蓬	休庚 和合任
壬午六一	開己 義符柱	休戊 害蛇心	生壬 害陰蓬	傷庚 白入 合任	杜丁 義陳冲	景丙 義雀輔	死辛 義地英	驚癸乙 天芮
癸未七二 門伏	休庚 小格 合任	生丁 陳冲	傷丙 雀輔	杜辛 地英	景癸乙 天芮	死己 刑 符柱	驚戊 蛇心	開壬 陰蓬

丙辛日十二時

芒種上　雨水中　大寒　春分下

陽六局符頭任地盤：坎甲辰　艮甲申　震丁　巽丙　離甲午　坤甲乙甲寅　兌甲戌　乾甲子

時	坎甲辰	艮甲申	震丁	巽丙	離甲午	坤甲乙甲寅	兌甲戌	乾甲子
甲申八 生天輔 任伏吟	休壬 蓬天	生庚 任符	傷丁 冲蛇	杜丙 輔陰	景辛 英合	死癸乙 芮陳	驚己 柱雀	開戊 心地
乙酉九五 星反	死辛 英合制	驚癸乙 芮陳和	開己 柱雀制	休戊 心地義	生壬 蓬天和	傷庚 任符制	杜丁 冲蛇害	景丙 輔陰制
丙戌一四 庚日不用	傷己 柱雀和	杜戊 心地制	景壬 蓬天和	死庚 任符害	驚丁 冲蛇害	開丙 輔陰和	休辛 英合和	生癸 芮陳義
丁亥二三 門反	景戊 心地害	死壬 蓬天	驚庚 任符制	開丁 冲蛇制	休丙 輔陰制	生辛 英合	傷癸乙 芮陳害	杜己 柱雀害
戊子三六 守戶	開丁 冲蛇義	休丙 輔陰害	生辛 英合害	傷癸乙 芮陳	杜己 柱雀義	景戊 心地義	死壬 蓬天義	驚庚 任符
己丑四七	驚丙 輔陰義	開辛 英合和	休癸乙 芮陳義	生己 柱雀害	傷戊 心地義	杜壬 蓬天制	景庚 任符制	死丁 冲蛇義
庚寅五八 辟五宮 伏門反	景壬 蓬天害	死庚 任符	驚丁 冲蛇制	開丙 輔陰制	休辛 英合制	生癸乙 芮陳	傷己 柱雀害	杜戊 心地害
辛卯六九	傷癸乙 芮陳和	杜己 柱雀制	景戊 心地和	死壬 蓬天害	驚庚 任符害	開丁 冲蛇和	休丙 輔陰和	生辛 英合義
壬辰七一 丙日不用	杜庚 任符和	景丁 冲蛇義	死丙 輔陰害	驚辛 英合制	開癸乙 芮陳害	休己 柱雀害	生戊 心地義	傷壬 蓬天害
癸巳八二 星反 門伏	休辛 英合	生癸乙 芮陳	傷己 柱雀	杜戊 心地	景壬 蓬天	死庚 任符	驚丁 冲蛇	開丙 輔陰

丁壬日十

芒種上雨水中大寒春分下

陽六局符頭 地盤 坎甲辰 艮甲申 震丁 巽丙 離甲午 坤甲寅乙 兌甲戌 乾甲子

甲午九 景天輔 英伏吟 休壬陳蓬 生庚雀任 傷丁地冲 杜丙天輔 景辛符英 死癸蛇芮 驚巳陰柱 開戊合心

乙未一五 門反 景戊害合心 死壬陳芮 驚庚制雀任 開丁制天冲 休丙制天輔 生辛符英 傷癸乙害蛇芮 杜巳害陰柱

丙申二四 開庚義雀任 休丁害地冲 生丙害天輔 傷辛符英 杜癸乙義蛇芮 景巳義陰柱 死戊義合心 驚壬陳蓬

丁酉三三 守戶 癸不用 傷丁和地冲 杜丙制天輔 景辛和符英 死癸乙害蛇芮 驚巳害陰柱 開戊和合心 休壬和陳蓬 生庚義雀任

戊戌四六 生癸乙制蛇芮 傷巳制陰柱 杜戊合心 景壬和陳蓬 死庚和雀任 驚丁和地冲 開丙天輔 休辛和符英

己亥五七 避五 開巳義陰柱 休戊害合心 生壬害陳蓬 傷庚雀任 杜丁義地冲 景丙義天輔 死辛義符英 驚癸乙蛇芮

庚子六八 死丙制天輔 驚辛和符英 開癸乙制蛇芮 休巳義陰柱 生戊和合心 傷壬制陳蓬 杜庚害雀任 景丁制地冲

辛丑七九 星伏 驚壬義陳蓬 開庚和雀任 休丁義地冲 生丙害天輔 傷辛義符英 杜癸乙制蛇芮 景巳制陰柱 死戊義合心

壬戌八一 星反 杜辛和符英 景癸乙義蛇芮 死巳害陰柱 驚戊制合心 開壬害陳蓬 休庚害雀柱 生丁義地冲 傷丙害天輔

辛卯九二 門伏 丁不用 休戊合心 生壬陳蓬 傷庚雀任 杜丁地冲 景丙天輔 死辛符英 驚癸乙蛇芮 開巳陰柱

二陽六局符頭蓬 時 戊癸

芒種上雨水中大寒春分下

地盤 坎甲辰 艮甲申 震丁 巽丙 離甲午 坤甲寅乙 兌甲戌 乾甲子

甲辰一 休天輔 蓬伏吟 休壬符蓬 生庚蛇任 傷丁陰冲 杜丙合輔 景辛陳英 死癸乙符芮 驚巳地柱 開戊天心

乙巳二五 杜丙和合輔 景辛義陳英 死癸乙害雀芮 驚巳制地柱 開戊害天心 休壬害符蓬 生庚義蛇任 傷丁害陰冲

丙午三四 守戶 驚癸乙義雀芮 開巳和地柱 休戊義天心 生壬害符蓬 傷庚義蛇任 杜丁制陰冲 景丙制合輔 死辛義陳英

丁未四三 死巳制地柱 驚戊和天心 開壬制符蓬 休庚義蛇任 生丁和陰冲 傷丙制合輔 杜辛害陳英 景癸乙義雀芮

戊申五六 辟五 壬不用 杜庚和雀任 景丁義陰冲 死丙害合輔 驚辛制陳英 開癸乙害雀芮 休巳害地柱 生戊義天心 傷壬害符蓬

己酉六七 生七制陰冲 傷丙制合輔 杜辛陳英 景癸乙和雀芮 死巳和地柱 驚戊和天心 開壬符蓬 休庚和蛇任

庚戌七八 傷戊和天心 杜壬制符蓬 景庚和蛇任 死丁害陰冲 驚丙害合輔 開辛和陳英 休癸乙和雀芮 生巳義地柱

辛亥八九 星反 開辛義陳英 休癸乙害雀芮 生巳害地柱 傷戊天心 杜壬義符蓬 景庚義蛇任 死丁義陰冲 驚丙合輔

壬子九一 星反 景壬和符蓬 死庚義蛇任 驚丁害陰冲 開丙制合輔 休辛害陳英 生癸乙害雀芮 傷巳義地柱 杜戊害天心

癸丑一一 門伏 休丙合輔 生辛陳英 傷癸乙雀芮 杜巳地柱 景戊天心 死壬符蓬 驚庚蛇任 開丁符芮

二陽六局符頭蓬地盤坎甲辰艮甲申震丁 巽丙 離甲午坤乙甲寅 兌甲戌乾甲子

時 戊 癸

芒種上 雨水中 大寒 春分下

甲辰一一 休天輔遁伏令 休壬符蓬 生庚蛇任 傷丁陰冲 杜丙合輔 景辛陳英 死癸乙符芮 驚巳地柱 開戊天心
乙巳二五 杜丙和合輔 景辛義陳英 死癸乙害雀芮 驚巳制地柱 開戊害天心 休壬害符蓬 生庚義蛇任 傷丁害陰冲
丙午三四 守戶 驚癸乙義雀芮 開巳和地柱 休戊義天心 生壬害符蓬 傷庚義蛇任 杜丁制陰冲 景丙制合輔 死辛義陳英
丁未四三 死巳制地柱 驚戊和天心 開壬制符蓬 休庚義蛇任 生丁和陰冲 傷丙制合輔 杜辛害陳英 景癸乙義雀芮
戊申五六 時五 壬不用 杜庚和雀任 景丁義陰冲 死丙害合輔 驚辛制陳英 開癸乙害雀芮 休巳害地柱 生戊義天心 傷壬害符蓬
巳酉六七 生丁制陰冲 傷丙制合輔 杜辛陳英 景癸乙和雀芮 死巳和地柱 驚戊和天心 開壬符蓬 休庚和蛇任
庚戌七八 傷戊和天心 杜壬制符蓬 景庚和蛇任 死丁害陰冲 驚丙害合輔 開辛和陳英 休癸乙和雀芮 生巳義地柱
辛亥八九 星反 開辛義陳英 休癸乙害雀芮 生巳害地柱 傷戊天心 杜壬義符蓬 景庚義蛇任 死丁義陰冲 驚丙合輔
壬子九一 星反 景壬和符蓬 死庚義蛇任 驚丁害陰冲 開丙制合輔 休辛害陳英 生癸乙害雀芮 傷巳義地柱 杜戊害天心
癸丑一一 門伏 休丙合輔 生辛陳英 傷癸乙雀芮 杜巳地柱 景戊天心 死壬符蓬 驚庚蛇任 開丁符芮

日陽六局符頭芮地盤坎甲辰艮甲申震丁 巽丙 離甲午坤乙甲寅 兌甲戌乾甲子

十二時

芒種上 雨水中 大寒 春分下

甲寅二二 死天輔芮伏吟 休壬合蓬 生庚陳任 傷丁雀冲 杜丙地輔 景辛地英 死癸乙符芮 驚巳蛇柱 開戊陰心
乙卯三五 守戶星伏 杜壬和合蓬 景庚義陳任 死丁害雀冲 驚丙制地輔 開辛害天英 休癸乙害符芮 生巳義蛇柱 傷戊害陰心
丙辰四四 傷丁和雀冲 杜丙制地輔 景辛和天英 死癸乙害符芮 驚巳害蛇柱 開戊和陰心 休壬和合蓬 生庚義陳任
丁巳五三 時五門伏 休丙地輔 生辛天英 傷癸乙符芮 杜巳蛇柱 景戊陰心 死壬合蓬 驚庚陳任 開丁雀冲
午戊六六 驚巳義蛇柱 開戊和陰心 休壬義合蓬 生庚害陳任 傷丁義雀冲 驚庚陳任 景辛制天英 死癸乙義符芮
巳未七七 癸日不用 開戊義陰心 休壬害合蓬 生庚害陳任 傷丁雀冲 杜丙義地輔 景辛義天英 死癸乙義符芮 驚巳蛇柱
庚申八八 伏吟 景辛害天英 死癸乙符芮 驚巳制蛇柱 開戊制陰心 休壬制合蓬 生庚陳任 傷丁害雀冲 杜丙害地輔
辛酉九九 生庚制陳任 傷丁制雀冲 杜丙地輔 景辛害天英 死癸乙和符芮 驚巳和蛇柱 開戊陳心 休壬和合蓬
壬戌一一 死癸乙制符芮 驚巳和蛇柱 開戊制陰心 休壬義合蓬 生庚和陳任 傷丁制雀冲 杜丙害地輔 景辛制天英
癸亥二二 伏吟 休壬合蓬 生庚陳任 傷丁雀冲 杜丙地輔 景辛天英 死癸乙符芮 驚巳蛇柱 開戊陰心

甲己日十二時

冬至 惊蛰 中　清明 立夏 下

陽七局符頭柱 地盤 坎甲午 艮甲戌 震甲寅 巽丁 離甲申 坤丙甲辰 兌甲子 乾乙

時	註	坎	艮	震	巽	離	坤	兌	乾
甲子七	驚柱	休辛 陰蓬	生己 合任	傷癸 陳沖	杜丁 雀輔	景庚 地英	死壬丙 天芮	驚戊 符柱	開乙 地心
乙丑八六		死乙 制蛇心	驚辛 和陰蓬	開己 制合任	休癸 義陳沖	生丁 和雀沖	傷庚 制地英	杜丙 害天芮	景戊 制符柱
丙寅九五		傷己 和合任	杜癸 制陳沖	景丁 和雀輔	死庚 害地英	驚壬丙 害天芮	開戊 和符柱	休乙 和蛇心	生辛 義陰蓬
丁卯一四		驚丁 義雀輔	開庚 和地英	休壬丙 義天芮	生戊 害符柱	傷乙 義蛇心	杜辛 制陰蓬	景己 制合任	死癸 義陳沖
戊辰一七	星伏	生辛 制陰蓬	傷己 制合任	杜癸 陳沖	景丁 和雀輔	死庚 和地英	驚壬丙 和天芮	開戊 符柱	休乙 和蛇心
己巳三八	天輔門反	景壬丙 害天芮	死戊 符柱	驚乙 制合任	開辛 制明蓬	休己 制合任	生癸 陳沖	傷丁 害蛇輔	杜庚 害地英
庚午四九	守戶 甲不開	杜癸 和陳沖	景丁 義雀輔	死庚 害地英	驚壬丙 制天芮	開戊 害符任	休乙 害蛇心	生辛 義陰蓬	傷己 害合任
辛未五一	避五	生戊 制符柱	傷乙 制蛇心	杜辛 陰蓬	景己 和合任	死癸 和陳沖	驚丁 和雀輔	開庚 地英	休壬丙 和天芮
壬申六二		開己 義合任	休癸 害陳沖	生丁 義雀輔	傷庚 地英	杜壬丙 義天芮	景戊 義符柱	死乙 義蛇心	驚辛 陰蓬
癸酉七三	星反門伏	休庚 地英	生壬丙 天芮	傷戊 符柱	杜乙 蛇心	景辛 陰蓬	死己 合任	驚癸 陳沖	開丁 雀輔

乙庚日十二時

冬至　驚蟄　中　清明　立夏　下

陽七局符頭任

地盤：坎甲午　艮甲戌　震甲寅　巽丁　離甲申　坤甲辰乙　兌甲子　乾乙

時	註	坎	艮	震	巽	離	坤	兌	乾
甲戌八	生 任伏吟	休辛 天蓬	生己 符任	傷癸 蛇沖	杜丁 陰輔	景辛 合英	死壬丙 陳芮	驚戊 雀柱	開乙 地心
乙亥九六	已用 不用	死癸 制蛇沖	驚丁 和陰輔	開庚 制合英	休壬丙 義陳符	生戊 和雀柱	傷乙 制地心	杜辛 害天蓬	景己 制任
丙子一五	星反	生庚 制合英	傷壬丙 制陳芮	杜戊 雀柱	景乙 和地心	死辛 和天蓬	驚己 和符任	開癸 蛇沖	休丁 和陰輔
丁丑二四	門反	景戊 害雀柱	死乙 地心	驚辛 制天蓬	開己 制符任	休癸 制蛇沖	生丁 陰輔	傷庚 害合英	杜壬丙 害陳符
戊寅三七		開丁 義陰輔	休庚 害合英	生壬丙 害陳芮	傷戊 雀柱	杜乙 義陳心	景辛 義天蓬	死己 義符任	驚癸 蛇沖
己卯四八	守戶 星反	驚辛 義天蓬	開己 和符任	休癸 義蛇沖	生丁 害陰輔	傷庚 義合英	杜壬丙 制陳芮	景戊 制雀柱	死乙 義地心
庚辰五九	辟五 門反	景壬丙 害陳芮	死戊 雀柱	驚乙 制地心	開辛 制天蓬	休己 制符任	生癸 蛇沖	傷丁 害陰輔	杜庚 害合英
辛巳六一	乙日 不用	傷己 和符任	杜癸 制蛇沖	景丁 和陰輔	死庚 害合英	驚壬丙 害陳芮	開戊 和雀柱	休乙 和地心	生辛 義天英
壬午七二	星反	杜庚 和合英	景壬丙 義陳芮	死戊 害雀柱	驚乙 制地心	開辛 害天蓬	休己 害符任	生癸 義蛇沖	傷丁 害陰輔
癸未八三	門伏	休乙 地心	生辛 天蓬	傷己 符任	杜癸 蛇沖	景丁 陰輔	死庚 合英	驚壬丙 陳芮	開戊 陳柱

丙辛日十二時

冬至惊蟄中 清明立夏下

陽七局符頭英 地盤

地盤	甲申九 景天輔 英伏吟	乙酉一六 門反	丙戌二五 庚日不用	丁亥三四	戊子四七 守戶	己丑五八 辟五	庚寅六九 星伏	辛卯七一	壬辰八二 丙日不用	癸巳九三 門伏
坎甲午	休辛 陳蓬	景壬丙 害蛇輔	開乙 義合心	傷己 和雀任	生戊 制陰柱	開丁 義天輔	死辛 制陳蓬	驚庚 義蛇英	杜乙 和合心	休癸 地沖
艮甲戌	生己 雀任	死戊 陰柱	休辛 害陳蓬	杜癸 制地沖	傷乙 制合心	休庚 害符英	驚己 和雀任	開壬丙 和蛇芮	景辛 義陳蓬	生丁 天輔
震甲寅	傷癸 地沖	驚乙 制合心	生己 害雀任	景丁 和天輔	杜辛 陳蓬	生壬丙 害蛇芮	開癸 制地沖	休戊 義陰柱	死己 害雀任	傷庚 符英
巽丁	杜丁 天輔	開辛 制陳蓬	傷癸 地沖	死庚 害符英	景己 和雀任	傷戊 陰柱	休丁 義天輔	生乙 害合心	驚癸 制地沖	杜壬丙 蛇芮
離甲申	景庚 地英	休己 制雀任	杜丁 義天輔	驚壬丙 害蛇芮	死癸 和地沖	杜乙 義合心	生庚 和符英	傷辛 義陳蓬	開丁 害天輔	景戊 陰柱
坤甲辰丙	死壬丙 蛇芮	生癸 地沖	景庚 義符英	開戊 和陰柱	驚丁 和天輔	景辛 義陳蓬	傷壬丙 制地芮	杜己 制雀任	休庚 害符英	死乙 合心
兌甲子	驚戊 陰柱	傷丁 害天輔	死壬丙 義蛇芮	休乙 和合心	開庚 符英	死己 義雀任	杜戊 害陰柱	景癸 制地沖	生壬丙 義蛇芮	驚辛 陳蓬
乾乙	開乙 合心	杜庚 害符英	驚戊 陰柱	生辛 制陳蓬	休乙 和符沖	驚癸 地沖	景乙 制合心	死丁 義天輔	傷戊 害陰任	開己 雀任

丁壬日十

陽七局符頭蓬地盤坎甲午艮甲戌震甲寅巽丁 離甲申坤甲辰丙 兌甲子乾乙

冬至驚蟄中 清明立夏下

時	注								
甲午一	休天輔 遁伏吟	休辛 符蓬	生巳 蛇任	傷癸 陰沖	杜丁 合輔	景庚 陳英	死壬丙 雀芮	驚戊 地柱	開乙 天心
乙未二六		杜巳 和蛇任	景癸 義陰沖	死丁 害合輔	驚庚 制陳英	開壬 害雀芮	休戊 害地柱	生乙 義天心	傷辛 害符蓬
丙申三五		驚丁 義合輔	開庚 和陳英	休壬丙 義雀芮	生戊 害地柱	傷乙 義天心	杜辛 制符蓬	景巳 制蛇任	死癸 義陰沖
丁酉四四	守戶	死壬丙 制雀芮	驚戊 和地柱	開乙 制天心	休辛 義符蓬	生巳 和蛇任	傷癸 制陰沖	杜丁 害合芮	景庚 制陳英
戊戌五七	辟五	杜癸 和陰沖	景丁 義合輔	死庚 害陳英	驚壬丙 制雀芮	開戊 害地柱	休乙 害天心	生辛 義符蓬	傷巳 害蛇任
己亥六八		生乙 制天心	傷辛 制符蓬	杜巳 蛇任	景癸 和陰沖	死丁 和合輔	驚庚 和陳英	開壬丙 雀芮	休戊 和地柱
庚子七九	星反	傷庚 和陳英	杜壬丙 制雀芮	景戊 和地柱	死乙 害天心	驚辛 害符蓬	開巳 和蛇任	休癸 和陰沖	生丁 義合輔
辛丑八一	星伏	開辛 義符蓬	休巳 害蛇任	生癸 害陰沖	傷丁 合輔	杜庚 義陳英	景壬丙 義雀芮	死戊 義地柱	驚乙 天心
壬寅九二	門反	景丁 害合輔	死庚 陳英	驚壬丙 制雀芮	開戊 制地柱	休乙 制天心	生辛 符蓬	傷巳 害蛇任	杜癸 害陰沖
癸卯一三	門伏	休戊 地柱	生乙 天心	傷辛 符蓬	杜乙 蛇任	景癸 陰沖	死丁 合輔	驚庚 陳英	開壬丙 雀芮

時 戊癸

二陽七局符頭芮地盤坎甲午艮甲戌震甲寅巽丁 離甲申坤甲辰丙 兌甲子乾乙

冬至驚蟄中 清明立夏下

時	注								
甲辰二	死天輔 芮伏吟	休辛 合蓬	生巳 陳任	傷癸 雀沖	杜丁 地輔	景庚 天英	死壬丙 符芮	驚戊 蛇柱	開乙 陰心
乙巳三六		杜戊 和蛇柱	景乙 義陰心	死辛 害合蓬	驚巳 制陳任	開癸 害雀沖	休丁 害地輔	生庚 義天英	傷壬丙 害符芮
丙午四五	守戶 星伏	傷辛 和合蓬	杜巳 制陳任	景癸 和雀沖	死丁 害地輔	驚庚 害天英	開壬丙 和符芮	休戊 和蛇柱	生乙 義陰心
丁未五四	辟五 門伏	休癸 雀沖	生丁 地輔	傷庚 天英	杜壬丙 符芮	景戊 蛇柱	死乙 陰心	驚辛 合蓬	開巳 陳任
戊申六七	壬日 不用	驚乙 義陰心	開辛 和合蓬	休巳 義陳任	生癸 害雀沖	傷丁 義地輔	杜庚 制天英	景壬丙 制符芮	死戊 義蛇柱
己酉七八	星反	開庚 義天英	休壬丙 害符芮	生戊 害蛇柱	傷乙 陰心	杜辛 義合蓬	景巳 義陳任	死癸 義雀沖	驚丁 地輔
庚戌八九	門反	景巳 害陳任	死癸 雀沖	驚丁 制地輔	開庚 制天英	休丙 制符芮	生戊 蛇柱	傷乙 害陰心	杜辛 害合蓬
辛亥九一		生壬丙 制符芮	傷戊 制蛇柱	杜乙 陰心	景辛 和合蓬	死巳 和陳任	驚癸 和雀沖	開丁 地輔	休庚 和天英
壬子一二	星伏	死辛 制合蓬	驚巳 和陳任	開癸 制雀沖	休丁 義地輔	生庚 和天英	傷壬丙 害符芮	杜戊 害蛇柱	景乙 制陰心
癸丑二三	門伏	休丁 地輔	生庚 天英	傷壬丙 符芮	杜戊 蛇柱	景乙 陰心	死辛 合蓬	驚巳 陳任	開癸 雀沖

二陽七局符頭芮 時 戊癸

冬至驚蟄中 清明立夏下

地盤 坎甲午 艮甲戌 震甲寅 巽丁 離甲申 坤甲辰丙 兌甲子 乾乙

甲辰二 死天輔芮伏吟 休辛蓬合 生己任陳 傷癸冲雀 杜丁輔地 景庚英天 死壬丙芮符 驚戊柱蛇 開乙心陰

乙巳三六 杜戊柱蛇和 景乙心陰義 死辛蓬合害 驚己任陳制 開癸冲雀害 休丁輔地害 生庚英天義 傷壬丙芮符害

丙午四五 守戶星伏 傷辛蓬合和 杜己任陳制 景癸冲雀和 死丁輔地害 驚庚英天害 開壬丙芮符和 休戊柱蛇和 生乙心陰義

丁未五四 辟五門伏 休癸冲雀 生丁輔地 傷庚英天 杜壬丙芮符 景戊柱蛇 死乙心陰 驚辛蓬合 開己任陳

戊申六七 壬日不用 驚乙心陰義 開辛蓬合和 休己任陳義 生癸冲雀害 傷丁輔地義 杜庚英天制 景壬丙芮符制 死戊柱蛇義

己酉七八 星反 開庚英天義 休壬丙芮符害 生戊柱蛇害 傷乙心陰 杜辛蓬合義 景己任陳義 死癸冲雀義 驚丁輔地

庚戌八九 門反 景己任陳害 死癸冲雀 驚丁輔地制 開庚英天制 休壬丙芮符制 生戊柱蛇 傷乙心陰害 杜辛蓬合害

辛亥九一 生壬丙芮符制 傷戊柱蛇制 杜乙心陰 景辛蓬合和 死己任陳和 驚癸冲雀和 開丁輔地 休庚英天和

壬子一二 星伏 死辛蓬合制 驚己任陳和 開癸冲雀制 休丁輔地義 生庚英天和 傷壬丙芮符害 杜戊柱蛇害 景乙心陰制

癸丑二三 門伏 休丁輔地 生庚英天 傷壬丙芮符 杜戊柱蛇 景乙心陰 死辛蓬合 驚己任陳 開癸冲雀

日陽七局符頭冲 十二時

冬至驚蟄中 清明立夏下

地盤 坎甲午 艮甲戌 震甲寅 巽丁 離甲申 坤甲辰丙 兌甲子 乾乙

甲寅三 傷天輔伏吟 和戊不用 休辛蓬地 生己任天 傷癸冲符 杜丁輔蛇 景庚英陰 死壬丙芮合 驚戊柱陳 開乙心雀

乙卯四六 辟五 開丁輔蛇義 休庚英陰害 生壬丙芮合害 傷戊柱陳 杜乙心雀義 景辛蓬地義 死己任天義 驚癸冲符

丙辰五五 死壬丙芮合制 驚戊柱符和 開乙心雀制 休辛蓬地義 生己任天和 傷癸冲符制 杜丁輔蛇義 景庚英陰制

丁巳六四 杜乙心雀和 景辛蓬地義 死己任天害 驚癸冲符制 開丁輔蛇害 休庚英陰害 生壬丙芮合義 傷戊柱陳害

戊午七七 反吟 景庚英陰害 死壬丙芮合 驚戊柱陳制 開乙心雀制 休辛蓬地制 生己任天 傷癸冲符害 杜丁輔蛇害

己未八八 癸日不用 生己任天制 傷癸冲符制 杜丁輔蛇 景庚英陰和 死壬丙芮合和 驚戊柱陳和 開乙心雀 休辛蓬地和

庚申九九 驚戊柱陳義 開乙心雀和 休辛蓬地義 生己任天害 傷癸冲符義 杜丁輔蛇制 景庚英陰制 死壬丙芮合義

辛酉一一 傷癸中符和 杜丁輔蛇制 景庚英陰和 死壬丙芮合害 驚戊柱陳害 開乙心雀和 休辛蓬地和 生己任天義

壬戌二二 死壬丙芮合制 驚戊柱陳和 開乙心雀制 休辛蓬地義 生己任天和 傷癸冲符制 杜丁輔蛇害 景庚英陰制

癸亥三三 伏吟 休辛蓬地 生己任天 傷癸冲符 杜丁輔蛇 景庚英陰 死壬丙芮合 驚戊柱陳 開乙心雀

甲己日十二時

小寒中 立春上 谷雨小満下

陽八局符頭任 地盤

時	坎甲申	艮甲子	震甲辰	巽甲寅	離甲戌	坤甲午丁	兌乙	乾丙
甲子八生 任伏吟	休庚 天蓬	生戊 符任	傷壬 蛇冲	杜癸（地） 陰輔	景己 合英	死辛丁 陳芮	驚乙 雀柱	開丙（蒌） 地心
乙丑九七 已日不用	死癸 制陰輔	驚己 和合英	開辛乙（合） 制陳心	休乙（返 返） 義雀柱	生丙 和地心	傷庚 天蓬	杜戊 害符任	景壬 制蛇冲
丙寅一六	生壬 制蛇冲	傷癸 制陰輔	杜己 合英	景辛丁（往冲 使） 和陳芮	死乙（使） 和雀柱	驚丙（合） 和地心	開庚 天蓬	休戊（蛇反 佐） 和符任
丁卯二五 反吟	景己 害合英	死辛丁（救） 陳芮	驚乙 制雀柱	開丙（重） 制地心	休庚（刑格） 制天蓬	生戊（佐） 符任	傷壬 害蛇冲	杜癸（他） 害陰輔
戊辰三八 星伏	開庚 義天蓬	休戊 害符任	生壬 害蛇冲	傷癸 陰輔	杜己 義合英	景辛丁 義陳芮	死乙 義雀柱	驚丙 地心
己巳四九 天輔	驚辛丁 義陰芮	開乙（吹） 和芮柱	休丙 義地心	生庚（大格） 害天蓬	傷戊 義符任	杜壬 制蛇冲	制陰輔	死己 義合英
庚午五一 守戶 門反降義	景戊（飛害） 害符任	死壬 蛇冲	驚癸 制陰輔	開己 制合英	休辛丁 制陳芮	生乙（蒸 使） 雀柱	傷丙 害地心	杜庚（日入） 害天蓬
辛未六二 星反	傷己 和合英	杜辛丁（次） 制陳芮	景乙 和雀柱	死丙 害地心	驚庚（刑格） 害天蓬	開戊 和符任	休壬 和蛇冲	生癸 義陰輔
壬申七三	杜丙（勤入 使） 和地心	景庚（伏宮） 義天蓬	死戊（刑） 害符任	驚壬 制蛇冲	開癸 害陰輔	休己 害合英	生辛丁 義陳芮	傷乙 害雀柱
癸酉八四 門伏	休乙（返 合） 雀柱	生丙（吹返重 鳥穴使） 地心	傷庚（小格） 天蓬	杜戊 符任	景壬 蛇冲	死癸（伏宮） 陳輔	驚己 合英	開辛丁 陳芮

乙庚日十二時

小寒中 立春上 谷雨小 满下

陽八局符頭英 地盤 坎甲申 艮甲子 震甲辰 巽甲寅 離甲戌 坤甲午丁 兌乙 乾丙

時	注	一	二	三	四	五	六	七	八
甲戌九 英景	伏吟	休庚 陳蓬	生戊 雀任	傷壬 地冲	杜癸 天輔	景己 符英	死辛丁 害禽	驚乙 陰柱	開丙（休、墓） 合心
乙亥一七	門反 己不用	景乙（合） 害陰柱	死丙（使、甲日字） 合心	驚庚（小格） 制陳蓬	開戊 制雀任	休壬 刑地冲	生癸（字） 義天輔	傷己 害符英	杜辛丁（墓） 害蛇任
丙子二六	庚日不用	開辛丁 義蛇禽	休乙（真） 害陰柱	生丙（休） 害合心	傷庚（大格） 陳蓬	杜戊 義雀任	景壬 義地冲	死癸 義天輔	驚己（龍、伏） 符英
丁丑三五		傷丙（使、癸入） 和合心	杜庚 制陳英	景戊 和雀任	死壬 害地冲	驚癸 害天輔	開己（刑、任） 和符英	休辛丁 和蛇禽	生乙（真） 義陰柱
戊寅四八		生癸 制天輔	傷己 制符英	杜辛丁（合、使） 蛇禽	景乙 和陰柱	死丙（入、次） 和合心	驚庚 和陳蓬	開戊 雀任	休壬 和地冲
己卯五九	辟五星 伏守户	開庚（庚日伏） 義陳蓬	休戊 害雀任	生壬 害地冲	傷癸 天輔	杜己 義符英	景辛丁 義蛇禽	死乙 義陰柱	驚丙（墓） 合心
庚辰六一	星反	死己（飛宮） 制符英	驚辛丁 和蛇禽	開乙（真、遁） 制陰柱	休丙 義合心	生庚（伏宮、刑格） 和陳蓬	傷戊 制雀任	杜壬 害地冲	景癸 制天輔
辛巳七二	乙日不用	驚丙（癸入使、伏日字） 義合心	開庚 和陳禽	休戊 義雀任	生壬 害地冲	傷癸 義天輔	杜己（刑） 制符英	景辛丁 制蛇禽	死乙 義陰柱
壬午八三		杜壬 和地冲	景癸 和天輔	死己 害符英	驚辛丁（使、雀冲） 制蛇禽	開乙（使、真遁） 害陰柱	休丙（休、合） 害合心	生庚（壬日伏） 義陳蓬	傷戊 害雀任
癸未九四	門伏	休戊 雀壬	生壬 地冲	傷癸 天輔	杜己 符英	景辛丁 蛇禽	死乙（墓、使） 陰柱	驚丙 合心	開庚（白入） 陳蓬

丙辛日十二時

小寒中　立春上　谷雨小滿下

陽八局符頭遁地盤：坎甲申　艮甲子　震甲辰　巽甲寅　離甲戌　坤甲午　兌乙　乾丙

時	注	坎	艮	震	巽	離	坤	兌	乾
甲申一	休天輔 蓬伏吟	休庚 符蓬	生戊 蛇任	傷壬 陰沖	杜癸 合輔	景巳 陳英	死辛丁 雀芮	驚乙 地柱	開丙 天心
乙酉二七		杜壬 和陰沖	景癸 義合輔	死巳 害陳英	驚辛丁 制雀芮	開乙 害地柱	休丙 害天心	生庚 義符蓬	傷戊 害蛇任
丙戌三六		驚戊 義蛇任	開壬 和陰沖	休癸 義合輔	生巳 害陳英	傷辛丁 義雀芮	杜乙 制地柱	景丙 制天心	死庚 義符蓬
丁亥四五		死癸 制合輔	驚巳 和陳英	開辛丁 制雀芮	休乙 義地柱	生丙 和天心	傷庚 制符蓬	杜戊 害蛇任	景壬 制陰沖
戊子五八	辟五 守户	杜丙 和天心	景庚 義符蓬	死戊 害蛇任	驚壬 制陰沖	開癸 害合輔	休巳 害陳英	生辛丁 義雀芮	傷乙 害地任
己丑六九	星反	生巳 制陳英	傷辛丁 制雀芮	杜乙 地柱	景丙 和天心	死庚 義符蓬	驚戊 和蛇任	開壬 陰沖	休癸 和合輔
庚寅七一	門伏	傷庚 和符蓬	杜戊 制蛇任	景壬 和陰沖	死癸 害合輔	驚巳 害陳英	開辛丁 和雀芮	休乙 和地柱	生丙 義天心
辛卯八二		開癸 義合輔	休巳 害陳英	生辛丁 害雀芮	傷乙 地柱	杜丙 義天心	景庚 義符蓬	死戊 義蛇任	驚壬 陰沖
壬辰九三	門反 丙不用	景乙 害地柱	死丙 天心	驚庚 制符蓬	開戊 制蛇任	休壬 制陰沖	生癸 合輔	傷巳 害陳英	杜辛丁 害雀芮
癸巳一四	門伏	休辛丁 雀芮	生乙 地柱	傷丙 天心	杜庚 符蓬	景戊 蛇任	死壬 陰沖	驚癸 合輔	開巳 陳英

陽八局符頭芮　地盤坎甲申艮甲子震甲辰巽甲寅離甲戌坤甲午丁　兌乙　乾丙

丁壬日十

小寒中　立春上　谷雨小滿下

時	備註	坎	艮	震	巽	離	坤	兌	乾
甲午二	死天輔 芮伏吟	休庚 合蓬	生戊 陳任	傷壬 雀冲	杜癸 地輔	景己 天英	死辛丁 符芮	驚己 蛇柱	開丙 陰心
乙未三七		杜丙 和陰心	景庚 和合蓬	死戊 害陳任	驚壬 制雀冲	開癸 害地輔	休己 害天英	生辛丁 義符芮	傷乙 害蛇柱
丙申四六		傷乙 和蛇柱	杜丙 制陰心	景庚 和合蓬	死戊 害陳任	驚壬 害雀冲	開癸 和地輔	休己 和天英	生辛丁 義符芮
丁酉五五	守戶群 五伏吟	休庚 合蓬	生戊 陳任	傷壬 雀冲	杜癸 地輔	景己 天英	死辛丁 符芮	驚乙 蛇柱	開丙 陰心
戊戌六八	星反	驚己 義天英	開辛丁 和符芮	休乙 義蛇柱	生丙 害陰心	傷庚 義合蓬	杜戊 制陳任	景壬 制雀冲	死癸 義地輔
己亥七九		開戊 義陳任	休壬 害雀冲	生癸 害地輔	傷己 天英	杜辛丁 義符芮	景乙 義蛇柱	死丙 義陰心	驚庚 合蓬
庚子八一		景辛丁 害符芮	死乙 蛇柱	驚丙 害陰心	開庚 制合蓬	休戊 制陳任	生壬 雀冲	傷癸 害地輔	杜己 害天英
辛丑九二	星伏	生庚 制合蓬	傷戊 制陳任	杜壬 雀冲	景癸 和地輔	死己 和天英	驚辛丁 和符芮	開乙 蛇柱	休丙 和陰心
壬寅一三		死癸 制地輔	驚己 和天英	開辛丁 制符芮	休乙 義蛇柱	生丙 和陰心	傷庚 制合蓬	杜戊 害陳任	景壬 制雀冲
癸卯二四	門伏	休壬 雀冲	生癸 地輔	傷己 天英	杜辛 符芮	景乙 蛇柱	死丙 陰心	驚庚 合蓬	開戊 陳任

二陽八局符頭冲　地盤坎甲申艮甲子震甲辰巽甲寅離甲戌坤甲子丁　兌乙　乾丙

時　戊癸

小寒中　立春上　谷雨小滿下

時	備註	坎	艮	震	巽	離	坤	兌	乾
甲辰三	傷天輔 冲伏吟	休庚 地蓬	生戊 天任	傷壬 符冲	杜癸 蛇輔	景己 陰英	死辛丁 合芮	驚乙 陳柱	開丙 雀心
乙巳四七		開己 義陰英	休辛丁 害合芮	生乙 害陳柱	傷丙 雀心	杜庚 義地蓬	景戊 義天任	死壬 義符冲	驚癸 義蛇輔
丙午五六	守戶群五	死癸 害蛇輔	驚己 和陰英	開辛丁 制合芮	休己 義陳柱	生丙 和雀心	傷庚 制地蓬	杜戊 義天任	景壬 制符冲
丁未六五		杜辛丁 和合芮	景乙 義陳柱	死丙 害雀心	驚庚 制地蓬	開戊 害天任	休壬 害符冲	生癸 義蛇輔	傷己 害陰英
戊申七八	門反	景戊 害天任	死壬 符冲	驚癸 制蛇輔	開己 制陰英	休辛丁 制合芮	生乙 陳柱	傷丙 害雀心	杜庚 害地蓬
己酉八九		生乙 制陳柱	傷丙 制雀心	杜庚 地蓬	景戊 和天任	死壬 和符冲	驚癸 和蛇輔	開己 陰英	休辛丁 和合芮
庚戌九一		驚壬 義符冲	開癸 和蛇輔	休己 義陰英	生辛丁 害合芮	傷乙 義陳柱	杜丙 制雀心	景庚 制地蓬	死戊 義天任
辛亥一二		傷辛丁 和合芮	杜乙 制陳柱	景丙 和雀心	死庚 害地蓬	驚戊 害天任	開壬 和符冲	休癸 和蛇輔	生己 義陰英
壬子二三	星伏	死庚 制地蓬	驚戊 和天任	開壬 和符冲	休癸 義蛇輔	生己 和陰英	傷辛丁 制合芮	杜乙 害陳柱	景丙 制雀心
癸丑三四	門伏	休丙 雀心	生庚 天蓬	傷戊 天任	杜壬 符冲	景癸 蛇輔	死己 陰英	驚辛丁 合芮	開乙 陳柱

二陽八局符頭沖地盤坎甲申艮甲子震甲辰巽甲寅離甲戌坤甲子丁兌乙乾丙

時 戊 癸

小寒中 立春上 谷雨小滿下

甲辰三 傷天輔 沖伏吟 休庚地蓬 生戊天任 傷壬符沖 杜癸蛇輔 景己陰英 死辛丁合芮 驚乙陳柱 開丙雀心

乙巳四七 開己義陰英 休辛丁害合芮 生乙害陳柱 傷丙雀心 杜庚義地蓬 景戊義天任 死壬義符沖 驚癸義蛇輔

丙午五六 守戶 辟五 死癸害蛇輔 驚己和陰英 開辛丁制合芮 休己義陳柱 生丙和雀心 傷庚制地蓬 杜戊害天任 景壬制符沖

丁未六五 杜辛丁和合芮 景乙義陳柱 死丙害雀心 驚庚制地蓬 開戊害天柱 休壬害符沖 生癸義蛇輔 傷己害陰英

戊申七八 門反 壬一不用 景戊害天任 死壬符沖 驚癸制蛇輔 開己制陰英 休辛丁制合芮 生乙陳柱 傷丙害雀心 杜庚害地蓬

己酉八九 生乙制陳柱 傷丙制雀心 杜庚地蓬 景戊和天任 死壬和符沖 驚癸和蛇輔 開己陰英 休辛丁和合芮

庚戌九一 驚壬義符沖 開癸和蛇輔 休己義陰英 生辛丁害合芮 傷乙義陳柱 杜丙制雀心 景庚制地蓬 死戊義天任

辛亥一二 傷辛丁和合芮 杜乙制陳柱 景丙和雀心 死庚害地蓬 驚戊害天任 開壬和符沖 休癸和蛇輔 生己義陰英

壬子二三 星伏 死庚制地蓬 驚戊和天任 開壬和符沖 休癸義蛇輔 生己和陰英 傷辛丁制合芮 杜乙害陳柱 景丙制雀心

癸丑三四 門伏 休丙雀心 生庚天蓬 傷戊天任 杜壬符沖 景癸蛇輔 死己陰英 驚辛丁合芮 開乙陳柱

日陽八局符頭輔地盤坎甲申艮甲子震甲辰巽甲寅離甲戌坤甲午丁兌乙乾丙

十二時

小寒中 立春上 谷雨小滿下

甲寅四 杜天輔 輔伏吟 休庚雀蓬 生戊地任 傷壬天沖 杜癸符輔 景己蛇英 死辛丁陰芮 驚乙合柱 開丙陳心

乙卯五七 守戶 辟五 驚辛丁義陰芮 開乙和合柱 休丙義陳心 生庚害雀蓬 傷戊義地任 杜壬制天沖 景癸制符輔 死己義蛇英

丙辰六六 反吟 景己害蛇英 死辛丁陰芮 驚乙制合柱 開丙制陳心 休庚制雀蓬 生戊地任 傷壬害天沖 杜癸害符輔

丁巳七五 死乙制合芮 驚丙和陳心 開庚制雀蓬 休戊地任 生壬和天沖 傷癸制符輔 杜己害蛇英 景辛丁制陰芮

戊午八八 傷壬和天沖 杜癸制符輔 景己和蛇英 死辛害陰芮 驚乙害合柱 開丙和陳心 休庚和雀蓬 生戊義地任

己未九九 癸日不用 開丙義陳心 休庚害雀蓬 生戊害地任 傷壬天沖 杜癸義符輔 景己義蛇英 死辛丁義陰芮 驚乙合柱

庚申一一 杜癸和符輔 景己義蛇英 死辛丁害陰芮 驚乙制合柱 開丙害陳心 休庚害雀蓬 生戊義地任 傷壬害天沖

辛酉二二 驚乙義合柱 開丙和陳心 休庚義雀蓬 生戊害天任 傷壬義天沖 杜癸制符輔 景己制蛇英 死辛丁義陰芮

壬戌三三 生戊制地任 傷壬制天沖 杜癸符輔 景己和蛇英 死辛丁和陰芮 驚乙和合柱 開丙陳心 休庚和雀蓬

癸亥四四 伏吟 休庚雀蓬 生戊地任 傷壬天沖 杜癸符輔 景己蛇英 死辛丁陰芮 驚乙合柱 開丙陳心

甲己日十二時

雨水上 芒种下 大寒 春分中

陽九局符頭英 地盤	坎甲戊	艮乙	震甲午	巽甲辰	離甲子	坤甲申甲寅	兌丙	乾丁
甲子九景 英反吟	休己 陳蓬	生乙 雀任	傷辛 地沖	杜壬 天輔	景戊 符英	死庚癸 蛇芮	驚丙 陰柱	開丁 合心
乙丑一八 門反 己不用	景壬 害天輔	死戊 符英	驚庚癸 制蛇芮	開丙 制陰柱	休丁 制合心	生己 陳蓬	傷乙 害雀任	杜辛 害地沖
丙寅二七	開丙 制陰柱	休丁 害合心	生己 害陳蓬	傷乙 雀任	杜辛 義地沖	景壬 義天輔	死戊 義符英	驚庚癸 蛇芮
丁卯三六	傷庚癸 和蛇芮	杜丙 制陰柱	景丁 和合心	死己 害陳蓬	驚乙 害雀任	開辛 和地沖	休壬 和天輔	生戊 義符英
戊辰四九 星伏	生己 制陳蓬	傷乙 制雀任	杜辛 地沖	景壬 和天輔	死戊 和符英	驚庚癸 和蛇芮	開丙 陰柱	休丁 和合心
己巳五一 星反 辟五	開戊 義符英	休庚癸 害蛇芮	生丙 害陰柱	傷丁 合心	杜己 義陳蓬	景乙 義雀任	死辛 義地沖	驚壬 天輔
庚午六二 甲日不用	死丁 制合心	驚己 和陳蓬	開乙 制雀任	休辛 義地沖	生壬 和天輔	傷戊 制符英	杜庚癸 害蛇芮	景丙 制陰柱
辛未七三	驚辛 義地沖	開壬 和天輔	休戊 制符英	生庚癸 害蛇芮	傷丙 義陰柱	杜丁 制合心	景己 制陳蓬	死乙 義雀任
壬申八四	杜乙 和雀任	景辛 義地沖	死壬 害天輔	驚戊 制符英	開癸 害蛇芮	休丙 害陰柱	生丁 義合心	傷己 害陳蓬
癸酉九五 門伏	休丁 合心	生己 陳蓬	傷乙 雀任	杜辛 地沖	景壬 天輔	死戊 符英	驚庚癸 蛇芮	開丙 陰柱

乙庚日十二時

雨水上　芒种下　大寒　春分中

陽九局符頭蓬地盤

時		坎甲戌	艮乙	震甲午	巽甲辰	離甲子	坤甲寅甲申	兌丙	乾丁
甲戌一	休蓬伏吟	休己 蓬符	生乙 任蛇	傷辛 冲陰	杜壬 輔合	景戊 英陳	死庚癸 芮雀	驚丙 柱地	開丁 心天
乙亥二八	己日不用	杜丁 心天和	景己 蓬符義	死乙(伏) 任蛇害	驚辛 冲陰制	開壬 輔合害	休戊 英陳害	生庚癸 芮雀義	傷丙(墓) 柱陳害
丙子三七	庚日不用	驚辛 冲陰義	開壬 輔合和	休戊 英陳義	生庚癸 芮雀害	傷丙 柱地義	杜丁(伏) 心天制	景己(佐)(龍反) 蓬符制	死乙 任蛇義
丁丑四六		死乙(伏)(坎) 任蛇制	驚辛 冲陰和	開壬 輔合義	休戊 英陳義	生庚癸 芮雀和	傷丙(癸入伏)(庚日字) 柱地制	杜丁 心害	景己(佐) 蓬符制
戊寅五九	辟五星反	杜戊 英陳和	景庚癸(乙日伏) 芮雀義	死丙(合) 柱地害	驚丁(伏)(合) 心天制	開己 蓬符害	休乙(墓) 任蛇害	生辛 冲陰義	傷壬 輔合害
己卯六一	守戶星伏	生己 蓬符制	傷丁 任蛇制	杜辛 冲陰	景壬 輔合和	死戊 英陳義	驚庚癸(庚日伏) 芮雀和	開丙(重) 柱地	休丁(墓) 心天和
庚辰七二		傷壬 輔合	杜戊 英陳制	景庚癸 芮雀和	死丙 柱地害	驚丁 心天害	開己(刑) 蓬符和	休乙 任蛇和	生辛 冲陰義
辛巳八三	乙日不用	開丙 柱地義	休丁(伏) 心天害	生己 蓬符害	傷乙 任蛇	杜辛 冲陰義	景壬 輔合義	死戊 英陳義	驚庚癸 芮雀
壬午九四	門反	景庚癸(伏蛇)(刑格) 芮雀害	死丙 柱地	驚丁 心天制	開己 蓬符制	休乙 任蛇制	生辛 冲陰	傷壬 輔合害	杜戊 英陳害
癸未一五	門伏	休壬 輔合	生戊 英陳	傷庚癸 芮雀	杜丙 柱地	景丁 心天	死己(飛宮)(刑) 蓬符	驚乙 任蛇	開辛 冲陰

丙辛日十二時

雨水上 芒种下 大寒 春分中

陽九局符頭芮 地盤

時	注	坎甲戊	艮乙	震甲午	巽甲辰	離甲子	坤甲寅甲申	兌丙	乾丁
甲申二	死天輔 芮伏吟	休己 蓬合	生乙 任陳	傷辛 冲雀	杜壬 輔地	景戊 英天	死庚癸 芮符	驚丙 柱蛇	開丁 心陰
乙酉三八	星反	杜戊 英天和	景庚癸 芮符義	死丙 柱蛇害	驚丁 心陰制	開己 蓬合害	休乙 任陳害	生辛 冲雀義	傷壬 輔地害
丙戌四七	庚日不用	傷丁 心陰和	杜己 蓬合制	景乙 任陳和	死辛 冲雀和	驚壬 輔地害	開戊 英天和	休庚癸 芮符和	生丙 柱蛇義
丁亥五六	辟五 門伏	休丙 柱蛇	生丁 心陰	傷己 蓬合	杜乙 任陳	景辛 冲雀	死壬 輔地	驚戊 英天	開庚癸 芮符
戊子六九	守戶	驚乙 任陳義	開辛 冲雀和	休壬 輔地義	生戊 英天害	傷庚癸 芮符義	杜丙 柱蛇制	景丁 心陰義	死己 蓬合義
己丑七一		開庚癸 芮符義	休丙 柱蛇害	生丁 心陰害	傷己 蓬合	杜乙 任陳義	景辛 冲雀義	死壬 輔地義	驚戊 英天
庚寅八二	星伏 門反	景己 蓬合害	死乙 任陳	驚辛 冲雀制	開壬 輔地制	休戊 英天制	生庚癸 芮符	傷丙 柱蛇害	杜丁 心陰害
辛卯九三		生壬 輔地制	傷戊 英天制	杜庚癸 芮符	景丙 柱蛇和	死丁 心陰和	驚己 蓬和	開乙 任陳	休辛 冲雀害
壬辰一四	丙日不用	死辛 冲雀制	驚壬 輔地和	開戊 英天制	休庚癸 芮符義	生丙 柱地和	傷丁 心陰制	杜己 蓬合害	景乙 任陳制
癸巳二五	伏吟	休己 蓬合	生乙 任陳	傷辛 柱蛇	杜壬 輔地	景戊 英天	死庚癸 芮符	驚丙 柱蛇	開丁 柱陰

丁壬日十

陽九局符頭冲 地盤坎甲戊艮乙 震甲午巽甲辰離甲子坤甲寅甲申兌丙 乾丁

雨水上 芒种下 大寒 春分中

甲午三 傷天輔冲伏吟 休巳 地蓬 生乙 天任 傷辛 符冲 杜壬 蛇輔 景戊 陰英 死庚癸 合芮 驚丙 陳柱 開丁 雀心
乙未四八 開乙 義天任 休辛 害符冲 生壬 害符輔 傷戊 陰英 杜庚癸 義合芮 景丙 義陳柱 死丁 義雀心 驚巳 地蓬
丙申五七 辟五星反 死戊 制陰英 驚庚癸 和合芮 開丙 制陳任 休丁 義雀心 生巳 和地蓬 傷乙 制天柱 杜辛 害符英 景壬 小蛇輔
丁酉六六 守戶 壬不用 杜壬 和蛇輔 景戊 義陰英 死庚癸 害合芮 驚丙 制陳柱 開丁 害雀心 休巳 害地蓬 生乙 義天任 傷辛 制蛇輔
戊戌七九 門反 景丙 害陳柱 死丁 雀心 驚巳 制地蓬 開乙 制天任 休辛 制符冲 生壬 蛇輔 傷戊 害陰英 景壬 制蛇輔
己亥八一 生辛 制符冲 傷壬 蛇輔 杜戊 陰英 景庚癸 和合芮 死丙 和陳芮 驚丁 和雀心 開巳 地蓬 休乙 和天任
庚子九二 驚庚癸 義合芮 開丙 和陳冲 休丁 義雀冲 生巳 害地蓬 傷乙 義天任 杜辛 制符冲 景壬 制蛇芮 死戊 義陰英
辛丑一三 星伏 傷巳 和地蓬 杜乙 制天任 景辛 和符冲 死壬 害蛇輔 驚戊 害陰英 開庚癸 和合芮 休丙 和陳柱 生丁 義雀心
壬寅二四 死丁 制雀心 驚巳 和地蓬 開乙 和天任 休辛 義符冲 生壬 和蛇輔 傷戊 制陰英 杜庚癸 制合芮 景丙 制陳柱
癸卯三五 門伏 丁不用 休庚癸 合芮 生丙 陳柱 傷丁 雀心 杜巳 陰蓬 景乙 天任 死辛 符冲 驚壬 蛇輔 開戊 陰英

二陽九局符頭輔 地盤坎甲戊艮乙 震甲午巽甲辰離甲子坤甲寅甲申兌丙 乾丁

時 戊癸

雨水上 芒种下 大寒 春分中

甲辰四 杜天輔 輔伏吟 休巳 雀蓬 生乙 也任 傷辛 天冲 杜壬 符輔 景戊 蛇英 死庚癸 陰芮 驚丙 合柱 開丁 陳心
乙巳五八 避五 驚辛 天冲 開壬 符輔 休戊 蛇英 生庚癸 陰芮 傷丙 合柱 杜丁 陳心 景巳 雀蓬 死乙 地任
丙午六七 守戶 門反 景庚癸 陰芮 死丙 合柱 驚丁 陳心 開巳 雀蓬 休乙 地任 生辛 天冲 傷壬 符輔 杜戊 蛇英
丁未七六 星反 死戊 蛇英 驚庚癸 陰芮 開丙 合柱 休丁 陳心 生巳 雀蓬 傷乙 地任 杜辛 天冲 景壬 符輔
戊申八九 壬日不用 傷丁 和陳心 杜巳 制雀蓬 景乙 和地任 死辛 害天冲 驚壬 害符輔 開戊 和蛇英 休庚癸 和陰芮 生丙 義合任
己酉九一 開壬 義符輔 休戊 害蛇英 生庚癸 害陰芮 傷丙 合柱 杜丁 義陳心 景巳 義雀蓬 死乙 義地任 驚辛 天冲
庚戌一二 杜丙 和合柱 景丁 義陳心 死巳 害雀蓬 驚乙 制地任 開辛 害天冲 休壬 害符輔 生戊 義蛇英 傷庚癸 害陰芮
辛亥二三 驚乙 義地任 開辛 和天冲 休壬 害雀輔 生戊 害蛇英 傷庚癸 義陰芮 杜丙 制合柱 景丁 制陳心 死巳 義雀蓬
壬子三四 星伏 生子 制雀蓬 傷乙 制地任 杜辛 天冲 景壬 和符輔 死戊 和蛇英 驚庚癸 和陰芮 開丙 合柱 休丁 和陳心
癸丑四五 門伏 休丙 合柱 生丁 陳心 傷巳 雀蓬 杜乙 地任 景辛 天冲 死壬 符輔 驚戊 蛇英 開庚癸 陰芮

二陽九局符頭輔地盤坎甲戊艮乙　震甲午巽甲辰離甲子坤甲申甲寅兑丙　乾丁

時　戊　癸

雨　水　上　芒　种　下　大　寒　春　分　中

時	一	二	三	四	五	六	七	八
甲辰四四 柱天輔輔伏吟	休己雀蓬	生乙地任	傷辛天冲	杜壬符輔	景戊蛇英	死庚癸陰芮	驚丙合柱	開丁陳心
乙巳五八 避五	驚辛天冲	開壬符輔	休戊蛇英	生庚癸陰芮	傷丙合柱	杜丁陳心	景己雀蓬	死乙地任
丙午六七 守戶門反	景庚癸陰芮	死丙合柱	驚丁陳心	開己雀蓬	休乙地任	生辛天冲	傷壬符輔	杜戊蛇英
丁未七六 星反	死戊蛇英	驚庚癸陰芮	開丙合柱	休丁陳心	生己雀蓬	傷乙地任	杜辛天冲	景壬符輔
戊申八九 壬日不用	傷丁和陳心	杜己制雀蓬	景乙和地任	死辛害天冲	驚壬實符輔	開戊和蛇英	休庚癸和陰芮	生丙義合任
己酉九一	開壬義符輔	休戊害蛇英	生庚癸害陰芮	傷丙合柱	杜丁義陳心	景己義雀蓬	死乙義地任	驚辛天冲
庚戌一二	杜丙和合柱	景丁義陳心	死己害雀蓬	驚乙制地任	開辛害天冲	休壬害符輔	生戊義蛇英	傷庚癸害陰芮
辛亥二三	驚乙義地任	開辛和天冲	休壬害雀輔	生戊害蛇英	傷庚癸義陰芮	杜丙制合柱	景丁制陳心	死己義雀蓬
壬子三四 星伏	生子制雀蓬	傷乙制地任	杜辛天冲	景壬和符輔	死戊和蛇英	驚庚癸和陰芮	開丙合柱	休丁和陳心
癸丑四五 門伏	休丙合柱	生丁陳心	傷己雀蓬	杜乙地任	景辛天冲	死壬符輔	驚戊蛇英	開庚癸陰芮

日陽九局符頭禽地盤坎甲戊艮乙　震甲午巽甲辰離甲子坤甲申甲寅兑丙　乾丁

十　二　時

雨　水　上　芒　种　下　大　寒　春　分　中

時	一	二	三	四	五	六	七	八
甲寅五五 死天輔伏禽吟餘五	休己合蓬	生乙陳任	傷辛雀冲	杜壬地輔	景戊天英	死庚癸陰芮	驚丙蛇柱	開丁陰心
乙卯六八 守戶星反	驚戊義天英	開庚癸和符芮	休丙和符芮	生丁害陳心	傷己義合蓬	杜乙制陳任	景辛制雀冲	死壬義地輔
丙辰七七	開丁義陳心	休己害合蓬	生乙害陳任	傷辛雀冲	杜壬義地輔	景戊義天英	死庚癸義符芮	驚丙蛇柱
丁巳八六 門反	景丙害蛇柱	死丁陰心	驚己制合蓬	開乙制陳任	休辛制雀冲	生壬地輔	傷戊害天英	杜庚癸害符輔
戊午九九	死癸乙制禽符	驚辛和天柱	開壬制地心	休戊義雀蓬	生庚和陳任	傷丙制合冲	杜丁害陰輔	景己制蛇英
己未一一 癸不用	生庚制陳任	傷丙制合冲	杜丁義陰輔	景己和蛇英	死癸乙和禽符	驚辛和天柱	開壬地心	休戊害雀蓬
庚申二二 反吟	景己害蛇英	死癸乙制禽符	驚辛制天柱	開壬制地心	休戊義雀蓬	生庚陳任	傷丙和合冲	杜丁害陰輔
辛酉三三	開壬義地心	休戊害雀蓬	生庚害陳任	傷丙合冲	杜丁義陰輔	景己義蛇英	死癸乙義禽符	驚辛天柱
壬戌四四	驚辛義天柱	開壬和地心	休戊義雀蓬	生庚害陳任	傷丙義合冲	杜丁制陰輔	景己制蛇英	死癸乙義禽符
癸亥五五 餘五伏吟	休戊雀蓬	生庚陳任	傷丙合冲	杜丁陰輔	景己蛇英	死癸乙禽符	驚辛天柱	開壬地心

（新镌象吉备要通书大全卷之八终）

新镌象吉备要通书奇门卷之九

潭阳后学　魏　鉴　汇述

奇门吉贱格

注记奇门三十吉格字号

○龙反首(龙首用),直符加丙奇也。

○鸟跌穴(乌穴),丙奇加直符甲也。

○天遁(天),开生合丙临戊也。

○地遁(地),开门合乙临六己也。

○人遁(人),休丁临太阴也。

○神遁(迎),生丙合九天也。

○鬼遁(鬼),开乙合九天,生壬合九地也。

○龙遁(龙),休门乙奇合坎也。

○虎遁(虎),休、生合乙奇临艮也。

○云遁(云),休、开、生乙合临辛震也。

○风遁(风),休、开、生合乙奇临巽。

○真诈(真),三奇三门合太阴也。

○重诈(重),三奇二门合九地也。

○休诈(休),三奇三门合六合也。

○天假(天),三奇合景会九天也。

○地假(地),丁己癸合杜临三隐也。

○人假(人),六壬合惊会九地也。

○神假(神),丁己癸合伤会九地也。

○鬼假(鬼),丁己癸死会三隐也。三隐者,太阴六合九地也。

〇三奇得(使),乙奇加甲戌午,丙奇加甲子申,丁奇加甲辰寅也。

〇玉女守门(守户),甲己时丙,乙庚时辛,丙辛时乙,丁壬时己,戊癸时壬。

〇天辅,甲己日巳,乙庚日申,丙辛日午,丁辰日辰,戊癸日寅。

〇三胜官,天乙直符九天生门也。

〇天三门,太冲、小吉、从魁也。

〇地四户,月建加时取除、定、危、开也。

〇地私门,六合、太阴、太常也。

〇天马方,月将加时太冲位也。

〇三吉门,开、休、生,次吉景、杜也。

〇三吉星,禽、辅、心上吉,冲、任次吉。

〇吉符位,太阴、六合、九天、九地。

注记奇门三十贱格字号

●龙逃走(龙),乙奇遇辛。

●虎猖狂(虎),辛奇遇乙。

●蛇夭娇(蛇),癸加丁奇。

●雀投江(雀江),丁奇加癸。

●伏干格(伏),庚临日丁。

●飞干格(飞),日干加庚。

●伏宫格(伏官),庚加直符。

●飞宫格(飞官),直符加庚。

●大格(大),庚临六害。

●小宫(小),庚临六壬。

●刑格(刑),庚加六己。

●悖格(悖),丙加日干。

●岁隔格,庚加岁干。

●月鬲格,庚加月干。

●时格,庚加时干。

●荧入白(荧白),丙奇加庚。

●白入荧(白荧),庚加丙奇。

●五不遇(不用),时干加日干。

●天网格(网),癸临时干。

●地网格(网),壬临时干。

●反吟格,直符加对宫。

●伏吟格,星符居本宫。

●三奇墓,乙坤丁丙乾。

●三奇受刑,乙奇临乾兑庚辛,丙奇丁奇临坎坤壬癸庚辛。

●六仪击刑,甲子甲午加三九,甲申甲辰加八四,甲戌甲寅加四。

●凶符:朱雀、勾陈、螣蛇。

●凶门:死、伤,大凶;惊,小凶。

●凶星:蓬、芮,大凶;英、柱,小凶。

○凡宫生门,曰和。

○门生宫,曰义。

●宫迫门,曰害。

●门迫宫,曰制。

○宫克门,曰迫,门利为主。

●门克宫,曰迫,宫利为客。

○三奇同天盘六甲符宫曰:欢怡。

○符加丙丁,曰相左。

○使加六丁,曰守扉。

前三十贵格,凡造、葬、嫁娶、入宅、出仕、经商皆大利也,宜用,万事贞吉。

后三十贱格,凡造、葬、嫁娶、上官、入宅、出仕、经商,百事皆凶,切勿用也。

阴遁五百四十局起法

陰九局符頭英　地盤坎乙　艮甲戌　震丁　巽甲寅　離甲子　坤甲辰壬禽丙申　兌甲申　乾甲午

甲己日十二時

夏至白露上　寒露立冬中

時	注	坎	艮	震	巽	離	坤	兌	乾
甲子九	芮景伏吟	休乙 陳蓬	生己 合任	傷丁 陰冲	杜癸 蛇輔	景戊 符英	死丙 天芮	驚庚 坤柱	開辛 雀心
乙丑八一	星反己日不用	杜戊 和符英	景丙 義天芮	死庚 害地柱	驚辛 制雀心	開乙 害陳蓬	休己 害合任	生丁 義陰冲	傷癸 害蛇輔
丁卯六三		驚辛 義雀心	開乙 和陳蓬	休己 義合任	生丁 害陰冲	傷癸 義蛇輔	杜戊 制符英	景丙 制天芮	死庚 義地柱
丙寅七二		死丁 制陰冲	驚癸 和蛇輔	開戊 制符英	休丙 義天芮	生庚 和地柱	傷辛 制雀心	杜乙 害陳蓬	景己 制合柱
戊辰五九	避五星伏	開乙 義陳蓬	休己 害合任	生丁 害陰冲	傷癸 蛇輔	杜戊 義符英	景丙 義天芮	死庚 害地柱	驚辛 雀心
己巳四八	天輔	生癸 制蛇輔	傷戊 制符英	杜丙 天芮	景庚 和地柱	死辛 和雀心	驚乙 和陳蓬	開己 合任	休丁 和陰冲
戊午三七	守戶甲不用	傷癸 和地柱	杜辛 制雀心	景乙 和陳蓬	死己 害合任	驚丁 害陰冲	開癸 和蛇輔	休戊 和符英	生丙 義天芮
辛未一六		開丙 義天芮	休庚 害地柱	生辛 害雀心	傷乙 陳蓬	杜己 義合任	景丁 義陰冲	死癸 義蛇輔	驚戊 符英
壬申二五	門反	景辛 害雀心	死乙 陳蓬	驚己 制合任	開丁 制陰冲	休癸 制蛇輔	生戊 符英	傷丙 害天芮	杜庚 害地柱
癸酉九四	門伏	休己 合壬	生丁 陰冲	傷癸 蛇輔	杜戊 符英	景丙 天芮	死庚 地柱	驚辛 雀心	開己 陳蓬

陰九局符頭任 地盤坎乙 艮甲戌任符 震丁 巽甲寅 離甲子 坤甲辰禽 兑甲申 乾甲午

乙庚日十二時

夏至白露上 寒露立冬中

甲戌八生 任伏吟 休乙 蓬蛇 生巳 任符 傷丁 冲天 杜癸 輔地 景戊 英雀 死丙 芮陳 驚庚 柱合 開辛 心陰

乙亥七一 巳不用 杜巳 任符和 景丁 冲天義 死癸 輔地害 驚戊 英雀制 開丙 芮陳害 休庚 柱合害 生辛 心陰義 傷乙 蓬蛇害

丙子六二 星反 庚不用 傷戊 英雀和 杜丙 芮陳制 景庚 柱合和 死辛 心陰害 驚乙 蓬蛇害 開巳 任符和 休丁 冲天和 生癸 輔地義

丁丑五三 辟五 門反 景辛 心陰害 死乙 蓬蛇 驚巳 芮符制 開丁 冲合制 休癸 輔地制 生戊 英雀 傷丙 芮陳害 杜庚 柱合害

戊寅四九 驚丙 芮陳義 開庚 柱合和 休辛 心陰義 生乙 蓬蛇害 傷巳 柱符義 杜丁 冲天制 景癸 輔地制 死戊 英雀義

巳卯三八 守户 星伏 開乙 蓬蛇義 休巳 任符害 生丁 冲天害 傷癸 輔地 杜戊 英雀義 景丙 芮陳義 死庚 柱合義 驚辛 心陰

庚辰二七 門反 景癸 輔地害 死戊 英雀 驚丙 芮陳制 開庚 柱合制 休辛 心陰制 生乙 蓬蛇 傷巳 任符害 杜丁 冲天害

辛巳一六 乙不用 生丁 冲天制 傷癸 輔地制 杜戊 英雀 景丙 芮陳和 死庚 柱合和 驚辛 心陰和 開乙 蓬蛇 休巳 任符和

壬午九五 星反 死戊 英雀制 驚丙 芮陳和 開庚 柱合制 休辛 心陰義 生乙 蓬蛇和 傷巳 任符制 杜丁 冲天害 景癸 輔地制

癸未八四 門伏 休庚 柱合 生辛 心陰 傷乙 蓬蛇 杜巳 任芮 景丁 冲天 死癸 輔地 驚戊 英雀 開丙 芮陳

丙辛日十二時

夏至白露上　寒露立冬中

陰九局符頭柱　地盤

時	注	坎乙	艮甲戌	震丁	巽甲寅	離甲子	坤壬甲辰禽	兌甲申	乾甲午
甲申七	驚天輔柱伏吟	休乙 蓬地	生己 任雀	傷丁 冲陳	杜癸 輔合	景戊 英陰	死丙 芮蛇	驚庚 柱符害	開辛 心天
乙酉六一		開庚 任符義	休辛 心天害	生乙 蓬地害	傷己 任雀	杜丁 冲陳義	景癸 輔害義	死戊 英陰義	驚丙 芮蛇
丙戌五二	避五 甲不用	生己 任雀制	傷丁 冲陳制	杜癸 輔合	景戊 英陰和	死丙 芮蛇和	驚庚 柱符和	開辛 心天	休乙 蓬地和
丁亥四三	星反	杜戊 英陰和	景丙 芮蛇義	死庚 柱符害	驚辛 心天制	開乙 蓬地害	休己 任雀害	生丁 冲陳義	傷癸 輔合害
戊子三九	守戶	景丁 冲陳害	死癸 輔合	驚戊 英陰制	開壬丙 芮蛇制	休庚 柱符制	生辛 心天	傷乙 蓬地害	杜己 任雀害
己丑二八		生壬丙 芮蛇制	傷庚 柱符制	杜辛 心天	景乙 蓬地和	死己 任雀和	驚丁 冲雀和	開癸 輔合	休戊 英陰和
庚寅一七	星伏	驚乙 蓬地義	開己 任雀和	休丁 冲陳義	生癸 輔合害	傷戊 英陰義	杜壬丙 芮蛇制	景庚 柱符制	死辛 心天義
辛卯九六		傷辛 心天和	杜乙 蓬地義	景己 任雀和	死丁 冲雀害	驚癸 輔合害	開戊 英陰和	休丙 芮蛇和	生庚 任符義
壬辰八五	丙不用	死己 任雀制	驚丁 冲陳和	開癸 輔合制	休戊 英陰義	生丙心 芮蛇和	傷庚 柱符制	杜辛 心天害	景乙 蓬地制
癸巳七四	門伏	休癸 輔合	生戊 英陰	傷壬丙 芮蛇	杜庚 柱符	景辛 心天	死乙 蓬地	驚己 任雀	開丁 冲陳

丁壬日十

陰九局符頭心 地盤坎乙 艮甲戊震丁 巽甲寅離甲子坤甲辰兌甲申乾甲午

夏至白露上寒露立冬中

甲午六 開天輔 心伏吟 休乙天蓬 生巳地任 傷丁雀冲 杜癸陳輔 景戊合英 死壬丙陰芮 驚庚蛇柱 開辛符心

乙未五一 辟五 傷辛和符心 杜乙制天蓬 景巳和地任 死丁害雀冲 驚癸害陳輔 開戊和合英 休丙和陰芮 生庚義蛇冲

丙申四二 門反 景丁害雀冲 死癸陳輔 驚戊制合英 開壬丙制陰芮 休庚制蛇柱 生辛符心 傷乙害天蓬 杜巳害地任

丁酉三三 守戶 辛不用 死壬丙制陰芮 驚庚和蛇柱 開制符心 休乙義天蓬 生巳和地任 傷丁制雀冲 杜癸害陳輔 景戊制合英

戊戌二九 傷癸和陳輔 杜戊制合英 景壬丙和陰芮 死庚害蛇柱 驚辛害符心 開乙和天蓬 休巳和地任 生丁義雀冲

己亥一八 開庚義蛇柱 休辛害符心 生乙害天蓬 傷巳地任 杜丁義雀冲 景癸義陳輔 死戊義合英 驚壬丙陰芮

庚子九七 杜巳和天任 景丁義雀冲 死癸害陳輔 驚戊制合英 開壬丙害符芮 休庚害蛇柱 生辛義符心 傷乙害天蓬

辛丑八六 星伏 驚乙義天蓬 開巳和地任 休丁義雀冲 生癸害陳輔 傷戊義合英 杜壬丙制陰芮 景庚制蛇柱 死辛義符心

壬寅七五 生丁制雀冲 傷癸制陳輔 杜戊合英 景壬丙和陰芮 死庚和蛇柱 驚辛和符心 開乙天蓬 休巳和地任

癸卯六四 星反門伏 丁不用 休戊合英 生壬丙陰芮 傷庚蛇柱 杜辛符心 景乙天蓬 死巳地任 驚丁雀冲 開癸陳輔

二時 戊癸

陰九局符頭禽 地盤坎乙 艮甲戊震丁 巽甲寅離甲子坤甲辰兌甲申乾甲午

夏至白露上寒露立冬中

甲辰五 死天輔 禽伏吟遁五 休乙雀蓬 生巳陳任 傷丁合冲 杜癸陰輔 景戊蛇英 死壬丙符禽芮 驚庚天柱 開辛地心

乙巳四一 傷壬丙和符芮 杜庚制天柱 景辛和地心 死乙害雀蓬 驚巳害陳任 開丁和合冲 休癸和陰輔 生戊義蛇英

丙午三二 守戶星伏 杜乙和雀蓬 景巳義陳任 死丁害合冲 驚癸制陰輔 開戊害蛇英 休丙害符芮 生庚義天柱 傷辛害地心

丁未二三 門伏 休癸陰輔 生戊蛇英 傷壬丙符芮 杜庚天柱 景辛地心 死乙雀蓬 驚巳陳任 開丁合冲

戊申一九 丁不用 死巳制陳任 驚丁和合冲 開癸制陰輔 休戊義蛇英 生壬丙和符芮 傷庚義天柱 杜辛害地心 景乙制雀蓬

己酉九八 星反 生戊制蛇英 傷壬丙制符芮 杜庚天柱 景辛和地心 死乙和雀蓬 驚巳和陳任 開丁合冲 休癸和陰輔

庚戌八七 門反 景辛害地心 死乙雀蓬 驚巳制陳任 開丁制合冲 休癸制陰輔 生戊蛇英 傷丙害符芮 杜庚害天柱

辛亥七六 開庚義天柱 休辛害地心 生乙害雀蓬 傷巳陳任 杜丁義合冲 景癸義陰輔 驚戊義蛇英 驚丙符芮

壬子六五 星伏 驚乙義雀蓬 開巳和陳任 休丁義合冲 生癸害陰輔 傷戊義蛇英 杜丙制符芮 景庚制天柱 死辛義地心

癸丑五四 門伏 辟五 休丁合冲 生癸陰輔 傷戊蛇英 杜壬丙符芮 景庚天柱 死辛地心 驚乙雀蓬 開巳陳任

二陰九局符頭禽地盤坎乙 艮甲戌震丁 巽甲寅離甲子坤甲辰兌甲申乾甲午

時 戊 癸

夏至 白露 上 寒露 立冬 中

甲辰五 死天輔 禽伏吟遁五 休乙雀遁 生巳陳任 傷丁合沖 杜癸陰輔 景戊蛇英 死壬丙芮 驚庚天柱 開辛地心
乙巳四一 傷丙壬和符芮 杜庚制天柱 景辛和地心 死乙害雀遁 驚巳害陳任 開丁和合沖 休癸和陰輔 生戊義蛇英
丙午三二 守戶星伏 杜乙和雀遁 景巳義陳任 死丁害合沖 驚癸制陰輔 開戊害蛇英 休丙害符芮 生庚義天柱 傷辛害地心
丁未二三 門伏 休癸陰輔 生戊蛇英 傷丙壬符芮 杜庚天柱 景辛地心 死乙雀遁 驚巳陳任 開丁合沖
戊申一九 丁不用 死巳制陳任 驚丁和合沖 開癸制陰輔 休戊義蛇英 生丙壬和符芮 傷庚陰天柱 杜辛害地心 景乙制雀遁
己酉九八 星反 生戊制蛇英 傷丙壬制符芮 杜庚天柱 景辛和地心 死乙和雀遁 驚巳和陳任 開丁合沖 休癸和陰輔
庚戌八七 門反 景辛害地心 死乙雀遁 驚巳制陳任 開丁制合沖 休癸制陰輔 生戊蛇陰 傷丙害符芮 杜庚害天柱
辛亥七六 開庚義天柱 休辛害地心 生乙害雀遁 傷巳陳任 杜丁義合沖 景癸義陰輔 驚戊義蛇英 驚丙符芮
壬子六五 星伏 驚乙義雀遁 開巳和陳任 休丁義合沖 生癸害陰輔 傷戊義蛇英 杜丙制符芮 景庚制天柱 死辛義地心
癸丑五四 門伏辟五 休丁合沖 生癸陰輔 傷戊蛇英 杜丙壬符芮 景庚天柱 死辛地心 驚乙雀遁 開巳陳任

日陰九局符頭輔地盤坎乙 艮甲戌震丁 巽甲寅離甲子坤甲辰壬丙禽 兌甲申乾甲午

十二時

夏至 白露 上 寒露 立冬 中

甲寅四 杜天輔伏吟 輔戊不用 休乙合遁 生巳陰任 傷丁蛇沖 杜癸符輔 景戊天英 死壬丙地芮 驚庚雀柱 開辛陳心
乙卯三一 守戶 生癸制符輔 傷戊制天英 杜壬丙地芮 景庚和雀柱 死辛和陳心 驚乙和合遁 開巳陰任 休丁和蛇沖
丙辰二二 驚庚義雀柱 開辛和陳心 休乙義合遁 生巳害陰任 傷丁義蛇沖 杜癸制符輔 景戊制天英 死丙地芮
丁巳一三 杜巳和陰任 景丁義蛇沖 死癸害符輔 驚戊制天英 開丙害地芮 休庚害雀任 生辛義陳心 傷乙害合遁
戊午九九 開辛義陳心 休乙害合遁 生巳害陰任 傷丁蛇沖 杜癸義符輔 景戊義天英 死壬丙義地芮 驚庚雀柱
己未八八 癸不用 傷丁和符沖 杜癸制符輔 景戊和天英 死丙害地芮 驚庚害雀柱 開辛和陳心 休乙和合遁 生巳義陰任
庚申七七 死壬丙制地芮 驚庚和雀柱 開辛制陳心 休乙義合遁 生巳和陰任 傷丁制蛇沖 杜癸制芮輔 景戊制天英
辛酉六六 反吟 景戊害天英 死壬丙地芮 驚庚制雀柱 開辛制陳心 休乙制合遁 生巳陰任 傷丁害蛇沖 杜癸害符輔
壬戌五五 辟五 驚庚義雀沖 開辛和陳心 休乙義合遁 生巳害陰任 傷丁義蛇沖 杜癸制蛇輔 景戊制天英 死壬丙義地芮
癸亥四四 伏吟 休乙合遁 生巳陰任 傷丁巳沖 杜癸蛇輔 景戊入英 死壬丙地芮 驚庚雀柱 開辛陳心

甲己日十二時

陰八局符頭任 地盤坎丙 艮甲子震甲寅巽甲辰離乙 坤甲午辛禽兌甲戌乾甲申

小暑上 立秋下 霜降 小雪中

甲子八八 生任伏吟　休丙蓬蛇　生戊任符　傷癸沖天　杜壬輔地　景乙英雀　死辛丁芮陳　驚己柱合　開庚心陰

乙丑九七 已不用　杜辛丁芮陳和　景己柱合義　死庚心陰害　驚丙蓬蛇制　開戊任符害　休癸沖天害　生壬輔地義　傷乙英雀害

丙寅六一　傷戊任符和　杜癸沖天制　景壬輔地和　死乙英雀害　驚辛丁芮陳害　開己柱合和　休庚心陰和　生丙蓬蛇義

丁卯五二 辟五反令　景乙英雀　死辛丁芮陳　驚己柱合　開庚心陰制　休丙蓬蛇　生戊任符　傷癸沖天害　杜壬輔地害

戊辰四八 星反　驚丙蓬蛇義　開戊任符和　休癸沖天義　生壬輔地害　傷乙英雀義　杜辛丁芮陳制　景己柱合制　死庚心陰義

己巳三七 天輔　開壬輔地義　休乙英雀害　生丁芮陳害　傷己柱合　杜庚心陰義　景丙蓬蛇義　死戊任符義　驚癸沖天

庚午二六 守戶門 伏甲不用　景癸沖天害　死壬輔地　驚乙英雀制　開辛丁芮陳制　休己柱合制　生庚心陰　傷丙蓬蛇　杜戊任符害

辛未一五 星反　生乙杜雀制　傷丁芮陳制　杜己柱合　景庚心陰和　死丙蓬陳和　驚戊任符和　開癸沖天　休壬輔地和

壬申九四　死己柱合制　驚庚心陰和　開丙蓬蛇制　休戊任符義　生癸沖天和　傷壬輔地制　杜乙任雀害　景辛丁芮陳制

癸酉八三 門伏　休庚心陰　生丙蓬蛇　傷戊任符　杜癸沖天　景壬輔地　死乙英雀　驚辛丁芮陳　開己柱合

乙庚日十二時

小暑上 立秋下 霜降小 雪中

陰八局符頭柱地盤坎丙

艮甲子 震甲寅 巽甲辰 離乙

坤甲午 兌甲戌 乾甲申

時	註	一	二	三	四	五	六	七	八
甲戌七	驚杜伏吟	休丙 蓬地	生戊 任雀	傷癸 冲陳	杜壬 輔合	景乙 英陰	死丁辛 芮禽蛇	驚巳 柱符	開庚 心天
乙亥六九	巳不用	開癸 冲陳義	休壬 輔合害	生乙 英陰害	傷丁辛 芮蛇	杜巳 柱符義	景庚 心天義	死丙 蓬地義	驚戊 任雀
丙子五一	辟五 庚不用	生巳 柱符制	傷庚 心天制	杜丙 蓬地	景戊 任雀和	死癸 冲陳和	驚壬 輔合和	開乙 英陰	休丁 芮蛇和
丁丑四二		杜戊 任雀和	景癸 冲陳義	死壬 輔合害	驚乙 英陰制	開丁辛 芮蛇害	休巳 柱符害	生庚 心天義	傷丙 蓬地害
戊寅三八	門反	景丁辛 芮蛇害	死巳 柱符	驚庚 心天制	開丙 蓬陰制	休戊 任雀制	生癸 冲陳	傷壬 輔合害	杜乙 英陰害
己卯二七	守戶 星伏	生丙 蓬地制	傷戊 任雀制	杜癸 冲陳	景壬 輔合和	死乙 英陰和	驚丁辛 芮蛇和	開巳 柱符	休庚 心天和
庚辰一六		驚庚 心天義	開丙 蓬地和	休戊 任雀義	生癸 冲陳害	傷壬 輔合義	杜乙 英陰制	景丁辛 芮蛇制	死巳 柱符義
辛巳九五	乙不用	傷戊 任雀和	杜癸 冲陳制	景壬 輔合和	死乙 英陰害	驚丁 芮蛇害	開巳 柱符和	休庚 心天和	生丙 芮地義
壬午八四		死壬 輔合制	驚乙 英陰和	開丁 芮蛇制	休巳 柱符義	生庚 心天和	傷丙 蓬地制	杜戊 柱雀害	景癸 冲陳制
癸未七三	星五 門伏	休乙 英陰	生 芮蛇	傷巳 柱符	杜庚 心天	景丙 蓬地	死戊 任雀	驚癸 冲陳	開壬 輔合

丙辛日十一時

小暑上 立秋下 霜降小 雪中

陰八局符頭心 地盤坎丙 艮甲子 震甲寅 巽甲辰 離乙 坤甲午辛禽 兌甲戌 乾甲申

甲申六一 開天輔 心伏令 休丙戊 天蓬 生戊 地任 傷癸 雀冲 杜壬 陳輔 景乙 合英 死丁辛 陰芮 驚己 蛇柱 開庚伏吟庚加干 符心

乙酉五九 遊五 傷壬 和陰輔 杜乙 制合英 景丁辛雀江 和陰芮 死己 害蛇柱 驚庚乙伏干 害符心 開丙伏 和天蓬 休戊 義地任 生癸 義雀冲

丙戌四一 門反 庚不用 景庚返伏白入 符心 死丙伏 天蓬 驚戊 制地任 開庚 制雀冲 休壬 制陳輔 生乙休返蛇 令英 傷丁 害陰芮 杜己 害蛇柱

丁亥三二 死癸 制雀冲 驚壬 和陳輔 開乙休返 制合英 休丁伏之 義陰芮 生己 和蛇柱 傷庚 和符心 杜丙 害天蓬 景戊 制地任

戊子二八 守戶 傷己 和蛇柱 杜庚 制符心 景丙伏 和天蓬 死戊 害地任 驚癸 害雀冲 開乙 和陳輔 休乙休伏 和合英 生丁辛 義陰芮

己丑一九 開戊 義地任 休癸 害雀冲 生壬 害陳輔 傷乙 合英 杜丁辛反伏 義陰芮 景己 義蛇柱 死庚刑格 義符心 驚丙五入墓伏干加戊 天蓬

庚寅九六 星伏 杜丙 和天蓬 景戊 義地任 死癸 害雀冲 驚壬 制陳輔 開乙休 害合英 休丁返 害陰芮 生己 義蛇柱 傷庚伏飛宮 害符心

辛卯八五 驚癸 義雀冲 開壬 和陳輔 休乙休返返 義合英 生丁合 害陰芮 傷丁 義蛇柱 杜庚辛伏干伏 制符心 景丙伏 制天蓬 死戊 義地任

壬辰七四 星反 丙不用 生乙休 制合英 傷丁辛 制陰芮 杜己 蛇柱 景庚小格 和符心 死丙 和天蓬 驚戊 和地任 開癸 雀冲 休壬 和陳輔

癸巳六三 門伏 休丁 陰芮 生己 蛇柱 傷庚大格 符心 杜丙 天蓬 景戊 地任 死癸 雀冲 驚壬 陳輔 開乙休合交 合英

丁壬日十二時

小暑上 立秋下 霜降 小雪中

陰八局符頭禽 地盤坎丙 艮甲子震甲寅巽甲辰離乙 坤甲午辛禽兌甲戌乾甲申

甲午五 死天輔伏 禽今辟五　休丙 蓬雀　生戊 任陳　傷癸 冲合　杜壬 輔陰　景乙 英蛇　死丁 芮符　驚己 柱天　開庚 心地

乙未四九　傷戊 任陳和　杜癸 冲合制　景壬 輔陰和　死乙 英蛇害　驚丁 芮符害　開己 柱天和　休庚 心地和　生丙 蓬雀義

丙申三一　杜辛丁 芮符和　景己 柱天義　死庚 心地害　驚丙 蓬雀制　開戊 任陳害　休癸 冲合害　生壬 輔陰　傷乙 英蛇害

丁酉二二 甲戶伏吟 辛不開　休丙 蓬雀　生戊 任陳　傷癸 冲合　杜壬 輔陰　景乙 英蛇　死丁 芮符　驚己 柱天　開庚 心地

戊戌一八 星反　死乙 英蛇制　驚丁 芮符和　開己 柱天制　休庚 心地義　生丙 蓬雀和　傷戊 任陳制　杜癸 冲合害　景壬 輔陰制

己亥九七　生庚 心地制　傷丙 蓬雀制　杜戊 任陳　景癸 冲合和　死壬 輔陰和　驚乙 英蛇和　開丁辛 芮符　休己 柱天和

庚子八六　景己 柱天害　死庚 心地　驚丙 蓬雀制　開戊 任陳制　休癸 冲合制　生壬 輔陰　傷乙 英蛇害　杜辛丁 芮符

辛丑七五 星伏　開丙 蓬雀義　休戊 任陳害　生癸 冲合害　傷壬 輔陰　杜乙 英蛇義　景丁 芮符義　死己 柱天義　驚庚 心地

壬寅六四　驚癸 冲合義　開壬 輔陰和　休乙 英蛇義　生丁 芮符害　傷己 柱天義　杜庚 心地制　景丙 蓬雀制　死戊 任陳義

癸卯五三 門伏 丁不開　休壬 輔陰　生乙 英蛇　傷丁 芮符　杜己 柱天　景庚 心地　死丙 蓬雀　驚戊 任陳　開癸 冲合

戊癸

小暑上 立秋下 霜降 小雪中

陰八局符頭輔 地盤坎丙 艮丙子震甲寅巽甲辰離乙 坤甲午丁禽兌甲戌乾甲申

甲辰四 杜天輔 輔伏吟　休丙 蓬合　生戊 任陰　傷癸 冲蛇　杜壬 輔符　景乙 英天　死丁 芮地　驚己 柱雀　開庚 心陳

乙巳三九　生庚 心陳　傷丙 蓬合制　杜戊 任陰　景癸 冲蛇和　死壬 輔符和　驚乙 英天和　開丁 芮地　休己 柱雀和

丙午二一　驚壬 輔符義　開乙 英天和　休丁 芮地義　生己 柱雀害　傷庚 心陳義　杜丙 蓬合制　景戊 任陰制　死癸 冲蛇義

丁未一三　杜己 柱雀和　景庚 心陳義　死丙 蓬合害　驚戊 任陰制　開癸 冲蛇害　休壬 輔符害　生乙 英天義　傷丁 芮地害

戊申九八 壬不開　開癸 冲蛇義　休壬 輔符害　生乙 英天害　傷丁 芮地　杜己 柱雀義　景庚 心陳義　死丙 蓬合義　驚戊 任陰

己酉八七　傷丁 芮地和　杜崔 柱雀制　景庚 心陳和　死丙 蓬合害　驚戊 任陰害　開癸 冲蛇和　休壬 輔符和　生乙 英天義

庚戌七六 星反　死乙 英天制　驚丁 芮地和　開己 柱雀制　休庚 心陳義　生丙 蓬合和　傷戊 任陰制　杜癸 冲蛇害　景壬 輔符制

辛亥六五 門反　景己 柱雀害　死庚 心陳　驚丙 蓬合制　開戊 任陰制　休癸 冲蛇制　生壬 輔符　傷乙 英天　杜丁 芮地害

壬子五四 星伏　驚丙 蓬合義　開戊 任陰和　休癸 冲蛇義　生壬 輔符害　傷乙 英天義　杜天 芮地制　景己 柱雀制　死庚 心陳義

癸丑四三 門伏　休戊 任陰　生癸 冲蛇　傷壬 輔符　杜乙 英天　景丁 芮地　死己 柱雀　驚庚 心陳　開丙 蓬合

二陰八局符頭輔　時　戊癸

小暑上　立秋下　霜降小　雪中

時	地盤坎丙	艮丙子	震甲寅	巽甲辰	離乙	坤甲午丁禽	兌甲戌	乾甲申
甲辰四 杜天輔 輔伏吟	休丙 合蓬	生戊 陰任	傷癸 蛇沖	杜壬 符輔	景乙 符英	死丁 地芮	驚己 雀柱	開庚 陳心
乙巳三九	生庚 陳心	傷丙 制合蓬	杜戊 陰任	景癸 和符沖	死壬 和符輔	驚乙 和天英	開丁 地芮	休己 和雀柱
丙午二一 守戶	驚壬 義符輔	開乙 和天英	休丁 義地芮	生己 害雀柱	傷庚 義陳心	杜丙 制合蓬	景戊 制陰任	死癸 義合沖
丁未一二	杜己 和雀柱	景庚 義陳心	死丙 害合蓬	驚戊 制陰任	開癸 害蛇沖	休壬 害符芮	生乙 義天英	傷丁 害地芮
戊申九八 壬不用	開癸 義蛇沖	休壬 害符輔	生乙 害天英	傷丁 地芮	杜己 義雀柱	景庚 義陳心	死丙 義合蓬	驚戊 陰任
己酉八七	傷丁 和地芮	杜雀 制雀柱	景庚 和陳心	死丙 害合蓬	驚戊 害陰任	開癸 和蛇沖	休壬 和符輔	生乙 義天英
庚戌七六 星反	死乙 制天英	驚丁 和地芮	開己 制雀柱	休庚 義陳心	生丙 和合蓬	傷戊 制陰任	杜癸 害蛇沖	景壬 制符輔
辛亥六五 門反	景己 害雀柱	死庚 陳心	驚丙 制合蓬	開戊 制陰任	休癸 制蛇沖	生壬 符輔	傷乙 天英	杜丁 害地芮
壬子五四 星伏	驚丙 義合蓬	開戊 和陰任	休癸 義蛇沖	生壬 害符輔	傷乙 義天英	杜天 制地芮	景己 制雀柱	死庚 義陳心
癸丑四三 門伏	休戊 陰任	生癸 蛇沖	傷壬 符輔	杜乙 天英	景丁 地芮	死己 雀柱	驚庚 陳心	開丙 合蓬

日陰八局符頭沖　十二時

小暑上　立秋下　霜降小　雪中

時	地盤坎丙	艮甲子	震甲寅	巽甲辰	離乙	坤甲午辛禽	兌甲戌	乾甲申
甲寅三 傷天輔伏吟 沖戊不用	休丙 陰蓬	生戊 蛇任	傷癸 符沖	杜壬 天輔	景乙 地英	死丁 雀芮	驚己 陳柱	開庚 合心
乙卯二九 守戶	死己 制陳柱	驚庚 義合心	開丙 制陰蓬	休戊 義蛇任	生癸 和符沖	傷壬 制天輔	杜乙 地英	景丁 害雀芮
丙辰一一	傷癸 和符沖	杜壬 制天輔	景乙 和天英	死丁 害雀芮	驚乙 害陳柱	開庚 合心	休丙 和陰蓬	生戊 義蛇任
丁巳九二	驚丁 義雀芮	開己 和陳柱	休庚 義合心	生丙 害陰蓬	傷戊 義蛇任	杜癸 制符沖	景壬 制天輔	死乙 地英
戊午八八	生戊 制蛇任	傷癸 制雀沖	杜壬 天輔	景乙 和地英	死丁 和雀芮	驚己 和陳柱	開庚 合心	休丙 和陰蓬
己未七七 反吟 癸不用	景乙 害地英	死丁 雀芮	驚己 制陳柱	開庚 制合心	休丙 制陰蓬	生戊 蛇任	傷癸 害符沖	杜壬 害天輔
庚申六六	杜壬 和天輔	景乙 義地英	死丁 害雀芮	驚己 制陳柱	開庚 制合心	休丙 害陰蓬	生戊 義蛇任	傷癸 害符沖
辛酉五五 辟五	死丁 制雀芮	驚己 和陳柱	開庚 制合心	休丙 義陰蓬	生戊 和蛇任	傷癸 制符沖	杜壬 害天輔	景乙 制陳英
壬戌四四	開庚 義合心	休丙 害陰蓬	生戈 害蛇任	傷癸 害符沖	杜壬 義天輔	景乙 義地英	死丁 義雀芮	驚己 陳柱
癸亥三三 伏吟	休丙 陰蓬	生戊 蛇任	傷癸 符沖	杜壬 天輔	景乙 地英	死丁 雀芮	驚己 陳柱	開庚 合蛇

甲己日十二時

大暑秋分上　大雪中　处暑下

陰七局符頭柱

時	地盤坎丁	艮乙	震甲辰	巽甲午	離丙	坤甲寅癸禽	兑甲子	乾甲戌
甲子七驚 柱伏吟	休丁 蓬地	生乙 任雀	傷壬 冲陳	杜辛 輔合	景丙 英陰	死庚 芮蛇	驚戊 柱符	開己 心天
乙丑六八 己不用	開庚 芮蛇義	休戊 柱符害	生己 心天害	傷丁 蓬地	杜乙 任雀義	景壬 冲陳義	死辛 輔合義	驚丙 英陰
丙寅五九 辟五	生壬 冲陳害	傷辛 輔合制	杜丙 英陰	景庚 芮蛇和	死戊 柱符和	驚己 心天和	開丁 蓬蛇	休乙 任雀和
丁卯四一	杜戊 柱符和	景己 心天義	死丁 蓬地害	驚乙 柱雀制	開壬 冲陳害	休辛 輔合害	生丙 英陰義	傷庚 芮蛇害
戊辰三七 星伏門反	景丁 蓬地害	死乙 任雀	驚壬 冲陳制	開辛 輔合制	休丙 英陰利	生庚 芮蛇	傷戊 柱符害	杜己 心天害
己巳二六 天輔	生己 心天制	傷丁 蓬地制	杜乙 任雀	景壬 冲陳和	死辛 輔合	驚丙 英陰和	開庚 芮蛇	休戊 柱符和
庚午一五 守戶 甲不用	驚乙 任雀義	開壬 冲陳和	休辛 輔合義	生丙 英陰害	傷庚 芮蛇義	杜戊 柱符制	景己 心天制	死丁 蓬地義
辛未九四	傷辛 輔合和	杜丙 英陰制	景庚 芮蛇和	死戊 柱符害	驚己 心天害	開丁 蓬地和	休乙 任雀和	生壬 冲陳義
壬申八三 星反	死丙 英陰	驚庚 芮蛇和	開戊 柱符制	休己 心天義	生丁 蓬地和	傷乙 任雀制	杜壬 冲陳害	景辛 輔合制
癸酉七二 門伏	休乙 任雀	生壬 冲陳	傷辛 輔合	杜丙 英陰	景庚 芮蛇	死戊 柱符	驚己 心天	開丁 蓬地

乙庚日十二時

大暑秋分上　大雪中　处暑下

陰七局符頭心

時	注	地盤坎丁	艮乙	震甲辰	巽甲午	離丙	坤癸甲寅	兌甲子	乾甲戌
甲戌六心	間 伏吟	休丁 天蓬	生乙 地任	傷壬 雀沖	杜辛 陳輔	景丙 合英	死庚 陰禽	驚戊 蛇柱	開己 符心
乙亥五八	辟五 己不用	傷戊 和蛇柱	杜己 制符心	景丁 和天蓬	死乙 害地任	驚壬 害雀沖	開辛 和陳輔	休丙 和合英	生庚 義陰禽
丙子四九	門反 庚不用	景辛 害陳輔	死丙 合英	驚庚 制陰禽	開戊 制蛇柱	休己 制符心	生丁 天蓬	傷乙 害地任	杜壬 害雀沖
丁丑三一		死己 制符心	驚丁 和天蓬	開乙 制地任	休壬 義雀沖	生辛 和陳輔	傷丙 制合英	杜庚 害陰禽	景戊 制蛇柱
戊寅二七		傷乙 和地任	杜壬 制雀沖	景辛 和陳輔	死丙 害合英	驚庚 害陰禽	開戊 和蛇柱	休己 和符心	生丁 義天蓬
己卯一六	守戶 星伏	開丁 義蛇蓬	休乙 害地任	生壬 害雀沖	傷辛 陳輔	杜丙 義合英	景庚 義陰禽	死戊 義蛇柱	驚己 符心
庚辰九五		杜壬 和雀沖	景辛 義陳輔	死丙 害合英	驚庚 制陰禽	開戊 害蛇柱	休己 害符心	生丁 義天蓬	傷乙 害地任
辛巳八四	星反 乙不用	驚丙 義合英	開庚 和陰禽	休戊 義蛇柱	生己 害符心	傷丁 義天蓬	杜乙 制地任	景壬 制雀沖	死辛 義陳輔
壬午七三		生庚 制陰禽	傷戊 制蛇柱	杜己 符心	景乙 和天蓬	死乙 和地任	驚壬 和雀沖	開辛 陳輔	休丙 和合英
癸未六二	門伏	休壬 雀沖	生辛 陳輔	傷丙 合英	杜庚 陰禽	景戊 蛇柱	死己 符心	驚丁 天蓬	開乙 地任

丙辛日十二時

大暑秋分上 大雪中 处暑下

陰七局符頭禽 地盤

時	注	坎丁	艮乙	震甲辰	巽甲午	離丙	坤甲寅 甲申	兌甲子	乾甲戌
甲申五五	死天輔伏禽吟辟五	休丁 蓬雀	生乙 任陳	傷壬 沖合	杜辛 輔陰	景丙 英蛇	死庚 芮符	驚戊 柱天	開巳 心地
乙酉四八		傷丙 英蛇和	杜庚 禽符制	景戊 柱天和	死巳 心地害	驚丁 蓬雀害	開乙 任陳和	休壬 沖合和	生辛 輔陰義
丙戌三九	丙不用	杜乙 任陳和	景壬 沖合義	死辛 輔陰害	驚丙 英蛇制	開庚 禽符害	休戊 沖天害	生巳 心地義	傷丁 蓬雀害
丁亥二一	門伏	休庚 禽符	生戊 天柱	傷巳 心地	杜丁 蓬雀	景乙 任陳	死壬 沖合	驚辛 輔陰	開丙 英蛇
戊子一七	守戶	死巳 心地制	驚丁 蓬雀和	開乙 任陳制	休壬 沖合義	生辛 輔陰和	傷丙 英蛇	杜庚 禽符害	景戊 柱天制
己丑九六		生戊 柱天制	傷巳 心地制	杜丁 蓬雀	景乙 任陳和	死壬 沖合和	驚辛 輔陰和	開丙 英蛇	休庚 禽符
庚寅八五	星伏門反	景丁 蓬雀害	死乙 任陳	驚壬 沖合制	開辛 輔陰制	休丙 英蛇制	生庚 禽符	傷戊 柱天害	杜巳 心合害
辛卯七四		開壬 沖合義	休辛 輔陰害	生丙 英蛇害	傷庚 禽符	杜戊 柱天義	景巳 心合義	死丁 蓬雀義	驚乙 任陳
壬辰六三	丙不用	驚辛 輔陰義	開丙 英蛇和	休庚 禽符義	生戊 柱天害	傷巳 心地義	杜丁 蓬雀制	景乙 任陳制	死壬 沖合和
癸巳五二	伏吟辟五	休丁 蓬雀	生乙 任陳	傷壬 沖合	杜辛 輔陰	景丙 英蛇	死庚 禽符	驚戊 柱天	開巳 心地

丁壬日十

大暑 秋分 上 大雪 中 處暑 下

陰七局符頭輔 地盤 坎丁 艮乙 震甲辰 巽甲午 離丙 坤甲寅甲申甲癸 兌甲子 乾甲戌

甲午四 柱天輔 輔伏吟 休丁 合遁 生乙 陰任 傷壬 蛇冲 杜辛 符輔 景丙 天英 死庚 地禽 驚戊 雀柱 開己 陳心

乙未三八 生壬 蛇冲 傷辛 制符輔 杜丙 天英 景庚 和地禽 死戊 和雀柱 驚己 和陳心 開丁 在遁 休乙 陰任

丙申二九 驚己 義陳心 開丁 和合遁 休乙 義陰任 生壬 害蛇冲 傷辛 義符輔 杜丙 制天英 景庚 制地禽 死戊 義雀柱

丁酉一一 守戶 辛不用 杜辛 和符輔 景丙 義天英 死庚 害地禽 驚戊 制雀柱 開己 害陳心 休丁 害台遁 生乙 義陰任 傷壬 害蛇冲

戊戌九七 開庚 義地禽 休戊 害雀柱 生己 害陳心 生己 雀遁 杜乙 義陰任 景壬 義蛇冲 死辛 義符輔 驚丙 天英

己亥八六 星反 傷丙 和天英 杜庚 制地禽 景戊 和雀柱 死己 陳心 驚丁 害台遁 開乙 和陰任 休壬 和蛇冲 生辛 義符輔

庚子七五 死戊 制雀柱 驚己 和陳心 開丁 制合遁 休乙 義陰任 生壬 和蛇冲 傷辛 制符輔 杜丙 害天英 景庚 制地禽

辛丑六四 星伏 門反 景丁 害合遁 死乙 陰任 驚壬 制蛇冲 開辛 制符輔 休丙 制天英 生庚 地禽 傷戊 害雀柱 [illegible] 害陳心

壬寅五三 辟五 驚乙 義陰任 開壬 和蛇冲 休辛 義符輔 生丙 害天英 傷庚 義地禽 杜戊 害雀柱 景己 制陳心 死丁 義合遁

癸卯四二 門伏 丁不用 休戊 雀柱 生己 陳心 傷己 合遁 杜乙 陰任 景壬 蛇冲 死辛 符輔 驚丙 天英 開庚 地禽

二時 戊癸

大暑 秋分 上 大雪 中 处暑 下

陰七局符頭冲 地盤 坎丁 艮乙 震甲辰 巽甲午 離丙 坤甲寅甲申甲癸 兌甲子 乾甲戌

甲辰三 傷天輔 冲伏吟 休丁 陰遁 生乙 蛇任 傷壬 符冲 杜辛 天輔 景丙 地英 死庚 雀禽 驚戊 陳柱 開己 合心

乙巳二八 死乙 制蛇任 驚壬 和符冲 開庚 制天輔 休丙 義地英 生庚 和雀禽 傷戊 制陳柱 杜己 害合心 景丁 制陰遁

丙午一九 守戶 傷戊 制陳柱 杜己 制合心 景丁 和陰遁 死乙 害蛇任 驚壬 害符冲 開辛 和天輔 休丙 和地英 生庚 義雀禽

丁未九一 驚壬 和符冲 開辛 和天輔 休丙 義地英 生庚 害雀禽 傷戊 義陳柱 杜己 制合心 景丁 制陰遁 死乙 義蛇任

戊申八七 星反 任不用 生丙 制地英 傷庚 制雀禽 杜戊 陳柱 景己 和合心 死丁 和陰遁 驚乙 和蛇任 開壬 和冲 休辛 和天輔

己酉七六 門反 景辛 害天輔 死丙 地英 驚庚 制雀禽 開戊 制陳柱 休己 制合心 生乙 陰遁 傷乙 害蛇任 杜壬 害符冲

庚戌六五 杜庚 和雀禽 景戊 義陳柱 死己 害合心 驚丁 制陰遁 開乙 害蛇任 休壬 害符冲 生辛 義天輔 傷丙 害合心

辛亥五四 陣五 死己 制合心 驚丁 和陰遁 開乙 制蛇任 休壬 義符冲 生辛 和天輔 傷丙 制地英 杜庚 和雀禽 景戊 制陳柱

壬子四三 星伏 開丁 義陰遁 休乙 害蛇任 生壬 害符冲 傷辛 天輔 杜丙 義天英 景庚 義雀禽 死戊 義陳柱 驚己 合心

癸五三二 門伏 休庚 雀禽 生戊 陳柱 傷己 合心 杜丁 陰遁 景乙 蛇任 死壬 符冲 驚辛 天輔 開丙 地英

二陰七局符頭沖地盤　時　戊　癸

大暑　秋分上　大雪中　处暑下

時	坎丁	艮乙	震甲辰	巽甲午	離丙	坤甲申癸甲寅	兌甲子	乾甲戌
甲辰三 沖伏吟 傷天輔	休丁陰蓬	生乙蛇任	傷壬符沖	杜辛天輔	景丙地英	死庚雀禽	驚戊陳柱	開己合心
乙巳二八	死乙制蛇任	驚壬和符沖	開庚制天輔	休丙義地英	生庚和雀禽	傷戊制陳柱	杜己害合心	景丁制陰蓬
丙午一九 守戶	傷戊制陳柱	杜己制合心	景丁和陰蓬	死乙害蛇任	驚壬害符沖	開辛和天輔	休丙和地英	生庚義雀禽
丁未九一	驚壬和符沖	開辛和天輔	休丙義地英	生庚害雀禽	傷戊義陳柱	杜己制合心	景丁制陰蓬	死乙義蛇任
戊申八七 星反 任不用	生丙制地英	傷庚制雀禽	杜戊陳柱	景己和合心	死丁和陰蓬	驚乙和蛇任	開壬和沖	休辛和天輔
己酉七六 門反	景辛害天輔	死丙地英	驚庚制雀禽	開戊制陳柱	休己制合心	生乙陰蓬	傷乙害蛇任	杜壬害符沖
庚戌六五	杜庚和雀禽	景戊義陳柱	死己害合心	驚丁制陰蓬	開乙害蛇任	休壬害符沖	生辛義天輔	傷丙害合心
辛亥五四	死己制合心	驚丁和陰蓬	開乙制蛇任	休壬義符沖	生辛和天輔	傷丙制地英	杜庚和雀禽	景戊制陳柱
壬子四三 星伏	開丁義陰蓬	休乙害蛇任	生壬害符沖	傷辛天輔	杜丙義天英	景庚義雀禽	死戊義陳柱	驚己合心
癸五三二 門伏	休庚雀禽	生戊陳柱	傷己合心	杜丁陰蓬	景乙蛇任	死壬符沖	驚辛天輔	開丙地英

日陰七局符頭芮地盤　十二時

大暑　秋分上　大雪中　处暑下

時	坎丁	艮乙	震甲辰	巽甲午	離丙	坤甲申癸甲寅	兌甲子	乾甲戌
甲寅二 死天輔伏吟 芮戊不用	休丁雀蓬	生乙陳任	傷壬合沖	杜辛陰輔	景丙蛇英	死庚符禽	驚戊天柱	開己地心
乙卯一八 星反 守戶	死丙制蛇英	驚庚和符禽	開戊制天柱	休己義地心	生丁和雀蓬	傷乙制陳任	杜壬害合沖	景辛制陰輔
丙辰九九	生乙制陳任	傷壬制合沖	杜辛陰輔	景丙和蛇英	死庚中符芮	驚戊和天柱	開己地心	休丁和雀蓬
丁巳八一 門反	景庚害符禽	死戊天柱	驚己制地心	開丁制雀蓬	休乙制陳任	生壬合沖	傷辛害陰輔	杜丙害蛇英
戊午七七	開己義地心	休丁害雀蓬	生乙害陳任	傷壬合沖	杜辛義陰輔	景丙義蛇英	死癸義符芮	驚戊天柱
己未六六 癸不用	驚戊義天柱	開己和地心	休丁義雀蓬	生乙害符任	傷壬義合沖	杜辛制陰輔	景丙制蛇英	死癸義符芮
庚申五五	休丁雀蓬	生丁陰任	傷壬合沖	杜辛陰輔	景丙蛇英	死癸符芮	驚戊天柱	開己地心
辛酉四四	傷壬和合沖	杜辛制陰輔	景丙和蛇英	死癸害符芮	驚戊天柱	開己和地心	休丁和雀蓬	生乙義陳任
壬戌三三	杜辛和陰輔	景丙義蛇英	死癸義蛇芮	驚戊制天柱	開己害地心	休丁害雀蓬	生乙義陳任	傷壬害合沖
癸亥二二 伏吟庚申時凶	休	生	傷	杜	景	死	驚	開

甲己日十二時

寒露立冬上夏至白露下

陰六局符頭心 地盤

時	坎甲寅	艮丙	震甲午	巽甲申	離丁	坤甲戌己壬巳	兌乙	乾甲子
甲子六 心 開 伏吟	休癸 蓬天	生丙 任地	傷辛 冲雀	杜庚 輔陳	景丁 英合	死己 禽陰	驚乙 柱蛇	開戊 心符
乙丑五七 辟五 己不用	傷丙 任地和	杜辛 冲雀制	景庚 輔陳和	死丁 英合害	驚己 禽陰害	開乙 柱蛇和	休戊 心符和	生癸 蓬天義
丙寅四八 門反	景乙 柱蛇害	死戊 心符	驚癸 蓬天制	開丙 任地制	休辛 冲雀制	生庚 輔陳	傷丁 英合害	杜己 禽陰害
丁卯三九	死庚 輔陳制	驚丁 英合和	開己 禽符制	休乙 柱蛇義	生戊 心符和	傷癸 蓬天制	杜丙 任地害	景辛 冲雀制
戊辰二六 星伏	傷癸 蓬天和	杜丙 任地制	景辛 冲雀和	死庚 輔陳害	驚丁 英合害	開己 禽陰和	休乙 柱蛇害	生戊 心符義
己巳一五 天輔	開辛 冲雀義	休庚 輔陳害	生丁 英合害	傷己 禽陰	杜乙 柱蛇義	景戊 心符義	死癸 蓬天義	驚丙 任地
庚午九四 守戶星反 甲不用	杜丁 英合和	景己 禽陰義	死乙 柱蛇害	驚戊 心符害	開癸 蓬天害	休丙 任地害	生辛 冲雀義	傷庚 輔陳害
辛未八三	驚己 禽陰義	開乙 柱符和	休戊 心符義	生癸 蓬天害	傷丙 柱地義	杜辛 冲雀義	景庚 輔陳制	死丁 英合義
壬申七二	生辛 冲雀制	傷庚 輔陳制	杜合 英合	景己 禽陰和	死乙 柱蛇和	驚戊 心符和	開癸 蓬天	休丙 任陰和
癸酉六一 門伏	休戊 心符	生癸 蓬天	傷丙 任地	杜辛 冲雀	景庚 輔陳	死丁 英合	驚己 禽陰	開乙 柱蛇

乙庚日十二時

寒露立冬上 夏至白露下

陰六局符頭禽地盤

時	坎甲寅	艮丙	震甲午	巽甲申	離丁	坤甲戌甲辰壬	兌乙	乾甲子
甲戌五 死辟五 禽伏吟	休癸 雀蓬	生丙 陳任	傷辛 合沖	杜庚 陰輔	景丁 蛇英	死巳 符禽	驚乙 天柱	開戊 地心
乙亥四七 巳不用	傷戊 和地心	杜癸 制雀蓬	景丙 和陳任	死辛 害合沖	驚庚 害陰輔	開丁 和蛇英	休巳 和符禽	生乙 義雀柱
丙子三八	杜丁 和蛇英	景巳 義符禽	死乙 害天柱	驚戊 制地心	開癸 害雀蓬	休丙 害陳任	生辛 義合沖	傷庚 害陰輔
丁丑二九 門伏	休丙 陳任	生辛 合沖	傷庚 陰輔	杜丁 蛇英	景巳 符禽	死乙 天柱	驚戊 地心	開癸 雀蓬
戊寅一六	死乙 制天柱	驚戊 和地心	開癸 制雀蓬	休丙 義陳任	生辛 和合沖	傷庚 制陰輔	杜丁 害蛇英	景巳 制符禽
己卯九五 守戶 星伏	生癸 雀蓬	傷丙 陳任	杜辛 合沖	景庚 陰輔	死丁 蛇英	驚巳 符禽	開乙 天柱	休戊 地心
庚辰八四 門反	景辛 害合沖	死庚 陰輔	驚丁 制蛇英	開巳 制符禽	休乙 制天柱	生戊 地心	傷癸 害雀蓬	杜丙 害陳任
辛巳七三 乙不用	開庚 義陰輔	休丁 害蛇英	生巳 害符禽	傷乙 天柱	杜戊 義地心	景癸 義雀蓬	死丙 義陳任	驚辛 合沖
壬午六二 星伏	驚癸 義雀蓬	開丙 和陳任	休辛 義合沖	生庚 害陰輔	傷丁 義蛇英	杜巳 制符禽	景乙 制天柱	死戊 義符心
癸未五一 辟五 門伏	休巳 符禽	生乙 天柱	傷戊 地心	杜癸 雀蓬	景丙 陳任	死辛 合沖	驚庚 陰輔	開乙 蛇英

丙辛日十二時

寒露立冬上　夏至白露下

陰六局符頭輔地盤

時	註	坎甲寅	艮丙	震甲午	巽甲申	離丁	坤甲戌	兑乙	乾甲子
甲申四	杜天輔 輔伏吟	休癸 蓬合	生丙（真） 任開	傷辛 沖蛇	杜庚（庚伏干 火義宮） 輔符	景丁（伏） 英天	死巳（德） 禽地	驚乙 柱雀	開戊 心陳
乙酉三七		生巳 禽地制	傷乙 柱雀制	杜戊 心陳	景癸 蓬合符	死丙 任陰和	驚辛 沖蛇和	開庚（己伏干） 輔符	休丁 英天和
丙戌二八	庚不用	驚辛 沖蛇義	開庚（白入刑 允會任） 輔符和	休丁 英天義	生巳 禽地害	傷乙 柱雀義	杜戊 心陳制	景癸 蓬合制	死丙（墓） 任陰義
丁亥一九		杜戊 心陳	景癸 蓬合義	死丙 任陰害	驚辛 沖蛇制	開庚（任） 輔符害	休丁（伏使合） 英天害	生巳 禽地義	傷乙 柱雀害
戊子九二	守戶 星反	開丁 英天義	休巳 禽地害	生乙（運遁伏 龍走） 柱雀害	傷戊 心陳	休丁（伏使合） 英天害	景丙 任陰義	死辛 沖蛇義	驚庚 輔符
己丑八五		傷乙 柱雀和	杜戊 心陳制	景癸 蓬合和	死丙（鳥穴 癸入） 任陰害	景丙 任陰義	開庚 輔符和	休丁（伏） 英地和	生巳 禽地義
庚寅七四	星伏	死癸（德） 蓬合制	驚丙 任陰和	開辛 沖蛇制	休庚（伏飛宮） 輔符義	開庚（刑格） 輔符和	傷巳 禽地制	杜乙 柱雀害	景戊 心陳制
辛卯六三	門反	景丙 任陰害	死辛 沖蛇	驚庚（辛伏干） 輔符制	開丁（伏 伏） 英天制	休巳 禽地制	生巳（伏） 柱雀	傷戊 心陳害	杜癸 蓬合害
壬辰五二	丙不用	驚乙 柱雀義	開戊 心陳和	休癸 蓬合義	生丙（庚投鳥穴 癸入） 任英害	傷辛 沖蛇義	杜庚（小格） 輔符制	景丁（伏） 英天制	死巳（德） 英地義
癸巳四一	門伏	休庚（大格） 輔符	生丁 英天	傷巳 禽地	杜乙（合伏） 柱雀	景戊 心陳	死癸 蓬合	驚丙 任陰	開辛 沖蛇

丁壬日十

陰六局符頭沖盤 地盤 坎甲寅艮丙 震甲午巽甲申離丁 坤甲戌 甲壬中 戌芮辰 兌乙 乾甲子

寒露立冬上 夏至白露下

甲午三 傷天輔 沖伏吟 休癸陰蓬 生丙蛇任 傷辛符沖 杜庚天輔 景丁地英 死己雀禽 驚乙陳柱 開戊合任

乙未二七 星反 死丁制地英 驚己和雀禽 開乙制陳柱 休戊義合心 生癸和陰蓬 傷丙制蛇任 杜辛害符沖 景庚制天輔

丙申一八 傷丙和蛇任 杜辛制符沖 景庚和天輔 死丁害地英 驚己害雀禽 開乙和陳柱 休戊和合心 生癸義陰蓬

丁酉九九 守戶 辛未用 驚乙義陳柱 開戊和合心 休癸義陰蓬 生丙害宮任 傷辛義符沖 杜庚制天輔 景丁制陰英 死己義雀禽

戊戌八六 生庚制天輔 傷丁制地英 杜己雀禽 景乙和陳柱 死戊害合心 驚癸和陰蓬 開丙蛇任 休辛和符沖

己亥七五 門反 景己害雀禽 死乙陳柱 驚戊制合心 開癸制陰蓬 休丙制蛇任 生辛符沖 傷庚害天輔 杜丁害地英

庚子六四 杜戊和合心 景癸制陰蓬 死丙害蛇任 驚辛制符沖 開庚害天輔 休丁害地英 生己義雀禽 傷乙害陳柱

辛丑五三 辟五 星伏 死癸制陰蓬 驚丙和蛇任 開辛制符沖 休庚義天輔 生丁和地英 傷己制雀禽 杜乙害陳柱 景戊制合心

壬寅四二 開己義雀禽 休丁害陳柱 生戊害合心 傷癸陰蓬 杜丙義蛇任 景辛義符沖 死庚義天輔 驚丁地英

癸卯三一 門伏 丁不用 休辛符沖 生庚天輔 傷丁地英 杜己雀禽 景乙陳柱 死戊合心 驚癸陰蓬 開丙蛇柱

時 戊癸

二陰六局符頭芮盤 地盤 坎甲寅艮丙 震甲午巽甲申離丁 坤甲申 甲己 辰 中 兌乙 乾甲子

寒露立冬上 夏至白露下

甲辰二 死天輔 芮伏吟 休癸雀蓬 生丙陳任 傷辛合沖 杜庚陰輔 景丁蛇英 死壬符芮 驚乙天柱 開戊地心

乙巳一七 死戊制地心 驚癸和雀蓬 開丙制陳任 休辛義合沖 生庚和陰輔 傷丁制蛇英 杜壬害符芮 景乙制天柱

丙午九八 守戶 星反 生丁制蛇英 傷壬制符芮 杜乙天柱 景戊制地心 死癸和雀蓬 驚丙和陳任 開辛合沖 休庚和陰輔

丁未八九 門反 景丙害陳任 死辛合沖 驚庚制陰輔 開丁制蛇英 休壬害符芮 生乙天柱 傷戊害地心 杜癸害雀蓬

戊申七六 壬不用 開乙義天柱 休戊害地心 生癸害雀蓬 傷丙陳任 杜辛義合沖 景庚義陰輔 死丁義蛇英 驚壬符芮

己酉六五 星伏 驚癸義雀蓬 開丙和陳柱 休辛義合沖 生庚害陰輔 傷丁義蛇英 杜壬制符芮 景乙制天柱 死戊義地心

庚戌五四 辟五 門伏 休辛合沖 生庚陰輔 傷丁蛇英 杜壬符芮 景乙天柱 死戊地心 驚癸雀蓬 開丙陳柱

辛亥四三 傷庚和陰輔 杜丁制蛇英 景壬和符芮 死乙害天柱 驚戊害地心 開癸和雀蓬 休丙和陳任 生辛義合沖

壬子三二 星伏 杜癸和雀蓬 景丙義陳任 死辛害合沖 驚庚制陰輔 開丁害蛇英 休壬害符芮 生乙義天柱 傷戊害地心

癸丑二一 門伏 休壬符芮 生乙天柱 傷戊地心 杜癸雀蓬 景丙陳任 死辛合沖 驚庚陰輔 開丁蛇英

二陰六局符頭芮 地盤　時　戊癸

寒露立冬上　夏至白露下

坎甲寅艮丙　震甲午巽甲申離丁　坤甲申甲巳辰　兌乙　乾甲子

時	局	注	坎	艮	震	巽	離	坤	兌	乾
甲辰	二二	死天輔 芮伏吟	休癸 雀蓬	生丙 陳任	傷辛 合沖	杜庚 陰輔	景丁 蛇英	死壬 符芮	驚乙 天柱	開戊 地心
乙巳	一七		死戊 制地心	驚癸 和雀蓬	開丙 制陳任	休辛 義合沖	生庚 和陰輔	傷丁 制蛇英	杜壬 害符芮	景乙 制天柱
丙午	九八	守戶 星反	生丁 制蛇英	傷壬 制符芮	杜乙 天柱	景戊 制地心	死癸 和雀蓬	驚丙 和陳任	開辛 合沖	休庚 和陰輔
丁未	八九	門反	景丙 害陳任	死辛 合沖	驚庚 制陰輔	開丁 制蛇英	休壬 害符芮	生乙 天柱	傷戊 害地心	杜癸 害雀蓬
戊申	七六	壬不用	開乙 義天柱	休戊 害地心	生癸 害雀蓬	傷丙 陳任	杜辛 義合沖	景庚 義陰輔	死丁 義蛇英	驚壬 符芮
己酉	六五	星伏	驚癸 義雀蓬	開丙 和陳任	休辛 義合沖	生庚 害陰輔	傷丁 義蛇英	杜壬 制符芮	景乙 制天柱	死戊 義地心
庚戌	五四	辟五 門伏	休辛 合沖	生庚 陰輔	傷丁 蛇英	杜壬 符芮	景乙 天柱	死戊 地心	驚癸 雀蓬	開丙 陳柱
辛亥	四三		傷庚 和陰輔	杜丁 制蛇英	景壬 和符芮	死乙 害天柱	驚戊 害地心	開癸 和雀蓬	休丙 和陳任	生辛 義合沖
壬子	三二	星伏	杜癸 和雀蓬	景丙 義陳任	死辛 害合沖	驚庚 制陰輔	開丁 害蛇英	休壬 害符芮	生乙 義天柱	傷戊 害地心
癸丑	二一	門伏	休壬 符芮	生乙 天柱	傷戊 地心	杜癸 雀蓬	景丙 陳任	死辛 合沖	驚庚 陰輔	開丁 蛇英

日陰六局符頭蓬 地盤　十二時

寒露立冬上　夏至白露下

坎甲寅艮丙　震甲午巽甲申離丁　坤甲戌甲巳辰　兌乙　乾甲子

時	局	注	坎	艮	震	巽	離	坤	兌	乾
甲寅	一一	休天輔吟 蓬戊不用	休癸 符蓬	生丙 合任	傷辛 地沖	杜庚 雀輔	景丁 陳英	死壬 合芮	驚乙 陰柱	開戊 蛇心
乙卯	九七	守戶 門伏	景辛 害地沖	死庚 雀輔	驚丁 制陳英	開壬 制合芮	休乙 制陰柱	生戊 蛇心	傷癸 害符蓬	杜丙 害天柱
丙辰	八八		開戊 義蛇心	休癸 害符蓬	生丙 害天任	傷辛 地沖	杜庚 義雀輔	景丁 義陳英	死壬 合芮	驚乙 陰柱
丁巳	七九	星反	傷丁 和陳英	杜壬 制合芮	景乙 和陰柱	死戊 害蛇心	驚癸 害符蓬	開壬 和天任	休辛 和地沖	生庚 義雀輔
戊午	六六		生丙 制天任	傷辛 制地沖	杜庚 雀輔	景丁 陳英	死壬 合芮	驚乙 陰柱	開戊 蛇心	休癸 符蓬
己未	五五	辟五 癸不用	杜庚 和雀輔	景丁 義陰英	死壬 害合芮	驚乙 制陰柱	開戊 害蛇心	休癸 害符蓬	生丙 義天任	傷辛 害地沖
庚申	六六		死壬 制合芮	驚乙 和陰柱	開戊 制蛇心	休癸 義符蓬	生丙 和天任	傷辛 制地沖	杜庚 害雀輔	景丁 制陳英
辛酉	三三		驚乙 義陰柱	開戊 和蛇心	休癸 義符蓬	生丙 害天任	傷辛 義地沖	杜庚 制雀輔	景丁 制陳英	死壬 義合芮
壬戌	二二		杜庚 和雀輔	景丁 義陳英	死壬 害符芮	驚乙 制陰柱	開戊 害蛇心	休癸 害符蓬	生丙 義天任	傷辛 害地沖
癸亥	一一	伏吟	休癸 符蓬	生丙 天柱	傷辛 地沖	杜庚 陳輔	景丁 陳英	死壬 合芮	驚乙 陰柱	開戊 蛇心

甲己日十二時

霜降小雪上 立秋中 小暑下

陰五局符頭禽地盤

時	注	坎甲辰	艮丁	震甲申	巽甲戌	離甲寅	坤甲戌甲子甲午	兌丙	乾乙
甲子五五	死符五 禽伏吟	休壬 蓬雀	生丁 任陳	杜乙 任陳	傷庚 沖合	杜己 輔陰	景癸 英蛇	驚丙 柱天	開乙 心地
乙丑四六	己不用	傷丙 柱天和	杜乙 心地制	景壬 蓬雀和	死丁 任陳害	驚庚 沖合制	開己 輔陰和	休癸 英蛇和	生戊 禽符義
丙寅三七		杜乙 心地和	景壬 蓬雀義	死丁 任陳害	驚庚 沖合制	開己 輔陰和	休癸 英蛇害	生戊 禽符義	傷丙 柱天害
丁卯二八	星反 門伏	休癸 英蛇	生戊 禽符	傷丙 柱天	杜乙 心地	景壬 蓬雀	死丁 任陳	驚庚 沖合	開己 輔陰
戊辰一五	星伏	死壬 蓬雀制	驚丁 任陳和	開庚 沖合制	休己 輔陰義	生癸 英蛇和	傷戊 禽符制	杜丙 柱天害	景乙 心地制
己巳九四	天輔	生庚 沖合制	傷己 輔陰害	杜癸 英蛇	景戊 禽符和	死丙 柱天和	驚乙 心地和	開壬 蓬雀	休丁 任陳和
庚午八三	門反 甲不用	景己 輔陰害	死癸 英蛇	驚戊 禽符制	開丙 柱天制	休乙 心地制	生壬 蓬雀	傷丁 任陳害	杜庚 沖合害
辛未七二	星伏	開壬 蓬雀義	任丁 任陳害	生庚 沖合害	傷己 輔陰	杜癸 英蛇義	景戊 禽符義	死丙 柱天義	驚乙 心地
壬申六一		驚戊 禽符義	開丙 柱天和	休乙 心地義	生壬 蓬雀害	傷丁 任陳義	杜庚 沖合制	景己 輔陰制	死癸 英蛇義
癸酉五九	符五 門伏	休丁 任陳	生庚 沖合	傷己 輔陰	杜癸 英蛇	景戊 禽符	死丙 柱天	驚乙 心地	開壬 蓬雀

乙庚日十二時

霜降 小雪 上　立秋 中　小暑 下

陰五局符頭輔地盤　坎甲辰　艮丁　震甲申　巽甲戌　離甲寅　坤甲午 甲辛子　兑丙　乾乙

時	局	註	一	二	三	四	五	六	七	八
甲戌	四	輔杜伏吟	休壬 合蓬	生丁 陰任	傷庚 蛇沖	杜巳 符輔	景癸 天英	死戊 地禽	驚丙 雀柱	開乙 陳心
乙亥	三六	星反 巳不用	生癸 制天英	傷戊 制地禽	杜丙 雀柱	景乙 和陳心	死壬 和合蓬	驚丁 和陰任	開庚 蛇沖	休巳 和符輔
丙子	二七	庚不用	驚戊 義地禽	開丙 和雀柱	休乙 義陳心	生壬 害合蓬	傷丁 義陰任	杜庚 制蛇沖	景巳 制符輔	死癸 義天英
丁丑	一八		杜庚 和蛇沖	景巳 義符輔	死癸 害天英	驚戊 制地禽	開丙 制雀柱	休乙 害陳心	生壬 義合蓬	傷丁 害陰任
戊寅	九五		開丙 義雀柱	休乙 害陳心	生壬 害合蓬	傷丁 陰柱	杜庚 義蛇沖	景巳 義符輔	死癸 義天英	驚戊 地禽
己卯	八四	守户 星伏	傷壬 和合蓬	杜丁 制陰任	景庚 宇蛇沖	死巳 害符輔	驚癸 害天英	開戊 地禽	休丙 和雀柱	生乙 義陳心
庚辰	七三		死丁 制陰任	驚庚 和蛇沖	開巳 制符輔	休癸 義天英	生戊 和地禽	傷丙 制雀柱	杜乙 害陳任	景壬 制合蓬
辛巳	六二	門反 乙不用	景丙 害雀柱	死乙 陳心	驚壬 制合蓬	開丁 制陰任	休庚 和蛇沖	生巳 符輔	傷癸 害天英	杜戊 害地禽
壬午	五一	辟五	驚巳 義符輔	開癸 和天英	休戊 義地禽	生丙 害雀柱	傷乙 義陳心	杜壬 制合蓬	景丁 制陰任	死庚 義蛇沖
癸未	四九	門伏	休乙 陳心	生壬 合蓬	傷丁 陰任	杜庚 蛇沖	景巳 符輔	死癸 天英	驚戊 地禽	開丙 雀柱

丙辛日十二時

霜降小雪上 立秋中 小暑下

陰五局符頭沖地盤 坎甲辰艮丁 震甲申巽甲戌離甲寅坤甲午辛甲子 兌丙 乾乙

時	註								
甲申三	傷天輔 沖伏吟	休壬 陰蓬	生丁 蛇任	傷庚 庚伏飛 伏飛宮 柱沖	杜巳 天輔	景癸 地英	死戊 雀禽	驚丙 陳柱	開乙 休 合心
乙酉二六		死巳 制天輔	驚癸 蛇 和地英	開戊 制雀禽	休丙 義陳柱	生乙 休 和合心	傷壬 制陰蓬	杜丁 害蛇任	景庚 二日伏 制符沖
丙戌一七	星反 庚不用	傷癸 沖 和地英	杜戊 制雀禽	景戊 伏宮六天入 庚日字 和陳柱	死乙 伏 害合心	驚壬 害陰蓬	開丁 和蛇任	休庚 伏龍首 白入 和符沖	生巳 義天輔
丁亥九八		驚丁 伏公 義蛇柱	開庚 任 刑 和符沖	休巳 義天輔	生癸 制地英	傷戊 義雀禽	杜丙 伏合 制陳柱	景乙 制合心	死壬 義陰蓬
戊子八五	守戶	生戊 制雀禽	傷丙 制陳柱	杜合 公 伏 合心	景壬 和蛇任	死丁 和蛇任	驚庚 半日伏 和符沖	開巳 天輔	休癸 和地英
己丑七四	門反	景乙 害合心	死壬 陰蓬	驚丁 伏 制蛇任	開庚 伏干刑 制符沖	休巳 制天沖	生癸 地英	傷戊 害雀禽	杜丙 害陳柱
庚寅六三	星伏	杜壬 和陰蓬	景丁 義蛇任	死庚 伏飛宮 害符沖	驚巳 制天輔	開癸 知地英	休戊 害雀禽	生丙 義陳柱	傷乙 害合心
辛卯五二	辟五	死戊 制雀禽	驚丙 和陳柱	開乙 休旺合 伏 制合心	休壬 義陰蓬	生丁 伏 雀江 和蛇任	傷庚 伏旺 辛伏干 制符沖	杜巳 害天輔	景癸 制地英
壬辰四一	丙不用	開庚 小格 義符沖	休巳 害天輔	生癸 害地英	傷戊 雀禽	杜丙 義陳柱	景乙 伏格 義合心	死壬 義陰蓬	驚丁 蛇任
癸巳三九	門伏	休丙 陳柱	生乙 休 合心	傷壬 陰蓬	杜丁 蛇任	景庚 大格 合沖	死巳 天輔	驚癸 地英	開戊 雀禽

丁壬日十

霜降 小雪 上　立秋 中　小暑 下

陰五局符頭芮地盤　坎甲辰艮丁　震甲申巽甲戌離甲寅坤甲午辛芮　兌丙　乾乙

甲午二　死天輔　芮伏吟　休壬蓬雀　生丁任陳　傷庚沖合　杜己輔陰　景癸英蛇　死戊禽符　驚丙柱天　開乙心地

乙未一六　死丙柱天制　驚乙心地和　開壬蓬雀制　休丁任陳義　生庚沖合和　傷己輔陰制　杜癸英蛇害　景戊禽符制

丙申九七　生乙心地制　傷壬蓬雀制　杜丁任陳　景庚沖合和　死己輔陰和　驚癸英蛇和　開戊禽符　休丙柱天和

丁酉八八　反吟　年不用　景癸英蛇害　死戊芮禽符　驚丙柱天制　開乙心地　休壬蓬雀制　生丁任陳　傷庚沖合害　杜己輔陰害

戊戌七五　星伏　開壬蓬雀義　休丁任陳制　生庚沖合害　傷己輔陰害　杜癸英蛇義　景辛芮符義　死丙柱天義　驚乙心地

己亥六四　驚庚沖合義　開己輔陰和　休癸英蛇義　生辛芮符害　傷丙柱天義　杜乙心地制　景壬蓬雀制　死丁任陳義

庚子五三　辟五　門伏　休己輔陰　生癸英蛇　傷辛芮符　杜丙柱天　景乙心地　死壬蓬雀　驚丁任蛇　開庚沖合

辛丑四二　星伏　傷壬蓬雀和　杜丁任陳制　景庚沖合和　死己輔陰害　驚癸英蛇害　開辛芮符義　休丙柱天和　生乙心地義

壬寅三一　杜辛芮符義　景丙柱天義　死乙芮地害　驚壬蓬雀制　開丁任陳害　休庚沖合害　生己輔陰義　傷癸英蛇害

癸卯二九　門伏　丁不用　休丁任符　生庚沖合　傷己輔陰　杜癸英蛇　景辛芮符　死丙柱天　驚乙心地　開壬蓬陳

二時　戊癸

霜降 小雪 上　立秋 中　小暑 下

陰五局符頭蓬地盤　坎甲辰艮丁　震甲申巽甲戌離甲寅坤甲子甲午　兌丙　乾乙

甲辰一　休天輔　蓬伏吟　休壬蓬符　生丁任天　傷庚沖地　杜己輔雀　景癸英陳　死辛芮合　驚丙柱陰　開乙心蛇

乙巳九六　門反　景丁柱天害　死庚沖地　驚己輔雀制　開癸英陳制　休辛符合制　生丙柱陰　傷乙心蛇害　杜壬蓬符害

丙午八七　守户　開庚沖地義　休己輔雀害　生癸英陳害　傷辛芮内　杜丙柱陰義　景乙心蛇義　死壬蓬符義　驚丁任天

丁未七八　傷乙心蛇和　杜壬蓬符制　景丁任天和　死庚沖地害　驚己輔雀害　開癸英陳和　休辛芮合和　生丙柱陰義

戊申六五　丁不用　生己輔雀制　傷癸英陳制　杜辛芮合　景丙柱陰和　死乙心蛇和　驚壬蓬符和　開丁任天　休庚沖地和

己酉五四　辟五　杜辛芮合和　景丙柱陰義　死乙心蛇害　驚壬蓬符制　開丁任天害　休庚沖地害　生己輔雀義　傷癸英陳害

庚戌四三　死丙柱陰制　驚乙心蛇和　開壬蓬符制　休丁任天義　生庚沖地和　傷己輔雀害　杜癸英陳害　景辛芮陰制

辛亥三二　驚己輔雀義　開癸英陳和　休辛芮陰義　生丙柱陰害　傷乙心蛇義　杜壬蓬符制　景丁任天制　死庚沖地義

壬子二一　星伏　杜壬蓬符和　景丁柱天義　死庚沖地害　驚己輔雀制　開癸英陳害　休辛芮合害　生丙柱陰義　傷乙心蛇害

癸丑一九　門伏　星反　休癸英陳　生辛芮合　傷丙柱陰　杜乙心蛇　景壬蓬符　死丁任天　驚庚沖地　開己輔雀

二陰五局符頭蓬 地盤 坎甲辰艮丁 震甲申巽甲戌 離甲寅坤甲戌甲子甲午 兌丙 乾乙

時 戊癸

霜降小雪上 立秋中 小暑下

甲辰一 休天輔 遁伏吟 休壬 符蓬 生丁 天任 傷庚 地沖 杜己 雀輔 景癸 陳英 死辛 合芮 驚丙 陰柱 開乙 蛇心

乙巳九六 門反 景丁 害天柱 死庚 地沖 驚己 制雀輔 開癸 制陳英 休辛 制合芮 生丙 陰柱 傷乙 害蛇心 杜壬 害符蓬

丙午八七 守户 開庚 義地沖 休己 害雀輔 生癸 害陳英 傷辛 内芮 杜丙 義陰柱 景乙 義蛇心 死壬 義符蓬 驚丁 天任

丁未七八 傷乙 和蛇心 杜壬 制符蓬 景丁 和天任 死庚 害地沖 驚己 害雀輔 開癸 和陳英 休辛 和合芮 生丙 義陰柱

戊申六五 丁不用 生己 制雀輔 傷癸 制陳英 杜辛 合芮 景丙 和陰柱 死乙 和蛇心 驚壬 和符蓬 開丁 天任 休庚 和地沖

己酉五四 辟五 杜辛 和合芮 景丙 義陰柱 死乙 害蛇心 驚壬 制符蓬 開丁 害天任 休庚 害地沖 生己 義雀輔 傷癸 害陳英

庚戌四三 死丙 制陰柱 驚乙 和蛇心 開壬 制符蓬 休丁 義天任 生庚 和地沖 傷己 害雀輔 杜癸 害陳英 景辛 制陰芮

辛亥三二 驚己 義雀輔 開癸 和陳英 休辛 義陰芮 生丙 害陰柱 傷乙 義蛇心 杜壬 制符蓬 景丁 制天任 死庚 義地沖

壬子二一 星伏 杜壬 和符蓬 景丁 義天柱 死庚 害地沖 驚己 制雀輔 開癸 害陳英 休辛 害合芮 生丙 義陰柱 傷乙 害蛇心

癸丑一九 星反 門伏 休癸 陳英 生辛 合芮 傷丙 陰柱 杜乙 蛇心 景壬 符蓬 死丁 天任 驚庚 地沖 開己 雀輔

日陰五局符頭英 地盤 坎甲辰艮丁 震甲申巽甲戌 離甲寅坤甲戌甲子甲午 兌丙 乾乙

十二時

霜降小雪上 立秋中 小暑下

甲寅九九 景天輔伏吟 英戊不用 休壬 陳蓬 生丁 合任 傷庚 陰沖 杜己 蛇輔 景癸 符英 死辛 天芮 驚丙 地柱 開乙 雀心

乙卯八六 守户 杜辛 和天芮 景丙 義地柱 死乙 害雀心 驚壬 制陳蓬 開丁 害合任 休庚 害陰沖 生己 義蛇輔 傷癸 害符英

丙辰七七 驚丙 義地柱 開乙 和雀心 休壬 義陳蓬 生丁 害合任 傷庚 義陰沖 杜己 制蛇輔 景癸 制符英 死辛 義天芮

丁巳六八 死己 制蛇輔 驚癸 和符英 開辛 制天芮 休丙 義地柱 生乙 和雀心 傷壬 制陳蓬 杜丁 害陰柱 景庚 制陰沖

戊午五五 辟五 開乙 義雀心 休壬 害陳蓬 生丁 害合任 生庚 陰沖 杜己 義蛇輔 景癸 義符英 死辛 義天芮 驚丙 地柱

己未四四 癸不用 生丁 制合任 傷庚 制陰沖 杜己 蛇輔 景癸 和符英 死辛 和天芮 驚丙 地柱 開乙 雀心 休壬 和陳蓬

庚申三三 傷庚 和陰沖 杜己 制蛇輔 景癸 和符英 死辛 害天芮 驚丙 害地柱 開乙 和雀心 休壬 和陳蓬 生丁 義合任

辛酉二二 開乙 義雀心 休壬 害陳蓬 生丁 害合任 傷庚 陰沖 杜己 義蛇輔 景癸 義符英 死辛 義天芮 驚丙 地柱

壬戌一一 反吟 景癸 害符英 死辛 天芮 驚丙 制地柱 開乙 制雀心 休壬 制陳蓬 生丁 合任 傷庚 害陰沖 杜己 害蛇輔

癸亥九九 伏吟 休壬 陳蓬 生丁 合任 傷庚 陰沖 杜己 蛇輔 景癸 符英 死辛 天芮 驚丙 地柱 開乙 雀心

甲己日十二時

大雪上　处暑中　大暑　秋分下

陰四局符頭輔盤地：坎甲午　艮甲寅　震甲戌　巽甲子　離甲辰　坤甲申乙庚芮　兌丁　乾丙

甲子四　杜輔伏吟：休辛 蓬合　生癸 任陰　傷己 沖蛇　杜戊 輔符　景壬 英天　死乙 禽地　驚丁 柱雀　開丙 心陳

乙丑三五　乙不用：生丁 柱雀制　傷丙 心陳制　杜辛 蓬合　景癸 任陰和　死己 沖蛇和　驚戊（伏宮）輔符和　開壬 英天　休乙 禽地和

丙寅二六：驚壬（伏）英天義　開乙（伏）禽地和　休丁 柱雀義　生丙（伏義伏　乙穴）心陳害　傷辛 蓬合義　杜癸（伏）任陰制　景己 沖蛇制　死戊（桂丸青）輔符義

丁卯一七：杜庚（蛇）芮地和　景丁（伏　雀江）柱雀義　死丙（乙字）心陳害　驚辛 蓬合制　開癸 任陰害　休己（乙鬼干）沖蛇害　生戊（泣）輔符戊　傷壬 英天害

戊辰九四　星伏：開辛 蓬合義　休癸 任陰害　生己 沖蛇害　傷戊 輔符　杜壬 英天義　景乙（合）禽地義　死丁 柱雀義　驚丙 心陳

己巳八三　天輔：傷癸 任陰和　杜己 沖蛇制　景戊（刑）輔符和　死壬 英天害　驚庚 芮地害　開丁 柱雀和　休丙 心陳和　生辛 蓬合義

庚午七二　守戶　甲不用：死丁 柱雀制　驚丙（合）心陳義　開辛 蓬合制　休癸 任陰義　生己 沖蛇和　傷戊（甲辰干　飛宮）輔符制　杜壬 英天害　景庚 芮地害

辛未六一　門伏：景戊 輔符害　死壬 英天　驚庚（伏　乙伏刑）芮地制　開丁（伏）柱雀制　休丙 心陳制　生辛 蓬合　傷癸（蛇）任陰害　杜己 桂蛇害

壬申五九：驚丙（合）心陳義　開辛 蓬合和　休癸 任陰義　生己 沖蛇害　傷戊 輔符義　杜壬 英天制　景庚 芮地制　死丁 柱雀義

癸酉四八　門伏：休己 沖蛇　生戊 輔符　傷壬 英天　杜乙（伏　甲伏干）禽地　景丁（伏合）柱雀　死丙（癸伏伏）心陳　驚辛 蓬合　開癸 任陰

乙庚日十二時

大雪上处暑中大暑秋分下

陰四局符頭冲地盤坎甲午艮甲寅震甲戌巽甲子離甲辰坤甲申庚芮兑丁乾丙

時								
甲戌三 傷冲伏吟	休辛 蓬陰	生癸 任蛇	傷己 冲符	杜戊 輔天	景壬 英地	死乙 禽雀	驚丁 柱陳	開丙 心合
乙亥二五	死乙 禽雀制	驚丁 柱陳和	開丙 心合制	休辛 蓬陰義	生癸 任蛇和	傷己 冲符制	杜戊 輔天害	景壬 英地制
丙子一六 庚不用	傷戊 輔天和	杜壬 英地制	景乙 禽雀和	死丁 柱陳害	驚丙 心合害	開辛 蓬陰和	休癸 任蛇和	生己 冲符義
丁丑九七 星反	驚壬 英地制	開乙 禽雀和	休丁 柱陳義	生丙 心合害	傷辛 蓬陰義	杜癸 任蛇制	景己 冲符制	死戊 輔天義
戊寅八四	生丙 心合制	傷辛 蓬陰制	杜癸 任蛇	景己 冲符和	死戊 輔天和	驚壬 英地和	開乙 禽雀	休丁 任陳和
己卯七三 守戶門反星伏	景辛 蓬陰害	死癸 任蛇	驚己 冲符制	開戊 輔天制	休壬 英地	生乙 禽雀	傷丁 柱陳害	杜丙 心合害
庚辰六二	杜乙 禽雀和	景丁 柱陳義	死丙 心合害	驚辛 蓬陰和	開癸 任蛇害	休己 冲符害	生戊 輔天義	傷壬 芮地害
辛巳五一 辟五已不用	死己 冲符制	驚戊 輔天和	開壬 英地制	休乙 禽雀義	生丁 柱陳和	傷丙 心合制	杜辛 蓬陰害	景癸 任蛇制
壬午四九	開丁 柱陳義	休丙 心合害	生辛 蓬陰害	傷癸 任蛇	杜己 冲符義	景戊 輔天義	死壬 英地義	驚乙 禽雀
癸未三八 門反	休癸 任蛇	生己 冲符	傷戊 輔天	杜壬 蓬地	景乙 禽雀	死丁 柱陳	驚丙 心合	開辛 蓬陰

丙辛日十二時

大雪上 处暑中 大暑 秋分下

陰四局符頭落地盤

時	坎甲午	艮甲寅	震甲戌	巽甲子	離甲辰	坤己（甲申）	兌丁	乾丙
甲申二 死天輔 丙伏吟	休辛 蓬雀	生癸 任陳	傷己 沖合	杜戊 輔陰	景壬 英蛇	死庚（乙庚日伏 合乙） 芮符	驚丁 柱天	開丙（重） 心地
乙酉一五 星反	死辛 蓬雀制	驚癸 任陳和	開己 沖合制	休戊 輔陰義	生壬 英蛇和	傷庚（乙日伏 乙合庚） 芮符	杜丁 柱天害	景丙 心地制
丙戌九六 庚不用	生丁（伏） 柱合制	傷丙 心地制	杜辛 蓬雀	景癸 任陳和	死己 沖合和	驚戊 輔陰和	開壬 英蛇	休庚 芮符和
丁亥八七 門反	景丙（合） 心地害	死辛 蓬雀	驚癸 任陳制	開己 沖合制	休戊 輔陰制	生壬 英蛇	傷庚 芮符害	杜丁 柱天害
戊子七四 守戶	開己 沖合義	休戊 輔陰害	生壬 英蛇害	傷庚 芮符	杜丁（合伏） 柱天義	景丙（使合穴伏日 丙鎖午） 心地義	死辛 蓬雀義	驚癸 任陳
己丑六三	驚戊 輔陰義	開壬 英蛇和	休庚（迫） 芮符義	生丁（伏） 柱天害	傷丙 心地義	杜辛 蓬雀制	景癸（蛇） 任陳制	死己 沖合義
庚寅五二 辟五 伏吟	休辛 蓬雀	生癸 任陳	傷己（沖） 沖合	杜戊 輔陰	景壬 英蛇	死庚（乙合 伏飛宮） 芮符	驚丁 柱天	開丙（重 反） 心地
辛卯四一	傷庚（辛伏干格） 芮符和	杜丁（伏） 柱天制	景丙 心地和	死辛 蓬雀害	驚癸 任陳害	開己 沖合和	開己 輔陰和	休戊 英蛇義
壬辰三九 丙不用	杜癸 任陳和	景己 沖合義	死戊 輔陰害	驚壬 英蛇制	開庚乙（小格） 芮符害	休丁（格） 柱天害	生丙（重） 心地義	傷辛 蓬雀制
癸巳二八 星反 門伏	休壬 英蛇	生乙（迫） 芮符	傷丁 柱天	杜丙（伏） 心地	景辛 蓬雀	死癸 任陳	驚己 沖合	開戊 輔陰

丁壬日十

陰四局符頭遁地盤坎甲午艮甲寅震甲戌巽甲子離甲辰坤乙甲申兑丁乾丙

甲午一休天輔遁伏吟　休辛符遁　生癸天任　傷己地沖　杜戊雀輔　景壬陳英　死庚乙合芮　驚丁陰柱　開丙蛇心

乙未九五門反　景戊害雀輔　死壬陳英　驚庚乙制合芮　開丁制陰柱　休丙制蛇心　生辛符遁　傷癸害天任　杜己害蛇沖

丙申八六　開癸義天任　休己害地沖　生戊害雀輔　傷壬陳英　杜庚乙義合芮　景丁義陰柱　死丙義蛇心　驚辛符遁

丁酉七七守戶辛不用　傷己和地沖　杜戊制雀輔　景壬和陳英　死庚乙害合芮　驚丁害陰柱　開丙和蛇心　休辛和符遁　生癸義天任

戊戌六四　生庚乙合芮　傷丁制陰柱　杜丙蛇心　景辛和符遁　死癸和天任　驚己和地沖　開戊雀輔　休壬和陳英

己亥五三辟五　杜丁和陰柱　景丙義蛇心　死辛害符遁　驚癸制天任　開己害地沖　休戊害雀輔　生壬義陳英　傷庚乙害合芮

庚子四二　死戊制雀輔　驚壬和陳英　開庚乙害合芮　休丁義陰柱　生丙和蛇心　傷辛制符遁　杜癸害天柱　景己制蛇沖

辛丑三一星伏　驚辛義符遁　開癸和天任　休己義地沖　生戊害雀輔　傷壬義陳英　杜庚乙制合芮　景丁制陰柱　死丙義蛇心

壬寅二九星反　杜壬和陳英　景庚乙義合芮　死丁害陰柱　驚丙制蛇心　開辛害符遁　休癸害天任　生己義地沖　傷戊害雀輔

癸卯一八門伏丁不用　休丙蛇心　生辛符遁　傷癸天任　杜己地沖　景戊雀　死壬陳英　驚庚乙合芮　開丁陰柱

二時戊癸

陰四局符頭英地盤坎甲午艮甲寅震甲戌巽甲子離甲辰地乙甲申兑丁乾丙

甲辰九景天輔英伏吟　休辛陳遁　生癸合任　傷己陰沖　杜戊蛇輔　景壬蛇英　死庚乙天芮　驚丁地柱　開丙雀心

乙八五一　杜丙和雀心　景辛義陳遁　死癸害合任　驚己制陰沖　開戊害蛇輔　休壬害符英　生庚乙義天芮　傷丁害地柱

丙午七六守戶　驚庚乙義天芮　開丁和地柱　休丙義雀心　生辛害陳遁　傷癸義合任　杜己制陰沖　景戊制蛇輔　死壬義符英

丁未六七　死丁制地柱　驚丙和雀心　開辛制陳遁　休癸義合任　生己和陰沖　傷戊制蛇輔　杜壬害符英　景庚乙制天芮

戊申五四辟五壬不用　開癸義合任　傷戊害陰輔　生戊害蛇輔　傷壬符英　杜庚乙天芮　景丁義地柱　死丙義雀心　驚辛陳遁

己酉四三　生己制陰沖　傷戊制蛇輔　杜壬符英　景庚乙和天芮　死丁和天柱　驚丙和雀心　開辛陳遁　休癸和合任

庚戌三二　傷丙和雀心　杜辛制陳遁　景癸和合任　死己害陰沖　驚戊害蛇輔　開壬害符英　休庚乙和天芮　生丁義地柱

辛亥二一星戶　開壬義符英　休庚乙害天芮　生丁害地柱　傷丙雀心　杜辛義陳遁　景癸義合任　死己義陰沖　驚戊蛇輔

壬子一九星伏　景辛害陳遁　死癸合任　驚己制陰沖　開戊制蛇輔　休壬制符英　生庚乙天芮　傷丁害地柱　杜丙害雀心

癸丑九八門伏　休戊戊輔　生壬符英　傷庚乙符芮　杜丁地柱　景丙雀心　死辛陳遁　驚癸合任　開己陰沖

二陰四局符頭英 地盤 坎甲午 艮甲寅 震甲戌 巽甲子 離甲辰 地乙甲申 兌丁 乾丙

時 戊 癸

大 雪 上 處 暑 中 大 暑 秋 分 下

甲辰九 英伏吟 景天輔 休辛 陳逢 生癸 合任 傷己 陰冲 杜戊 蛇輔 景壬 蛇英 死庚乙 天芮 驚丁 地柱 開丙 雀心

乙八五一 杜丙 和雀心 景辛 義陳逢 死癸 害合任 驚己 制陰冲 開戊 害蛇輔 休壬 害符英 生庚乙 義天芮 傷丁 害地柱

丙午七六 守戶 驚庚乙 義天芮 開丁 和地柱 休丙 義雀心 生辛 害陳逢 傷癸 義合任 杜己 制陰冲 景戊 制蛇輔 死壬 義符英

丁未六七 死丁 制地柱 驚丙 和雀心 開辛 制陳逢 休癸 義合任 生己 和陰冲 傷戊 制蛇輔 杜壬 害符英 景庚乙 制天芮

戊申五四 辟五 壬不用 開癸 義合任 傷戊 害陰輔 生戊 害蛇輔 傷壬 符英 杜庚乙 天芮 景丁 義地柱 死丙 義雀心 驚辛 陳逢

己酉四三 生己 制陰冲 傷戊 制蛇輔 杜壬 符英 景庚乙 和天芮 死丁 和天柱 驚丙 和雀心 開辛 陳逢 休癸 和合任

庚戌三二 傷丙 和雀心 杜辛 制陳逢 景癸 和合任 死己 害陰冲 驚戊 害蛇輔 開壬 害符英 休庚乙 和天芮 生丁 義地柱

辛亥二一 星戶 開壬 義符英 休庚乙 害天芮 生丁 害地柱 傷丙 雀心 杜辛 義陳逢 景癸 義合任 死己 義陰冲 驚戊 蛇輔

壬子一九 星伏 景辛 害陳逢 死癸 合任 驚己 制陰冲 開戊 制蛇輔 休壬 制符英 生庚乙 天芮 傷丁 害地柱 杜丙 害雀心

癸丑九八 門伏 休戊 戊輔 生壬 符英 傷庚乙 符芮 杜丁 地柱 景丙 雀心 死辛 陳逢 驚癸 合任 開己 陰冲

日陰四局符頭任 地盤 坎甲午 艮甲寅 震甲戌 巽甲子 離甲辰 坤甲申 兌丁 乾丙

十 二 時

大 雪 上 處 暑 中 大 暑 秋 分 下

甲寅八 生天輔伏吟 任戊不用 休辛 蛇逢 生癸 符任 傷己 天冲 杜戊 地輔 景壬 雀英 死庚乙 陳芮 驚丁 合柱 開丙 陰心

乙卯七五 守戶 星反 杜壬 和雀英 景庚乙 義陳芮 死丁 害合柱 驚丙 制陰心 開辛 害蛇逢 休癸 害符任 生己 義天冲 傷戊 害地輔

丙辰六六 傷己 和天冲 杜戊 制地輔 景壬 和雀英 死庚乙 害陳芮 驚丁 害合柱 開丙 和陰心 休辛 和蛇逢 生癸 符任

丁巳五七 辟五 門反 景戊 害地輔 死壬 雀英 驚庚乙 制陳芮 開丁 制合柱 休丙 制陰心 生辛 蛇逢 傷癸 害符任 杜己 害天冲

戊午四四 驚丁 義柱 開丙 和陰心 休辛 義蛇逢 生癸 害符任 傷己 天冲 杜戊 制地輔 景壬 制雀英 死庚乙 義陳芮

己未三三 癸不用 開丙 義陰心 休辛 害雀逢 生癸 害符任 傷己 天冲 杜戊 義地輔 景壬 義雀英 死庚乙 義陳芮 驚丁 合柱

庚申二二 反吟 景壬 害雀芮 死庚乙 陳芮 驚丁 制合柱 開丙 制陰英 休辛 制蛇逢 生癸 符任 傷己 害天冲 杜戊 害地輔

辛酉一一 生癸 制芮任 傷己 制天冲 杜戊 地輔 景壬 和雀英 死庚乙 和陳芮 驚丁 和合柱 開丙 陰心 休辛 和蛇逢

壬戌九九 死庚乙 制陳芮 驚丁 和合柱 開丙 制陰心 休辛 義蛇逢 生癸 和符任 傷己 制天任 杜戊 害地輔 景壬 制雀英

癸亥八八 伏吟 休辛 蛇逢 生癸 符任 傷己 天冲 杜戊 地輔 景壬 雀英 生庚 陳芮 驚丁 合柱 開丙 合心

甲己日十二時

夏至白露中 立冬寒露下

陰三局符頭冲盤

時	地 坎 甲申 庚	艮 甲辰 壬	震 甲子 戊	巽 乙	離 甲午 辛	坤 丑丙 甲戌 已	兌 甲寅 癸	乾 丁
甲子三傷 冲伏吟	休庚 陰蓬	生壬 蛇任	傷戊 符冲	杜乙 天輔	景辛 地英	死丙已 雀芮	驚癸 陳柱	開丁 合心
乙丑二四 已不用	死丁 制合心	驚庚 和陰蓬	開壬 制蛇任	休戊 義符冲	生乙 和天輔	傷辛 制地英	杜丙已 害雀芮	景癸 制陳柱
丙寅一五	傷丙已 和雀芮	杜癸 制陳柱	景丁 和合心	死庚 害陰蓬	驚壬 害蛇任	開戊 和符冲	休乙 和天輔	生辛 義地英
丁卯九六	驚乙 義天輔	開辛 和地英	休丙已 義雀芮	生癸 害陳柱	傷丁 義合心	杜庚 制陰蓬	景壬 制蛇任	死戊 義符冲
戊辰八三 星伏	生庚 制陰蓬	傷壬 制蛇任	杜戊 符冲	景乙 和天輔	死辛 和地英	驚丙已 和符芮	開癸 陳柱	休丁 和合心
己巳七二 天輔 門反	景丙已 害符芮	死癸 陳柱	驚丁 制合心	開庚 制陰蓬	休壬 制害任	生戊 符冲	傷乙 害天輔	杜辛 害地英
庚午六一 守戶 甲不用	杜戊 和符冲	景乙 義天輔	死辛 害地英	驚丙已 制雀芮	驚丙已 和符芮	開癸 陳柱	休丁 義陰蓬	傷壬 害蛇任
辛未五九 辟五	死癸 制陳柱	驚丁 和合心	開庚 制陰蓬	休壬 義蛇任	生戊 符冲	傷乙 制天輔	杜辛 害地英	景丙已 制雀芮
壬申四八	開壬 義蛇任	休戊 害符冲	杜乙 害天輔	傷辛 地英	杜丙已 義雀芮	景癸 義陳柱	死丁 義合心	驚庚 陰蓬
癸酉三七 星反 門伏	休辛 地英	生丙已 雀芮	傷癸 陳柱	杜丁 合心	景庚 陰蓬	死壬 蛇任	驚戊 符冲	開乙 天輔

乙庚日十二時

夏至白露中立冬寒露下

陰三局符頭芮

地盤：坎庚甲申　艮壬甲辰　震戊甲子　巽乙　離辛甲午　坤己甲戌　兌癸甲寅　乾丁

時	坎	艮	震	巽	離	坤	兌	乾
甲戌二死 芮伏吟	休庚 蓬雀	生壬 任陳	傷戊 沖合	杜乙 輔陰	景辛 英蛇	死己丙 芮符	驚癸 柱天	開丁 心地
乙亥一四 己不用	死戊 沖合制	驚乙 輔陰和	開辛 英蛇制	休己丙 芮符義	生癸 柱天和	傷丁 心地制	杜庚 蓬雀害（大格）	景壬 任陳制
丙子九五 星伏 庚不用	生庚 蓬雀制	傷壬 任陳和	杜戊 沖合	景乙 輔陰和	死辛 英蛇和	驚己丙 芮符和	開癸 柱天	休丁 心地和
丁丑八六 門反	景癸 柱天害	死丁 心地	驚庚 蓬雀制	開壬 任陳制	休戊 沖合制	生乙 輔陰	傷辛 英蛇害	杜己丙 芮符害
戊寅七三	開乙 輔陰義	休辛 英蛇害	生己丙 芮符害	傷癸 柱天	杜丁 心地義	景庚 蓬雀義	死壬 任陳義	驚戊 沖合
己卯六二 守戶 星伏	驚庚 蓬雀義	開壬 任陳和	休戊 沖合義	生乙 輔陰害	傷辛 英蛇義	杜己丙 芮符制	景癸 柱天制	死丁 心地義
庚辰五一 辟五 門伏	休己丙 芮符	生癸 柱天	傷丁 心和	杜庚 蓬雀	景壬 任陳	死戊 沖合	驚乙 輔陰	開辛 英蛇
辛巳四九 乙不用	傷壬 任陳和	杜戊 沖合制	景乙 輔陰和	死辛 英蛇害	驚己丙 芮符害	開癸 柱天和	休丁 心地和	生庚 蓬雀義
壬午三八 星反	杜辛 英蛇和	景己丙 芮合義	死癸 柱天害	驚丁 心地制	開庚 蓬雀害	休壬 任陳害	生戊 沖合義	傷乙 輔陰害
癸未二七 門伏	休丙 心地	生庚 蓬雀（小格）	傷壬 任陳	杜戊 沖合	景乙 輔陰	死辛 英蛇	驚己 芮符	開癸 柱天

丙辛日十二時

夏至白露中 立冬寒露下

陰三局符頭遁地盤	甲申七	乙酉九四	丙戌八五	丁亥七六	戊子六三	己丑五二	庚寅四一	辛卯三九	壬辰二八	癸巳一七
	休天輔 蓬伏吟	門反	庚不開		守戶	辟五	星伏	星反	丙不開	門伏
坎 庚	休庚 符蓬	景己丙 害合芮	開乙 義雀輔	傷壬 和天任	生癸 制陰柱	杜乙 和陰輔	死庚 制符蓬	驚辛 義陳英	杜丁 和蛇心	休戊 地沖
艮 壬 甲辰	生壬 天任	死癸 陰柱	休辛 害陳英	杜戊 制地沖	傷丁 制蛇心	景辛 義陳英	驚壬 和天任	開己丙 和合芮	景庚 義符蓬	生乙 雀輔
震 戊 甲子	傷戊 地沖	驚丁 制蛇心	生己丙 害合芮	景乙 和雀輔	杜庚 符蓬	死己丙 害合芮	開戊 制地沖	休癸 義陰柱	死壬 害天任	傷辛 陳英
巽 乙	杜乙 雀輔	開庚 制符蓬	傷癸 陰柱	死辛 害陳英	景壬 和天任	驚癸 制陰柱	休乙 義雀輔	生丁 害蛇心	驚戊 制地沖	杜己丙 合芮
辛	景辛 陳英	休壬 制天任	杜丁 蛇心	驚己丙 害合芮	死戊 和地沖	開丁 害蛇心	生辛 和陳英	傷庚 義符蓬	開己 害雀輔	景癸 陰柱
坤 己甲丙 戊	死己丙 合芮	生戊 地沖	景庚 符蓬	開癸 和陰柱	驚乙 和雀輔	休庚 害符蓬	傷己丙 制合符	杜壬 制天合	休辛 害陳英	死丁 蛇心
兌 癸 甲寅	驚癸 陰柱	傷乙 害雀輔	死壬 天任	休丁 害蛇心	開辛 陳英	生壬 義天任	杜癸 害陰柱	景戊 制地沖	生己丙 義合芮	驚庚 符蓬
乾 丁	開丁 蛇心	杜辛 害陳英	驚戊 地沖	生庚 義符蓬	休己丙 和合芮	傷戊 害地沖	景丁 制蛇心	死乙 義雀輔	傷癸 害天任	開壬 天任

丁壬日十

夏至白露中立冬寒露下

陰三局符頭英地盤 坎甲申庚 坎甲辰壬 震甲子戊 巽乙 離甲午辛 坤甲丙己戊 兌甲寅癸 乾丁

甲午九 景天輔 英伏吟 休庚 陳蓬 生壬 合任 傷戊 陰沖 杜乙 蛇輔 景辛 符英 死己丙 天芮 驚癸 天柱 開丁 雀心

乙未八四 杜壬 和合任 景戊 義陰沖 死乙 害蛇輔 驚辛 制符英 開己丙 害天芮 休癸 害地柱 生丁 義雀輔 傷庚 害陳蓬

丙申七五 驚丁 義雀心 開庚 和陳蓬 休壬 義合任 生戊 害陰沖 傷己 義蛇輔 杜辛 制符英 景己丙 制天芮 死癸 義地柱

丁酉六六 守戶 年不用 死己丙 制天芮 驚癸 和地柱 開丁 義雀心 休庚 義陳蓬 生壬 和合任 傷戊 制陰沖 杜乙 害蛇輔 景辛 制符英

戊戌五三 伴五 開戊 義陰沖 休乙 害蛇輔 生辛 害符英 傷己丙 天芮 杜癸 義地柱 景丁 義雀心 死庚 義陳蓬 驚壬 合任

己亥四二 生丁 制雀心 傷庚 制雀蓬 杜壬 合任 景戊 和陰沖 死乙 和蛇輔 驚辛 和符英 開己丙 天芮 休癸 和地柱

庚子三一 星反 傷辛 和符英 杜己丙 制天芮 景癸 和地柱 死丁 害雀心 驚庚 害陳蓬 開壬 和合任 休戊 義陰沖 生乙 義蛇輔

辛丑二九 星伏 開庚 義陳蓬 休壬 害合任 生戊 害陰沖 傷乙 蛇輔 杜辛 義符英 景己丙 義天芮 死癸 義地柱 驚丁 雀心

壬寅一八 門反 景乙 害蛇輔 死辛 符英 驚己丙 制天芮 開癸 制地柱 休丁 制雀心 生庚 陳蓬 傷壬 害天任 杜戊 害地沖

癸卯九七 門伏 丁不用 休癸 地柱 生丁 雀心 傷庚 陳蓬 杜壬 合任 景戊 陰沖 死乙 蛇輔 驚辛 符英 開己丙 天芮

二 時 戊癸

夏至白露中立冬寒露下

陰三局符頭任地盤 坎甲申艮甲辰震甲子巽乙 離甲午 坤甲戌丙 兌甲寅 乾丁

甲辰八 生天輔 任伏吟 休庚 蛇蓬 生壬 符任 傷戊 天沖 杜乙 地輔 景辛 雀英 死己丙 陳芮 驚癸 合柱 開丁 陰心

乙巳七四 杜癸 和合柱 景丁 義陰心 死庚 害蛇蓬 驚壬 制符任 開戊 害天沖 休乙 害地輔 生辛 義雀英 傷己丙 害陳芮

丙午六五 守戶 門反 傷辛 和雀英 杜己丙 制陳芮 景癸 和合柱 死丁 害陰心 驚庚 害蛇蓬 開壬 制符任 休戊 和天沖 生乙 義地輔

丁未五六 伴五 門反 景戊 害天沖 死乙 地輔 驚辛 制雀英 開己丙 制陳芮 休癸 制合柱 生丁 陰心 傷庚 害蛇蓬 杜壬 害符任

戊申四三 壬不用 驚丁 義陰心 開庚 和雀蓬 休壬 義符任 生戊 害天沖 傷乙 義地輔 杜辛 制雀英 景己丙 制陳芮 死癸 義合柱

己酉三二 開辛 義雀英 休己丙 害陳芮 生癸 害合柱 傷丁 義心 杜庚 義蛇蓬 景壬 義符任 死戊 義天沖 驚乙 地輔

庚戌二一 門反 景壬 害符任 死戊 天沖 驚乙 制地輔 開辛 制雀英 休己丙 制陳芮 生癸 合柱 傷丁 害陰心 杜庚 害蛇蓬

辛亥一九 生丙 制陳禽 傷癸 制合柱 杜丁 陰心 景庚 制蛇蓬 死壬 和符任 驚戊 和天任 開乙 地輔 休辛 雀英

壬子九八 星伏 死庚 制蛇蓬 驚壬 和符任 開戊 制天沖 休乙 義地輔 生辛 和雀英 傷丙 制陳禽 杜癸 害合柱 景丁 制陰心

癸丑八七 門伏 休乙 地輔 生辛 雀英 傷丙 陳禽 杜癸 合柱 景丁 陰心 死庚 蛇蓬 驚壬 符任 開戊 天沖

二陰三局符頭任 地盤坎甲申艮甲辰震甲子巽乙 離甲午坤丙甲戌兌甲寅乾丁

時

戊癸

夏至白露中立冬寒露下

甲辰八 生天輔伏吟 休庚蛇蓬 生壬符任 傷戊天冲 杜乙地輔 景辛雀英 死己丙陳芮 驚癸合柱 開丁陰心

乙巳七四 杜癸和合柱 景丁義陰心 死庚害蛇蓬 驚壬制符任 開戊害天冲 休乙害地輔 生辛義雀英 傷己丙害陳芮

丙午六五 守戶門反 傷辛和雀英 杜己丙制陳芮 景癸和合柱 死丁害陰心 驚庚害蛇蓬 開壬制符任 休戊和天冲 生乙義地輔

丁未五六 伏五門反 景戊害天冲 死乙地輔 驚辛制雀英 開己丙制陳芮 休癸制合柱 生丁陰心 傷庚害蛇蓬 杜壬害符任

戊申四三 壬不用 驚丁義陰心 開庚和雀蓬 休壬義符任 生戊害天冲 傷戊義地輔 杜辛制雀英 景己丙制陳芮 死癸義合柱

己酉三二 開辛義雀英 休己丙害陳芮 生癸害合柱 傷丁義陰心 杜庚義蛇蓬 景壬義符任 死戊義天冲 驚乙地輔

庚戌二一 門反 景壬害符任 死戊天冲 驚乙制地輔 開辛制雀英 休己丙制陳芮 生癸合柱 傷丁害陰心 杜庚害蛇蓬

辛亥一九 生丙制陳芮 傷癸制合柱 杜丁陰心 景庚制蛇蓬 死壬和符任 驚戊和天冲 開乙地輔 休辛雀英

壬子九八 星伏 死庚制蛇蓬 驚壬和符任 開戊制天冲 休乙義地輔 生辛和雀英 傷丙制陳芮 杜癸害合柱 景丁制陰心

癸丑八七 門伏 休乙地輔 生辛雀英 傷丙陳芮 杜癸合柱 景丁陰心 死庚蛇蓬 驚壬符任 開戊天冲

日陰三局符頭柱 地盤坎甲申艮甲辰震甲子巽乙 離甲午坤丙甲戌兌甲寅乾丁

十二時

夏至白露中立冬寒露下

甲寅七 驚天輔伏吟 柱沖不用 休庚地蓬 生壬雀任 傷戊陳冲 杜乙合輔 景辛陰英 死己丙蛇芮 驚癸符柱 開丁天心

乙卯六四 宮戶 驚乙義地輔 休辛害陰英 生己丙害蛇芮 傷癸符柱 杜丁義天心 景庚義地蓬 死壬義雀任 驚戊陳冲

丙辰五五 伏五 生壬制雀任 傷戊制陳冲 杜乙合輔 景辛和陰英 死己丙和蛇芮 驚癸和符柱 開丁天心 休庚和地蓬

丁巳四六 杜丁和天心 景庚義地蓬 死壬害雀任 驚戊陳冲 開乙害合輔 休辛害陰英 生己丙蛇芮 傷癸害符柱

戊午三三 伏吟 景辛害陰英 死己丙蛇芮 驚癸制符柱 開丁制天心 休庚制地蓬 生壬雀任 傷戊害陳冲 杜乙害合輔

己未二二 癸不用 生壬制雀任 傷戊制陳冲 杜乙合輔 景辛和陰英 死己丙和蛇芮 驚癸和符柱 開丁天心 休庚和地蓬

庚申一一 驚癸義符柱 開丁和天心 休庚義地蓬 生壬害雀任 傷戊義陳冲 杜乙制合輔 景辛制陰英 死己丙義蛇芮

辛酉九九 驚戊和陳冲 杜乙制合輔 景辛和陰英 死己丙害蛇芮 驚癸害符柱 開丁和天心 休庚和地蓬 生壬義雀任

壬戌八八 死己丙制蛇芮 驚癸和符柱 開丁制天心 休庚制地蓬 生壬和雀任 傷戊制陳冲 杜乙害合輔 景辛和陰英

癸亥七七 伏吟 休庚蛇蓬 生壬雀任 傷戊陳冲 杜乙合輔 景辛陰英 死己丙蛇芮 驚癸符柱 開丁天心

甲己日十二時

立秋上、小暑中霜降、小雪下

陰二局符頭芮

時	地盤坎巳甲戌	艮辛甲午	震乙	巽丙	離庚甲申	坤戊甲子芮子禽	兌壬甲辰	乾癸甲寅
甲子三 死 芮伏吟	休巳 蓬雀	生辛 任陳	傷乙 冲合	杜丙 輔陰	景庚 英蛇	死戊 芮符	驚壬 柱天	開癸 心地
乙丑一三 己不用	死丙 輔陰制	驚庚 英蛇和	開戊 芮符和	死壬 柱天義	生癸 心地和	傷巳 蓬符制	杜辛 任陳害	景乙 冲合制
丙寅九四	生乙 冲合制	傷丙 輔陰制	杜庚 英蛇	景戊 芮符義	死壬 柱天和	驚癸 心地和	開巳 蓬雀	休辛 任陳和
丁卯八五 星伏 門反	景巳 蓬雀害	死辛 任陳	驚巳 冲合制	開丙 輔陰制	休庚 英蛇制	生戊 芮符	傷壬 柱天害	杜癸 心地害
戊辰七二 星伏	開巳 蓬雀義	休辛 柱陳害	生乙 冲合害	傷丙 輔陰	杜庚 英蛇義	景戊 芮符義	死壬 任天義	驚癸 心地
己巳六一 天輔	驚戊 芮符義	開壬 柱天和	休癸 心地義	生巳 蓬雀害	傷辛 任陳義	杜乙 冲合制	景丙 輔陰制	死庚 英蛇義
庚午五九 守户門伏 甲不用	休辛 任陳	生乙 冲合	傷丙 輔陰	杜庚 英蛇	景戊 芮符	死壬 柱天	驚癸 心地	開巳 蓬雀
辛未四八 星反	傷庚 英蛇和	杜戊 芮符制	景壬 柱天和	死癸 心地害	驚巳 蓬雀害	開辛 任陳和	休乙 冲合和	生丙 輔陰義
壬申三七	杜癸 心地和	景巳 蓬雀義	死辛 任陳害	驚乙 冲合制	開丙 輔陰害	休庚 英蛇害	生戊 芮符義	傷壬 柱天害
癸酉二六 門伏	休壬 柱天	生癸 心地	傷巳 蓬雀	杜辛 任陳	景乙 冲合	死丙 輔陰	驚庚 英蛇	開戊 芮符

乙庚日十二時

立秋上 小暑中 霜降 小雪下

陰二局符頭蓬

時	坎（地盤己 甲戌）	艮（地盤辛 甲午）	震（地盤乙）	巽（地盤丙）	離（地盤庚 甲申）	坤（地盤丁 戊甲子）	兌（地盤壬 甲辰）	乾（地盤癸 甲寅）
甲戌一 休蓬伏吟	休己 符蓬	生辛 天任	傷乙 地沖	杜丙 雀輔	景庚 陳英	死戊（伏） 合芮	驚壬 陰柱	開癸 蛇心
乙亥九三 門反 己不用	景壬 害陰柱	死癸 蛇心	驚己 制符蓬	開辛 制天任	休乙（重合） 制地沖	生丙（伏逆） 雀輔	傷庚 蛇陳英	杜戊（丁伏） 害合芮
丙子八四 庚不用	開戊 義合芮	休壬 害陰柱	生癸 害蛇心	傷己（亦有位） 符蓬	杜辛 義天任	景乙 義地沖	死丙 義雀輔	驚庚（大格） 陳蓬
丁丑七五	傷丙（鳥跌穴） 和雀輔	杜庚 制陳英	景戊 害合芮	死壬 害陰柱	驚癸 害蛇心	開己 和符蓬	休辛 和天任	生乙（重） 義地沖
戊寅六二	生丙（鳥跌穴） 制雀輔	傷庚 制陳英	杜戊（丁） 合芮	景壬 和陰柱	死癸 和蛇心	驚己（伏刑） 和符蓬	開辛 天任	休乙（重） 和地沖
己卯五一 星伏 辟五	杜己（守戶） 和雀蓬	景辛 和天任	死乙 害地沖	驚丙 制雀輔	開庚（庚伏戊） 害陳英	休戊（丁） 害合芮	生壬 義陰柱	傷癸 害蛇心
庚辰四九 星反	死庚 制陳英	驚戊丁 和合芮	開壬 制陰柱	休癸 義蛇心	生己 義符蓬	傷辛 制天任	杜乙 害地沖	景丙 制雀輔
辛巳三八 乙不用	驚癸 義蛇心	開己 和符蓬	休辛（伏） 義天任	生乙（反重） 害地沖	傷丙（伏癸 庚字） 義雀輔	杜庚 制陳英	景戊丁（合） 制合芮	死壬 義陰柱
壬午二七	杜乙（伏） 和陰沖	景丙 義雀輔	死庚（乙伏干） 害陳英	驚戊丁 制合芮	開壬 蛇陰柱	休癸 害蛇心	生己 義符蓬	傷辛 害天任
癸未一六 門伏	休辛 天任	生乙（逆重） 地沖	傷丙 雀輔	杜庚 陳英	景戊丁 合芮	死壬 陰柱	驚癸 蛇心	開己 符蓬

丙年日十二時

立秋上　小暑中　霜降小雪下

陰二局符頭英　地盤坎己甲戌　艮辛甲午　震乙　巽丙　離庚甲申　坤丁甲戊　子兌壬甲辰　乾癸甲寅

甲申九　景天輔　英伏吟　休己陳蓬　生辛合任　傷乙陰沖　杜丙蛇輔　景庚符英　死戊丁制天芮　驚壬地柱　開癸雀心

乙酉八三　杜乙和陰沖　景丙義蛇輔　死庚害符英　驚戊丁制天芮　開壬害地柱　休癸害雀心　生己義陳蓬　傷辛害合任

丙戌七四　庚不用　驚辛義合任　開乙和陰沖　休丙義蛇輔　生庚害符英　傷戊丁義天芮　杜壬制地柱　景癸制雀心　死己害陳蓬

丁亥六五　死癸制雀心　驚己和陳蓬　開辛制合任　休乙義陰沖　生丙和蛇輔　傷庚制符英　杜戊丁制天芮　景壬制地柱

戊子五二　守戶　辟五　開辛同義　休己害陳蓬　生辛害合任　傷乙陰沖　杜丙義蛇輔　景庚義符英　死戊丁義天芮　驚壬地柱

己丑四一　生庚制符英　傷戊丁制天芮　杜壬地柱　景癸和雀心　死己和陳蓬　驚辛和合任　開乙陰沖　休丙和蛇輔

庚寅三九　星伏　傷己和陳蓬　杜辛制合任　景乙和陰沖　死丙害蛇輔　驚庚害符英　開戊丁和天芮　休壬和地柱　生癸雀心

辛卯二八　開丙義蛇輔　休庚害符英　生戊丁害天芮　傷壬地柱　杜癸義雀心　景己義陳蓬　死辛義合任　驚乙陰沖

壬辰一七　門反　丙不用　景壬害地柱　死癸雀心　驚己制陳蓬　開辛制合任　休乙制陰沖　生丙蛇輔　傷庚害符英　杜戊丁害天芮

癸巳九六　門反　休戊丁天芮　生壬地柱　傷癸雀心　杜己陳蓬　景辛合任　死乙陰沖　驚丙蛇輔　開庚符英

丁壬日十

立秋上 小暑中 霜降 小雪下

陰二局符頭任 地盤坎巳甲戌 艮辛甲午 震乙 巽丙 離庚甲申 坤戊甲子丁 兌壬甲辰 乾癸甲寅

甲午八 生天輔 任伏吟 休巳蛇遁 生辛符任 傷乙天沖 杜丙地輔 景庚雀英 死戊丁陳芮 驚壬合柱 開癸陰心

乙未七三 杜癸和陰心 景巳義蛇遁 死辛害符任 驚乙制天沖 開丙地輔 休庚害雀英 生戊丁義陳芮 傷壬害合柱

丙申六四 傷壬和合柱 杜癸制陰心 景巳和蛇遁 死辛害符任 驚乙害天沖 開丙地輔 休庚雀英 生戊丁義陳芮

丁酉五五 守戶辟五反吟 辛不用 景庚害雀英 死戊丁陳芮 驚壬制合柱 開癸制陰心 休巳制蛇遁 生辛符任 傷乙害天沖 杜丙害地輔

戊戌四二 星反 驚[illegible] 開丁和天禽 休壬任合柱 生癸害陰心 傷巳義蛇遁 杜辛制符任 景乙制天沖 死丙義地輔

己亥三一 開辛義符任 休乙害天沖 生丙害地輔 傷庚雀英 杜戊丁義陳芮 景壬義合柱 死癸義陰心 驚巳害遁

庚子二九 門反 景戊害陳芮 死壬合柱 驚癸制陰心 開巳制蛇遁 休辛制符任 生乙天沖 傷丙害地輔 杜庚雀害

辛丑一八 星伏 生巳制蛇遁 傷辛制符任 杜乙天沖 景丙和地輔 死庚和雀英 驚戊丁制陳芮 開壬合柱 休癸和陰心

壬寅九七 死丙制地輔 驚庚和雀英 開戊丁制陳芮 休壬義合柱 生癸和陰心 傷巳制蛇遁 杜辛害符任 景乙制天沖

癸卯八六 門伏 丁不用 休乙天沖 生丙地輔 傷庚雀英 杜戊丁陳芮 景壬合柱 死癸陰心 驚巳蛇遁 開辛符任

二時 戊癸

立秋上 小暑中 霜降 小雪下

陰二局符頭柱 地盤坎巳甲戌 艮辛甲午 震乙 巽丙 離庚甲申 坤戊甲子丁 兌壬甲辰 乾丁甲寅

甲辰七 驚天輔 柱伏吟 休巳地遁 生辛雀任 傷乙陳沖 杜丙合輔 景庚陰英 死戊蛇芮 驚壬符柱 開丁天心

乙巳六三 星反 開庚義陰英 休戊丁害蛇芮 生壬害符柱 傷丁天心 杜巳義地遁 景辛義雀任 死乙義陳沖 驚丙合輔

丙午五四 守戶辟五 生丙制合輔 傷庚制陰英 杜戊蛇芮 景壬和符柱 死丁和天心 驚巳和地遁 開辛雀任 休乙制陳沖

丁未四五 杜壬和雀任 景乙義陳沖 死丙害合輔 驚庚制陰英 開戊丁害蛇芮 休壬害符柱 生丁義天心 傷巳害地遁

戊申三一 門伏 壬不用 景未星同害 死乙陳沖 驚丙制合輔 開庚制陰英 休戊丁制蛇禽 生壬符柱 傷癸害天心 杜巳害地遁

己酉二二 生壬制符柱 傷癸制天心 杜巳地遁 景辛和雀任 死乙和陳沖 驚丙和合輔 開庚制陰英 休戊和蛇芮

庚戌一九 驚乙義陳沖 開丙和合輔 休庚義陰英 生戊害蛇芮 傷壬義符柱 杜癸制天心 景巳制地遁 死辛義雀任

辛亥九八 傷戊和蛇芮 杜壬制符柱 景癸和天心 死巳害地遁 驚辛害雀任 開乙和陳沖 休丙和合輔 生庚義陰英

壬子八七 死巳制地遁 驚辛和雀任 開乙制陳沖 休丙義合輔 生庚和陰英 傷巳義蛇芮 杜壬害符柱 景癸制天心

癸丑七六 門伏 休癸天心 生巳地遁 傷辛雀任 杜乙陳沖 景丙合輔 死庚陰英 驚戊蛇芮 開壬符柱

二陰二局符頭柱　時　戊癸

立秋上　小暑中　霜降　小雪下

地盤	坎 甲戌 己	艮 甲午 辛	震 乙	巽 丙	離 甲申 庚	坤 甲戌 丁	兌 甲辰 壬	乾 甲寅 丁
甲辰七七 驚天輔柱伏吟	休己 地遁	生辛 雀任	傷乙 陳沖	杜丙 合輔	景庚 陰英	死戊 蛇芮	驚壬 符柱	開丁 天心
乙巳六三 星反	開庚 義陰英	休丁戊 害蛇芮	生壬 害符柱	傷丁 天心	杜己 義地遁	景辛 義雀任	死乙 義陳沖	驚丙 合輔
丙午五四 守戶 辟五	生丙 制合輔	傷庚 制陰英	杜戊 蛇芮	景壬 和符柱	死丁 和天心	驚己 和地遁	開辛 雀任	休乙 制陳沖
丁未四五	杜壬 和雀任	景乙 義陳沖	死丙 害合輔	驚庚 制陰英	開丁戊 害蛇芮	休壬 害符柱	生丁 義天心	傷己 害地遁
戊申三一 門伏 壬不用	景未 星同 害	死乙 陳沖	驚丙 制合輔	開庚 制陰英	休丁戊 制蛇芮	生壬 符柱	傷癸 害天心	杜己 害地遁
己酉二一	生壬 制符柱	傷癸 制天心	杜己 地遁	景辛 和雀任	死乙 和陳沖	驚丙 和合輔	開庚 制陰英	休戊 和蛇芮
庚戌一九	驚乙 義陰沖	開丙 和合輔	休庚 義陰英	生戊 害蛇芮	傷壬 義符柱	杜癸 制天心	景己 制地遁	死辛 義雀任
辛亥九八	傷戊 和蛇芮	杜壬 制符柱	景癸 和天心	死己 害地遁	驚辛 害雀任	開乙 和陳沖	休丙 和合輔	生庚 義陰英
壬子八七	死己 制地遁	驚辛 和雀任	開乙 制陳沖	休丙 義合輔	生庚 和陰英	傷己 義蛇芮	杜壬 害符柱	景癸 制天心
癸丑七六 門伏	休癸 天心	生己 地遁	傷辛 雀任	杜乙 陳沖	景丙 合輔	死庚 陰英	驚戊 蛇芮	開壬 符柱

日陰二局符頭英　十二時

立秋上　小暑中　霜降　小雪下

地盤	坎 甲戌 己	艮 甲午 辛	震 乙	巽 丙	離 甲申 庚	坤 甲戌 丁	兌 甲辰 壬	乾 甲寅 癸
甲寅六 開天輔伏吟 心戊不用	休己 天遁	生辛 地任	傷乙 雀沖	杜丙 陳輔	景庚 合英	死丁戊 陰芮	驚壬 蛇柱	開癸 符心
乙卯五三 守戶 辟五	傷丁戊 和陰芮	杜壬 制蛇柱	景癸 和符心	死己 害天遁	驚辛 害地任	開乙 和雀沖	休丙 和陳輔	生庚 義合英
丙辰四四 反吟	景庚 害合英	死戊 陰芮	驚壬 制蛇柱	開癸 制符心	休己 制天遁	生辛 地任	傷乙 制雀沖	杜丙 害陳輔
丁巳三五	死乙 制雀沖	驚丙 和陳輔	開庚 制合英	休丁戊 義陰芮	生壬 蛇柱	傷癸 制符心	杜己 害天遁	景辛 制地任
戊午二二	傷己 星同 和	杜丙 制陳輔	景庚 和合英	死丁戊 害陰芮	驚壬 害蛇柱	開癸 和符心	休己 和天遁	生辛 義地任
己未一一	開癸 義符心	休己 害天遁	生辛 害地任	傷乙 雀沖	杜丙 義制輔	景庚 義合英	死丁戊 義陰芮	驚壬 蛇柱
庚申九九	杜丙 和陳輔	景庚 義合英	死丁戊 害陰芮	驚壬 制蛇柱	開癸 害符心	休己 害天遁	生辛 義地任	傷丁 害雀沖
辛酉八八	驚壬 義蛇柱	開癸 和符心	休己 義天遁	生辛 害地任	傷乙 義雀沖	杜丙 制陳輔	景庚 制合英	死丁戊 義陰芮
壬戌七七	生辛 制地任	傷乙 制蛇沖	杜丙 陳輔	景庚 和合英	死丁戊 和陰芮	驚壬 和蛇柱	開癸 符心	休己 和天遁
癸亥六六 伏吟	休己 天遁	生辛 地任	傷乙 雀沖	杜丙 陳輔	景庚 合英	死丁戊 陰芮	驚壬 蛇柱	開癸 符心

甲己日十二時

处暑上 大雪下 大暑 秋分中

陰一局符頭遁地盤	坎戊甲子	艮庚甲申	震丙	巽丁	離己甲戌	坤乙癸甲寅禽	兌辛甲午	乾壬甲辰
甲子一 休 遁伏吟	休戊 蓬符	生庚 任天	傷丙 冲地	杜丁 輔雀	景己 英陳	死乙癸 禽合	驚辛 柱陰	開壬 心蛇
乙丑九二 門反 己不用	景丁 輔雀害	死己 英陳	驚乙癸 禽合制	開辛 柱陰制	休壬 心蛇制	生戊 蓬符	傷庚 任天害	杜丙 冲地害
丙寅八三	開辛 柱陰義	休壬 心蛇害	生戊 蓬符害	傷庚 任天	杜丙 冲地義	景丁 輔雀義	死己 英陳義	驚乙癸 禽合
丁卯七四	傷乙癸 禽合和	杜辛 柱陰制	景壬 心蛇和	死戊 蓬符害	驚庚 任天害	開丙 冲地和	休丁 輔雀和	生己 英陳義
戊辰六一 星反	生子 星同	傷庚 任天制	杜丙 冲地	景丁 輔雀和	死己 英陳和	驚乙癸 禽合和	開辛 柱陰義	休壬 心蛇和
己巳五九 天輔辟 五星反	杜己 英陳和	景乙癸 禽合義	死辛 中陰害	驚壬 心蛇制	開戊 蓬符害	休庚 任天害	生丙 冲地義	傷丁 輔雀害
庚午四八 宇戶 甲不用	死壬 心蛇制	驚戊 蓬符和	開庚 任天制	休丙 冲地義	生丁 輔雀和	傷己 英陳制	杜乙癸 禽合害	驚辛 柱陰制
辛未三七	驚丙 冲地義	開丁 輔雀和	休己 英陳義	生乙癸 禽合害	傷辛 柱陰義	杜壬 心蛇制	景戊 蓬符制	死庚 任天義
壬申二六	杜庚 任天和	景丙 冲地義	死丁 輔雀害	驚己 英陳制	開乙癸 禽合害	休辛 柱陰害	生壬 心蛇義	傷戊 蓬符害
癸酉一五 門伏	休丁 輔雀	生己 英陳	傷乙癸 禽合	杜辛 柱陰	景壬 心蛇	死戊 蓬符	驚庚 任天	開丙 冲地

乙庚日十二時

处暑上　大雪下　大暑　秋分中

陰一局符頭英

時	坎甲子戊	艮甲申庚	震丙	巽丁	離甲戌己	坤乙甲寅癸	兌甲午辛	乾甲辰壬
甲戌九景 英伏吟	休戊 蓬陳	生庚 任合	傷丙 沖陰	杜丁 輔蛇	景己 英符	死乙癸 禽天	驚辛 柱地	開壬 心害
乙亥八二	杜壬 心雀和	景戊 蓬陳	死庚 任合害	驚丙 沖陰制	開丁 輔蛇害	休己 英符害	生乙癸 禽天制	傷辛 柱地害
丙子七三 庚不用	驚丙 沖陰義	開丁 輔蛇和	休己 英符義	生乙癸 禽天害	傷辛 柱地義	杜壬 心雀制	景戊 蓬陳制	死庚 任合義
丁丑六四	死庚 任合制	驚丙 沖陰和	開丁 輔蛇制	休己 英符義	生乙癸 禽天和	傷辛 柱地制	杜壬 心雀害	景戊 蓬陰制
戊寅五一 辟五 星反	開己 英符義	休乙癸 禽天害	生辛 柱地害	傷壬 心雀	杜戊 蓬陳義	景庚 柱合義	死丙 沖陰義	驚丁 輔蛇
己卯四九 守户 星反	生戊 蓬陳制	傷庚 任合制	杜丙 沖陰	景丁 輔蛇	死己 英符和	驚乙癸 禽天和	開辛 柱地	休壬 心雀和
庚辰三八	傷丁 輔蛇和	杜己 英符制	景乙癸 禽天和	死辛 柱地害	驚壬 心雀害	開戊 蓬陳和	休庚 任合和	生丙 沖陰義
辛巳二七 不用	開辛 柱地義	休壬 心雀害	生戊 蓬陳害	傷庚 任合	杜丙 沖陰義	景丁 輔蛇義	死己 英符義	驚乙癸 禽天
壬午一六 門反	景乙癸 禽天害	死辛 柱地	驚壬 心雀制	開戊 蓬陳制	休庚 任合制	生丙 沖陰	傷丁 輔蛇	杜己 英符害
癸未九五 門伏	休壬 心雀	生戊 蓬陰	傷庚 任合	杜丙 沖陰	景丁 輔蛇	死己 英符義	驚乙癸 禽天	開辛 柱地

丙辛[illegible]十二時

处暑上 大雪下 大暑 秋分中

陰一局符頭任

時	注	地盤坎戊甲子	艮庚甲申	震丙	巽丁	離己甲戌	坤乙癸甲寅	兌辛甲午	乾壬甲辰
甲申八	生天輔 任伏吟	休戊 蓬蛇	生庚 任符	傷丙 沖天	杜丁 輔地	景己 英雀	死癸乙 禽陳	驚辛 柱合	開壬 心陰
乙酉七二	星反	杜己 英雀和	景癸乙 禽陳義	死辛 柱合害	驚壬 心陰制	開戊 蓬蛇制	休庚 任符害	生丙 沖天義	傷丁 輔地害
丙戌六三	奇不用	傷壬 心陰和	杜戊 蓬蛇制	景庚 任符和	死丙 沖天害	驚丁 輔地害	開己 英雀和	休癸乙 禽陳和	生辛 柱合義
丁亥五四	辟五 門反	景辛 柱合害	死壬 心陰	驚戊 蓬蛇制	開庚 任符制	休丙 沖天制	生丁 輔地	傷己 英雀害	杜癸乙 禽陳害
戊子四一	守戶	驚庚 任符義	開丙 沖天和	休丁 輔地義	生己 英雀害	傷癸乙 禽陳義	杜辛 柱合制	景壬 心陰制	死戊 蓬蛇義
己丑三九		開癸乙 禽陳義	休辛 柱合害	生壬 心陰害	傷戊 蓬蛇害	杜庚 任符義	景丙 沖天義	死丁 輔地義	驚己 英雀
庚寅二八	星伏 門反	景戊 蓬地害	死庚 任符	驚丙 沖天制	開丁 輔地制	休己 英雀制	生癸乙 禽陳	傷辛 柱合害	杜壬 心陰害
辛卯一七		生丁 輔地制	傷己 英雀制	杜癸乙 禽陳	景辛 柱合和	死壬 心陰和	驚戊 蓬蛇和	開庚 任符	休丙 沖天和
壬辰九六	丙不用	死丙 沖天制	驚丁 輔地和	開己 英雀	休癸乙 禽陳義	生辛 柱合和	傷壬 心陰制	杜戊 蓬蛇害	景庚 任符制
癸巳八五	星反 門伏	休己 英雀	生癸乙 禽陳	傷辛 柱合	杜壬 心陰	景戊 蓬蛇	死庚 任符	驚丙 沖天	開丁 輔地

丁亥日 十

处暑上 大雪下 大暑 秋分中

陰一局符頭柱	地盤 坎戊 甲子	艮庚 甲申	震丙	巽丁	離己 甲戌	坤癸 甲寅	兌辛 甲午	乾壬 甲辰
甲午七 驚天輔 柱伏吟	休戊 地蓬	生庚 雀任	傷丙 陳沖	杜丁 合輔	景己 陰英	死乙癸 蛇禽	驚辛 符柱	開壬 天心
乙未六二	開庚 義雀任	休丙 害陳沖	生丁 害合輔	傷己 陰英	杜乙癸 義蛇禽	景辛 義符柱	死壬 義天心	驚戊 和地蓬
丙申五三 辟五 星反	生己 制陰英	傷乙癸 制蛇禽	杜辛 符柱	景壬 和天心	死戊 和地蓬	驚庚 和雀任	開丙 陳沖	休丁 和合輔
丁酉四四 守戶 辛不用	杜丁 和合輔	景己 義陰英	死乙癸 害蛇禽	驚辛 制符柱	開壬 害天心	休戊 害地蓬	生庚 義雀任	傷丙 害陳沖
戊戌三一 門反	景辛 害符柱	死壬 天心	驚戊 制地蓬	開庚 制雀任	休丙 制陳沖	生丁 合輔	傷己 制陰英	杜乙癸 害蛇禽
己亥二九	生丙 制陳沖	傷丁 制合輔	杜己 陰英	景乙癸 和蛇禽	死辛 和符柱	驚壬 和天心	開戊 地蓬	休庚 和雀任
庚子一八	驚乙癸 義蛇禽	開辛 和符柱	休壬 義天心	生戊 害地蓬	傷庚 義雀任	杜丙 制陳沖	景丁 制合輔	死己 義陰英
辛丑九七 星伏	傷戊 和地蓬	杜庚 制雀任	景丙 和陳沖	死丁 害合輔	驚己 害陰英	開乙癸 和蛇禽	休辛 和符柱	生壬 義天心
壬寅八六	死壬 制天心	驚戊 和地蓬	開庚 制雀任	休丙 義陳沖	生丁 和合輔	傷己 制陰英	杜乙癸 害蛇禽	景辛 制符柱
癸卯七五 門伏 丁不用	休庚 雀任	生丙 陳沖	傷丁 合輔	杜己 陰英	景乙癸 蛇禽	死辛 符柱	驚壬 天心	開戊 地蓬

二 時 戊癸

处暑上 大雪下 大暑 秋分中

陰一局符頭心	地盤 坎戊 甲子	艮庚 甲申	震丙	巽丁	離己 甲戌	坤癸 甲寅	兌辛 甲午	乾壬 甲辰
甲辰六 開天輔 心伏吟	休戊 天蓬	生庚 地任	傷丙 雀沖	杜丁 陳輔	景己 合英	死乙癸 陰禽	驚辛 蛇柱	開壬 符心
乙巳五二 辟五	傷丙 和雀沖	杜丁 制陳輔	景己 和合英	死乙癸 害陰禽	驚辛 害蛇柱	開壬 和符心	休戊 和天蓬	生庚 和地任
丙午四三 守戶 門反	景乙癸 害陰禽	死辛 蛇柱	驚壬 制符心	開戊 制天蓬	休庚 制地任	生丙 雀沖	傷丁 害陳輔	杜己 害合英
丁未三四 星反	死己 制合英	驚乙癸 和符禽	開辛 制蛇柱	休壬 義符心	生戊 和天蓬	傷庚 制地任	杜丙 害雀沖	景丁 制陳輔
戊申二一 壬不用	傷壬 害符心	杜戊 制天蓬	景庚 和地任	死丙 害雀沖	驚丁 害陰輔	開己 和合英	休乙癸 和陰禽	生辛 義蛇柱
己酉一九	開丁 義陳輔	休己 害合英	生乙癸 害陰禽	傷辛 蛇柱	杜壬 害符心	景戊 義天蓬	死庚 義地任	驚丙 雀沖
庚戌九八	杜辛 和蛇柱	景壬 義符心	死戊 義符心	驚庚 制地任	開丙 害雀沖	休丁 害陳輔	生己 義合英	傷乙癸 害陰禽
辛亥八七	驚庚 義地任	開丙 和雀沖	休丁 義陳輔	生己 害合英	傷乙癸 義陰禽	杜辛 制符柱	景壬 制符心	死戊 義天蓬
壬子七六 星伏	生戊 制天蓬	傷庚 制地任	杜丙 雀沖	景丁 和陳輔	死己 和合英	驚乙癸 和陰禽	開辛 蛇柱	休壬 和符心
癸丑六五 門伏	休丙 雀沖	生丁 陳輔	傷己 合英	杜乙癸 陰禽	景辛 蛇柱	死壬 符心	驚戊 天蓬	開庚 地任

二陰一局符頭心 時 戊癸

處暑 上大雪 下大暑 秋分 中

時	坎 甲子戊	艮 甲申庚	震 丙	巽 丁	離 甲戌己	坤 甲乙癸	兌 甲午辛	乾 甲辰壬
甲辰六六 開天輔 心伏吟	休戊 天蓬	生庚 地任	傷丙 雀沖	杜丁 陳輔	景己 合英	死乙癸 陰禽	驚辛 蛇柱	開壬 符心
乙巳五二 辟五	傷丙 和雀沖	杜丁 制陳輔	景己 和合英	死乙癸 害陰禽	驚辛 害蛇柱	開壬 和符心	休戊 和天蓬	生庚 和地任
丙午四三 守戶 門反	景乙癸 害陰禽	死辛 蛇柱	驚壬 制符心	開戊 制天蓬	休庚 制地任	生丙 雀沖	傷丁 害陳輔	杜己 害合英
丁未三四 星反	死己 制合英	驚乙癸 和符禽	開辛 制蛇柱	休壬 義符心	生戊 和天蓬	傷庚 制地任	杜丙 害雀沖	景丁 制陳輔
戊申二一 壬不用	傷壬 害符心	杜戊 制天蓬	景庚 和地任	死丙 害雀沖	驚丁 害陳輔	開己 和合英	休乙癸 和陰禽	生辛 義蛇柱
己酉一九	開丁 義陳輔	休己 害合英	生乙癸 害陰禽	傷辛 蛇柱	杜壬 害符心	景戊 義天蓬	死庚 義地任	驚丙 雀沖
庚戌九八	杜辛 和蛇柱	景壬 義符心	死戊 義符心	驚庚 制地任	開丙 害雀沖	休丁 害陳輔	生己 義合英	傷乙癸 害陰禽
辛亥八七	驚庚 義地任	開丙 和雀沖	休丁 義陳輔	生己 害合英	傷乙癸 義陰禽	杜辛 制符柱	景壬 制符心	死戊 義天蓬
壬子七六 星伏	生戊 制天蓬	傷庚 制地任	杜丙 雀沖	景丁 和陳輔	死己 和合英	驚乙癸 和陰禽	開辛 蛇柱	休壬 和符心
癸丑六五 門伏	休丙 雀沖	生丁 陳輔	傷己 合英	杜乙癸 陰禽	景辛 蛇柱	死壬 符心	驚戊 天蓬	開庚 地任

日陰一局符頭禽 十二時

處暑 上大雪 下大暑 秋分 中

時	坎 甲子戊	艮 甲申戊	震 丙	巽 丁	離 甲戌己	坤 甲乙癸	兌 甲午辛	乾 甲辰壬
甲寅五五 死入輔伏吟 符戊不用	休戊 雀蓬	生庚 陳任	傷丙 合沖	杜丁 陰輔	景己 蛇柱	死乙癸 符禽	驚辛 天柱	開壬 地心
乙卯四二 守戶	傷寅 星同 和	杜庚 制陳任	景丙 和合沖	死丁 害陰輔	驚己 害蛇英	開乙癸 和符禽	休辛 和天柱	生壬 義地心
丙辰三三	杜丁 和陰輔	景己 義蛇英	死乙癸 害符禽	驚辛 制天柱	開壬 和地心	休戊 害雀蓬	生庚 義陰任	傷丙 害合沖
丁巳二四 門伏	休丙 合沖	生丁 陰輔	傷己 蛇英	杜乙癸 符禽	景辛 天柱	壬 地	驚戊 雀蓬	開庚 陳任
戊午一一	生乙 制陳任	傷辛 制雀沖	杜壬 地輔	景戊 和天英	死庚 和符禽	驚丙 和蛇柱	開丁 陰心	休己 和合蓬
己未九九 癸日不用	死庚癸 制符禽	驚丙 和蛇柱	開丁 制陰心	休己 義合蓬	生乙 和陳任	傷辛 制雀沖	杜壬 害地輔	景戊 制天英
庚申八八 伏吟	休己 合蓬	生乙 陰任	傷辛 雀沖	杜壬 地輔	景戊 天英	死庚癸 符禽	驚丙 蛇柱	開丁 陰心
辛酉七七	杜壬 和地輔	景戊 義天英	死庚癸 害符禽	驚丙 制蛇柱	開丁 害陰心	休己 害合蓬	生己 義陳任	傷辛 害雀沖
壬戌六六	傷辛 和雀沖	杜壬 制地輔	景戊 和天英	死庚癸 害符禽	驚丙 害蛇柱	開丁 和陰心	休己 和合蓬	生乙 義陳任
癸亥五五 辟五 伏吟	休己 合蓬	生乙 陳任	傷丁 雀沖	杜壬 地輔	景戊 天英	死庚癸 符禽	驚丙 蛇柱	開丁 陰心

奇门断验

（谓奇仪五星所主吉凶格局诗断等事）

诸格总论

夫遁甲之法须用奇门，妙在格局，必先审定贵贱之式，然后方断吉凶之验。龙返首，凡事则悦怿易遂；鸟跌穴，有为则灼显易成。天遁利以用兵，地遁则可安坟，人遁宜于置宫、造、葬，神遁利于设坛行法，鬼遁可以探敌偷营，龙遁祈雨水，战有功，虎遁招安，拒险为胜，风遁、云遁为神为贵。三诈之格，征战必胜，营谋皆美。三奇得使，用之最良，玉女守门，利在阴私；三胜之地，百战百捷，天辅之时，有罪逢赦。天三门，利举事之私；地四户，为私出之路。地私之门出行有喜，奇门并照百事欢欣。天马之下，有难可避；剑戟如山，终不可畏。三吉之宫，逢吉位百事称情（三吉者，吉门、吉星、吉符也）。

既明贵格，且究凶神，龙逃走则身残毁，虎猖狂则财虚耗，蛇跌跻动作虚惊，雀投江文书遗失，伏干格出遗财物，飞干格战主败亡，伏宫格告盗难获，飞宫格追毁无存，白入荧出军对敌宜防贼，荧入白此时战斗即当退。隔格必主关隔凶阻，悖格定有悖乱祸端。五不遇时而损其明，六仪击刑必招其吉。奇入墓宫课非吉，墓入奇宫事不明。天罗地网万物皆伤，反吟伏吟百凶俱集。吉门被迫则吉事不成，凶门被迫则凶灾犹甚。三奇受制诸事，难获全喜；三凶之位又临凶，百祸难逃。果能熟此标论，庶几可运式而入遁之门也。

三奇吉凶断

夫乙、丙、丁三奇，日、月、星也，生、休、开三吉门也。

其中各一临之方，如有奇有门会者，乃谓门与奇合，此时、此方百事皆吉，故曰：得奇得门为上吉，有奇无门为中吉，有门无奇为下吉，奇门俱无则不吉也。

乙时加以乙，与神俱出，天上日奇，往来恍惚。

时下得乙为日奇，凡攻击、往来、逃亡者，宜从天上六乙出，既随日奇恍惚如神人无见者，故曰：与神俱出，兵将大胜，所向获功，所求得利，闻忧无，闻喜有，移徙、上官、市贾、嫁娶，吉。乙为天德，又名天蓬星，此时人君宣赏功，施恩行德，吉。乙日奇到震宫，日出扶桑，有禄之乡，又为贵人升乙卯之殿，大吉。到兑为白兔游宫吉，到巽为玉兔乘风吉，到离为白兔当阳吉。到坤为玉兔暗日，又为入墓凶。到乾为为玉兔入林，半吉。乾兑受制又为水入金乡凶，到坎名玉兔饮泉吉，到艮名玉兔步青，亦吉也。

丙时加以丙，万兵莫往，王侯压伏，贼兵不起。

时下得丙为月奇，又为威火灿烘以销金，精兵不起。若攻伐者从天上六丙出，贼自败，兵将大胜，闻忧不忧，闻喜不喜，入官得迁，市贾有利，百事大亨。丙为天威，又为明堂，此时人君宜发号施令，以彰天威。丙月奇到离宫，为南离大旺之地。月照端门又为贵人升丙午之殿大吉。到震为月入雷门吉，到巽名人行风起、龙神助威吉，到坤为子居母腹吉。到兑为凤凰折翅，到乾谓光明不全，又为入墓凶。到艮名凤入丹山，艮为鬼道，丙火灿然凶，到坎谓火入水池凶。

丁时加以丁，出幽入冥，至老不刑，临险不惊。

时下得丁为星奇，又名玉女，三奇之中，此星最灵，宜藏匿、逃亡、绝足迹。当从天上六丁出，随星奇，挟玉女，入太阴而藏人不见，故曰：出幽入冥，敌人不敢侵，将兵主胜，闻忧喜各半。可以请□，嫁娶及阴私事，入官、商贾皆吉。丁为太阴，此时人君宜安静居处，不可行威怒。丁奇星到兑宫为天乙之神，又为贵人升丁酉之殿，大吉。到震最明吉，到巽名玉女留神吉，到离乘旺吉，到坤为玉女游地户吉。到乾名玉女游天门，又谓火照天门大吉，到艮玉女游鬼门凶；到坎朱雀投江入壬癸凶。

三奇入墓，乙奇临二宫，水库居未也。丙丁临六宫，火库居戌也。乙奇未时及坤上木入墓，丙丁奇戌时及乾上火入墓。纵得吉宿临门，不可举百事，凶。

六仪吉凶断

甲时加六甲，一开一阖，须辨阴阳，上下交接。又曰：能知三甲，一开一阖；不知三甲，六甲尽阖。

六甲地下之时，阳星加之为开。阳星者，蓬、任、冲、辅、禽。阴星加之为阖，阴星者，芮、柱、心、英，是也。三甲者，甲寅、甲申为孟甲也；甲子、甲午为仲甲也，甲辰、甲戌为季甲也。孟甲宜守家，不可出入，凶；仲甲不出，大利逃亡；季甲百事吉。今日是甲直符与时皆是为三甲合吉。甲为天福，此时人君宜行恩惠，进有德，赏有功。又曰：甲为青龙，利以远行，将兵客胜，闻忧无，闻喜有，宜上官、见贵、移徙、嫁娶，百事大吉，不可行谴怒及鞭扑。

戊时加六戊，乘龙万里，莫敢阿止，戊为天门，凶恶不起。

时下得戊为天门，宜以远行、商贾。从天上六戊而出，挟天武入天门，百事皆吉。戊为天武，此时人君宜发号施令，以行诛戮，断除凶恶。

己时加六己，如神所使，不知六己，出彼凶咎。

时下得己为六合，宜为阴谋秘密之事，隐匿则如神所使。不知六己，强为显扬之事，必逢凶咎，入官、嫁娶、远行，凶，只宜市贾。己为地户，此时人君宜发明旧事，修封疆，理城廓。

庚时加六庚，抱木而行，不知六庚，必见斗争。

时下得庚为刑狱，故曰：能知六庚，不被五木；不知六庚，误出入狱。或被凌辱，将兵主胜，客死，市贾无利，入官、嫁娶，凶。宜固守，不宜出动。庚为天狱，此时人君宜断决刑狱，诛戮奸邪。

辛时加六辛，行遇死人，强有出者，罪罚缠身。

时下得辛为天庭，诸事不利，出入并凶，将兵主胜，客死。辛为天庭，此时人君可以刑法制罪囚。

壬时加六壬，为吏所禁，强有出者，非祸相临。

时下得壬为牢狱，不宜远行，出入百事凶。强有出者，必被怨仇所稽，将兵主胜。此时人君宜平词讼，决刑狱，不可为吉事。

癸时加六癸，众人莫视，不知六癸，出门见死。

时下得癸为天藏,宜隐匿、逃亡、绝迹。当从天上六癸下出,众人莫见,将兵主胜,不宜入官、市贾、嫁娶、移徙,凶。癸为天藏,此时人君宜行威武显扬,责罚刑罪,收敛积贮。

直符反吟,上盘甲子加下盘甲午,上盘甲戌加下盘甲辰。

此时不利举兵动众,只宜散恤仓库之事。凡星符对坤皆反吟,遇奇门盖之不至凶害,不然灾祸立至。

直符伏吟,上盘甲子加下盘甲子,六仪准此。

此时不可用兵,惟宜收敛货财物。

以上六仪者,六甲常隐于六仪之下,而甲子常同六戊,甲戌同六己。甲申庚、甲午辛、甲辰壬、甲寅癸,六甲虽不用而为天乙之贵神,谓之直符,其发用实在此,故谓之遁也。甲、乙、丙、丁、戊、己、庚、辛、壬、癸在遁为三奇六仪,在时为时干,其吉凶发用,今皆录之于上,学者当以其轻重,详而用之。

八门吉凶断

(附八节生旺休囚例)

休门配蓬星,坎水也。冬至旺,立春废,春分休,立夏囚,夏至死,立秋没,秋分胎,立冬绝。

休门最好足钱财,牛马猪羊自送来。外户婚姻南上应,
迁官职位坐京台。定进羽音人产业,居家安宅永无灾。

休门宜和集万事,又可以休心宁志,修造进取并有所合,休门与丁奇临太阴得星所蔽为人遁,百事吉。休门临九宫,水克火也,凶。

生门配任星,艮土也。冬至绝,立春旺,春分废,立夏休,夏至囚,立秋死,秋分没,立冬胎。

生门临着土星辰,人旺贵财每称情。子丑年中三七月,
牛羊鞍马进门庭。蚕丝谷帛皆丰足,朱紫儿孙任帝京。
南上商音田宅进,子孙禄位至公卿。

生门,宜见贵、营造宫室、仙佛殿阁、登坛拜将、出兵、入宅,以一胜万,所求皆获,百事并吉。生干与丙奇临戊得日精所蔽为天道,百事大吉,生门临一宫,土克水也,凶。

伤门配冲星，震木也。冬至胎，立春绝，春分旺，立夏废，夏至休，立秋囚，秋分死，立冬没。

伤门不可说，夫妇又遭迍。疮疹行不得，折损血财身。

天灾人枉死，经年有病人。商音难得好，余事不堪闻。

伤门，竖造、埋葬、上官、出行，主遭贼。只宜抽物、索债、博戏，吉。又宜渔猎、讨捕贼寇。伤门临二八宫，木克土也，大凶。

杜门配辅星，巽木也。冬至没，立春胎，春分绝，立夏旺，夏至废，立秋休，秋分囚，立冬死。

杜门原属木，犯着灾损重。亥卯未年月，遭官入狱中。

生离并死别，六畜一齐瘟。落水生脓血，祸来及子孙。

杜门，宜掩捕断奸、谋绝鬼祟，可以兴基土、修山、炼药吉，余皆凶。

景门配英星，离火也。冬至死，立春没，春分胎，立夏绝，夏至旺，立秋废，秋分休，立冬囚。

景门主血光，官符卖田庄。非灾多应有，儿孙受苦殃。

外亡并恶鬼，六畜也遭遑。生离并死别，用者要提防。

景门，宜上书、献策选士。如起造、嫁娶，杀宅长及小口。景门临六七宫，火克金，凶。

死门配芮星，坤土也。冬至囚，立春死，春分没，立夏胎，夏至绝，立秋旺，秋分废，立冬休。

死门之宿是凶星，修造修之祸必侵。犯着年年田地退，

更防人口损财凶。

死门，受敌不开，逢防不出，俱官行诛戮，至丧问死，破土安葬，斩邪戌地。若财猎捕禽，出此门吉。远行、起造、嫁娶，主宅母死，新妇凶。死门临一宫，土克水也，凶。

惊门配柱星，兑金也。冬至休，立春囚，春分死，立夏没，夏至胎，立秋绝，秋分旺，立冬废。

惊门不可论，瘟疫死人丁。辰年并酉月，非祸入门庭。

惊门，宜捕捉、闻讼、博戏，又宜祈祭、风云驱邪，雷建冲劫，营寨移文檄之惊他人。

开门配心星，乾金也。冬至废，立春休，春分囚，立夏死，夏至没，立秋胎，

秋分绝，立冬旺。

开门欲得照临来，奴婢牛羊百日回。财宝进于地户入，

兴隆宅舍有资财。田园招得商音送，巳酉丑年始入来。

印信子孙多拜受，紫来金带拜荣回。

开门，宜远行所向通逢，可以投书献策，兴创府县造寨营垒，开门出标可矣。不可斩草破土，坟茔开掘。开门与乙奇临己得月精所蔽为地遁，百事吉。开门临三四宫，金克木也，凶。

奇到开门宜出行，休门上书并理讼。生门婚姻堪入宅，

伤门索债君须记。杜门逃闪并塞穴，思量酒肉景门动。

死门捕猎又上阵，惊开祈雨并伏众。

八门返吟，休门加地盘天英，生门加地盘天芮。余准此。

八门伏吟，上盘天蓬加地盘天英，上盘天柱加地盘天柱。

以上八门，休、生、开为上吉，杜、景小吉，死、伤大凶，惊门小凶，各有所宜，以其五行意审用之。故曰：得其说则门门皆吉，不得其说则门门皆凶。要知返逆之功，仍考墓旺之说。避其反伏二吟，忌其刑克诸星。宜详三奇之细论，可述八门之精微。得其妙处，乃天产地仙；失其要旨，犹涉猎庸人也。

九星吉凶断

天蓬字子禽，坎宫水星也。亥子月旺，寅卯月相，申酉月休，辰戌丑未月囚，巳午月死。

讼庭争竞遇天蓬，胜捷威名万事同。春夏用之皆大吉，

秋冬用此半为凶。嫁娶远行宜不利，埋葬修造亦间空。

须得生门同丙乙，用之万事皆兴隆。

宜安抚边境，春夏将兵大胜，秋冬凶。利主不利客，嫁娶、移徙、入室、修营、商贾，凶。

天芮字子成，坤宫土星也。辰戌丑未月旺，申酉月相，巳午月休，寅卯月囚，亥子月死。

授受结交宜芮星，行方直此最难明。出行用此当先退，

修造安坟发祸刑。盗贼忧惶惊小口，更宜因事横官非。

纵得奇门从此位，求其吉事也虚名。

宜崇尚道德，交结受业，吉。不宜用兵、嫁娶、争讼、移徙、筑室，秋冬吉，春夏凶。

天冲字子翘，震宫木星也。寅卯月旺，巳午月相，亥子月休，申酉月囚，辰戌丑未月死。

嫁娶安营产女惊，出行移徙遇遭迍。

修造埋葬皆不利，万般作事日逡巡。

天辅字子卿，巽宫木星也。旺、相、休、囚、死同上“天冲星”。

天辅之星远行良，埋葬起造福天长。

上官移徙皆吉利，喜益人财万事昌。

宜藏身、守道、设教、修埋，将兵春夏胜，嫁娶多子孙，移徙、市贾、入官、修营，皆吉。

天禽字子公，中宫寄坤土星也。旺、相、休、囚、死同上“天芮星”。

天禽远行偏宜利，坐贾行称皆称意。

投谒贵人两益怀，更兼造葬皆丰遂。

宜祭祀、祈福，断绝群凶，将兵四时吉，文赏功封爵，移徙、入官、祠祀、商贾、嫁娶，吉。

天心字子襄，乾宫金星也。申酉月旺，亥子月相，辰戌丑未月休，巳午月囚，寅卯月死。

求仙合药见天心，商途旅福又远新。

更将扦葬皆宜利，万事逢之福禄增。

宜疗病、合药、将兵、嫁娶、入官、筑室、商贾。秋冬吉，春夏凶，利见君子，不利小人。

天柱字子常，兑宫金星也。旺、相、休、囚、死同上“天心星”。

天柱藏形谨守宜，不须远出及营为。

万种所谋皆利益，远行从此见灾危。

宜屯兵自固隐迹，出则兵伤卒死。又宜嫁娶、修造、祭祀，吉。移徙、入官、市贾，凶。

天任字子韦，艮宫土星也。旺、相、休、囚、死同上“天禽星”。

天任吉宿事皆通，祭祀求官嫁娶同。

断灭群凶移徙事，商贾造葬喜重重。

宜请谒、通财，四时吉，将兵万神助之，敌人自降。嫁娶、移徙、上官、祭祀、筑墙，并吉。

天英字子威，离宫火星也。巳午月旺，辰戌丑未月相，寅卯月休，亥子月囚，申酉月死。

天英之星嫁娶凶，远行移徙莫相逢。

上官文武皆宜忝，商贾求财总是空。

宜出入、远行、宴乐，吉，不宜嫁娶、出兵、移徙、入官、筑室、商贾，凶。

九星返吟：上盘天蓬加地盘天英，上盘天芮加地盘天任。

九星伏吟：上盘天蓬同地盘天蓬。余准此，主孝服伤损事。

以上九星，辅、禽、心三星为上吉，冲、任二星为次吉，蓬、芮大凶，英、柱小凶。凡吉星要遇旺、相，忌逢休、囚。《经》曰：若上吉、次吉星乘旺、相气则大吉，无旺、相气则中平；凶恶乘旺、相气则愈凶，乘死、休、囚、废则中平。审四时而用之，九星休、旺者，旺于同类月，相于我生月，休于生我月，囚于官鬼月，死于妻财月，日时皆同。

奇门克应

（谓三奇到方、八门出行观物有应等事）

乙日奇到乾，有人着黄衣而来，不然缠钱应。到坎有人着色衣至，不然鼓声，七日内合进财，生气物，大发。到艮黑白飞禽从北方来人带网应时。到震人打腊小儿应，二十日先进财，后进契书之吉。到巽白衣人骑马来，小儿抱小儿应，连南方契书生贵子。到离有患足目人至，或小儿白飞鸟东方来，七日内进猪，大吉。到坤人穿白衣西方来，或雷伤牛马应，一七日进生气契书。到兑女人三五个，并喜鹊报事，百日主商音人送田抱契书，大吉。

丙月奇到乾，有双飞鸟禽，人来着皂衣，一月内有人财应大发。到坎人执杖黄白衣西北来，六十日内进契书，东方大惊大发。到艮人着青衣过，小儿啼哭，对铁器过七日内进财应。到震人执杖至春雷声鼓声，七日进财，贵子大发。到巽有乐声应，又唱喏，或南来人有惊应事。到离黄黑飞禽成双来，六十日进田产应。到坤人穿皂衣南北方来，二七日进女人财吉。到兑人执杖东来，小儿鼓声应，七日进财物，日日进人口田地，吉。

丁星奇到乾，人持斧来，不然牵牛羊至，应二七日合进财大发。到坎人从南方来，抱小儿至，更有黑云而至。到艮人推文书纸笔至，或小儿持铁器至。到震有女人成双至，及南方有女人或黑飞禽成双至，七日进财物应。到巽小儿骑马至，或南方黑云至。到离人穿色衣来应，三七日进横财，一百二十日进契书，大吉。到坤女着青皂衣及黑飞禽或人担水过，三七日获物，大发。到兑人将文书纸笔来，或打无罟网及飞禽而至。

十干克应歌

六甲歌曰：十干克应有玄微，一一皆从时上推。

六甲贵人端正好，甲为天福吉有余。

阴日青衣妇人，阳日青衣男子，应三年内得天禄，大吉。

六乙僧道九流医，乙为天贵主高贤。阳为贵人，阴为僧道。

六丙飞龙见赤白。丙为天威，行逢骑赤白马人着青衣来应。

六丁玉女好容仪。丁为玉女，阴日女子物色，阳日衣食人二十七日内进古器。

六戊旗枪开锣鼓。戊为天武，阳日锣鼓，阴日亲友歌乐，年年内得武人财宝。

六己黄衣并白衣。己为明堂，阳日黄衣人，年内得贵人，阴日白衣人，一男一女。

六庚丧服并兵吏。庚为天□，阳日见兵吏，阴日见孝子白衣人，四十九日有贵人文字来应也。

六辛禽鸟并鸦飞。辛为天禽，主飞禽，阳日白衣人一年内得财宝。

六壬雷霆霏霏雨。壬为天牢，千里雷霆，阴日皂衣人，阳日白衣人，女抱机七十日内进人口。

六癸孕妇喜欣欣。癸为天藏，阳日捕鱼人，阴日孕妇归，六十日得铜镜。

九星十二支时克应

九星子时克应

天蓬值子时，不利入宅、安坟、上官、下穴，主有口舌争讼。作用之时，有鸡鸣、犬吠、宿鸟投林，或鸟北之争斗之飞。造葬后，主有缺唇人至，六十日应鸡生肉卵，有官讼至，主退财，凶。

天芮值子时，秋冬用之吉，春夏凶，不可用，主有走禽惊走，西南火光，二人相逐为应。造、葬后，主有猫儿颠犬伤人，公事至，六十日内有女人自缢，秋冬作用，当进人田及女。

天冲值子时，主有大风雨至，仙禽嗔，钟鸣为应。造、葬后六十日内，有生气物入屋，周年田蚕倍收，更防新妇产亡，吉因口舌得财。

天辅值子时，若反吟，主天中有物衣明，西方有人穿红白衣人，前来大叫为应。造、葬后六十日，进商音人物，猿猴入室，甑鸣时，主加官进禄，生贵子，若奇门利到，有十二年大吉。

天禽值子时，主有孕女人来，及紫衣至为应。造、葬后，儒人送物为应，因武得官，二十年后财谷，大旺人丁小口。

天心值子时，主有人争斗，鼓声从西北为应。造、葬后，主赤面人作牙，进商音人古器、画轴，十二年内蚕田大旺，后因赌博见讼，破财。

天柱值子时，作用主有大风四起，火从东至，缺唇人为应。造、葬后六十日内，主有蛇犬伤人，遇刀杀人，血光破财。

天任值子时，作用有风雨至，水畔鸡鸣，东南方有持刀人遇为应。造、葬后百日内，主新妇自离，有本姓人上门，由赖退田产，出人男盗女娼。

天英值子时，作用时有锣声自西北至，及三五人把火伐木为应。造葬后，主有缺唇人，破家，三年内血光、自刎，小儿因汤火死。

九星丑时克应

天蓬值丑时，主树倒伤人，有雷电作，及风雨为应。造、葬后七日内，鸡生鹅子卵，犬上屋，主丧小口，白头翁作牙，进商音人田契，大旺财谷，十年后即退败。

天冲值丑时，主云雾四合，小儿成队来，及妇人为应。造、葬后鸟猫生白子，拾得古馈发财，周年得僧道田契，生贵子。

天芮值丑时，有金鼓声向西北至。造葬后七日，有乌龟自林中出，六十日被盗贼退财，口舌官事至。

天辅值丑时，主东方有犬吠，有人持刀杀人斗叫。造、葬后，有白兔、野鸡入屋，六十日内僧道送物，东南方羽音人送契至，远行信归，周年进人口，大旺血财，加官进禄。

天禽值丑时，有孝归人持锡器来，小儿拍掌笑，吹笛打鼓叫闹为应。造、葬后，赌博获财，或拾窑发财。三年后获盗贼致富。

天心值丑时，用南风火光跛足人送室。造、葬后，五日内有猫儿成双自外至，四十日内远人送物，进商音人财物及书契至。

天柱值丑时，作用时北方有匠人，携斧至，树木土生，生金花为应。造葬后六十日进羽音人金银器，三年被火，一贫彻骨，出入戏蛇弄狗。

天任值丑时，用作有青衫妇人携酒至，四方鼓声为应。造葬后半年进无名财物，周年有鹦鹉入屋，主口舌得财，三年后猫犬相咬，主请举。

天英值丑时，东北有师巫至，及锣声为应。造葬后一月内，主火烧屋，一年内犬作人言，百怪惧见，死亡大败。

九星值寅时克应

天蓬值寅时，有青衣童子持花来，北方有和尚裹衣至，及女人至。造、葬后有贼劫家财，六十日有蛇入屋咬人，因马牛死，伤人，三年后进田地。

天芮值寅时，用作时有瘦妇怀孕至，有蓑衣人至。造、葬后有奇门旺相，六十日有水牛入屋，大进血财，加官进禄，子孙大吉。

天冲值寅时，用时有贵人乘轿至，及童子执金银器至。造、葬后二十日，进角音人契字、六畜及琉璃入屋，六十日鸡母啼，家主死，因口舌争讼得财，乙巳丁生人发福。

天辅值寅时，见公吏人执铁器，及技艺人携物为应。造、葬后六十日，白鼻猫儿咬鸡吃，有贼送财宝至，进羽音人田契，十二年大发，生贵子。

天禽值寅时，用时金鸡乱鸣，主犬吠，有人戴综笠至。造、葬后，六十日，进羽音人契字田财,人丁大旺。

天心值寅时,用作时有白鹭及水禽至,金鼓四鸣,女人穿着青色携蓝至。造、葬后,遗火烧小口,六十日内出赖,公事至,百日内大进金银,因拾得古窖,进商、羽音人产,因亢财,生贵子。

天柱值寅,用时有牛马喧叫,及僧道人持盖,大雷雨至,喜鹊喧噪。造、葬后六十日内,有贼牵连公讼,破财,女人堕胎产死。

天任值寅,用时女人成队把火前行,童子拍手大笑,西北轿马至。造、葬后六十日内,甑鸣父死,百日内进六畜,女人财宝自至,田蚕大旺,缺唇人争讼,婚姻事败。

天英值寅时,东方有军马,及捕鱼作网人至。造、葬后,女人因行路拾得财宝,六十日内进寡妇田产,百日内雷打屋败。

九星卯时克应

天蓬值卯时,黄云四起,妇人把铁器前来,大蛇横过。造、葬后七日内、半月内,有徵音人送财物,六十日内,女人因贼牵执大破财,百日拾窖,大发。

天芮、天冲二星值卯时,有女穿红送物,及贵人骑马至,二犬相咬,水牛作声。造、葬后六十日,进东绝户产业,因汤火伤小儿,进血财,二年内妇人堕胎产而死。

天辅值卯时,女人挑伞至,及师巫吹角声。造、葬后六十日大发,添丁,有生气物入屋,旺财谷,因女人公事得财及田地。

天禽值卯时,大风东起,小禽西叫,怀孕妇人至。造、葬后半年,猫儿自来园内,得窖大发。

天心值卯时,有跛脚妇人相打,及犬吠声,北方有轿至。造、葬后七日进横财,三年后有牛自来,大旺六畜,因军得财。

天柱值卯时,有瘦妇持刀,及僧道持盖,及女人相骂。造、葬后六十日内大哭,鸡母啼,犬上屋,周年瘦病死绝。

天任值卯时,有老人持杖至,及喜鹊喧噪为应。造、葬后七日,有人进古器物,六十日内,因女人获财,进牛羊六畜,因赌博得财,加官进禄。

天英值卯时,有人持灯来应,或执木棍来应,若见雷鸣,六十日进女人财宝,因而大发。

九星值辰时克应

天蓬、天芮二星值辰时，东北方树倒打人，鼓声四起，女人着红至。造、葬后乌鹊四鸣进屋，有劫贼至，破财，六十日有风脚人上门，自此后家生贵子，大发财谷。

天冲值辰时，主鱼上树，白虎出山，僧道成群至。造、葬后拾得黄色之物，大发横财。七十日因家主见伤折之灾。

天辅值辰时，白羊与黄犬相撞，卖油人与卖菜米人相撞，白衣小儿哭、孕妇。造、葬后，大发财谷，一年内双生贵子。

天禽值辰时，有师巫术人相争，大叫，及东方鸦噪。造、葬后，六十日内，有僧道人及绝户送物产至。

天心值辰时，有云从西北起，青衣人携鱼至，女人僧道同行。造、葬后六十日，井中气如云出，三日内家生贵子，请举及第，大富贵矣。

天柱值辰时，有人扛树过，及男子持鼓过，黄衣老人持锄至。造、葬后六十日，乌猫生龙子，鸡生双卵，寡妇送田产契至。

天英值辰时，西北方大雨至，鸡飞上树，女人着红衣持蓝至。造、葬后七日内，有生气入屋，六十日内进横财，大发。

九星值巳时克应

天蓬、天芮二星值巳时，驼背老人披蓑衣至，女人携酒及师巫人至。造、葬后一百日，因火大获横财，至周年，因武获职，加官进禄。

天冲值巳时，有人相打，三母行，女人相骂，西南方有鼓声喧闹。造、葬后六十日内，蛇咬鸡，牛入室，女人送书契至，一百日生贵子，大旺田财。

天辅值巳时，有人相打，女人抱布来，风四起，小儿喧叫。造、葬后六十日，进东方人财，有儿运米，大发。

天禽值巳时，有白颈鸭成队飞鸣，及师巫人相打，贵人骑马过。造、葬后七十日内，有妇人来合生贵子，成家立产，田财大旺。

天心值巳时，有女人抱小儿至，紫衣人骑马至，乌龟上树。造、葬后半月内，得四方人财物，跛足人作牙，进商音人财物，六十日家内女人下水，有生气人入屋，周年内猫捕得白鼠，大发大贵之兆。

天任、天英值巳时，有两犬争一物，野人负薪过，吏人持盖至。造、葬后六十日内，获异路人财，南方人送鲤鱼至，生贵子，异路显达，进田财。

九星值午时克应

天蓬值午时，有人持刀上山，妇人携青衣童子至，四十日内家主亡。六十日内犬作人语，入屋为怪，赤面风脚人上门，出赖行凶破财。三年内得石窖大发。

天芮值午时，有缺唇人白衣人至，有妊妇过。六十日内有猫儿咬人，因买卖发横财，周年内得妻财产，大发。

天冲值午时，东方人家火起，穿白衣，前来大唤，山禽噪闹。六十日内拾得古器，鬼运大发。

天辅值午时，有僧道持盖，女人穿红至。后六十日有贵人至，送异物，进西方人金银。周年内，得寡妇绝户人财物。

天禽值午时，有白衣女人来，狗衔花，山鸡叫，风雨从东来。六十日内有犬自外来，因赌埔公事得财，乌鸡生白雏，生气自来为应，田财大旺。

天心值午时，有大风雨骤至，蛇横路，女人着红裙打酒至。后六十日，蚕鸣，有跛足人送生气物，五年内进金银，田蚕大旺。

天柱值午时，西方有人骑马至，就有大雪，鸦飞鸣起。后五日内孕妇先病，行丧哭泣，六十日内，水边得古器，退小口。

天任值午时，西北方黄色飞禽来，师巫与君子人至。后四十日，进外宝贵人财物，紫衣入屋，生贵子。

天英值午时，南方有婚姻事过，捕猎人执弓箭至。后六十日，被木伤死及自缢，公事败。

九星值未时克应

天蓬值未时，童子牵二牛至，及鸳鹅禽至，北方有女人着红衣至。后六十日内，军贼入屋，劫掠财物，凶败。

天芮值未时，有捕猎人至，白衣道人携茶过，后七日，有乌鸦绕屋噪。周年内动瘟，见火烧败伤屋。

天冲值未时，有鼓响，小儿着孝衣至，牛马成群过西北方，闹叫。后六十日,有白羊入屋,六畜大旺。

天辅值未时,群犬争吠,蓑衣乞丐至,及僧道成群,西北方有人争屋。后百日内,有文书契进财物。

天禽值未时,有老人及跛足人担花,或青衣携酒至。后六十六日进羽音人铁器,六畜大旺。

天柱值未时,有瘦妇与僧道同行,东北方有人持盖骑马至。造、葬后百日内,因媳妇见狐狸,败。

天任值未时,有白鸡飞来,飞禽自西南方至,北方闻闹,鼓声喧天,风雨大至。造、葬后七日,女人送白色物至,六畜大旺。

天英值未时,有孕妇过,西北方鼓声为应。造、葬后六十日内,家主落水死,周年瘟疫大败。

九星值申时克应

天蓬值申时,有取水人伞、笠至,西方有小儿打水,鼓门向。造、葬后二十日内,鸡笼中蛇伤人,新妇自缢,淫欲,公事败。

天芮值申时,东方青盖及僧道胡须人至,及牛斗伤人,犬咬人。造、葬后一百日,当进羽音人产物,周年内有水牛入屋,鹏鸟入家,主大败。

天冲值申时,南方白衣人骑马过,吏卒相杀。造、葬后百一十日,女人作牙,进绝户人田产。

天辅值申时,有患脚人携酒至,三教色衣人至,西北金鼓声。造、葬后半年内,因妇人财大发,蛇从井中出,平白人送牛羊至。

天禽值申时,天中飞鸟大叫,师巫将符来。造、葬后百日内,女人,拾得珠翠归,周年生贵子,大旺田蚕。

天心值申时,僧道前来,金鼓四鸣,百鸟交噪,红裙女人送酒至。造、葬后,寡妇坐堂,治得古窖,大发。

天柱值申时,主水鹰掠禽坠地,及青衣人持篮至。造、葬后,因火丧家。

天任值申时,大风雨至,人打鼓至,僧道着黄衣为应。造、葬后七日甑鸣,女人被火汤烧败。

天英值申时,有孕妇大哭,西方有金鼓声及僧道持盖。造、葬后六十日大凶。

九星值酉时克应

天蓬、天芮二星值酉时，西方赤马至，祥鸦四噪。造、葬后百日内，家生贵子，僧道作牙，进商音人田地，大发。

天冲、天辅二星值酉时，远方人送书至，东方狐狸咬叫，妇人把火至。造、葬后周年生贵子，得横财，大发。

天禽值酉时，西方火起，人家相打，大叫，鼓声绕噪。造、葬后周年生贵子，大发。

天任、天心二星值酉时，僧道、尼姑把火西南来，北方钟鼓声。造、葬后七十日内，进商音人牛马，官员财喜速信至，大吉利。

天英值酉时，西方有人相争，乌鹊喧噪，白衣女人怀孕至。造、葬后六十日内，小口、宅母折足破财，一百日因口舌得财。

九星值戌时克应

天蓬、天芮二星值戌时，主有老人持杖来，雷雨西至，三牙须人担箩来，造、葬后有白犬自来。六十日内，拾得军器，得横财发。

天冲、天辅二星值戌时，西上有三五人把火来寻失物，师巫人至。造、葬后，鸡上树，啼远方信至，获羽音人财，周年小口被牛踏损。

天禽值戌时，东北方有钟声音及铙钹声，青衣童子携篮至。六十日后，有白龟至，大发，得寡妇田契。

天心值戌时，南方大叫，贼惊，小儿牵牛至。百日内，得生贵子，金鸡鸣，黄犬吠，二十年后请举。

天柱、天英二星值戌时，有女人把白布至，西上鼓声，北上树折倒，人大叫。六十日蛇中入屋咬人，瘟疫、死败。

九星值亥时克应

天蓬、天芮二星值亥时，小儿成群，女人着孝服至。造、葬后因捉贼得财谷，三年出人入道法，卖符咒水起家。

天冲、天辅二星值亥时，有跛足青衣人至，东北上人家火光。造、葬后百日内，猫儿捕白鼠为应，进商音人田契，大发，得妻家财。

天禽值亥时，西北上有妇人笑声，大风从西起，屋拆树倒，大叫。造、葬后六十日内，进铁匠财物，商音人作牙，进僧道产。

天心值亥时，金鸡鸣，黄犬吠，老人带皮帽，手执铁器至。造、葬后七日内，有不识姓名人上门借宿，遗下财物而去。

天柱、天任二星值亥时，主西方有子响声，山下人把火喧叫。造、葬后因救人得。

天英值亥时，女人把火来，造、葬后百日内有癞疾人上门，由癞身死，破财。

（新镌象吉备要通书奇门卷之九终）

新镌象吉备要通书卷之十

潭阳后学 魏 鉴 汇述

禽遁总括

(谓禽星年月日时起例等事)

年禽起例诗

六十年来本一元,四百二十七元全。
一千二百六十岁,三元符将依旧还。

但上元甲子起虚,至四百二十年则虚,复为中元;又四百二十年则虚,为下元;又四百二十则虚,复为上元,是一千二百六十年,三元符将依旧还也。要之不外乎日、月、火、水、木、金、土,七政排轮,周而复始也。

起年禽诀

弘治甲子上元逢,箕井牛柳将符同。中元虚张室轸宿,
下元奎亢胃房求。甲子已卯符头定,甲午已酉年值通。
康熙上元毕月值,循环顺数去无穷。

自弘治十七年是上元甲子,其年是箕水宿值年,到嘉靖四十三年是中元甲子,系太阳虚日鼠值年,至天启四年是下元甲子,系是奎宿值年。大清康熙二十三年是上元甲子,其年是毕月乌值年。

以后一年一星轮去。

七元年禽定局

康熙元年星宿至癸亥昴宿二十三年上元甲子毕宿四十九年胃宿顺行万万年	元年	星张翼轸角亢氐房心尾箕斗牛女虚危室壁奎娄胃昴
	上元	毕觜参井鬼柳星张翼轸角亢氐房心尾箕斗牛女虚危
	甲子	室壁奎娄胃昴毕觜参井鬼柳星张翼轸角亢氐房心尾
		箕斗牛女虚危室壁奎娄胃昴毕觜参井鬼柳星张翼轸

永定暗金伏断齐地日立成法

太阳值年一年之内，只有己日犯暗金，蓬房宿伏断齐到。太阴值年子虚未张暗金伏断。

火星值年酉觜寅室暗金伏断，水星值年辰箕亥壁暗金伏断，木星值年午角一日暗金伏断，金星值年丑斗申鬼暗金伏断，土星值年卯女戌胃暗金伏断。

月禽起例

会得年禽月易求，太阳用角木参头。

太阴室宿火星值，金心土胃水骑牛。

如太阳值年，正月起角宿，顺数十二月。

七元月禽定局

	正	二	三	四	五	六	七	八	九	十	十一	十二
四太阳值年	角	亢	氐	房	心	尾	箕	斗	牛	女	虚	危
四太阴值年	室	壁	奎	娄	胃	昴	毕	觜	参	井	鬼	柳

（续表）

	正	二	三	四	五	六	七	八	九	十	十一	十二
四火星值年	星	张	翼	轸	角	亢	氐	房	心	尾	箕	斗
四水星值年	牛	女	虚	危	室	壁	奎	娄	胃	昴	毕	觜
四木宿值年	参	井	鬼	柳	星	张	翼	轸	角	亢	氐	房
四金宿值年	心	尾	箕	斗	牛	女	虚	危	室	壁	奎	娄
四土宿值年	胃	昴	毕	觜	参	井	鬼	柳	星	张	翼	轸

日禽起例

七元禽星会者稀，虚奎毕鬼翼氐箕。

但将甲子从头数，元元相续报君知。

假如一元甲子起虚，二元起奎，三元起毕，四元起鬼，五元起翼，六元起氐，七元起箕，为官历日下所值之宿是也。每元以甲子、己卯、甲午、己酉日值宿为四将星。

一元虚张室轸游，二元奎角胃房求，三毕尾参求觅斗，四鬼女星危月流，五翼壁角娄金狗，六氐昴心觜火猴，七箕井畔牛边柳，此是七元四将头。

每一元甲子六十日分为四将，每一将管十五日番禽。如一元甲子日虚日鼠，一符头管事，将戊寅十五日止，己卯张月鹿，二将头至癸巳，亦十五日也。余仿此。

七元日禽定局

	一元	二元	三元	四元	五元	六元	七元
甲子	虚伏断	奎	毕	鬼	巽	氐	箕
乙丑	危	娄	觜	柳	轸	房	斗伏断

（续表）

	一元	二元	三元	四元	五元	六元	七元
丙寅	室伏断	胃	参	星	角	心	牛
丁卯	壁	昴	井	张	亢	尾	女伏断
戊辰	奎	毕	鬼	巽	氐	箕伏断	虚
己巳	娄	觜	柳	轸	房伏断	斗	危
庚午	胃	参	星	角伏断	心	牛	室
辛未	昴	井	张伏断	亢	尾	女	壁
壬申	毕	鬼伏断	翼	氐	箕	虚	奎
癸酉	觜	柳	轸	房	斗	危	娄
甲戌	参	星	角	心	牛	室	胃伏断
乙亥	井	张	亢	尾	女	壁伏断	昴
丙子	鬼	翼	氐	箕	虚伏断	奎	毕
丁丑	柳	轸	房	斗伏断	危	娄	觜
戊寅	星	角	心	牛	室伏断	胃	参
己卯	张	亢	尾	女	伏断壁	昴	井
庚辰	翼	氐	箕伏断	虚	奎	毕	鬼
辛巳	轸	房伏断	斗	危	娄	觜	柳
壬午	角伏断	心	牛	室	胃	参	星
癸未	亢	尾	女	壁	昴	井	张伏断
甲申	氐	箕	虚	奎	毕	鬼伏断	翼
乙酉	房	斗	危	娄	觜	柳	轸
丙戌	心	牛	室	胃伏断	参	星	角
丁亥	尾	女	壁伏断	昴	井	张	亢
戊子	箕	虚伏断	奎	毕	鬼	翼	氐
己丑	斗伏断	危	娄	觜	柳	轸	房
庚寅	牛	室伏断	胃	参	星	角	心
辛卯	女伏断	壁	昴	井	张	亢	尾

(续表)

	一元	二元	三元	四元	五元	六元	七元
壬辰	虚	奎	毕	鬼	翼	氐	箕伏断
癸巳	危	娄	觜	柳	轸	房伏断	斗
甲午	室	胃	参	星	角伏断	心	牛
乙未	壁	昴	井	张伏断	亢	尾	女
丙申	奎	毕	鬼伏断	翼	氐	箕	虚
丁酉	娄	觜	柳	轸	房	斗	危
戊戌	胃伏断	参	星	角	心	牛	室
己亥	昴	井	张	亢	尾	女	壁伏断
庚子	毕	鬼	翼	氐	箕	虚伏断	奎
辛丑	觜	柳	轸	房	斗伏断	危	娄
壬寅	觜	星	角	心	牛	室伏断	胃
癸卯	井	张	亢	尾	女伏断	壁	昴
甲辰	鬼	翼	氐	箕伏断	虚	奎	毕
乙巳	柳	轸	房伏断	斗	危	娄	觜
丙午	星	角伏断	心	牛	室	胃	参
丁未	张伏断	亢	尾	女	壁	昴	井
戊申	翼	氐	箕	虚	奎	毕	鬼伏断
己酉	轸	房	斗	危	娄	觜	柳
庚戌	角	心	牛	室	胃伏断	参	星
辛亥	亢	尾	女	壁伏断	昴	井	张
壬子	氐	箕	虚伏断	奎	毕	鬼	翼
癸丑	房	斗伏断	危	娄	觜	柳	轸
甲寅	心	牛	室伏断	胃	参	星	角
乙卯	尾	女伏断	壁	昴	井	张	亢
丙辰	箕伏断	虚	奎	毕	鬼	翼	氐
丁巳	斗	危	娄	觜	柳	轸	房伏断

（续表）

	一元	二元	三元	四元	五元	六元	七元
戊午	牛	室	胃	参	星	角伏断	心
己未	女	壁	昴	井	张伏断	亢	尾
庚申	虚	奎	毕	鬼伏断	翼	氐	箕
辛酉	危	娄	觜伏断	柳	轸	房	斗
壬戌	室	胃伏断	觜	星	角	心	牛
癸亥	壁伏断	昴	井	张	亢	尾	女

禽星入庙方

角乙亢壬氐在坤，房癸心丁尾巳陈。箕丙斗寅女子上，室巽虚申壁午亲。危辛奎乙胃昴好，昴亥毕宿上位辰。觜子参癸克酉位，井柳牛斗及娄陈。星庚翼戌张辛好，轸巽方中正旺兴。

禽星四季旺

蛟龙轸雉燕鸡蛇，人到春来福自加。时日若还居此位，自然通达转荣华。兔獐蝠貉与狐羊，夏月逢之大吉昌。若过庙堂多福祉，百事亨通降善祥。虎犴猿猴马貐貐，人到秋来便可为。百事经求多吉庆，为官进职永无虞。狼狗马猪鼠豹牛，若逢冬月更无忧。年月日时居此上，必出高官定作侯。

禽星四季旺衰

角亢星危鬼柳房，春为旺相夏还昌。秋天渐次衰危蹇，冬后还居土穴藏。昴女翼氐室壁张，夏天方便外行祥。秋天解使人荣贵，冬及三春万事昌。角参毕昴星箕奎，多饶欢悦在秋初。冬季起能超爵禄，春夏营谋万事全。奎牛心井轸娄虚，冬天送葬得便宜。秋若能生诸万物，春夏徒劳万事虚。

禽星昼夜旺衰

角亢觜室参危胃，鬼牛星柳毕蛇兑。若还夜黑无生意，日中旺气正相宜。氐房心尾箕水貐，牛生虚井轸兼奎。柳娄偏爱天昏夜，日出迍滞又迟亏。

禽星贵人宿

毕危尾斗昴星参,张月鹿兮共八禽。
赴举求名及征讨,当朝受宠立功名。

禽被贵人星

日向午时月向寅，火居巳上水居申。金居辰上木居未，土宿值卯贵人真。若遇此星为将相，百事亨通遇贵人。此是禽中时令诀，时师能识即通神。

禽中四季魁星方

春魁星在寅卯方,夏月魁星在未张。
秋魁星在申娄戌,冬魁星来亥壁方。

凡出行偷走,其力获财保命,但行魁星方,出兵为遭刑宪卒,急被人围绕出身法,各依位断决,凡事大吉。

永定七元伏断日立成

一元甲子起虚:甲子、丙寅、癸酉、壬午、己丑、辛卯、戊戌、丁未、丙辰、癸亥。
二元甲子起奎:壬申、辛巳、戊子、庚寅、丁酉、丙午、癸丑、乙卯、壬戌。
三元甲子起毕:辛未、庚辰、丁亥、丙申、乙巳、壬子、甲寅永为伏断日。
四元甲子起鬼:庚午、丁丑、己卯、丙戌、乙未、甲辰、辛亥、庚申。
五元甲子起翼:己巳、丙子、戊寅、乙酉、甲午、辛丑、癸卯、庚戌、己未。
六元甲子起氐:戊辰、乙亥、甲申、癸己、庚子、壬寅、己酉、戊午。
七元甲子起箕:乙丑、丁卯、甲戌、癸未、壬辰、己亥、戊申、丁巳。
上七元伏断日即官历日,下所值伏断宿也。

时禽起例

日起时禽起子时,日虚月鬼火从箕。
水毕木氐金奎位,土宿还从翼宿推。

假如虚、昴、房、星四太阳宿值日,以虚起子顺行,十二时仿此。

七元时禽定局

	日	月	火	水	木	金	土
子	虚伏断	鬼	箕	毕	氐	奎	翼
丑	危	柳	斗伏断	觜	房	娄	轸
寅	室伏断	星	牛	参	心	胃	角
卯	壁	张	女伏断	井	尾	昴	亢
辰	奎	翼	虚	鬼	箕伏断	毕	氐
巳	娄	轸	危	柳	斗	觜	房伏断
午	胃	角伏断	室	星	牛	参	心
未	昴	亢	壁	张伏断	女	井	尾
申	毕	氐	奎	翼	虚	鬼伏断	箕
酉	觜伏断	房	娄	轸	危	柳	斗
戌	参	心	胃伏断	角	室	星	牛
亥	井	尾	昴	亢	壁伏断	张	女

番他禽诀论(门诗例)

周时支上起将星,顺行逐位向时禽。寻得时禽权且立,
逆回时上觅他人。顺数一周逆一转,周数两转两番禽。
时师若不加进将,枉使千年亦不灵。

禽中华盖方

角亢氐房卯坤壬,心尾轸箕西方寻。斗坤牛女子虚丙,
危室壁丙奎戌临。娄戌胃辰昴巽位,毕觜丑上参在壬。
井寅鬼庚柳在北,星辰张翼轸巽明。

凡远行、出阵、行兵,出从华盖方吉。

六恶禽

氐房奎壁斗牛星，出军定是不回兵。战斗用之须败阵，百事求谋总不成。尾箕牛女及虚危，兴工起作未相宜。胃觜参井交战斗，嫁娶远行定不归。

大煞六凶日

奎角氐亢斗牛星，出军最怕不回兵。上官拜封须停职，阵见须防杀尽兵。穿井定无泉水出，开工修造损生灵。太白星宫牛女鬼，若逢此曜定无成。

七元番禽立成总局

一元定局

○时禽	角亢氐房心尾箕斗牛女虚危室壁 奎娄胃昴毕觜参井鬼柳星张翼轸
○甲子虚	毕参鬼星翼角氐心箕牛虚室奎胃
○己卯张	房尾斗女危壁娄昴觜井柳张轸亢
○甲午室	胃毕参鬼星翼角氐心箕牛虚室奎
○己酉轸	亢房尾斗女危壁娄昴觜井柳张轸

二元定局

○甲子奎	奎胃毕参鬼星翼角氐心箕牛虚室
○己卯亢	轸亢房尾斗女危壁娄昴觜井柳张
○甲午胃	室奎胃毕参鬼星翼角氐心箕牛虚

○己酉房　　张轸亢房尾斗女危壁娄昴觜井柳

三元定局

○甲子毕　　虚室奎胃毕参鬼星翼角氐心箕牛
○己卯尾　　柳张轸亢房尾斗女危壁娄昴觜井
○甲午参　　牛虚室奎胃毕参鬼星翼角氐心箕
○己酉斗　　井柳张轸亢房尾斗女危壁娄昴觜

四元定局

○甲子鬼　　箕牛虚室奎胃毕参鬼星翼角氐心
○己卯女　　觜井柳张轸亢房尾斗女危壁娄昴
○甲午星　　心箕牛虚室奎胃毕参鬼星翼角氐
○己酉危　　昴觜井柳张轸亢房尾斗女危壁娄

五元定局

○甲子翼　　氐心箕牛虚室奎胃毕参鬼星翼角
○己卯壁　　娄昴觜井柳张轸亢房尾斗女危壁
○甲午角　　角氐心箕牛虚奎室胃毕参鬼星翼
○己酉娄　　壁娄昴觜井柳张轸亢房尾斗女危

六元定局

○甲子氐　　翼角氐心箕牛虚室奎胃毕参鬼星
○己卯昴　　危壁娄昴觜井柳张轸亢房尾斗女
○甲午心　　星翼角氐心箕牛虚室奎胃毕参鬼
○己酉觜　　女危壁娄昴觜井柳张轸亢房尾斗

七元定局

○甲子箕　　鬼星翼角氐心箕牛虚室奎胃毕参
○己卯井　　斗女危壁娄昴觜井柳张轸亢房尾
○甲午牛　　参鬼星翼角氐心箕牛虚室奎胃毕

〇己酉柳　　　尾斗女危壁娄昴觜井柳张轸亢房

其法：如一元甲子管下是丁卯日将星，系虚日鼠，日禽系壁水貐也。子时水起毕，顺数午时用事，其时禽轮系星日马，即从午上起将星虚宿，顺行两转，至申上得时禽星日马而止。复从申上星日马番，逆数两转，至午得虚日鼠为番禽，乃他番也。又谓之地八，此系而转番寻之例也。若从将星寻时禽，但数一转而得者，转番他禽亦从一转而止。余仿此。

禽怕旬中空亡

甲子甲寅怕土乡，甲申见火大难当。甲戌元来金酉忌，
甲辰见木也无良。甲午旬中尤忌水，禽中遇此是空亡。

六甲空亡时凶

甲子旬危室壁，甲戌旬胃昴毕，甲申旬柳井鬼，
甲午旬亢角轸，甲辰旬房心氐，甲寅旬斗牛虚。

此名寡亡煞，旬日时逢主大凶。

番活曜要诀

房虚昴星四日宿，番毕月乌。心危毕张四月宿，番尾火虎。尾室觜翼四火宿，番奎木狼。箕壁参轸四水宿，番氐土貉。斗奎角井四木宿，番虚日鼠。亢牛娄鬼四金宿，番牛金牛。氐女胃柳四土宿，番箕水豹。

其法：假如时禽虚日鼠当番毕月乌，即以毕月乌从寅上起，逆行，寻时禽是何星？泊何宫？就以时禽泊宫起，顺行数到使用时之宫，得何星禽是为活曜，为我禽也。

时禽番活曜歌诀

诗例：日毕月尾火番奎，水氐木虚金骑牛。
土宿还从箕位定，此是番禽活曜头。

七元活曜立成定局

	子	丑	寅	卯	辰	巳	午	未	申	酉	戌	亥
日番	虚胃	危胃	室奎	壁壁	奎参	娄张	胃毕	昴张	毕张	觜觜	参鬼	井亢
月尾	鬼鬼	柳轸	星氐	张箕	翼角	轸房	角虚	亢房	氐牛	房亢	心斗	尾尾
火奎	箕牛	斗斗	牛牛	女壁	虚参	危参	室毕	壁昴	奎星	娄昴	胃鬼	昴昴
水氐	毕亢	觜柳	参翼	井井	鬼翼	柳房	星箕	张翼	翼心	轸斗	角氐	亢斗
木虚	氐室	房房	心斗	尾壁	箕室	斗危	牛室	女昴	虚室	危室	室鬼	壁井
金牛	奎胃	娄井	胃翼	昴井	毕井	觜轸	参氐	井张	鬼氐	柳柳	星翼	张氐
土箕	翼牛	轸轸	角箕	亢危	氐心	房斗	心危	尾张	箕胃	斗娄	牛胃	女女

假如丁卯日，壁水㺄以毕起子时，就水直推横看，午时是星星日番毕加寅逆寻星日在申，就以星日从申顺寻，午时是箕水豹名为活曜，为我禽也。余仿此推。

禽星锁泊十二宫图

锁泊诀：

申酉原来泊剑锋，亥子日号泊江湖。丑未日泊田野好，

寅卯日泊山林中。辰戌日泊茅岗上，巳午日泊汤火凶。

其法：寅为山，卯为林，辰为岗，巳为汤，午为穴，未为野，申为刀，酉为砧，戌为路，亥为海，子为湖，丑为田。

上起法例:以木禽起长生,起山顺行,遇木时住。如角木蛟用辰时,从亥上起山顺至辰,值刀。余仿此。水土申起山,火寅上起山,金巳上起山,日午月未起山也。

假如角木蛟水禽,值亥子日,泊亥子方,江湖位上吉,或卯日泊水宫上利。其余诸宿值日皆仿此,锁得吉位则吉也。地禽若遇刀宫,大凶,不可用也。

○山宫:尾箕贵,房昴星吉。猪羊犬忌,壁轸亢凶。

○水宫:角亢壁翼吉,飞禽忌,张尾虚走兽凶。

○田宫:星鬼胃昴吉,牛娄吉,鼠狼鹿忌,余禽凶。

○园宫:觜参室斗牛昴鬼娄吉,余禽俱凶。

○井宫、刀宫:诸禽忌。

○天宫:诸禽皆吉。

○月宫:诸禽皆吉,惟角亢壁翼轸忌。

○草宫:牛羊獐鹿马奎室房吉,角亢壁凶。

○尾宫:翼轸猪羊毕井心星吉,余禽俱凶。

○风宫:诸禽俱吉。

○汤火宫:诸禽忌,天禽不妨。

星禽赋

事以星验,课以象推。十二宫之迭运,四七禽之多司。验事必推三传四课。三传者——日禽初传,时禽中传,番禽三传。

课时禽一课，番禽二课，活曜三课，是一十二宫子至亥也。四七二十八宿，星禽俱要得时得地为吉，失时失地为凶也。

角轸周天，地列辰巳六分。蚓蛟佐日，飞鸣春夏之时。角宿，二十八宿之首。轸宿，二十八宿之末。起日辰于巳，角木蛟春则飞，轸水蚓夏则鸣，皆为得时。

推七元甲子之旬，定四时无神之位，于子午卯酉分甲己顺，例以虚牛毕鬼翼氐箕，而顺次以甲子、甲午、己卯、己酉为无神，以所值禽为将头，推七元以为番倒之用，是有进有退，所以为强弱之机。或伏或飞，于此明吉凶之非。进退者，察吉凶也。卜之进中进，便快得。如卜进中退，其事成而不成。卜得退中进，其事不成而后成。卜得退中退，其事终不成。惟吉病已进喜退，其余不可批。甲子、甲午左边先天，自子至巳进地吉，午至亥退地也。己卯、己酉右边后天，自午至亥进地吉，子至巳退地也。

禽机赋

五星著象，二曜垂天。二十八宿辅其成，三十一禽值其位。周流八卦，遍历四方，一年循环三百六旬。四季权衡二十四气，洪而大也。参天地造化之机，微而小焉。通人物否泰之运。蛟龙好变，妙在江湖之间；虎豹逞威，旺入山林之处。鸡乌燕雉，暮宿朝飞；鼠蝠貉狐，昼潜夜动。犴狼獐鹿猴虎，夜乐山林；牛马猪羊狗獬，宜居平地。虎狼不下水，蛟龙不上山。猪羊须忌江湖，狐鬼乐居原野。山禽不入屋，家禽不落山。日禽夜里潜藏，夜禽日间不动。寅宫有虎，走兽避之；未上藏雁，飞禽不过。

被万兵，不逢井犴之方；行千里，多非骏马之良。虎居寅非大位，皆是司权之地。燕号主匿之鸟，旺在春中；蝠名山鼠之禽，宜居日下。猪畏二社之日，乌忌七夕之辰。只有井犴一宿，上山食犬豹，下水食蛟龙，食铜食铁，强梁特甚，众兽见而皆畏，惟乌神能伏之。鸡怕心狐食燕，入辰及食。蛟龙尾居巳上，偏舛蛇位，轸宿切忌。胃昴又忧毕月乌，用禽旺相，兴妄各有宫分造化，行藏取分最要相宜。上可以辅国安民，除凶伏煞；下可以经商畋猎，见贵投书。凡百所为，莫不关紧。吾无隐矣，子当玩之。

二十八宿赋

阴阳浩渺，消息何多。五行之政，分顺逆之科，轻清重浊，覆载包罗。草木之荣枯，皆由化育；品物之大小，气禀阳和。是故欲知吉凶者，先须知二十八宿之星，后当分五运四生之理。或有衰而无旺，或有死而无生。或居山林，或居渊海。逞威势而兽皆惧虎豹之强，翻波浪而鱼遁形蛟龙之恶。作浪使风貐之胆大，刚言正直貐之性雄。蛇逢巳而见懒，虎入辰而遇祸。虎遇申者感疾，蛇遇巳者逃亡。梁燕遇仲春，呢喃愈盛；豺狼逢仲秋，悲愁益多。食铜食铁者，犴之强梁；逾山越岭者，獐之恣横。貐辛勤于四野，猴跳梁于山岗。蜃气化楼食燕，奎狼跋足食羊。欲破万兵，无非金牛之力；务行千里，岂非日马之良。翼轸辰宫化龙之贵，雉娄龙位作燕之身。蚓向三秋，遂起咨嗟之怨；蝠生九夏，苗遇食啜之时。

蛟龙变化，要在江湖；虎豹逞威，旺在山林。蛇居辰位名曰变化，龙到巳宫号曰退藏。乌雉燕鸡，夜伏而昼飞；鼠蝠貉狐，喜乐于山林。牛马猪羊犬貐，宜居平地。龙吟云起，亥子乃云雨之方；虎啸风生，辰巳乃江湖之位。蛟龙应候春分、秋分；翼轸逢时夏至、冬至。狗号司寇之兽，遇狼乃正；鸡曰仁义之禽；见鹰乃伏。豹变为虎，箕入寅宫；羊质虎皮，鬼居寅位。燕号玄鸟，宜夏月而旺；蝠名仙鼠，旺春夏而列夜。马劳长途，鼠居黑夜。虎游四野，宜防射日之伤；虎居中宫，当有贵人之辅。井居寅辰，必高科而显赫；蛟居午未，必趋奔以怆惶。

赌酒好色者室火猪，轻唇薄背女土蝠。狐毒动兮，必遭仇决；燕秋至云，定生离乡。尊猴劣鬼狡狐疑，乌有反哺之恩，多招口食。徒有变化之能，亦生是非。或临风鼓萧，或对月凄悲。于宫狐貉，不宜于社坛；柳土宜人，定决于搏役。翼轸至微，丑寅变化；斗牛重浊，寅牛忧惊。豹入市而夭所，虎居山以荣华。夜动氐房，心中好色。春生角亢，海外驰名。申酉水砧，走兽怕遇。巳午汤火，飞禽有愁。尾入寅而逞威，貐入未而征伐。三禽既定，五行兼推。

六甲进退神起例

四大进神日:甲子己卯进,甲午己酉连。进退伏二位,十二一周天。

四大退神日:己巳甲申退,己亥甲寅连。此是退神位,五日一回转。

四大伏神日:甲戌己丑是伏神,甲辰己未伏神是。一十五日轮流转,七通八达待贤人。

进神退煞

甲子至戊辰日为进中进,大吉。己巳至癸酉五日为中退,平平。甲戌至戊寅五日为进中伏,下三日为退中退天空,凡事不顺。己卯至癸未五日为进,次吉。甲申至戊子五日为退中退,凡事平平。己丑至癸巳五日为进中伏,下三日天空。甲午至戊戌五日为进中进,大吉。己亥至癸卯五日为中退,平平。甲辰至戊申五日为下中退,下三日天空亡。己酉至癸丑五日为进中进,大吉。甲寅至戊午五日为下中退,平平。己未至癸亥五日为退伏,下三日天空亡。

演禽用星诀法

凡用禽例,以日禽为彼我共用之内,时禽为我禽,番禽为彼禽,活曜为我禽。番禽名曰:天禽;时禽名曰:地禽。盖以今人用禽,多以时禽胜,日禽为我胜,彼不知禽星有强弱,人事有善恶,以善应恶,以恶应善。如用兵事,专以我胜彼。其余事,有用他胜我者,有用我胜他者,有用彼我此利者,有用先善后恶者。事类不一,因各举数事切于日用条目,开列于后。

占求财、取债、访人等件

求财须得他生我，出阵见官我克他。
申得水兮为吉，金生在巳皆佳。
有如燕子逢春社，得时得地堪夸。
若是水火将须失，申中土气殊差。
土在牛中真无价，火居离位发光华。
若是不居狮子地，见宫入库有吁嗟。
求财与取债，等人及访人。
任家见不见，迎接亲不亲。
皆有禽主宰，切莫乱行程。
友宿奎心心中喜，只愁无酒羔。
轸张翼柳人多闷，此星不可用。
娄尾箕虚人不遇，有茶有酒吃酸味。
斗牛危室大惊怕，无酒又无茶。
昴星井鬼人多逢，妻子也情浓。
娄胃觜参不出来，兴躲房中挨。
角亢氐房亦躲避，无茶无酒空出来。

求财、买卖、结亲、会友

俱要合禽，见官谋事亦用合禽。

角与昴合，亢与胃合，氐与娄合，房与奎合，心与毕合，
尾与室合，箕与危合，斗与虚合，星与井合，柳与鬼合，
张与参合，翼与觜合，轸与毕合。

禽星相合见官贵，觜马和觜参危毕。心夺怕井娄奎星，星怕翼胃昴怕星。星轸怕翼，氐房怕奎，尾箕怕井，女斗怕毕，马午怕尾，虚壁怕娄。

禽中宜忌用宿

尾箕牛女与虚危，埋葬动土伐相随。毕觜参井并角木，
嫁娶远行定不归。亢心氐房宜赴任，奎娄室壁利婚姻。
昴柳鬼心堪起造，翼轸张危行路人。

占婚姻嫁娶

以地禽为我,以天禽为彼,日禽为媒。地禽克天禽不成,天禽克地禽即成。日禽克我禽易成,彼我禽皆克凶,禽难成。三禽皆得地者成,不得地者不成。遇三合、六合禽亦成,天禽克日禽不成,地禽克日禽亦不成,日禽克地禽易成。

占生产

以天禽为子,地禽为母,日禽为老娘。母克子易生,子克母难生,日禽克天禽亦易生。地禽得地,天禽不得地,母安子危;天禽得地,地禽不得地,子安母危。日禽弱又不得地,老娘不老成,时禽克日禽。生世二说,阳禽落阳宫生男,阴禽落阴宫生女,阳时生男,阴时生女。亢牛虚尾壁室奎娄张毕星觜属阳,在中传者生女,中传者,过禽也。角氐鬼柳参危女斗心房井箕属阴,在末传者生女,末传者番禽也。

占出行求财

以地禽为我求财之人,天禽为彼出财之人,日禽为财中间之人。三禽和

合不相克，制者得财易而谋亦遂。若日禽、天禽克地禽，为财来克我，不惟得财，人皆顺之。又须我禽逢时，落泊得地，彼此和合大吉利。日禽克制天禽，又为中间有阻节。

占行人

以地禽为占者，天禽为行人，日禽为道路并行。人所往之处，地禽克天禽，占行人不至；天禽克地禽，行人立至；日禽克天禽，中途有阻。天禽或在日禽宫，与日宿合，行人未动。天禽或在地禽宫，行人立至。天禽克制日禽，中途无阻，不久到家。

占谒见等候会人

以地禽为我，天禽为彼，日禽为所会之人与所会之所。天、日二禽克地禽，其人自来。地禽克天禽、日禽，为本身高，其人不来，时日相生，其人欲来不来。时日不相克，而逢伏断，其人在家不出。值空亡、五不遇时者，人不在家。天禽泊山林，其人去州县。泊田园，其人在邻里。泊田野，其人途中相遇。余仿此推。

占难中有事隐避

以地禽为隐避之人，天禽为追捕之人，日禽为隐避之地，须要日禽生旺，落泊得地为佳。地禽克天禽，莫妨躲避。天禽克地禽，必被追捕。日禽克地禽，地禽克天禽，逃藏之处不稳，相生则吉。仍择出路之禽，如间逃避要日禽，是夜禽、地禽克天禽也。仍夜间逃避，要日禽、地禽是，夜禽或日禽皆时仍要捕，亲念九龙符咒，出杜门地户，或择华盖、九天、九地、六丁、玉女、唐符、国印等方而行，则人不见知，可以免患。

占上官应后日外经营躲避

但要地禽克天禽、日禽,则官盗贼寇,一切刁恶之人自然宿灭,不遇其害。反此者凶。

占病患

以地禽为病人,天禽为病症,日禽为医人。地禽克天禽,不药自愈。地禽克日禽亦然。天禽克地禽,病难愈。日禽克天禽,愈宜服药。日禽克地禽,医治难。又地禽不得地,如被天禽克制者死。若天禽不得地,虽离无妨,总要时禽得地易好。

占天时晴雨

以日辰与日宿所属五行论,如日辰属水,日宿属火,是日辰克日宿,主阴变不雨。如日辰属火,日宿属水,为日宿克日辰,主晴。如日辰生日宿,主阴晦,日辰、日宿比和,皆火则晴,皆金作雨,皆水雨至,皆土则阴,皆木则风。

进退神时例

甲己日:子时进、巳时退。乙庚日:卯时进、申时退。

丙辛日:午时进、亥时退。丁壬日:酉时进、辰时退。

戊癸日:子时进、寅时退。

进吉退凶。

时中将星例

申子辰日卯时,巳酉丑日子时,亥卯未日午时,寅午戌日酉时。

六旬之内将星居,出入求财第一神。

斗贼若然时遇此,三岁儿童胜十人。

宿,或宜昼不宜夜,或宜春不宜夏。是所日星要得地,他人星要失陷,上吉。假如亢金龙、翼火蛇,春则旺,用之吉;冬则藏,用之不吉。又如燕子逢春社得时吉;遇秋社失时凶。大凡择日看课内之星,使用之禽得地、得时,泊落好宫,则万事吉矣。

(新镌象吉备要通书卷之十终)